TerraTec '95
Kongreß West-Ost-Transfer Umwelt

H. Scheffler/H. Mohry (Hrsg.)

Abfallwirtschaft
Stoffkreisläufe

TerraTec '95

Fachmesse und Kongreß für Umweltinnovationen vom 1. bis 4. März 1995

Dem Transfer von Umwelt-know-how kommt in Zukunft eine wachsende Bedeutung zu. Auch in Ostdeutschland besteht noch auf Jahre hinaus ein Bedarf an Umwelttechnologie und Umweltdienstleistung in Milliardenhöhe, insbesondere für die Bereiche Wasserversorgung/Abwasserentsorgung, Luftreinhaltung, Abfallwirtschaft und Altlastensanierung. Die Leipziger Umweltmesse TerraTec liegt damit nicht nur im Herzen einer auf Jahre hinaus sanierungsbedürftigen Region. Sie bietet gleichzeitig eine enorm wichtige Plattform für den Transfer von Umwelttechnologie. Das in diesem Jahr anläßlich der TerraTec in Leipzig gegründete Internationale Transferzentrum für Umwelttechnologie (ITUT) bestätigt diese wichtige Rolle des Messeplatzes für den Technologieaustausch und die Zusammenarbeit zwischen Ost und West. Schon in den vergangenen Jahren nahmen viele Umweltprojekte in Ostdeutschland und in den Staaten Mittel- und Osteuropas ihren Ausgang bei der Leipziger Umweltmesse.

Die TerraTec nimmt sich in ihrem Ausstellungs- und Kongreßprogramm besonders der Zukunftstechnologien an: Integrierte Problemlösungen, die auf dem Weg zum „Sustainable Development" helfen sollen, bei Boden, Wasser und Luft Umweltschäden zu vermeiden, bevor diese mit hohem Aufwand saniert werden müssen. Darüber hinaus bietet die Umweltmesse für viele Branchen und Bereiche geeignete Sanierungstechnologien an. Technik als Einzel- oder Gesamtlösung wird ergänzt durch angepaßte Dienstleistungs- und Beratungsangebote.

Dem Erfahrungsaustausch von Fachleuten aus Wissenschaft und Praxis und dem gemeinsamen Bemühen um eine gesunde Umwelt wird in dem Kongreßprogramm „West-Ost-Transfer Umwelt '95" entscheidender Raum gewidmet. Unter dem Motto „Wir haben es in der Hand" geht es in diesem Jahr um die Bereiche

- Abfallwirtschaft/Stoffkreisläufe,
- Energie,
- Abwassertechnik.

Umweltexperten aus Deutschland, Österreich und Osteuropa schildern dabei ihre Erfahrungen und stellen innovative Technologien und Konzepte vor.

Abfallwirtschaft Stoffkreisläufe

TerraTec '95

Kongreß West-Ost-Transfer Umwelt
vom 1. bis 3. März 1995

Herausgegeben von

Prof. Dr.-Ing. habil. Hasso Scheffler
Ingenieurgemeinschaft Prof. Dr.-Ing. Jessberger + Partner,
Büro Leipzig GmbH

Dr.-Ing. habil. Herbert Mohry
Präsident der Umwelttechnischen Gesellschaft e. V. Berlin

LEIPZIGER MESSE

B. G. Teubner Verlagsgesellschaft
Stuttgart · Leipzig

Gedruckt auf chlorfrei gebleichtem Papier.

Die Deutsche Bibliothek – CIP-Einheitsaufnahme

Abfallwirtschaft Stoffkreisläufe / TerraTec '95.
Kongress West-Ost-Transfer Umwelt vom 1. bis 3. März 1995.
Hrsg. von Hasso Scheffler ; Herbert Mohry. Leipziger Messe. –
Stuttgart ; Leipzig : Teubner, 1995

ISBN-13: 978-3-8154-3513-7 e-ISBN-13: 978-3-322-83426-3
DOI: 10.1007/ 978-3-322-83426-3

NE: Scheffler, Hasso [Hrsg.]: Kongress West-Ost-Transfer Umwelt
<1995, Leipzig>; Terratec <1995, Leipzig>

Satz und Druck: Druckhaus „Thomas Müntzer" GmbH, Bad Langensalza
Umschlaggestaltung: E. Kretschmer, Leipzig

Dr. Angela Merkel
Bundesministerin für Umwelt, Naturschutz
und Reaktorsicherheit

Grußwort

Es wird immer deutlicher, daß Umweltschutz eine internationale Aufgabe ist. Nationale Anstrengungen allein reichen nicht aus. Vielmehr muß die grenzüberschreitende und globale Verantwortung Motiv für das politische und wirtschaftliche Handeln sein. Der internationalen Zusammenarbeit kommt damit eine überragende Bedeutung zu.

Die Bundesregierung hat in der Vergangenheit entsprechende Maßnahmen ergriffen, um Umweltschutz international voranzubringen. In Berlin wird die 1. Vertragsstaatenkonferenz zur Klimarahmenkonvention stattfinden. Deutschland unterstreicht damit seine wichtige Rolle bei der Bewältigung dieses globalen Umweltproblems. Die Bundesregierung setzt sich ebenso für eine führende Rolle der Europäischen Union in der Klimavorsorge ein. Die Zusammenarbeit mit den Staaten Mittel- und Osteuropas soll darüber hinaus dazu beitragen, den Umweltschutz international zu harmonisieren und „Umweltdumping" zu vermeiden.

Eine Schlüsselrolle soll dabei der Aufbau des „Internationalen Transferzentrums für Umwelttechnologie" in Leipzig spielen. Der Standort Leipzig gewinnt dadurch für den Umweltschutz in den Staaten Osteuropas, aber auch für Schwellen- und Entwicklungsländer eine neue Bedeutung. Er schafft eine zusätzliche Plattform, die gleichzeitig Forum für Information, Technologietransfer und Kooperation darstellt.

Der Kongreß „West-Ost-Transfer Umwelt“ anläßlich der TerraTec führt darüber hinaus schon zum zweiten Mal Anbieter und Nachfrager von Umwelttechnik zusammen und trägt zum Schutz der Umwelt und zur Schonung der Ressourcen in den mittel- und osteuropäischen Staaten bei. Die Unterstützung, die schon mein Vorgänger Prof. Dr. Töpfer geleistet hat, will ich gerne fortsetzen. Gerade mit den Themen Energie, Abfallwirtschaft und Abwassertechnik greifen die Leipziger Umweltfachmesse TerraTec '95 und der begleitende Kongreß Schwerpunkte auf, die für die Realisierung des Umweltschutzes vor Ort dringlich sind. Erhöhung der Energieeffizienz, Kreislaufwirtschaft und Ressourcenschonung sind darüber hinaus Ansatzpunkte, die einen positiven Beitrag zum globalen Umweltschutz leisten.

Gemeinsam mit Partnern in diesen Ländern müssen angepaßte Umwelttechniken, Verfahren und Instrumente gefunden und eingesetzt werden. Für den globalen Umweltschutz gilt, daß in diesen Staaten mit vergleichbarem Mitteleinsatz ein wesentlich höherer Effekt von Umweltmaßnahmen als in den Industriestaaten erzielt werden kann. Die Partner im Osten profitieren dabei von Erfahrungen aus dem Westen, nicht zuletzt im Zusammenhang mit Sanierungsprojekten im Großraum Leipzig-Halle-Bitterfeld und anderen Regionen der neuen Bundesländer. Ohne das Miteinander von Politik und Wirtschaft ist ein entscheidender Durchbruch nicht möglich. Faire und kompetente Kooperation von Ost und West bietet einen zukunftsweisenden Weg zum „Sustainable Development“.

Im diesem Sinne wünsche ich dem Kongreß „West-Ost-Transfer Umwelt“ und seinen Teilnehmern viel Erfolg.

Vorwort

Die Müllberge in Osteuropa, insbesondere in Ostdeutschland, nehmen durch die wachsende Konsumtion ständig zu. Um dieser Erhöhung begegnen zu können, bedarf es der Anwendung gewonnener internationaler und nationaler Erfahrungen und neuer Wege in der Entsorgungswirtschaft, vor allem durch die Anwendung neuer Technologien.

Unter ständiger Beachtung des Grundsatzes der Abfallvermeidung sind die Prozesse des Abfallrecyclings der vielfältigsten Stoffarten immer mehr in den Vordergrund zu stellen. Hierzu hat sich die Gründung von Abfallwirtschaftsverbänden, insbesondere von Abfallwirtschaftszentren, bewährt. Ein besonderes Problem ist nach wie vor die Entsorgung von Klärschlamm und Restmüll, zumal dies auch politisch kontrovers diskutiert wird. Und trotz moderner Technologien bleibt auch die Deponierung ein wesentlicher Bestandteil jedes Abfallwirtschaftskonzeptes. Das aber setzt die Vorhaltung der notwendigen Deponiekapazitäten voraus. Speziell in den neuen Bundesländern, jedoch durchaus nicht nur dort, wird dabei der befristete oder, wo vertretbar, auch längerfristige Weiterbetrieb vorhandener Deponien eine wichtige Rolle spielen. Die hierzu heute bestehenden Möglichkeiten werden dabei durchaus unterschiedlich bewertet.

Der Kongreß will zur Diskussion dieser aktuellen Probleme einen Beitrag liefern. Behandelt werden Fragen der Abfallwirtschaftszentren, der Klärschlamm- und Restmüllentsorgungen und der Nachrüstung ertüchtigungsfähiger Altablagerungen, ihrer Sicherung oder aber Umlagerung sowie der hierfür benötigten Behandlungsmöglichkeiten des Abfalls. Eingeschlossen sind die notwendigen Betrachtungen zum jeweils konkreten, also objektbezogenen Gefährdungspotential, zu den Entscheidungskriterien für den Einsatz der zur Verfügung stehenden Sanierungsverfahren, zu Wirtschaftlichkeitsbetrachtungen und technischen Problemen der konkreten Lösung sowie nicht zuletzt auch zu Fragen des Arbeitsschutzes.

Wir danken den Autoren der Beiträge für ihre Bereitschaft, ihr Wissen und ihre Erfahrungen einem breiten Kreis interessierter Besucher des Kongresses, den Mitarbeitern aus Kommunen und Unternehmen zu vermitteln und mit diesen zu diskutieren. Zugleich danken wir für das Engagement, die Manuskripte rechtzeitig zum Druck vorgelegt zu haben. Der B. G. Teubner Verlagsgesellschaft gilt der Dank für die Übernahme der Veröffentlichung der eingereichten Beiträge und die sorgfältige Erstellung des Tagungsbandes.

Leipzig, Januar 1995 — Hasso Scheffler/Herbert Mohry

Inhalt

Abfallwirtschaftszentren

Roland Watzke, Wolfen/Marcel Bagawejew, Kasan, Republik Tatarstan
Vorschläge zur Lösung des Abfallwirtschaftsproblems der Stadt Kasan, Republik Tatarstan 11

Jürgen Dube, Unterkaka
Abfallwirtschaft in Sachsen-Anhalt (Süd) 21

Ulrich Heine, Görlitz
Zwei Jahre Abfallwirtschaft im Abfallzweckverband – Ein Erfahrungsbericht 33

Klärschlammentsorgung

Alexandru Braha/Ioana Braha, Langenhagen/Ghiocel Groza, Bukarest
Anwendung moderner Konzepte bei Planung und Betrieb von biologischen Kläranlagen 38

Bernd Stroh, Düsseldorf
Klärschlammnaßoxidation in Apeldoorn/NL
Entsorgung einer Region mit dem VerTech-Tiefschachtverfahren 61

Bernd Genenger/Günter Schock, Köln
Klärschlammentsorgung – Verfahrensvergleiche an Beispielen 75

Norbert Brink/Burckhard Bussmann/Peter Strodt, Bochum
Traditionelle und neue Verfahren zur Klärschlammbehandlung 88

Restmüllentsorgung

Martin Denecke/Alfons Grooterhorst/Heinz Steffen, Essen
Das 3A-Verfahren: Eine innovative Kombination aus Biogaserzeugung und Abfallbehandlung 110

Hans-Friedrich Hinrichs, Oberhausen
Stand der Pyrolysetechnik zur Verwertung von Reststoffen 120

Werner Schumacher, Gummersbach
Stand der Technik bei modernen Restmüllverbrennungsanlagen 132

Heinz-Jürgen Berwein, Erlangen
Siemens Schwel-Brenn-Verfahren – Thermische Reaktionsabläufe 165

Rudi Stahlberg/Uwe Feuerriegel, Fondotoce
THERMOSELECT – Energie- und Rohstoffgewinnung 179

Sanierung und Weiterbetrieb von Altablagerungen

Victor R. Waaks, Minsk
Probleme der Behandlung und Deponierung von
Abfällen in der Republik Belarus 195

Hans-Friedrich Bamberg, Dresden
Umsetzung von Nachrüstprogrammen nach TA Siedlungsabfall in Sachsen . . . 208

Karl J. Thomé-Kozmiensky, Berlin/Uwe Pahl, Neuruppin
Chancen und Grenzen der Sanierung von Altablagerungen 221

Frank Fischer, Chemnitz/Gerhard Rettenberger/Stepanka Urban-Kiss, Stuttgart
Der Gashaushalt der Deponie „Weißer Weg" Chemnitz –
Schlußfolgerungen zur Sanierung der Altablagerung 234

Hasso Scheffler/Ulrich Klos, Leipzig/Alban Meiser, Chemnitz
Die geotechnische Sicherung der Deponie „Weißer Weg" Chemnitz –
Voraussetzung ihres Weiterbetriebes 246

Udo Schmidt/Friedrich Tönjes/Henning Hoins, Stade
Sanierungsszenarien für eine Altablagerung auf der Grundlage
einer Intensiverkundung des Deponiekörpers 267

Gregor Heckenkamp/Thomas Saure, Berlin
Biologische Behandlung von Altabfallfraktionen im
Rahmen eines Deponierückbaus 293

Adressenverzeichnis der Referenten 315

Vorschläge zur Lösung des Abfallwirtschaftsproblems der Stadt Kasan, Republik Tatarstan

Dr. Roland Watzke - Triton Umweltschutz GmbH Wolfen
Marcel Bagawejew - Produktionsvereinigung für Bau- und Instandsetzung der Kommunalwirtschaft und Begrünung der Verwaltung der Stadt Kasan

In der Russischen Föderation ist eine schwierige Situation der Entstehung von Abfällen, der Nutzung und Verwertung bzw. der Aufarbeitung und Deponierung von Abfällen entstanden. Auf den Kippen, Halden und Deponien der Russischen Föderation sind ca. 80 Milliarden Tonnen Industrie- und Haushaltsabfälle angesammelt. (Quelle: Staatsbericht "Über den Zustand der Umwelt in der Russischen Föderation im Jahre 1993")

Besonders von diesem Problem sind die russischen Großstädte betroffen.

Die Stadt Kasan, Hauptstadt von Tatarstan befindet sich in ökologischer Hinsicht in einer komplizierten Lage. Dies betrifft vor allen Dingen die Abwasserklärung im Einzugsbereich der Wolga und die Entsorgung von Hausmüll und Industrieabfällen. Auf einer Fläche von 29,9 Tausend Hektar leben zur Zeit 1,1 Millionen Einwohner. Kasan ist durch den Fluß Kasanka in einen nördlichen und einen südlichen Teil getrennt, diese wiederum werden durch zwei Brücken miteinander verbunden. Die Industrie der Stadt Kasan zeichnet sich durch Chemiebetriebe, Maschinenbaubetriebe, Leichtindustriebetriebe und Industriebetriebe des militärischen Komplexes aus. Für die Stadt Kasan ist eine weitere Vergrößerung der Bevölkerung zu erwarten. (siehe Anlage 1)

Durch den Bürgermeister der Stadt Kasan und der "Produktionsvereinigung für Bau- und Instandsetzung der Kommunalwirtschaft und Begrünung der Verwaltung der Stadt Kasan" wurden wir beauftragt, uns mit dem Problem der Abfallentsorgung der Stadt Kasan zu beschäftigen.

1. Abfallsituation der Stadt Kasan

Zur Zeit werden durch die öffentliche Hand in Kasan 960 000 Einwohner (87%) von Hausmüll entsorgt. Im nördlichen Teil der Stadt wird der Hausmüll direkt von der Einsammlung mit Lastkraftwagen auf die im Osten der Stadt liegende Kippe gefahren. Im südlichen Teil der Stadt ist eine Umladestation vorhanden, bei der die Sammelfahrzeuge ihre Ladung in ca. 100 m^3 große Sattelschlepper abkippen und komprimiert auf dieselbe 18 km von der Stadtgrenze entfernte Deponie(?), eher Kippe!, fahren (siehe Anlage 2 - Zweistufige Entsorgung von Hausmüll aus der Stadt Kasan).

Die Kippe hat eine Höhe von 40 m, nimmt eine Fläche von 22 Hektar ein. In den Bereichen der Kippensohle bilden sich starke Sickerwasser, die im Sommer zum Löschen der Kippenbrände, die durch Selbstentzündung des Hausmülls entstehen, benutzt werden. Für die Stadt Kasan bestehen keinerlei Erweiterungsmöglichkeiten, da sich die angrenzenden Flächen der Deponie nicht im Eigentum der Stadt Kasan, sondern im Eigentum der angrenzenden Dörfer und Rayons befinden. Diese stimmen einer Erweiterung der Kippenfläche nicht zu (siehe Anlage 3 - Bilder der Kippe Kasan). Außer den Haushaltsabfällen werden jährlich erhebliche Mengen Industrieabfälle auf der Kippe abgelagert.

Neben den Haushaltsabfällen werden Industrieabfälle der III. und IV. Klasse, das heißt, Stoffe die mäßig bzw. wenig gefährlich sind, mit Genehmigung des Kasaner Komitees für Umweltschutz auf die Kippe gebracht (ca. 250 000 m^3 jährlich).

In der Prognose wird im Zusammenhang mit dem Bevölkerungswachstum der Stadt für 1996 ein Hausmüllaufkommen von 1504 Tausend m^3 und im Jahr 2016 2249 Tausend m^3 erwartet. Dazu kommen 1996 300 000 m^3 Industrieabfälle und im Jahr 2016 364600 Tausend m^3. Das Pro-Kopf-Aufkommen an Hausmüll steigt von heute 1,18 m^3 pro Jahr auf 1996 1,6 m^3 pro Jahr und im Jahr 2016 auf 1,96 m^3. Die prozentuale Abfallverteilung der Abfallarten auf der Deponie wird 1996 - 2016 wie folgt sein:

* feste Hausmüllabfälle	80 - 83 %
* Industrieabfälle	16 - 13 %
* Straßenkehrricht	2 - 1 %
* andere Abfälle	2 - 3 %

Die physikomechanischen Eigenschaften der festen Hausmüllabfälle sind in Anlage 4 zu sehen.

Zu den Problemen der Abfallentsorgung kommen in Kasan die Probleme der Abwasserreinigung. Die Stadt Kasan leitet jährlich 247 000 Millionen m^3 Abwasser in die Kläranlage der Stadt. Nach eingeleiteten Abwassermengen liegt Kasan damit an 13. Stelle der russischen Städte. Die Kläranlage ist veraltet und liegt unmittelbar im Einzugsbereich der Wolga. Als großes Problem zeichnet sich die Entsorgung der Klärschlämme ab. In unmittelbarer Nähe der Wolga werden täglich 13 000 m^3 Frischschlamm in offene Teiche gepumpt. Diese Teiche befinden sich 6 km vom Klärwerk entfernt und ca. 1 km von der Wolga, von der sie nur durch Deichsysteme getrennt sind. Durch das ständig steigende Aufkommen an Abwasser bedarf es der regelmäßigen Erweiterung der Klärschlammpolder. (siehe Anlage 5)

Die Lösung des Abfallproblems der Stadt Kasan besitzt nicht nur für die Stadt, sondern auch für die Republik Tatartstan höchste Priorität in der Umweltpolitik. Dabei ist es wünschenswert, bei der Lösung der Abfallproblematik das Problem Klärschlämme gleich mit zu lösen.

Dazu wurde der Stadt Kasan und die Regierung der Republik Tatarstan ein Vorschlag zur Errichtung einer neuen "Thermischen Müllverwertung" unterbreitet. Die vorgeschlagene Vorgehensweise ist in der Anlage 6 zu sehen. Die von uns vorgeschlagene Vorgehensweise beinhaltet im Rahmen der Vorstudie die Klärung folgender Fragen:

Phase 1: Vorstudie

- Welche Abfallmengen fallen an, und wie ist die örtliche Verteilung derselben?

- Wie ist die Zusammensetzung des Abfalls?

- Gibt es Separationsmöglichkeiten (bzw. getrennte Sammlung)?

- Welche Transportmittel stehen zur Verfügung bzw. müssen bereitgestellt werden?

- Innerhalb welchem Zeitplan läßt sich das Projekt realisieren?

- Welches sind mögliche Energieabnehmer (Fernwärme), und wieviel Energie kann abgenommen werden?

- Wie soll der Klärschlamm behandelt werden?

- Zusammensetzung des Klärschlammes, Zustand der Kläranlage, Einbindung des Klärwerkes in die Gesamtentsorgung.

- Wo wird die Asche deponiert und wie?

- Welche Gesetzgebungen sind zu berücksichtigen?

Diese Abklärungen erfordern eine enge Zusammenarbeit mit "Kasangraschdanprojekt", unserem örtlichen Projektierungsinstitut. Die Datenaquisition wird von "Kasangraschdanprojekt" unternommen. Wir geben die Anweisungen, welche Daten erforderlich sind. Die Auswertung der Daten erfolgt durch uns unter Zusammenarbeit mit "Kasangraschdanprojekt". Die gesamten Daten werden einer Qualitätskontrolle durch uns unterzogen. Dann werden diverse Berichte in russischer und deutscher Sprache verfaßt. Die Berichte werden mit dem Auftraggeber besprochen und nach entsprechenden Änderungen genehmigt. Es sind vier Berichte vorgesehen:

1. Abfallkonzept

Abfallmengen, örtliche Verteilung, Zusammensetzung, mögliche separate Sammlungen, Klärschlammengen werden untersucht, festgehalten und diskutiert.

2. Standortevaluation

Mögliche Standorte werden auf ihre Tauglichkeit bezüglich Verkehr, Transport, Energienutzung (Fernwärme, Prozeßdampf) untersucht. Für die Standortbestimmung ist eine enge Zusammenarbeit zur Bewertung der vier möglichen Standorte (Variantenvergleich) mit "Kasangraschdanprojekt" vorgesehen. Die Vorzugsvariante ist vorzuschlagen.

3. Klärschlammbehandlung

Mögliche Varianten der Klärschlammverwertung inkl. Kombinationen mit der Müllverbrennung werden untersucht.

4. Anlagekonzept/technische Kriterien

Aufgrund der Abfallmengen wird das Anlagegrobkonzept, festgelegt. Die Behandlung des Klärschlammes wird mit berücksichtigt. Die Entsorgung der Asche bzw. der Standort der Aschedeponie sowie das Entsorgungsverfahren wird festgelegt. Für die Entsorgung der Asche werden Verwertungskonzepte geprüft.

Diese Grunddaten sind für die Abklärung des Vorprojektes, als auch des lokalen Lieferumfangs unbedingt notwendig.

Nach Genehmigung dieser Berichte wird die Projektierung mit der Phase 2, dem Vorprojekt fortgesetzt.

Nach der Phase 1 erarbeiten wir in Phase 2 das Vorprojekt.

Phase 2 Vorprojekt

Unter Berücksichtigung der aus der Vorstudie erarbeiteten Rahmenbedingungen wird das Vorprojekt erstellt. Dabei werden das Gebäudekonzept, das Konzept der Müllverbrennung mit Müllbunkergröße, Anzahl Verbrennungslinien, Größe der Einheiten, das Konzept der Klärschlammverbrennung, das Konzept der Rauchgasreinigung, das Konzept der Energiegewinnung und das Konzept der Reststoffbehandlung festgelegt. Diese Arbeiten erfolgen unter enger Mitarbeit des lokalen Partners Kasangraschdanprojekt. Das Resultat dieses Vorprojektes wird in einem Bericht zusammengefaßt, das gleichzeitig für die Finazierungsverhandlungen als wichtige Unterlage ("bankable document") erforderlich ist.

Phase 3: Vorbereitung zur Ausführung

Auf Basis des Vorprojektes erfolgt die Abklärung zur Finanzierung der Ausführung der Entsorgungsanlage und je nach Situation erfolgt die nationale (russisch/tatarische) und internationale Ausschreibung der Anlage und Bauleistung. Dabei wird auf maximale Einbeziehung tatarischer Unternehmen geachtet.

Durch die hier dargestellte Vorgehensweise wollen wir trotz sehr komplizierter und schwieriger Problemstellungen für die Stadt Kasan eine grundlegende Lösung des Abfallproblems erreichen.

Anlage 1

Prognosegrößen

	auf das Jahr 1998	2001	2006	2011	2016
1. Bevölkerung Tausend Einwohner	1177	1230	1280	1330	1380
2. Bevölkerung, wo Müllentsorgung realisiert wird	1046,5	1128,5	1193	1257,5	1307,5
3. Allgemeine Norm fester Hausmüll pro Kopf und Jahr, m^3	1,4	1,47	1,54	1,62	1,7
einschließlich durch Wohnraumfond	1,1	1,15	120	1,27	1,33
von Objekten der sozialen Kultur	0,3	0,32	0,34	0,35	0,37
4. Gesamtmenge fester Hausmüll	1504	1691,3	1866,8	2154,6	2249,5
einschließlich Wohnraumfond	1151	1297,7	1431,6	1689,1	1738,9
von Objekten der sozialen Kultur	353	393,6	435,2	465,5	510,6
5. Umfang Industrieabfälle Tausend m^3	300	315	330,7	347,3	364,6
6. Straßenkehrricht Tausend m^3	45	45	45	45	45
7. Abbruchmassen und aus Instandsetzung	5	5	8	8	13
8. Abfälle von Parkanlagen, Grünanlagen	4	4	6,4	6,4	10,2
9. Gesamtabfallmenge Tausend m^3	1858	2060,3	2256,9	2561,3	2682,3
10. Sonstige nichtberücksichtigte Abfälle (%)	18,6	20,6	22,6	25,6	26,8
11. Gesamtmenge der auf dem Polygon zu lagernden Abfallmenge Tausend m^3	1876,6	2080,9	2279,6	2586,9	2709,2

Quelle: Kiewer wiss.-technisches Zentrum "Extel", Betrieb "Programmprojekt"

Anlage 2 - Zweistufige Entsorgung von Hausmüll aus der Stadt Kasan
Quelle: Pachtbetrieb "Kommunspeztrans" Stadt Kasan

Anlage 3 - Bilder der Kippe Kasan

Quelle: NUTEC AG Zürich

Anlage 4

Mittlere Dichte und Feuchte der Hauptkomponenten

Komponenten	mittlere Dichte t/m³	Feuchte %
1. Lebensmittelabfall	0,48	65 - 75
2. Papier	0,04 - 0,06	45
sauber	0,02 - 0,03	8 - 15
verschmutzt	0,07 - 0,08	40 - 58
3. Karton	0,05 - 0,07	8 - 25
4. Holz	0,22	15 - 25
5. Metall	0,22	3
6. Textilien	0,16 - 0,18	20 - 40
bedingt sauber	0,12 - 0,16	8 - 12
verschmutzt	0,18 - 0,20	40 - 64
7. Glas	0,34 - 0,48	2
8. Haut, Gummi	0,22 - 0,25	10 - 15
9. Knochen	0,36 - 0,52	20 - 30
10. Kohle, trockene Schlacke	1,00	20 - 30
11. Steine	1,50	2
12. Plaste	-	10 - 15
13. Sonstiges	0,22 - 0,40	5 - 10
14. Feinstoff < 15 mm	0,77	30 - 50
15. Fraktion		
> 100 mm	-	20 - 30
< 100 mm	-	45 - 65

mittlere Dichte 0,3 ± 0,03 t/m³
Feuchte 30 - 58 % (max. im Herbst)

Quelle: Kiewer wiss.-technisches Zentrum "Extel", Betrieb "Programmprojekt"

Abfallwirtschaft in Sachsen-Anhalt (Süd)

Dr. Jürgen Dube

Es gilt das gesprochene Wort!

Meine Damen und Herren,

als vor 6 Jahren hier von Leipzig aus der Impuls für die politische Wende in der ehemaligen DDR ausging, war eine Forderung der legendären „Montagsdemonstrationen", unserem Land eine ökologische Zukunft zu geben.
Mit der Wiedervereinigung Deutschlands wurde im Osten des Landes ein radikaler Strukturwandel eingeleitet. Das war teilweise schmerzhaft aber unvermeidlich sowohl wegen der ökonomischen Veränderungen als auch wegen der neuen ökologischen Verantwortung und Anforderungen. In dieser Umbruchsituation haben wir in den südlichen Landkreisen des Landes Sachsen-Anhalt die Chance erkannt, den unumgänglichen Prozeß der Veränderung auch im Bereich der Abfallentsorgung so zu gestalten, daß wir die Grundlage schaffen für eine ökonomisch erfolgreiche und ökologisch sichere Abfallwirtschaft.

Wie sah die Situation der Abfallentsorgung 1990 aus?

In den Landkreisen des Zweckverbandsgebietes konnte die Entsorgung durch die bis dahin zuständigen Stadtwirtschaftsbetriebe nicht mehr bewältigt werden. Der Abfall aus Haushaltungen und Gewerbe wurde weitestgehend unsortiert auf insgesamt 474 Ablagerungsstätten verbracht. Nur 32 dieser Flächen waren „kontrollierte Ablagerungen". Als Einbau wurde das periodische Zusammenschieben der Abfallhaufen mittels Raupenfahrzeug bezeichnet. (Abb. 1).

Anlage 6

Stadt Kasan
Neue thermische Müllverwertung
Vorschlag zur Vorgehensweise

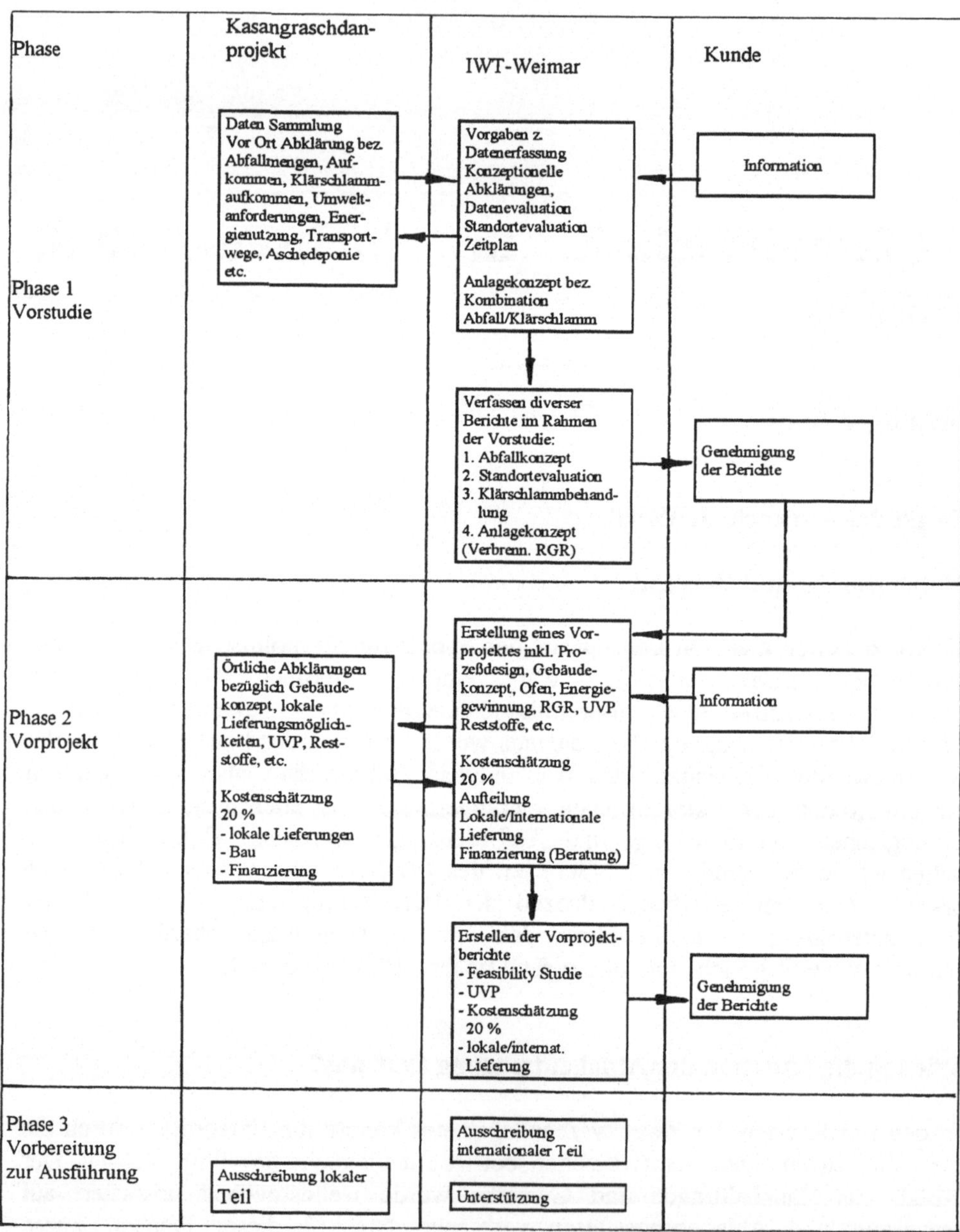

Quelle: EWI Zürich

Abfallwirtschaft in Sachsen-Anhalt (Süd)

Dr. Jürgen Dube

Es gilt das gesprochene Wort!

Meine Damen und Herren,

als vor 6 Jahren hier von Leipzig aus der Impuls für die politische Wende in der ehemaligen DDR ausging, war eine Forderung der legendären „Montagsdemonstrationen", unserem Land eine ökologische Zukunft zu geben.
Mit der Wiedervereinigung Deutschlands wurde im Osten des Landes ein radikaler Strukturwandel eingeleitet. Das war teilweise schmerzhaft aber unvermeidlich sowohl wegen der ökonomischen Veränderungen als auch wegen der neuen ökologischen Verantwortung und Anforderungen. In dieser Umbruchsituation haben wir in den südlichen Landkreisen des Landes Sachsen-Anhalt die Chance erkannt, den unumgänglichen Prozeß der Veränderung auch im Bereich der Abfallentsorgung so zu gestalten, daß wir die Grundlage schaffen für eine ökonomisch erfolgreiche und ökologisch sichere Abfallwirtschaft.

Wie sah die Situation der Abfallentsorgung 1990 aus?

In den Landkreisen des Zweckverbandsgebietes konnte die Entsorgung durch die bis dahin zuständigen Stadtwirtschaftsbetriebe nicht mehr bewältigt werden. Der Abfall aus Haushaltungen und Gewerbe wurde weitestgehend unsortiert auf insgesamt 474 Ablagerungsstätten verbracht. Nur 32 dieser Flächen waren „kontrollierte Ablagerungen". Als Einbau wurde das periodische Zusammenschieben der Abfallhaufen mittels Raupenfahrzeug bezeichnet. (Abb. 1).

Abfallentsorgung in Sachsen-Anhalt (Süd) 1990/1991

Landkreis	Fläche km²	Ablagerungsstätten	Kontrollierte Ablagerungen	Gesamt
Nebra	307	54	2	56
Naumburg	359	32	22	54
Zeitz	353	179	3	182
Hohenmölsen	178	108	4	112
Weißenfels	223	69	1	70
Summe	1420	442	32	474

Abb. 1 Anzahl der Ablagerungsstätten in den Flächengebieten der ehemaligen 5 Landkreise des ZAW

471 Ablagerungsstätten wurden geschlossen und nach Durchführung entsprechender Gefährdungsanalysen saniert und rekultiviert.

Die Strategie der Unteren Abfallbehörde als Landkreis bestand darin, die unkontrollierten „Ablagerungen“ und kontrollierten Ablagerungen als „Dorfdeponien“ zu erfassen und unter fachlicher Anleitung zu schließen. Die Entsorgungspflicht hatten zu diesem Zeitpunkt nach der Kommunalverfassung noch die Kommunen.
Im Rahmen der erarbeiteten Abfallwirtschaftsbilanzen mußte die Entsorgungssicherheit durch „Übergangsdeponien“ mit Zeitpunkt der Planung, des Baues und Inbetriebnahme einer Zentraldeponie nach dem Stand der Technik „TA Siedlungsabfall“ abgesichert werden.
Für die Schließung der Altdeponiestandorte mußten für die Ermittlung der

. Gefährdungspotentiale
. die Erarbeitung der Sanierungskonzeption und
. Rekultivierung der Altdeponiestandorte

beträchtliche finanzielle Mittel durch den Bund, das Land und die Landkreise bereitgestellt werden. (Abb. 2)

1990/94 Sanierung Altablagerungen

	Naumburg	Nebra	Zeitz	Weißenfels	Hohenmölsen
Maßnahmen	49	7	19	26 davon 11 gefördert	8 davon 1 gefördert
finaz. Mittel	8,0 Mio DM	11,9 Mio DM	7,0 Mio DM	7,8 Mio DM	452.5 T DM
davon Fördermittel	6,4 Mio D	9,4 Mio DM	5,6 Mio DM	5,7 Mio DM	362,0 T DM
davon Eigenmittel	1,6 Mio DM	2,5 Mio DM	1,4 Mio DM	2,1 Mio DM	90,5 T DM

Abb. 2 Anzahl der sanierten Altdeponiestandorte mit finanziellem Aufwand

Die Sanierung wurde in der Regel mit 80 % gefördert. Entsprechend eines Gefährdungspotentials wurden allein im ehemaligen Kreis Naumburg

5 Deponiestandorte sehr kostenaufwendig

mit mineralischer Verkappung gesichert.

Die Abfallmengen wurden 1990 noch an hand der Anzahl der geleerten Müllbehälter bzw. Müllfahrzeuge ermittelt. Eine Verwiegung war zu diesem Zeitpunkt in keinem Kreis möglich.

Das Ost-Berliner Institut für Umweltschutz gibt für das Jahr **1988** ein durchschnittliches Abfallaufkommen von ca. 3,5 Mill. Tonnen fester Siedlungsabfälle an, wovon 2,9 Mill. Tonnen zum Hausmüll zählen. Das entspricht ca. **180 kg/Einwohner** und Jahr (DDR). In den alten Bundesländern fielen im gleichen Zeitraum 375 kg/Einwohner an.

Schon 1992 wurden im zwischenzeitlich erarbeiteten Abfallwirtschaftskonzept des ZAW Restmüllmengen aus Privathaushalten von 285 kg/Einwohner und Jahr erfaßt. Restmüll aus Privathaushalten plus hausmüllähnlicher Gewerbeabfall entsprachen ca. 356 kg/Einwohner, dazu kamen 129 kg/Einwohner Sperrmüll (zum Vergleich: alte Bundesländer; 35 kg/Einwohner). Insgesamt betrug der Gesamtabfall **1992 485 kg/Einwohner** und Jahr. **1994** beträgt der Gesamtabfall aus Restmüll aus Privathaushalten plus hausmüllähnlicher Gewerbeabfall plus Sperrmüll plus Sortierreste aus DSD **690 kg/Einwohner** und Jahr. (Abb. 3)

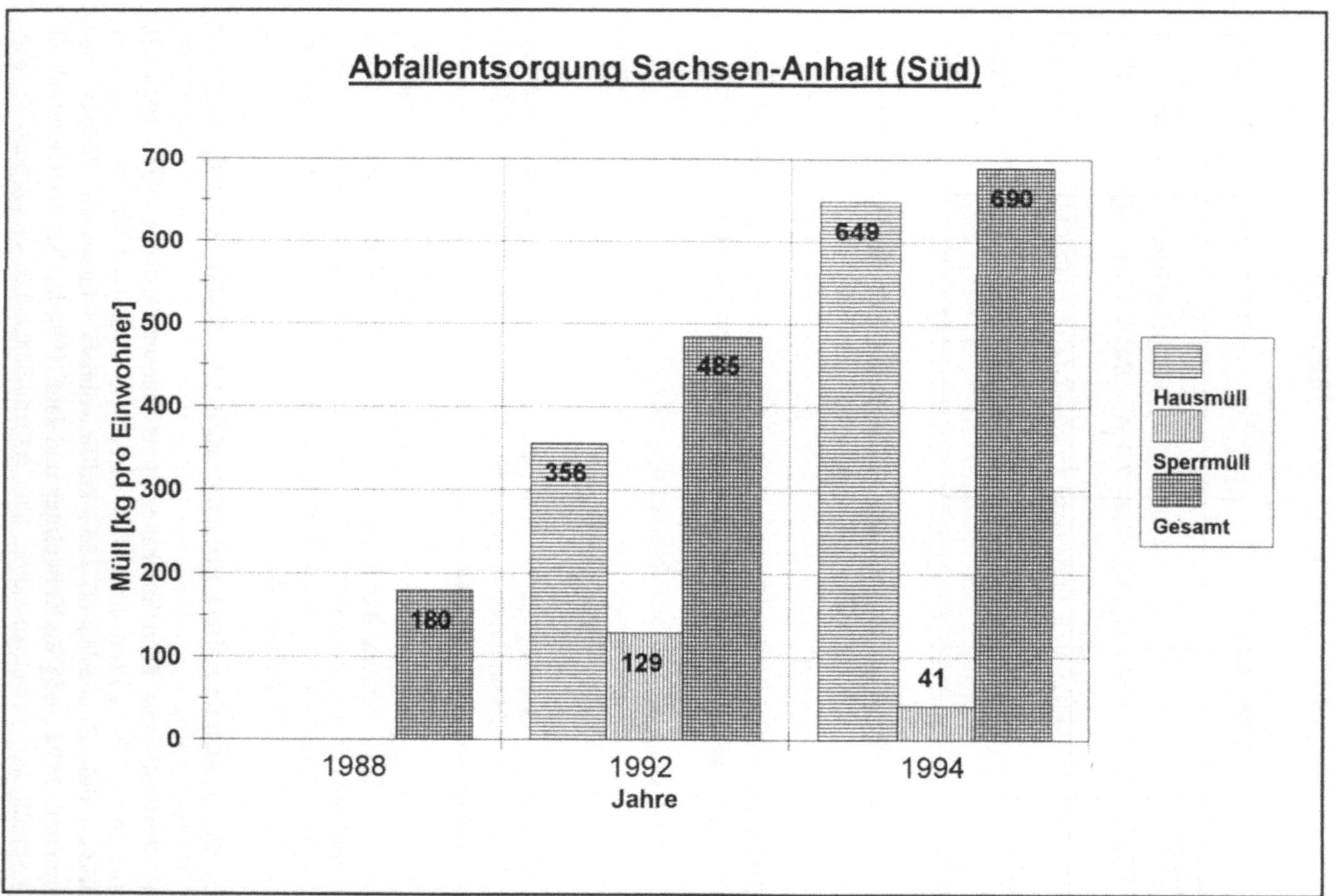

Abb. 3: Abfallbilanz - Haus- und Sperrmüllmenge in kg pro Einwohner

Das vielgerühmte, staatlich stark subventionierte SERO-System der DDR brach natürlich mit der fehlenden Möglichkeit der Finanzierung bei der Erfassung der Wertstoffe nach der Wende in der bestehenden Organisationsstruktur zusammen. Als Alternative wurde ein flächendeckendes Containernetz für die Getrenntsammlung von Wertstoffen in den Kreisen aufgebaut, das durch Umsetzung des Dualen Systems Deutschland (DSD) sinnvolle Ergänzung fand. 1988 wurden in der ehemaligen DDR pro Einwohner 131 kg Wertstoffe gesammelt. 1994 liegt die Erfassungsmenge im ZAW-Gebiet bei 135 kg. (Abb. 4)

Abfallentsorgung in Sachsen-Anhalt (Süd)

Wertstoffe	1988 kg pro Einwohner	1990/91	1994 kg pro Einwohner
Papier	18		47
Glas	78	**keine vergleichbare**	29
Plaste	7	**Aussage möglich**	10 einschl Leichtverpackung + Verbunde
Altmetalle	28		49
Gesamt	131		135

Abb. 4 Entwicklung der Mengenbilanz der Wertstoffe im ZAW-Gebiet

Ein großer Wert wurde auf eine qualitative Erfassung der Wertstoffe gelegt, indem 6 Fraktionen erfaßt werden (Weißglas, Braunglas, Grünglas, Dosen, Verbunde, Papier). Alternativ wurde in einzelnen Kreisen neben dem Container noch der gelbe Sack für die Leichtfraktion eingeführt.

Meine Damen und Herren,

der Zweckverband Abfallwirtschaft ZAW Sachsen-Anhalt-Süd wurde vor dem Hintergrund der hier geschilderten Entsorgungssituation bereits im Mai 1991 gegründet. Verbandsmitglieder waren die damaligen Landkreise Hohenmölsen, Weißenfels (jetzt Landkreis Weißenfels) und Naumburg, Nebra, Zeitz (jetzt Burgenlandkreis).

Nach der Bilanzierung unserer Abfallmengen im Jahr 1990 hatten alle 5 ehemaligen Kreise des heutigen Zweckverbandsgebietes schnell erkannt, daß der vorhandene Deponieraum in einigen Jahren verfüllt sein wird. Nur 5 Deponien wurden nach dem Einigungsvertrag mit Bestandsschutz als Kreisdeponien ausgebaut und weiterbetrieben, wovon 2 bereits geschlossen wurden. (Abb. 5)

Abfallentsorgung in Sachsen-Anhalt (Süd)

Deponievolumen in m^3

Jahr	Herren-gosserstedt	Großkor-betha	Grube Siegfried	Freyburg/ Zeuchfeld	Nißma	gesamt
12/90	300.000	200.000	660.000	750.000	950.000	2.860.000
12/92	30.000	40.000	530.000	605.000	802.000	2.007.000
12/94	-	-	400.000	460.000	680.000	1.540.000
12/96	-	-	145.600	146.400	573.000	865.000
12/98	-	-	-	-	279.000	279.000
Restvolumen 2000	-	-	-	-	11.000	11.000

Abb. 5 Vorhandene Deponiekapazität im ZAW-Gebiet bis zum Jahr 2000

Die Arbeit des ZAW konzentrierte sich satzungsgemäß in den ersten 3 Jahren ausschließlich auf die Standortsuche und planerische Vorbereitung einer zentralen Hausmülldeponie, um damit dem absehbaren Entsorgungsnotstand durch die vorzeitige Verfüllung der Übergangsdeponien:

Grube Siegfried (1998)
Freyburg/Zeuchfeld (1998)
Nißma (2000)

entgegenzuwirken.
Im gesamten ZAW-Gebiet konnten im Rahmen einer Negativkartierung als Ergebnis 44 potentielle Deponiestandorte ausgewiesen und einer vergleichenden Bewertung nach quantitativen und qualitativen Kriterien unterzogen werden.
Um einen kommunalpolitischen akzeptablen Standort in den Untersuchungsraum mit einzubinden, wurde die Innenkippe Profen-Nord im ehemaligen Braunkohlentagebau als möglicher Deponiestandort mit aufgenommen. Durch den nachträglich aufgenommenen Kippenstandort wurde die Zeitschiene zur Festlegung des Standortes der Zentraldeponie wesentlich verlängert.

Inzwischen wurde nach Abarbeitung des durch das Regierungspräsidium Halle in der Antragskonferenz im November 1993 festgelegten Untersuchungsumfanges für 3 mögliche Deponiestandorte das Raumordnungsverfahren eingeleitet. Mitte dieses Jahres (1995) erwarten wir die Entscheidung der Raumordnungsbehörde über die Standorteignung.
Nach der Durchführung der Kreisgebietsreform und mit Beginn der neuen Legislaturperiode der Verbandsversammlung wurde der ZAW organisatorisch in die Lage versetzt, alle Aufgaben einer entsorgungspflichtigen Körperschaft zu erfüllen. Die Geschäftsstelle zog in geeignete Räume um. Aus den Umweltämtern der ehemaligen Landkreise wurde sachkundiges Personal nach verwaltungsinternen Ausschreibungen eingestellt. Seit Jahresbeginn hat der ZAW die Aufgabe, die im Verbandsgebiet anfallenden Abfälle zu sammeln, zu befördern, zu behandeln, zu lagern, abzulagern und ergänzende Maßnahmen zur Verwirklichung der Ziele der Abfallwirtschaft gemäß § 1 Absatz 1 Abfallgesetz Land Sachsen-Anhalt durchzuführen. Hierzu plant, errichtet und betreibt er die erforderlichen Anlagen. Die Kompetenz des Zweckverbandes wurde - untersetzt durch entsprechende Kreistagsbeschlüsse - so erweitert, daß er im Verbandsgebiet betriebene Abfallentsorgungsanlagen übernommen hat und auch für den Einzug der Abfallgebühren zuständig ist.
In der Übergangszeit, die aus Kostengründen so kurz wie möglich zu halten ist, behalten die 5 verschiedenen Abfallwirtschafts- und Gebührensatzungen Gültigkeit. (Abb. 6)

Abfallentsorgung in Sachsen-Anhalt (Süd)

	Landkreise					
	Nebra	Naumburg	Zeitz		Weißenfels	Hohenmölsen
	14-tägige Entsorgung	wöchentliche Entsorgung	wöchentliche Entsorgung	14-tägige Entsorgung	wöchentliche Entsorgung	wöchentliche Entsorgung
1 PHH	88,00 DM/a	91,50 DM/a	125,00 DM/	116,90 DM/	134,00 DM/	126,00 DM/a
2 PHH	176,00	183,00	197,50	184,75	212,00	200,00
3 PHH	264,00	274,50	270,00		292,00	272,20
4 PHH	352,00	366,00	323,80		344,00	326,50
5 PHH	440,00	457,50			384,00	390,60

Abb. 6 Entsorgungsgebühren in den ehemaligen 5 Landkreisen des ZAW bei unterschiedlichem Leistungsumfang

In der Abfallwirtschaftssatzung des ZAW wird ein einheitliches Leistungsspektrum für das gesamte ZAW-Gebiet festgelegt und die damit verbundenen Kosten ebenfalls einheitlich in der Gebührensatzung auf alle Einwohner verteilt.

In die Gebühren fließen natürlich auch die höheren Kosten für Planung, Bau und Betrieb von Entsorgungsanlagen, die dem neuesten Stand der Umwelttechnik entsprechen ein.

Das Abfallaufkommen im ZAW-Gebiet betrug 1994 782.000 Tonnen, wovon 342.000 Tonnen deponiert wurden. (Abb. 7)

Abfallentsorgung in Sachsen-Anhalt (Süd)

Sorte	Aufkommen	Deponierung
Hausmüll/Sperrmüll	103.000	103.000
Gewerbeabfälle	59.000	59.000
Bauschutt, Baustellenabfälle	311.000	140.000
Erdaushub, Straßenaufbruch, Kehricht, Asche	300.000	68.500
Gartenabfälle, Parkabfälle	8.000	4.000
Sortierreste aus DSD	1.000	1.000
Gesamt	782.000	375.500

Abb. 7 Abfallaufkommen und Abfallzusammensetzung im ZAW-Gebiet 1994

Diese Aufstellung läßt deutlich erkennen, daß bereits intensiv an der Verwertung gearbeitet wird. So werden im Verbandsgebiet 7 Bauschuttrecyclinganlagen betrieben, 1 Baustellenmischabfallsortieranlage wurde genehmigt und im November 1994 in Betrieb genommen. Ein Großteil des Erdaushubs wird zur Wiederverfüllung von Kiesgruben auf der Basis bestätigter Betriebs- und Rekultivierungspläne eingesetzt. Erste Bodenbörsen haben die Arbeit aufgenommen.
Die Abfallmengen haben sich im Zweckverbandsgebiet bereits um die Mengen reduziert, die im Rahmen des DSD als wiederverwertbare Rohstoffe erfaßt werden. Die Sammlung erfolgt im Bringsystem über Container bzw. im Holsystem durch Bündelsammlung. Die PPK und Leichtstoffraktionen werden einer Sortieranlage im ZAW-Gebiet in Reinsdorf sowie Anlagen in Gera und Zappendorf (bei Halle)

zugeführt, die Sortierreste werden den Landkreisen zur Deponierung übergeben. Haushaltsschrott, Haushaltsgroßgeräte, Kühlschränke und Elektronikschrott werden separat erfaßt und einer Wiederverwertung zugeführt, so daß hier insgesamt ca. 30.000 Tonnen der Deponierung entzogen werden. (Abb. 8)

Abfallentsorgung in Sachsen-Anhalt (Süd)

Aufkommen	Menge t/a
PPK (Papier, Pappe, Kartonagen)	10.500
Glas	7.000
Leichtverpackungen	2.500
Schrott	9.000
Kühlschränke	1.000
Haushaltsgroßgeräte	1.000
Elektronikschrott	500
Gesamt	**31.000**

Abb. 8 Werkstoffaufkommen 1994 einzelner Fraktionen im ZAW-Gebiet in Tonnen.

Die Abfallentsorgung im ZAW-Gebiet

Die Hausmüllentsorgung wurde im gesamten ZAW-Gebiet in jedem Kreis durch die Stadtwirtschaftsbetriebe durchgeführt. Die Technik war desolat, so daß enorme finanzielle Mittel aufgebracht werden müßten, um eine moderne Entsorgungswirtschaft aufbauen zu können. Im Rahmen der kommunalpolitischen Entscheidung wurden vier Stadtwirtschaftsbetriebe aufgelöst und durch Ausschreibungen die Entsorgungsleistung im Rahmen einer Drittbeauftragung an private Unternehmen vergeben. In einem Kreis hat man sich für ein gemischtes Modell entschieden, indem eine GmbH mit kommunalen Mehrheitsanteilen gebildet wurde. Im gesamten Zweckverbandsgebiet sind heute 4 Entsorgungsunternehmen im Hausmüllbereich tätig, so daß ein gesunder Wettbewerb und ein unmittelbarer Preisvergleich zwischen den Betrieben durch den ZAW möglich wird. Der ZAW hat die Entsorgungsverträge übernommen und durch den nun sichtbaren Vertragsvergleich die Möglichkeit, in einigen Positionen nachzuverhandeln. Die Sammlung erfolgt wöchentlich bzw. 14-tägig mit Restmüllfahrzeugen, die verwendeten Müllgefäße für die Hausmüllerfassung sind 120 l, 240 l, 770 l und 1100 l Müllgroßbehälter. Der Müll wird auf die im Zweckverbandsgebiet betriebenen 3 Deponien verbracht und ohne nochmalige Behandlung nach dem

Stand der Technik eingebaut. Die Entsorgung der Gewerbeabfälle erfolgt überwiegend über **1 - 20 m³** Container. In diesem Bereich sind 10 private Containerdienste tätig. Dieser Abfall wird ebenfalls noch ohne Vorbehandlung auf den Deponien abgelagert.

Der Bauschutt wird über Container oder Baufahrzeuge zu den Recyclinganlgen geliefert, recycelt und in Kornfraktionen getrennt. Der Großteil wird im Straßen- und Wegebau eingesetzt. Der Rest wird auf den 3 Deponien oder in der Bauschuttdeponie oder in 2 zu verfüllenden Kiesgruben abgelagert.
Der Grünschitt wird sowohl zentral gesammelt als auch durch Bürger zu Sammelstellen gebracht. Ein Teil wird als Strukturmaterial für die Kompostierung von Klärschlamm eingesetzt. Zur Zeit wird der Grünschnitt in 6 Grünschnittkompostieranlagen angeliefert, die privat betrieben werden. Der ZAW trifft zur Zeit die planerischen Vorbereitungen, um für ein Gesamtaufkommen von ca. 12.000 - 18.000 Tonnen Input eine zentrale Kompostieranlage zu errichten.

Wiederverwertung, Aufbereitung und Entsorgung der Reststoffe

Trotz getrennter Erfassung der Wertstoffe muß davon ausgegangen werden, daß nur ca. 40 - 50 % der wiederverwertbaren Abfälle nach Arten getrennt erfaßt werden. D. h. der Restabfall beinhaltet noch Glas, Papier, Pappe, Leichtverpackungen, Metalle, Holz und Grünschnitt sowie die gesamte Biofraktion, da diese derzeit noch nicht getrennt gesammelt wird. Demzufolge ist es erforderlich und durch die TA Siedlungsabfall auch zwingend vorgeschrieben, den Restmüll einer Vorbehandlung zu unterziehen.

Diese Vorbehandlung hat zum Ziel, den abzulagernden Restmüll zu minimieren und ihn so aufzubereiten, daß seine Deponierung zu einer Verringerung des Deponiegasvolumens und der Sickerwassermenge führt.

Wir beabsichtigen in den nächsten Jahren die schrittweise Errichtung von Sortieranlagen zur mechanischen Behandlung des Restabfalls und den Bau einer Kompostieranlage zur biologischen Behandlung der organischen Fraktion. Durch diese Vorbehandlung werden die derzeitig anfallenden Restabfallmengen auf die Hälfte reduziert und wertvoller Deponieraum kann länger genutzt werden. (Abb.9)

Maßnahmen zur Sanierung der Abfallmengen, um Deponieraum zu schonen

1. Sortierung von Baustellenabfällen, um wiederverwertbare Materialien herauszutrennen **ab 1995**

2. Kompostierung von Bio-Abfällen aus dem Hausmüll
ab 1996 6.000 t
ab 1998 12.000 t

Übersicht über die Entwicklung der Abfallmengen nach Realisierung o.g. Maßnahmen und darauf aufbauende Entwicklung der Verfüllung des Deponieraumes

Jahr Abfallart	1994 Basisjahr	1995	1996	1997	1998	1999	2000
kommunaler Haus- u. Sperrmüll	103.000	103.000	97.000	97.000	52.200	52.200	
Gewerbe-abfall	59.000	59.000	59.000	59.000	59.000	59.000	
Bauschutt/ Baustellen-abfall	140.000	90.000	70.000	70.000	70.000	70.000	
Erdaushub/ Straßenauf-bruch, Asche	69.000	64.000	59.000	59.000	59.000	59.000	
Garten- und Parkabfälle	4.000	4.000	-	-	-	-	
Sortierte DSD	1.000	1.000	1.000	1.000	1.000	1.000	
zu depo-nierende Abfallmenge	376.000	321.000	286.000	286.000	241.200	241.200	
Abfallvolu-men Faktor 0,9 t/m³	418.000	357.000	318.000	318.000	268.000	268.000	
verbleibendes Deponie-volumen	1.540.000	1.183.000	865.000	547.000	279.000	11.000	

Abb. 9

Selbst bei weitgehender Einbeziehung sämtlicher denkbarer Vermeidungs- und Verwertungsverfahren wird immer ein Restmüll verbleiben, der nur abgelagert werden kann. An die Vorbehandlung von Abfällen, die abgelagert werden müssen, werden jedoch so hohe Maßstäbe gelegt, wie sie zur Zeit nur durch thermische Behandlungsverfahren zu erreichen sind.

Die Verbandsversammlung des ZAW hat sich bereits 1994 zur thermischen Abfallverwertung bekannt. Der Zweckverband trifft z. Z. die organisatorischen Vorbereitungen zur Planung aller möglichen Vorbehandlungen der Abfälle, einschließlich der thermischen Vorbehandlung. Die Notwendigkeit der Errichtung einer thermischen Vorbehandlung entsteht aus den mit der TA Siedlungsabfall geforderten Parametern an den abzulagernden Restabfall. Die Wirtschaftlichkeit einer thermischen Behandlungsanlage wird wesentlich von anderen Parametern beeinflußt: z. b. Abfallmengen, Entfernung zum Müllschwerpunkt, Entfernung zur Restabfalldeponie. Schon jetzt ist abzusehen, daß die anfallenden Abfallmengen für eine wirtschaftliche thermische Verwertung im Zweckverband nicht ausreichen. Das ist nicht das Ergebnis umfassender Abfallvermeidung, sondern auf das Wirksamwerden neuer Gesetzlichkeiten, wie Verpackungsverordnung und DSD oder künftig das Kreislaufwirtschaftsgesetz, zurückzuführen.
Vom Regierungspräsidium Halle wurden deshalb im Ergebnis einer Voruntersuchung zur Standortauswahl für thermische Abfallbehandlungsanlagen Entsorgungsräume empfohlen, die weit über die Grenzen des ZAW-Gebietes mit seinen ca. 235.000 Einwohnern hinausgehen. Der Zweckverband sieht sich in der Pflicht, mit Nachbarkreisen oder benachbarten Zweckverbänden Formen einer effektiven Zusammenarbeit zu finden, die einen gemeinsamen Bau und Betrieb einer thermischen Abfallbehandlungsanlage ermöglichen.
Die umweltgerechte Abfallentsorgung muß auch in Zukunft noch bezahlbar sein.

Zwei Jahre Abfallwirtschaft im Abfallzweckverband Ein Erfahrungsbericht

Ulrich Heine

1. Einleitung

Gemäß § 4 des Ersten Gesetzes zur Abfallwirtschaft und zum Bodenschutz im Freistaat Sachsen haben sich im Südöstlichen Teil Sachsens 5 Landkreise zum Regionalen Abfallverband Oberlausitz-Niederschlesien (RAVON) zusammengeschlossen.
Nach § 3 seiner Verbandssatzung hat der RAVON auf die Vermeidung sowie auf die Verminderung des Abfallaufkommens und eine weitestgehende Verwertung von Abfällen hinzuwirken. Als Hilfsmittel zur Erfüllung dieser Aufgabe hat der Verband insbesondere ein Abfallwirtschaftskonzept zu erstellen und dieses ständig fortzuschreiben.

Ferner hat der RAVON die Aufgabe, Abfallentsorgungsanlagen im Verbandsgebiet zu planen, zu errichten und zu betreiben sowie vorhandene Abfallentsorgungsanlagen auf der Grundlage gesonderter Verträge zwischen dem jeweiligen Landkreis und dem RAVON zu übernehmen.

Über die gesetzlich fixierten Aufgaben hinaus können dem RAVON von den Verbandsmitgliedern weitere abfallwirtschaftliche Aufgaben übertragen werden.

2. Aktivitäten des RAVON

09.91	Auftrag zur Erarbeitung eines Abfallwirtschaftskonzeptes für den zukünftigen Verband
29.06.92	Gründung des RAVON
08.92	Vorlage des Abfallwirtschaftskonzeptes
08.92	Auftrag zur Standortsuche für Abfallbehandlungs- und entsorgungsanlagen
01.93	Auftrag zur Managementberatung bei den durchzuführenden Deponieübernahmen
02.93	Verabschiedung eines Maßnahmeplanes durch die Verbandsversammlung
05.93	Vorlage von Modellverträgen zur Deponieübernahme
08.93	Vorlage des Endberichtes der Standortsuche
09.93	Fortschreibung des Abfallwirtschaftskonzeptes vor dem Hintergrund der TA-Siedlungsabfall
01.94	Übernahme bestehender Deponien von den Verbandsmitgliedern
04.94	Verabschiedung des geänderten Maßnahmeplanes auf der Grundlage des fortgeschriebenen Abfallwirtschaftskonzeptes
04.94	Antrag auf Planfeststellung für die Deponie Kamenz-Jesau

3. Der Maßnahmeplan aus dem Abfallwirtschaftskonzept

Nach Vorlage des Abfallwirtschaftskonzeptes für den Verband verabschiedete dieser im Februar 1993 einen Maßnahmeplan.
Sinn dieses Planes ist es, die Maßnahmen zur Abfallvermeidung, -verwertung und -entsorgung für definierte Zeiträume darzustellen und festzuschreiben.

Nach Vorliegen der Fortschreibung des Abfallwirtschaftskonzeptes im Februar 1994 wurde am 25.04.1994 ein ebenfalls überarbeiteter Maßnahmeplan verabschiedet.

3.1. Aufgabenverteilung im Verband

Basierend auf dem Maßnahmeplan wurde eine Aufgabenverteilung im Verband festgeschrieben.
Danach liegen die Maßnahmen der Abfallverwertung zum größten Teil bei den Verbandsmitgliedern, die Aufgaben der Abfallentsorgung beim Verband.

Aufgabenverteilung im Verband

Aufgabe	Landkreise	RAVON
Abfallberatung	für Bürger	für Industrie und Gewerbe
Öffentlichkeitsarbeit	x	x
Kompostierung	x	
Baurestmassenrecycling	x	
Klärschlammverwertung		x
Haushaltsgeräteverwertung	x	
Wertstoffe (Glas, Papier etc.)	x im Rahmen des DSD	
Problemabfälle	x	
Betreibung bestehender Anlagen		x
Planung neuer Anlagen		x

Diese Aufgabenverteilung unterstützt u.a. auch das Finanzierungsmodell des Verbandes, welches vorsieht, daß die Verbandsmitglieder, entsprechend den auf die Entsorgungsanlagen angelieferten Abfallmengen, eine Umlage an den Verband zu entrichten haben. Wenn nun die Verbandsmitglieder (Landkreis) durch Verwertungsmaßnahmen ihr tatsächliches Restabfallaufkommen vermindern, können sie entsprechende Kosten minimieren.
Von daher muß das Instrument der Abfallverwertung bei den Landkreisen belassen werden.

4. Notwendige Schritte bei der Abarbeitung des Abfallwirtschaftskonzeptes/Maßnahmeplanes

4.1. Übernahme bestehender Anlagen

Gemäß § 3 Abs. 3 der Verbandssatzung des RAVON hat der Abfallverband bereits vorhandene Anlagen und bestehende Verträge, soweit sie zur Aufgabenerfüllung erforderlich sind, übernommen.
Für die Übernahme der Anlagen wurden jeweils gesonderte Verträge zwischen dem Abfallverband und dem Verbandsmitglied, von welchem die Anlage übernommen werden sollte, abgeschlossen. In diesen Verträgen wurde der angemessene Ausgleich von Vorleistungen geregelt.

Folgende Grundsätze der Übernahmeverträge wurden erarbeitet:

1. Zwischen dem RAVON und dem jeweiligen Verbandsmitglied wurde ein Vertrag zur pachtweisen Übernahme der Deponie auf die Dauer von 10 Jahren abgeschlossen.

2. Im Pachtvertrag wurde dem RAVON dazu das Recht eingeräumt, durch einseitige Willenserklärung die Verlängerung der Pachtzeit um weitere 5 Jahre zu verlangen.

3. Zur Absicherung der Rechtsposition des RAVON gab der jeweilige Landkreis ein unwiderrufliches notarielles Verkaufsangebot ab, welches der RAVON jederzeit, spätestens jedoch zum 31.12.2008 annehmen kann.

4. Der durch die Annahme bedingte Anspruch des RAVON wurde durch die Eintragung einer Vormerkung in das Grundbuch dinglich gesichert.

Durch Abschluß dieser Verträge übernahm der Verband:

- die Grundstücke im Wege der Pacht
- das bewegliche Anlagevermögen
- das Umlaufvermögen
- die Verbindlichkeiten
- Geschäftspapiere bzw. Geschäftsunterlagen
- Betriebsangehörige

Des weiteren wurden die vom Verbandsmitglied getätigten Investitionen gemäß der Satzung ausgeglichen. In laufende Verträge wurde gemäß den Anforderungen und Notwendigkeiten eingetreten.

4.2. Neuerrichtung von Anlagen

Neben der Übernahme bestehender Entsorgungsanlagen ist der Neubau und der Betrieb von weiteren Entsorgungsanlagen Hauptaufgabe des Verbandes. Dazu muß der Verband nach neuen Standorten suchen.
Eine solche Standortsuche wurde durch den Verband durchgeführt und im Ergebnis 15 Standorte für eine Deponie der Klasse II nach TA-Siedlungsabfall und 4 Standorte für eine thermische Restmüllbehandlungsanlage zur näheren Untersuchung ausgewiesen.
Aus den 15 möglichen Deponiestandorten wurden 5 Standorte für eine geologisch-hydrogeologische Untersuchung ausgewählt. Für diese 5 Standorte wurde ebenfalls die Durchführung eines Standortsicherungsverfahrens beim RP Dresden beantragt.

Ziel der Untersuchungen ist es, aus den 5 Standorten wiederum 2 Standorte auszuwählen und sie einer vergleichenden Umweltverträglichkeitsuntersuchung zu unterziehen. Im Endergebnis soll ein Standort festgelegt werden, auf welchem die Errichtung einer Deponie der Klasse II nach TA-Siedlungsabfall erfolgen soll.

Der Betrieb einer Deponie der Klasse II nach TA-Siedlungsabfall setzt die Vorbehandlung der abzulagernden Abfälle voraus.
Der RAVON hat sich in diesem Zusammenhang für die thermische Behandlung der nichtverwertbaren Restabfälle entschieden.

Die um die Jahrtausendwende anfallende zu behandelnde Abfallmenge von ca. 250.000 t/a wurde auf zwei Anlagenstandorte aufgeteilt.

Am Standort Hirschfelde (Landkreis Löbau-Zittau) sollen 75.000 t/a mit dem Thermo-Select-Verfahren und am Standort Lauta (Landkreis Hoyerswerda) 175.000 t/a mittels konventioneller Anlagentechnik (Rostfeuerung) behandelt werden.

Anwendung moderner Konzepte bei Planung und Betrieb von biologischen Kläranlagen

Al. Braha, G. Groza, I. Braha

1. Einleitung

Spektakuläre Großchemie-Störfälle [1, 2] mit deren Gipfehlung in den weitbekannten Sandoz-Störfall sowie ein steigendes Umweltbewußtsein in der Bevölkerung leiteten eine Verschärfung der Abwassergesetzgebung durch Miteinbeziehung von Nährstoffen in die bisherigen Einleitewerte sowie deren allgemeine Herabsetzung ein. Als Folge hiervon setzte ein beachtliches Interesse an weitergehender Reinigung vorallem beim Belebtschlammverfahren ein, indem dieses eine wahre Renaissence erfuhr. So wird seit etwa der zweiten Hälfte der 80er Jahre versucht, durch Zugabe preiswerter zusätzlicher Biozönose-Träger [3 - 6] sowie jüngst auch über den verstärkten MSR-Einsatz [7, 8], eine Leistungsanhebung des Abbauprozesses zu erreichen. Als Grund für den MSR-Einsatz mag die rasante Entwicklung der Mikroprozeßtechnik mitsamt sinkenden Preisen für Hard-Ware sowie deren rasche Verbreitung in der industriellen Biotechnologie [9] und nicht zuletzt in der letzten Zeit spärlicher fließende Geldmittel gelten [10]. Zum Thema von Trägerbiologien wurde in [3 - 6] über die unterstützende Wirkung des Braunkohlekokses berichtet sowie auf die Vorteile bei Anwendung dieses billigen Trägermaterials gegenüber der um einen Faktor von 15 - 30 teuereren Aktivkohle hingewiesen. Analog zur AK-Zugabe dürfte die Anwesenheit schwerabbaubarer, sogar toxisch wirkender Substratkomponenten wie AOX, EOX, KW, etc... für solche Beimengung gelten [11].

Wie andererseits, aus einer dem MSR-Einsatz in der Abwassertechnik jüngst gewidmeten Tagung hervorging [12], hieraus "sei der Wunsch erwachsen, diese in anderen Gebieten so erfolgreiche MSR-Disziplin auch verstärkt für die Siedlungswasserwirtschft nutzbar zu machen". Dieses Bemühen habe - so in [12] ferner erläutert - bereits zu bedeutenden Verbesserungen des KA-Betriebes geführt, sei aber auch mit Mißerfolgen verbunden, welche "auf die Nicht-Erfüllung in ausreichendem Maße in der Siedlungswasserwirtschaft einiger Grundvoraussetzungen, allen voran die mathematische Beschreibung (sprich Modellansätze, u.A) in der Betriebsführung von Kläranlagen beruhe". Darin dürfte auch nach Meinung des Verfaßers das „Punctum saliens“ dieser unerfreulichen Thematik liegen: Das Nicht-Lehren von Reaktionstechnik den angehenden Siedlungswasserwirtschaftlern in unseren Hochschulen! Auf dieses, dem künftigen Siedlungswasserwirtschaftler zu lehrende Denken in Modellkategorien, wurde vom Verfaßer bereits 1987 hingewiesen [4] und - nach der erwähnten Bochumer-Tagung beurteilend - hatte dieses Manko bis 1991 arg wenig an Aktualität eingebüßt...Wie schwer ist es, von diesem eingefahrenen Weg in der Siedlungswasserwirtschaft abzuweichen, ging pikanterweise aus derselben Bochumer-

Tagung hervor: Unter den Referenten befand sich kein einziger MSR-Spezialist oder Verfahrensingenieur! Honi soit, qui mal y pense... Daß es allerdings auch wegbereitende Versuche in die Richtung Interdisziplinarität auf Hochschulebene geben kann, sollte die 4.Hannoversche Industrieabwassertagung vom 1991 als Beispiel gelten, als unter den Vortragenden auch Chemiker, Biologen und sogar Verfahrensingenieure zu zählen waren. Selbstkritisch sollte aber auch hierbei nicht unerwähnt bleiben, daß zwischen den in [13] durch Prozessanalysis von Verfahrensingenieuren auf reaktionstechnische Optimierung ausgerichteten und denen von Siedlungswasserwirtschaftlern [14] enthaltenen Ausführungen zur N-Elimination, sich mit knapp zwei Zehnerpotenzen (!) von einander unterscheidende Bemeßungswerte zur Reaktordimensionierung herausstellten.

Dennoch hatte es im deutschen Sprachraum schon seit Anfang der 60er Jahren Versuche gegeben, um reaktionstechnische Grundüberlegungen auch in der Abwassertechnik einzuführen. An dieser Stelle soll vor allen an die hervorragenden Arbeiten von Hunken [15] und Wilderer [16] erinnert werden, deren Echo in die Praxis - weder in der 1981 [17] noch 1991 [18] erstellten Planungsrichtlinie A 131 der deutschen Abwassertechnischen vereinigung bedauerlicherweise gleich Null blieb, obwohl beim heutigen Anteil an Industrieabwässern im sogenannten kommunalen Abwasser eine reaktionskinetische Analyse des abzubauenden Substrates kaum mehr weg zu denken sei! Dennoch bleiben solche sicherlich schon "familiär" gewordene Bemessungsparameter für häusliches Abwasser, unter merkwürdiger "Traditions"-Akribie bei uns weiterhin erhalten! Auch in den USA scheint sich eine ähnliche Situation Mitte der 70er Jahre abgespielt zu haben. So, nachdem man in [19] die Verdienste der Pioniere der Klärtechnik würdigte: „... pioneers in the field of waste treatment did the best then could“, geht der Autor auf einige derer Bemeßungsparameter ein und meint hierzu: „ It was intended the reasonable process design could be accomplished in the absence of a basic unterstanding of factors controlling process performance“! Indem der Autor aber mittlerweile hervorgegangene Erkenntnisse auf dem Gebiet der Klärtechnik erwähnt, betrachtet er solche frühere Bemeßungsparameter als Ammenmärchen („technical old wives tales“) und führt weiter aus, daß: „Regretable there is a tendency to become comfortable with the familiar parameter in the past. There is a reluctance on the part of academiciens, design engineers, equipment manufactures, and regulatory agency and operationg personnel to abandon comfortable and well-tried parameters for less familiar, less well-tried (but potentially more useful), rationel approaches to analyses of the perfomance of waste treatment facilities“. Diese Meinung über die Beibehaltung von „unsound parameters“ wird auch vom Verfaßer dieser Zeilen geteilt (wenn auch nicht ganz unter der literarischen Form „Ammenmärchen“ und „Volkskunde“!)... Hauptgrund für diese in Deutschland sogar 1994 noch beharrende Auffaßung ist es - wie übrigens der deutsche Verfahrenstechniker Prof. Brauer von der TU-Berlin es schon 1979 formulierte [20, 21]: „... daß Stoffumwandlungsprobleme niemals die Domäne der Bauingenieure, sondern das Hauptbetätigungsfeld der Verfahrensingenieure gewesen sind“. Daß die Bemessung nach der neuesten Planungsrichtlinie A 131 in ihrer 92er-Faßung [18] zu seltsamen Blüten führt, ging neulich aus einer bemerkenswerten Initiative des Institutes für Siedlungswasserwirtschaft der TU-Braunschweig hervor [22]. Hierbei wurden namhaften Wissenschaftlern aus 5 Ländern: Südafrika, England, USA, Dänemark und Deutschland, die gleichen Belastungsgrundlagen sowie die Reinigungsanforderungen gestellt, und um die Dimensionierung gebeten. Die nach A 131 dimensionierte Kläranlage [23] wies dabei 43 %

mehr am Reaktionsvolumen, 47 % mehr an zu installierender 0_2-Belüftungskapazität und nicht weniger als 400 % (!) mehr an zu behandelnden Überschußschlamm auf, als die nach USA-Planungsrichtlinien bemessene amerikanische Anlage [24], um hier nur die wichtigsten Unterschiede zu benennen! Nicht desto trotz verdienen die Bemühungen der ATV, zuerst einen gewissen Überblick über die übliche Sensor-Mimik [8] und EDV [9] zu vermitteln, uneingeschränkt Anerkennung. Auffaßungen jedoch, daß ein intensiver MSR-Einsatz nur auf neue Klärwerke lohne [25], oder - wie bei [26] empfohlen - daß die Verwendung sog. dynamischer Modelle sei kaum sinnvoll für kleinere bis mittlere Kläranlagen, tragen nach Meinung des Verfaßers kaum dazu bei, die beachtliche MSR-Rückständigkeit in der Abwassertechnik abzubauen! Auch hier macht sich die Lücke bei der Vermittlung von Grundlagen der Reaktortechnik an Siedlungswasserwirtschftlern bemerkbar, wobei die ebenfalls in [26] erwähnte Initiative zur Erforschung eines "Expertensystems" <u>ohne</u> "Befehlsgewalt", sondern nur als Datenerfaßungssystem und Hinweis auf evtl. Betriebsstörungen und deren Behebung verdient einerseits Anerkennung, daß wenigstens nach dem Dialog mit dem "Kollegen" Computer gesucht wird, andererseits stellt auch einen merklichen Schritt zurück dar, da es auf dem Markt bereits seit Jahren Prozeßleitsysteme <u>mit</u> von der Software gesteuerten Kommandos gibt [27]. Die nachstehenden Ausführungen behandeln in einer konkreten Fallstudie das Thema, ob wegen eines jüngst aufgetretenen, hauptsächlich industriellen Ursprungs bewirkten Anstiegs der Schmutzfracht von 15.000 EGW auf numehr 35.000 EGW, die in [27 - 29] dargestellte kommunale Kläranlage baulich/maschinell erweitert werden müße, oder ob es - ggf. mit über Trägerzugabe intensivierter biologischen Behandlung - möglich sei, sie verfahrens- und MSR-technisch zu modernisieren. Zu diesem Zweck wurde eine kinetische Studie zur Ermittlung des Abbauverhaltens des Abwassers durchgeführt. Sollte sich hiernach ergeben, daß unter Beibehaltung der gegenwärtigen KA-Gestaltung den Abbaucharakteristika des betreffenden Abwassers reaktions- und MSR-technisch angemessen Rechnung getragen werden könnte, dann würde man erkleckliche Investionskosten sparen, allerdings auch den Klärprozeß an die Grenze des technischen Optimums heranführen müssen. Daß dieses nicht nur mit maschineller und MSR-High-Tech-Ausrüstung, sondern auch mit gut geschultem Bedienungspersonal erreichbar sei, liegt allerdings auf der Hand, wurde aber vom Bauherrn - vorwiegend aus wirtschaftlichen Gründen - bewußt in Kauf genommen. Die kinetischen Untersuchungen erfolgten am Limnologischen Institut Dr. Nowak/Ottersberg, die Proceßanalyse übernahm die Firma Datenauswertungsbüro für Ecology-Engineering/ Langenhagen. Zum besseren Verständniß wird im Nachstehenden auf die Hauptaspekte der reaktionstechnischen Prozeßanalyse kurz eingegangen; der sich für Details interessierende Leser wird dabei auf entsprechende, diese Thematik vertiefende Literaturstellen verwiesen.

2. Modellbildung in der biologischen Abwasserbehandlung

2.1. Verfahrenstechnische Überlegungen bei Bioreaktoren mit suspendierter Biomasse (Belebungsanlagen)

Die technische Durchführung biologischer Stoffumwandlungsprozesse findet in einem durch Randbedingungen definierten System (specific boundaries) bzw. Volumen statt, ein Raum, welcher in der Verfahrenstechnik als Reaktor definiert wird [30]. Wie sich im Volumen V die Konzentration einer Substanz C im Laufe der Zeit t beim Durchsatz Q ändert, wird, reaktionstechnisch betrachtet, durch einen sog. kinetischen Ansatz: $r = -\, dC/dt$, d. h. durch die Geschwindigkeit dieser Änderung definiert. Als Folge des Massenerhaltungsgesetzes läßt sich daher für ein geschlossenes System eine Massenbilanz aufstellen [31]:

(Änderung im System)	=	(Zugeführte Menge)	-	(Ausgeführte Menge)	+	(Umgesetzte Menge)

$$V \frac{dC}{dt} = QC_0 - QC + Vr \qquad 1$$

Besteht diese Substanz aus einer chemisch inaktiven Komponente (tracer), so läßt sich durch eine im Zulauf des Reaktors damit erfolgte Stoßmarkierung (Diracimpulse) und zeitliche Verfolgung der Konzentrationsänderung im Auslauf des Systems, das sogenannte Verweilzeitverhalten des betreffenden Reaktors (residence time distribution - RTD) ermitteln.

2.1.2. Verweilzeitverhalten

In der Reaktionstechnik werden - je nach der Art der Betriebsweise - mehrere Arten von Bioreaktoren eingesetzt, die sich in ihrem reaktionstechnischen Verhalten allerdings voneinander unterscheiden. Darunter fallen u. a. - siehe Bild 1:

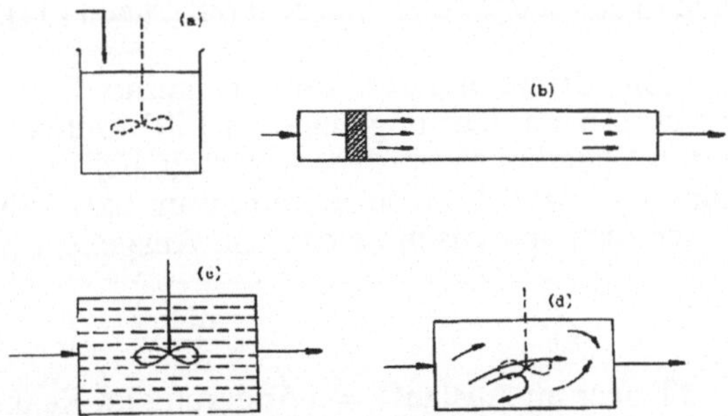

Bild 1: Verschiedene Reaktortypen:(a) - Batchreaktor; (b) - „plug-flow-reactor" oder (PFR) - ein Reaktor mit Kolbenströmung; (c) - „completely stirred tank reactor" (CSTR) - ein totaldurchmischter Reaktor (Rührkessel); (d) - Reaktor mit Dispersion, nach [32].

Die Grenzen zwischen diesen Reaktortypen werden und können in der Praxis nicht so scharf gezogen werden; deshalb habe man sich in der Fachliterarur darüber geeinigt, daß über eine eventuelle Standardisierung von Belebtschlammreaktoren, deren Verweilzeitverhalten bekannt ist, den sogenannten „grauen" Bereich: $0{,}1 \leq D/\bar{u}l \leq 4$ zu meiden [32] - siehe weiter, um hiermit aus einer Laboranlage resultierende Reaktionskonstanten bei der Modelllierung der Substratelimination auf hydrodynamisch ähnliche full-scale-Reaktoren direkt übertragen zu können. Hierin ist $\bar{u}$ die theoretische mittlere Durchflußgeschwindigkeit $[LT^{-1}]$, l die Länge des Reaktors [L] und D der Dispersionskoeffizient [L^2T^{-1}]. Im allgemeinen aber eignen sich die drei oben erwähnten Modelle gut, um das reaktionstechnische Verhalten des Reaktors zu beschreiben. Setzt man, wegen besserer Konzentrationverfolgung im Auslauf den Tracer während einer längeren Zeitspanne dem Zulauf zu und wird die Auswertung der Meßdaten dimensionslos vorgenommen, so erhält man typische, sog. F-Kurven [30], wie in Bild 2 dargestellt, für den PFR, CSTR und den Dispensionsreaktor. Dabei ist d = D/ $\bar{u}$l die sog. Dispersionskennzahl des Reaktors (d = 0 bei PFR und d = ∞ bei CSTR), C_0 die theoretische Tracer-Konzentration, die entstanden wäre, wenn sich die Menge an Tracer augenblicklich mit dem gesamten Inahlt des Reaktors vermischt hätte, C die nach Ablauf der Zugabezeit t gemessene Tracerkonzentration und t_0 die theoretische Aufenthaltszeit (Reaktorvolumen/Durchsatzvolumenstrom).

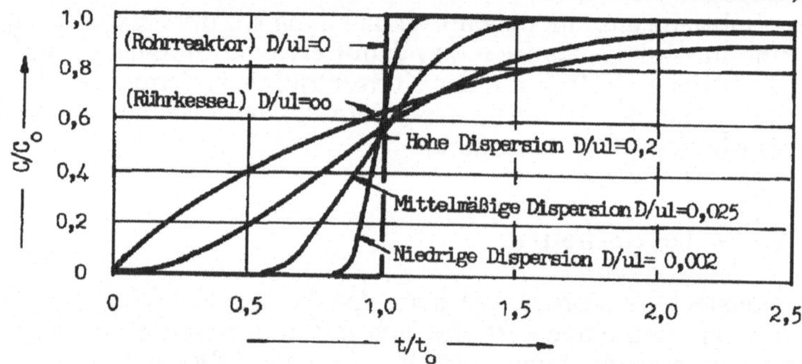

Bild 2: F-Kurven bei verschiedenen Dispersionskennzahlen und Dauer-Tracerzugabe (continuous tracer input); nach [32].

Läßt sich, aus welchen Gründen auch immer, keine Dauer-Tracerzugabe zuführen, sondern es muß nach dem ungenaueren [30] Meßverfahren „impulse signal“ (Stoßmarkierung) gearbeitet werden, so lassen sich sog. C- Kurven [30] ermitteln (Bild 3). Dieser Verlauf des Konzentrationsan- bzw. -abstieges in einem CSTR läßt sich genauer auch analytisch berechnen. Ausgehend von der Massenbilanz [32]:

$$QC_0 \quad - \quad QC \quad = \quad \frac{dC}{dt}V \qquad 2$$

(Tracer im Zulauf) - (Tracer im Auslauf) = (Änderung im Reaktor)

resultiert nach Integration für die Anstiegspahse (Bild 3):

$$\frac{C}{C_0} = 1 - \exp(- t/t_0) \qquad 3$$

Wird die Zugabe nach dem Erreichen einer gewissen Konzentration C_m abgebrochen, so erfolgt die Konzentrationsabnahme nach der Gesetzmäßigkeit (Bild 3):

$$\frac{C_m}{C_0} = \exp(- t'/t_0) \qquad 4$$

worin t‘ der Zeitablauf nach Abbruch der Tracerzugabe bedeutet. Diese zwei Gleichungen können bei der Dimensionierung von in der Abwassertechnik benutzten Belebungsbecken (meist quasi-total durchmischte Reaktoren) Anwendung finden, wenn mit langandauernden (mehrere Stunden) oder giftigen Stoßbelastungen industrieller Herkunft gerechnet werden muß [31]. Zur Ermittlung der Dispersionskennzahl eines real längsdurchflossenen Reaktors wird seit kurzem die von Murphy und Timpany [33] entwickelte raschere Peaks-Methode [32, 34], anstatt der herkömmlichen, auf statistischer Analyse der Meßdaten basierenden Berechnung angewandt [34]. Auf diese Weise erübrigen sich die sehr langen Beobachtungszeiten abgklingender Konzentrationen, eine nach [30, 33] mindestens das 10fache der theoretischen Verweilzeit betragende Zeitspanne, sowie die ganze statistische Datenauswertung [34]. Ferner, weil der Fließvorgang in einem real durchflossenen Reaktor jenem in einer aus einer Vielzahl von Kaskadeneinheiten gleichen Volumens bestehenden Kaskadenschaltung stattfindenden Fließvorgang ähnelt [30, 32, 35], läßt sich eine Beziehung zwischen der Bodensteinzahl $Bo = \bar{u}l/D$ und der äquivalenten Stufenzahl N einer Kaskaden aufstellen :

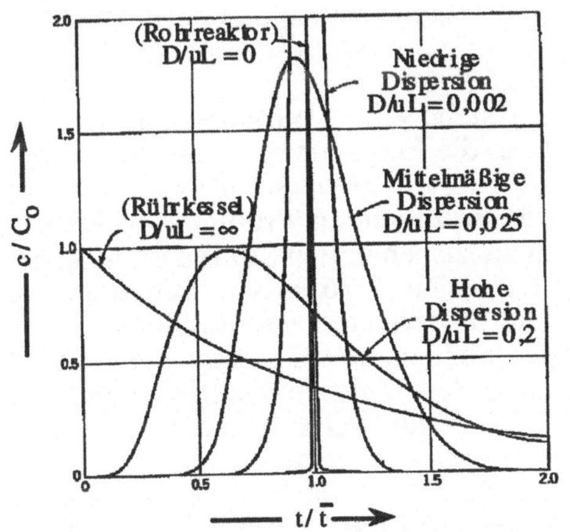

Bild 3: C-Kurven bei Tracer-Stoßzugabe (tracer pulse input); nach [30].

$$Bo = N - 1 + \sqrt{N^2 + N - 2} \qquad 5a$$

respektive

$$N = (Bo)^2/(2Bo + 3) + 1 \qquad 5b$$

Durch die Angabe einer äquivalenten Anzahl von CSTRs in einer Kaskadenschaltung kann so das RTD-Verhalten eines real durchflossenen, mit eingeschränkter Längsvermischung arbeitenden Reaktors, sowie umgekehrt, ausgedrückt werden. Für den Naturwissenschaftler ist es dabei wichtig zu wissen, daß sich dieses Verhalten nicht nur qualitativ, sondern auch quantitativ charakterisieren lässt.

2.1.3. Multiple Substrate und deren analytische Bestimmung

Zur Kennzeichnung der organischen Belastung eines Abwassers und Beurteilung der Abbauleistung eines biologischen Reinigungsverfahrens wird als unmittelbares Maß in der Regel ein äquivalenter Sauerstoffverbrauch angegeben, sei es chemischer (CSB) oder biochemischer Natur (BSB), oder es wird der sogenannte "organisch gebundene Kohlenstoff" (TOC-Total Organic Carbon) hierfür verwendet [31, 32, 35, 36]. Ohne auf die Vor- und Nachteile der Verwendung solcher Summen- anstatt Einzelparameter näher einzugehen - der interessierte Leser wird auf diesbezügliche detaillierte und grundsätzliche Aspekte dieses Problems in [31] hingewiesen - ist an dieser Stelle zu erwähnen, daß trotz immer mehr verfeinerter Analysemethoden, bei der Vielfalt organischer Substratkomponenten vor allem, die Anwendung sumarischer Parameter zur Kennzeichnung der organischen Belastung eines Abwassers noch immer ihren größten Stellenwert behält.

Zum Einsatz solcher Summenparameter in reaktionstechnische Modelle ist anzumerken, daß sich nun aus Massenbilanzen - siehe Gl.1 - biokinetische Koeffizienten gewinnen lassen. Dabei stellt sich u. a. die Frage, ob die Substratkonzentrationen in ungeklärten, abgesetzten oder filtrierten Abwasserproben bestimmt worden sind. Dieses wird insbesondere dann zu einem Problem, wenn das untersuchte Abwasser hohe Konzentrationen an suspendierten Stoffen organischer Natur aufweist. In einem solchen Fall hätte man mit 2 Arten von Substraten zu rechnen, die der suspendierten oder kolloidal dispergierter und die der gelösten Stoffe. Auf diesen Aspekt wurde in Deutschland schon 1971 eingegangen [38] und dabei festgestellt, daß die große Streuung der Reaktionskoeffizienten beim städtischen Abwasser hauptsächlich wegen unterschiedlicher Versuchsbedingungen entstanden ist, da einmal mit Rohabwasser und ein anderes mal mit dekantiertem oder sogar filtriertem Abwasser gearbeitet wurde. Bei der Veröffentlichung von biokinetischen Koeffizienten eines Abwassers muß daher nicht nur die Art des verwendeten Summenparameters angegeben werden, sondern es muß auch darauf hingewiesen werden, ob und in welcher Weise eine Feststoffabtrennung erfolgte. Eine gute Reproduzierbarkeit der Meßwerte und damit auch der Geschwindigkeitskoeffizienten wird man daher nur dann erreichen, wenn die Substratkonzentration, wie z. Z. in den USA schon üblich [32, 34, 37], an membranfiltrierten Proben ermittelt wird, so daß sich diese nur auf die molekular dispergierten Substratkomponenten bezieht. Denn die Annahme, daß die Abbaukinetik des organischen Anteils der Schwebestoffe im Zulauf zum Belebungsbecken identisch mit der gelösten Stoffe sei, ist sicher nur selten gerechtfertigt. Für eine korrekte Bilanzierung des organischen Substrates sollten daher möglichst filtrierte Proben verwendet werden. In Labormaßstab kommt - je nach den im technischen Maßstab in Erwägung gezogenen Verfahrensschemata - auch eine entsprechende Gestaltung des Versuchsstandes mit den Bioreaktoren. Die zwei Extremfällte solcher Mikropilotierungsversuche: diskontinuierlicher oder absatzweiser Betrieb (Batchreaktor oder "batch-culture"), resp. dynamischer oder kontinuierlicher Betrieb (continuous culture) sowie der Einfluß des jeweiligen Betriebsverhaltens auf den Verlauf des Bakterienwachstums und Substratabbaus werden nun nachstehnd reaktionstechnisch analysiert.

2.1.4. Erkundung biologischer Reaktionsmechanismen

Zur Verfolgung des Abbau- und Respirationsverhaltens des in Kontakt mit Biomasse gesetzten Substrates werden in der Regel solche Mikropilotierungsanlagen in Labormaßstab eingesetzt. Zur Gewinnung biokinetischer Parameter können sowohl Batch-Ansätze (batchculture) wie auch Durchlaufreaktoren mit Biomasse-Rückführung (continuosculture) eingesetzt werden [10, 32, 35, 36, 39]. Angesichts zu erwartender niedriger Werte für die Substratabbaugeschwindigkeit sowie die Bakterienzuwachsrate wird in der Abwassertechnik die jene die Rücklösung von Bakterienmasse berücksichtigende, sich in der letzten Zeit immer mehr durchsetzende Modell-Gleichung des van-Uden [32, 35 - 37]] als formalkinetischer Ansatz zur Modellerstellung des Bakterienwachstums angewandt, und dieses in Zusammenhang mit der Substratabbauabbaugeschwindigkeit gebracht; somit kann das differentielle Gleichungssystem:

$$r_x = \mu_{max.} \frac{SX}{K_s + S} - k_d X \qquad 6$$

$$- r_s = \frac{1}{Y} r_x \qquad 7$$

in Massenbilanzen eingesetzt werden. Mathematisch läßt sich dieses bei einem CSTR mit Durchlauf, folgendermaßen ausdrücken [31]:

$$\frac{dX}{dt} V = QX_z - QX + V(r_x) \qquad 8$$

$$\frac{dS}{dt} V = QS_z - QS - V(r_s) \qquad 9$$

Für stationäre Verhältnisse gehen die Differentialgleichungen 8, 9 in algebraische Gleichungen über und die Reaktionsgeschwindigkeiten werden zu:

$$r_x = Y \frac{(S_z - S)}{t} = \mu_{max.} \frac{SX}{K_s + S} - k_d X \qquad 10$$

$$- r_s = \frac{(S_z - S)}{t} = \mu_{max.} \frac{SX}{Y(K_s + S)} - \frac{1}{Y} k_d X \qquad 11$$

Sollte ein CSTR ohne Durchlauf eingesetzt werden, so geht seine Funktionsweise in jene eines Batchreaktors über, folgerichtig ist dann $Q = 0$ und die Reaktionsgeschwindigkeiten werden eine Funktion nur von der während der ganzen Zeit variierenden Substrat- und Biomassekonzentration im Reaktor. Für diese instationären Verhältnisse wurde das Gleichungsystem 6, 7 von dem Mathematiker Prof. Dr. rer.-nat. G. Groza gelöst [40]; die Lösungen lauten für die Ausgangsbedingungen $t = 0$; $S = S_o$; $X = X_o$:

$$t = \frac{1}{A_1} \{\ln(S - A_2) - \ln A_3 - A_4[\ln(A_5 - S) - \ln A_6]\} \qquad 12$$

$$X = X_o + Y(S_o - S) \qquad 13$$

worin die Abkürzungen A_1 bis A_6 folgende Bedeutung haben:

$$A_1 = - \frac{\mu_{max.} - k_d}{\mu_{max.} K_s} [- k_d K_s + (\mu_{max.} - k_d) S_o + (\mu_{max.} - k_d) \frac{X_o}{Y}] \qquad 14$$

$$A_2 = k_d K_s / (\mu_{max.} - k_d) \qquad 15$$

$$A_3 = S_o - k_d K_s / (\mu_{max.} - k_d) \qquad 16$$

$$A_4 = (\mu_{max.} - k_d)(S_o + X_o/Y + K_s)/(\mu_{max.} K_s) \qquad 17$$

$$A_5 = S_o + X_o/Y \qquad 18$$

$$A_6 = X_o/Y \qquad 19$$

Nachstehend werden die Versuchsplanung, -durchführung sowie die Einbindung der Meßdaten ins reaktionstechnische Modell kurz erläutert und anschließend die Betriebsergebnisse der infolgedessen mit einer automatischen Prozeßführung modernisierten Kläranlage der Samtgemeinde Eystrup kommentiert.

2.1.5. Mikropilotierung der Biokinetik

Angesichts der bestehenden, verfahrens- und MSR-technischen Kläranlagenkonfiguration stellte sich das Problem dar, ob diese Kläranlage, hydraulisch und technologisch überhaupt noch in der Lage wäre bzw. mit einem Minimum an räumlichen Erweiterungen dazu gebracht werden könnte, eine zusätzliche Belastung von 20.000 EGW zu verkraften und hierbei auch Stickstoff zu eliminieren. Da - wie sich schnell heraustellen ließ - sowohl hydraulisch wie auch von der Belüftungskapazität her betrachtet - keine Engpässe zu verzeichnen waren, blieb nur das Problem der Aufrechterhaltung eines entsprechenden hohen Schlammalters, samt der entsprechenden Biomassekonzentration im Reaktor zu prüfen. In diesem Falle gilt bekanntlich für ein CSTR [32]:

$$S = \frac{K_s[(1/\theta_c) + k_d]}{\mu_{max} - [(1/\theta_c) + k_d]} \quad \text{und} \quad X = \frac{Y(S_o - S)}{1 + k_d\theta_c} \cdot \frac{\theta_c}{t} \qquad 20$$

sodaß nach Substition von S resultiert für die Biomasse-Konzentration:

$$X = Y\,\frac{S_o[\mu_{max} - (1/\theta_c + k_d)] - K_s(1/\theta_c + k_d)}{(1/\theta_c + k_d\theta_c)[\mu_{max} - (1/\theta_c + k_d)]} \cdot \frac{\theta_c}{t} \qquad 21$$

Reaktionstechnisch gesehen besteht das Problem aus der Bestimmung der vier Parameter: $\mu_{max.}$, K_s, k_d und Y, danach der Wahl eines geeigneten Schlammalters, damit auch bei T°C ≥ 12°C noch immer nitrifiziert werden sollte, und - bei bekannten S_o- und S-Konzentrationen - auf eine TS-Konzentrationsordnung für die Biomasse zu kommen, welche unter den Bedingungen der Eystruper-Kläranlage: t = 1,45 [d], S_o = 2,5 [g CSB/l] und S = 0,090 [g CSB/l] realisierbar wäre. Da durch eine Sondierungsweise erfolgte Substition von bei kommunalen Abwässern üblichen Werten [31, S. 604]: K_s = 60 [mg/CSBl], $\mu_{max.}$ = 3,2 [d^{-1}], k_d = 0,1 [d^{-1}] und Y = 0,4 [mgTS/mg ΔCSB], unter den Eystruper-Verhältnissen durchaus realisierbare Biomasse-Konzentrationen resultierten: X ≅ 3.440 [mg oTS/l], bestand so die Möglichkeit, die Prozeßführung in der Belebungsanlage der höheren C-Belastung ohne jegliche baulichen Erweiterungen anzupassen. Für den Fall der hinzugekommenen Nitrifikation gelten ferner nach [32, S. 715]: K_s = 1,4 [mg N/l], $\mu_{max.}$ = 1,0 [d^{-1}], Y = 0,20 [-], k_d = 0,05 [d^{-1}]; beim für die Eystruper-Verhältnisse [23 - 25] charakterisierenden Zulaufwert von 200 [mgTKN/l] und bei Wahl einer sicherheitshalber in nur 2/3 des Beckenvolumens stattfindenden Nitrifikation (t = 0,967 [d]) resultiert bei θ_c = 10 [d] nach einer ähnlichen Berechnung eine Biomassekonzentration X = 1378 [mg MLVSS/l], dieser bei einer rechnerischen Rest-NH_4-N-Konzentration im Ablauf von S_N = 1,89 [mg NH_4-N/l]. Insofern bestand auch von der Seite der N-Beseitigung eine ähnliche Situation wie beim C-Abbau.

Bei der Durchführung der bei 20°C thermostatisierten Batchversuche wurde mit drei während jeweils einer Meßzeit von 2 Wochen anfallend - und so jede aus 14 einzelnen Tagesdurchschnittsproben wiederum bestehend - zusammengesetzten Mischproben gearbeitet. Der Zulauf wurde mit gereinigtem Kläranlagenablauf in Verhältniß 1:1 (Ver. 1), 1:2 (Ver. 2) sowie in Verhältniß 1:1 bei der Zugabe von 50 mg/l Kokspulver (Ver. 3) verdünnt, und diesem Gemisch wurde ein auf Büchnertrichter aufkonzentrierter, mit Leitungswasser gewaschener Belebtschlammkuchen aus der Eystruper-Belebungsanlage zugesetzt (die Vorgehensweise wurde in [35, S. 170/171) ausführlich dargelegt. Die CSB-Zeitabnahme wurde bis zu 24 Stunden verfolgt, die Kurvenanpassung erfolgte nach der Methode der kleinsten Fehlerquadrate [26]; das Ergebnis wird in Bild 4 dargestellt.

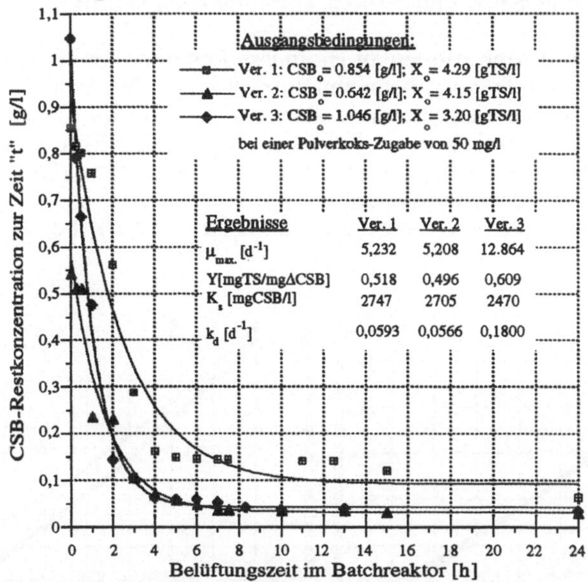

Bild 4: Regredierung der CSB-Abnahme durch an Meßergebnissen nach der Methode der kleinsten Summe der Fehlerquadrate erfolgte Kurvenanpaßung;

Mit Hilfe der nun ermittelten vier biokinetischen Parameter läßt sich zuerst das jeweilge benötigte Schlammalter berechnen [31, 34, 39] - siehe dazu auch Bild 5a und 5b:

$$\left(\frac{1}{\theta_c}\right)_{Ver.\,1} = 5{,}232\ \frac{90}{2747+90} - 0{,}0593 = 0{,}1067\ [d^{-1}];\ (\theta_c)_{Ver.\,1} = 9{,}372\ [d] \qquad 22$$

$$\left(\frac{1}{\theta_c}\right)_{Ver.\,2} = 5{,}208\ \frac{90}{2705+90} - 0{,}0566 = 0{,}1111\ [d^{-1}];\ (\theta_c)_{Ver.\,2} = 9{,}00\ [d] \qquad 23$$

$$\left(\frac{1}{\theta_c}\right)_{Ver.\,3} = 12{,}864\ \frac{90}{2470+90} - 0{,}1800 = 0{,}2722\ [d^{-1}];\ (\theta_c)_{Ver.\,3} = 3{,}673\ [d] \qquad 24$$

und danach die unter den Eystruper-Kläranlagenverhältnissen einzustellenden S- und X-Werte auf ihre Realisierbarkeit prüfen - siehe dazu Gl. 20 und Gl. 21 sowie Bild 6a und 6b:

$$(S)_{Ver.\,1} = \frac{2747(0{,}1067 + 0{,}0593)}{5{,}232 - (0{,}1067 + 0{,}0593)} \approx 90\ [\text{mg CSB/l}] \qquad 25$$

$$(X)_{Ver.\,1} = 0{,}518\,\frac{2500[5{,}232 - (0{,}1067 + 0{,}0593)] - 2747(0{,}1067 + 0{,}0593)}{(1 + 0{,}0593 \cdot 9{,}372)[5{,}232 - (0{,}1067 + 0{,}0593)]} \cdot$$

$$\frac{9{,}372}{1{,}45} = 5187\ [\text{mgTS/l}] \qquad 26$$

Für Ver. 2 und Ver.3 resultieren nach ähnlicher Berechnung:

$(S)_{Ver.\,2}$ = 90 [mgCSB/l] und $(X)_{Ver.\,2}$ = 4914 [mgTS/l] ; 27a

$(S)_{Ver.\,3}$ = 90 [mgCSB/l] und $(X)_{Ver.\,3}$ = 3699 [mgTS/l]; 27b

Zwei von diesen Konzentrationen an Biomasse liegen höher als der gemäß ATV-131, ohne Zusatz von Trägersubstanzen empfohlene Wert von max. 4,5 [gTS/l], lassen sich aber durch die existierende Rücklaufschlamm-Förderkapazität von bis 5 $Q_{Zul.}$ ohne weiteres erreichen; im Falle der Zugabe von Braunkokskohle würde wegen der beachtlich höher liegenden Abbaugeschwindigkeit (Gl. 30) und der um rund 250 % größeren maximalen Bakterienwachstumsrate sowie -verfallrate die Aufrechterhaltung einer Konzentration von 3700 [mgTS/l] bei 20°C kaum Probleme aufwerfen.

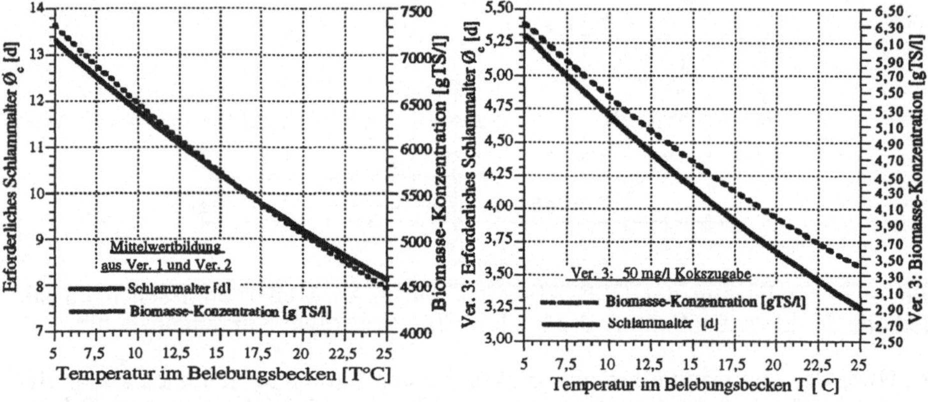

Bild 5a: Variation des nach biokinetischen Daten aus Ver. 1 und Ver. 2 berechneten Schlammalters und der Biomassekonzentration im Belebungsbecken als Funktion von darin herrschenden Temperaturen (Gl. 22, 23 und 31).

Bild 5b: Variation des nach biokinetischen Daten aus Ver. 3 berechneten Schlammalters und der Biomassekonzentration im Belebungsbecken als Funktion von darin herrschenden Temperaturen (Gl. 20 und 31).

Die spezifische Abbaugeschwindigkeit des Substrates - siehe dazu Gl. 31- wird definitionsgemäß - siehe Gl. 11:

$$(-r_s/X)_{Ver.\,1} = 5{,}232\,\frac{90}{0{,}518(2747 + 90)} - \frac{0{,}0593}{0{,}518} = 0{,}206\ \text{kg}\Delta\text{CSB/(kgTSd)} \qquad 28$$

$$(-r_s/X)_{Ver.\,2} = 5{,}208\,\frac{90}{0{,}496(2705+90)} - \frac{0{,}0566}{0{,}496} = 0{,}224\ \text{kg}\Delta\text{CSB/(kgTSd)} \qquad 29$$

$$(-r_s/X)_{Ver.\,3} = 12{,}864\,\frac{90}{0{,}609(2470+90)} - \frac{0{,}1800}{0{,}609} = 0{,}447\ \text{kg}\Delta\text{CSB/(kgTSd)} \qquad 30$$

Da beim Eystruper-Zulauf das Verhältniß $BSB_5/CSB \approx 0{,}76$ bis 0,85 betrug - siehe Bild 7 - würde sich bei T = 20°C eine mittlere rechnerische BSB_5-Schlammabbauleistung von 0,215 kgΔBSB_5/(kgTS d), dieses bei einer ebenfalls mittleren spezifischen Schlammertragskonstante Y = 0,507 [kg TS/kg ΔBSB_5] ergeben. Ganz anders sei bei der Beimengung von 50 mg/l Kokskohlepulver dem Belebtschlamm (Ver. 3) die Situation, indem sich hierdurch tiefgreifende Veränderungen des Biozönose-Verhaltens bemerkbar machten: die Schlammabbauleistung bei S = 90 mg CSB/l verdoppelte sich bei der mehr als 2,5mal größeren $\mu_{max.}$ und 3 mal höher liegenden Bakterienverfallsrate - siehe Bild 5. Angesichts der beim Ver. 3 festgestellten, bedeutend niedriger liegender BSB_t/CSB_o-Verhältnisse als in den Zeitspannen für Ver. 1 und Ver. 2 - siehe Bild 7, ist nicht destotroz anzunehmen, daß über die Zugabe von Kokskohle auch bedeutend höhere Schlammabbauleistungen zu erzielen sind, und zwar - auf BSB_5 bezogen - um knapp 25 %: $B'_{TS} = 0{,}447*0{,}6 = 0{,}268$ [kg ΔBSB_5/(kgTS*d)]. Die Umrechnung der bei 20°C erzielten Meßergebnisse auf nunmehr 12°C zwecks Gewährung einer guten Nitrifikation, wurde nach [31, S. 418] vorgenommen, indem nächststehende Gleichung angewandt wurde:

$$\frac{(-r_s/X)_{T°C}}{(-r_s/X)_{20°C}} = 1{,}025^{(T-20)} \qquad 31$$

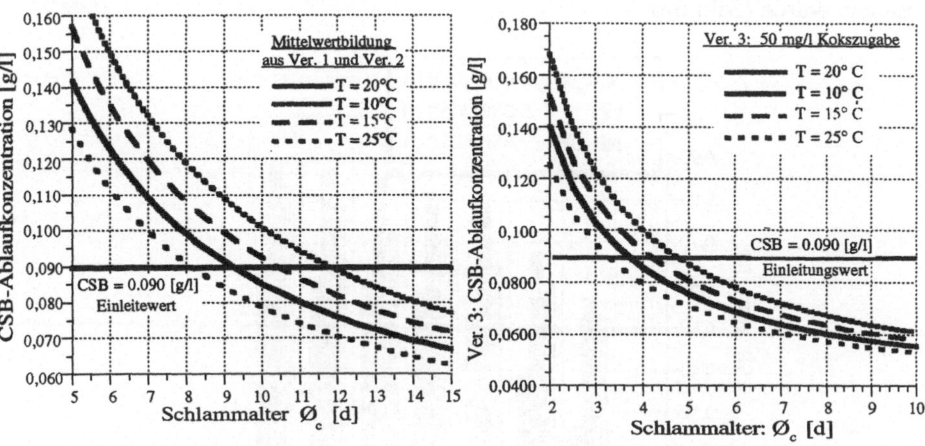

Bild 6a: Variation der nach biokinetischen Daten der Ver. 1 und Ver. 2 berechneten CSB-Konzentration im Ablauf des Belebungsbeckens als Funktion vom Schlammalter bei verschiedenen Temperaturen (Gl. 20 und Gl. 31)

Bild 6b: Variation der nach biokinetischen Daten des Ver. 3 berechneten CSB-Konzentration im Ablauf des Belebungsbeckens als Funktion vom Schlammalter bei verschiedenen Temperaturen (Gl. 20 und Gl. 31)

Der hieraus resultierende Korrekturfaktor wurde dann zur Umrechnung der reaktionstechnischen Parameter $\mu_{max.}$ und k_d und so implizite auch auf θ_c angewandt [36], wobei nach derselben Literaturstellen, binnen 10°C - 25°C der Temperatureinfluß auf K_s und Y vernachläßigbar sei.; der von der Temperatur nunmehr darauf ausgeübte Einfluß auf X und θ_c einerseits sowie S und θ_c andererseits ist Bild 5a, und 5b, resp. Bild 6a, und 6b zu entnehmen. Demnach ergibt sich gemäß aus Ver. 1 und 2 resultierenden biokinetischen Parametern bei T = 10°C nunmehr θ_c = 11,7 [d], bei einer Biomassekonzentration X = 6450 mg/l, um CSB = 90 mg/l aufrecht zu erhalten. Da nach USA-Angaben, zur Erlangung einer praktisch vollständigen Nitrifikation bei kommunalem Abwasser $(\theta_c)_{10°C} \geq 9{,}5$ [d] sein muß [32, S. 633], dürfte bei der hohen hydraulischen Verweilzeit von 1,45 Tagen dieser zusätzliche Sicherheitsfaktor von über 20 % bei θ_c ohne weiteres genügen. Umso mehr gilt dieses beim biologischen Abbau unter Zugabe von Kokskohle, als θ_c-Werte von 4,70 [d] genügen würden (Bild 6b). In diesem Falle wäre also mit einem Sicherheitsfaktor von sogar 2 zu rechnen, welcher zur Pufferung stündlicher Schwankungen bei hydraulischen Aufenthaltszeiten von t = 1,45 [d] sicherlich mehr als groß genug sei. Auch solche während der kalten Jahreszeit anzustrebenden, um etwa 6,5 [g TS/l] liegende Biomassekonzentrationen (Bild 6a) ließen sich in der KA-Eystrup - wie Versuche direkt im technischen Maßstab auch ergaben - ohne weiteres erreichen, indem nun prozeßrechnergesteuert, Schlammrücklaufverhältnisse bis 200 % ohne Störung der Nachklärstufe: 462 m^2 Oberfläche, eingestellt werden konnten. Durch die Zugabe von 50 [mg/l] Kokskohlepulver aber lassen die aus Ver. 3 resultierenden Ergebnisse erwarten, daß eine Herabsetzung der TS-Konzentration bis auf etwa 5,5 g TS/l bei T = 10°C ausreichen würde (Bild 6b).

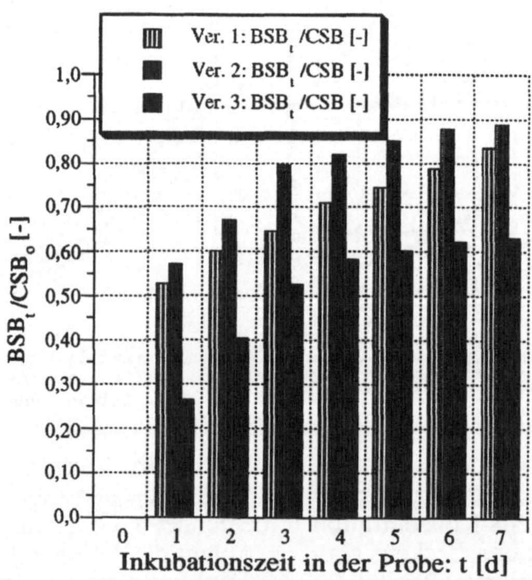

Bild 7: Zusammenhang zwischen BSB_5- und CSB-Ausgangswerten bei allen Versuchen für T = 20 ° C und Inkubationszeiten bis 7 Tagen.

Der reaktionstechnische Zusammenhang zwischen θ_c, X, T°C und S ist Bild 6b, resp. Bild 6b zu entnehmen. Auch der von den hohen Biomassekonzentrationen und ebenfalls hoch liegenden Substratabbaugeschwindigkeiten bedingte Sauerstoffverbrauch erwies sich durch die in der Kläranlage bereits vorhandene Belüftungskapazität als ausreichend, da: OC = 3456 [kg 0_2/d], was ebenfalls in technischem Maßstab geprüft werden konnte. Da ferner von der täglich anfallenden TKN-Fracht: Etwa 175 kg/d, rund 100 kg TKN/d zum Aufbau der Biomasse benötigt und als Überschußschlamm abgeführt werden, müssten nur noch cca. 72 kg TKN/d durch Nitrifikation/ Denitrifikation eliminiert werden. Wie mehrmonatige Betriebsdaten es auch belegen, durch die vom Prozeßrechner gesteuerte Deni-Strecke liegen die Nitrat-, Nitrit- und NH_4-N-Werte als Summe mitsamt unter 5 mg/l! Also auch von daher wäre keine Volumenvergrößerung der Belebungsanlage nötig. Wie sich allerdings eine Bemeßung nach A 131 auf die Dimensionierung ausgewirkt hätte, sollte nun nachstehend kurz analysiert werden.

Nach [42, S. 222 /237], würde bei einer Bemeßungstemperatur T = 10°C im Falle einer Belebungsanlage mit Nitrifikation und Denitrifikation sowie V_{Deni}/V_{BB} = 0,25 ein Schlammater θ_c = 12 [d] zu wählen sein, wonach bei ebenfalls gewählter maximaler Belebtschlammkonzentration im Belebungsbecken TS_R = 4,5 [g/l] eine spezifische Schlammproduktion der Raumeinheit: $ÜS_R = TS_R/\theta_c$ = 4,5/12 = 0,375 [kg TS/(m^3 *d)] resultiert. Die sich hieraus berechnende Schlammbelastung $B_{TS} = ÜS_R/(c{*}TS_R)$ ließe dann für die Verhältnisse im Eystruper-Zulauf [28]: oTS/BSB_5 $\approx$ 0,6 und bei θ_c = 12 [d] die Festlegung einer spezifischen Schlammproduktion c_B = 0,74 [kg TS/kgBSB_5] zu, so würde B_{TS} = 0,375/(0,74 · 4,5) = 0,113 [kg BSB_5/(kgTS*d)] betragen, und dieses letztendlich zu einem Reaktionsraum V = 1722 [kg BSB_5/d]/(0,113*4,5) $\approx$ 3386 $\approx$ 3400 m^3 Belebungsbeckenvolumen führen! Auch eine sondierungshalber erfolgte Berechnung des durch C-Oxidation und N-Elimination benötigten 0_2-Bedarfs in der Belüftungszone führte zur spezifischen Sauerstoffzufuhr von über 3 [kg 0_2/kg BSB_5] bzw.: 3 kg 0_2/kg BSB_5 x 861 m^3/d x 2000 [kg BSB_5/m^3 = 5166 [kg 0_2/d,] d. h. knapp 50 % mehr als die vorhandene und großtechnisch bereits erprobte, installierte OC-Kapazität von 3456 [kg 0_2/d]! Geringere Diskrepanzen ergaben sich bei der Berechnung der zu erwartenden Schlammproduktion, wonach bei θ_c = 12 [d] und TSo/BSB_5 = 0,6 nunmehr die Wahl von c_B = 0,74 [kg TS/kg BSB_5] empfohlen wurde, wohingegen aus der kinetischen Studie $(Y)_{Ver.1}$ = 0,518/0,80 = 0,647 bzw. $(Y)_{Ver.2}$ = 0,496/0,80 = 0,620 und $(Y)_{Ver.\ 3}$ = 0,609/0,60 = 1,015 (auf BSB_5 bezogen) resultierte. Nachstehend sollte nun über die Betriebsergebnisse einer 2jährigen Zeitspanne nach erfolgtem Einsatz der automatischen Betriebsführung in großtechnischen Maßstab berichtet werden.

3 Technische Umsetzung des Prozeßleitsystems auf der Kläranlage der Samtgemeinde Eystrup/Kreis Nienburg-Weser

3.1 Grundbedingungen

Die Prozeßführung bei dieser großtechnischen Anlage besteht in der Substitution von drei kinetischen Ansätzen, von denen zwei auf der Substratabbaugeschwindigkeit (mit und ohne biologisch nicht-abbaubarem Term) und der dritte auf der Bakterienwachstumsgeschwindigkeit beruhen [27]:

$$- r_s/X = K_1 (S - S_\infty); \qquad - r_s/X = kS/(K_S + S); \qquad r_x/X = \mu_{max.} S/(K_s + S) - k_d$$

in übliche Massenbilanzen um das Belebungsbecken; darin ist K_1 die Proportionalitätskonstante bei einem Reaktionsverlauf 1. Ord. mit dem diesen kinetischen Ansatz charakterisierenden nicht-abbaubaren Term S_∞, $k = \mu_{max.}/Y$ - die maximale spezifische Substratabbaurate, und der Rest wie bei Notationen aufgeführt. Es wurden dabei drei und nicht nur ein einziger kinetischer Ansatz eingesetzt, damit man eine Wahl hat, um demjenigen Modell die Prozeßführung zu übertragen, welches auch die beste Anpaßung der Meßdaten an die Modellvoraussage liefert: Korrelationskoeffizient am höchsten [35, S. 114] und dessen Entscheidung in Einklang mit mindestens einem der empirischen Modelle steht.

Die Substratkonzentrationen im Belebungsbecken und im Rohabwasser werden alternierend durch ein von der Firma STIP/Reinheim entwickeltes on-line-CSB-Meßgerät quasi-kontinuerlich bestimmt und gemittelt und dem Rechner mitgeteilt. Ähnliches geschieht mit der TS_{BB}-Konzentration im Belebungsbecken, die in Zeittakt von jeweils 2 Minuten ausreißerfrei gemittelt wird. Da im Falle der Kläranlage Eystrup sich um ein Oxidationsgraben mit großem Umlauf handelte: Verdünnungsverhältniß etwa 50:1, konnte hierfür das hydrodynamische Verhalten eines CSTR mit guter Annäherung angenommen, und insofern mit Gl. 10 und 11 verfahren werden [43]. Die Reproduzierbarkeit dieser so errechneten Modellwerte wird mit Hilfe in der Software eingebauter statistischer Auswertemethoden quantifiziert, wobei der Rechner erst beim Vorliegen einer hohen Korrelationsgüte in die Betriebsweise der Kläranlage eingreift. Parallel dazu wurden in der Software noch zwei empirische Modelle eingearbeitet, indem durch vorgegebene Soll-Intervalle für die Schlammkonzentration sowie das Schlammalter, die gerade gemessenen Werte mit jenen angepassten und statistisch abgesicherten Modellwerten verglichen werden und deren evtl. Abweichung von Soll-Intervallen als Trend geprüft. Werden hierdurch signifikante Unterschiede festgestellt [35, S. 101/126], so ergehen Rechnerbefehle zur entsprechenden (Ver)Änderung der TS_B-Konzentration, d. h. der Belebtschlammvorrat im Nachklärbecken wird geprüft, die Rücklaufschlammpumpen werden getätigt, ggf. die ÜSS-Entnahme (ver)(ge)ändert/ Überschußschlammpumpen entsprechend ein(um)gestellt[27]. Die Gewährleistung der Nitrifikation erfolgt durch Einstellung und Überwachung des Soll-Schlammalters: $\theta_c \approx 12$ d bei 12°C. Hierfür wird der ÜSS-Abzug jede 30 Minuten gemittelt, danach aufsummiert und auf 0,00 Uhr jeden Kalendertages sowie auf die währenddessen im Belebungsbecken vorhandene Schlammasse bezogen. Durch automatisch erfolgende Bilanzierung abgebauter Substrat- sowie zu- und abgeführten TS-Mengen im System, erlaubt das Softwarenprogramm auch die Berechnung sämtlicher kinetischer Parameter wie K_s und $\mu_{max.}$ bzw. Y und k_d und - bei hoher statistischer Absicherung - auch deren Übertragung als Leitwerte in die Prozeßführung.

Ein Verfahrensfließbild mit der ganzen Sensormimik zeigt ferner die gerade gemessenen Werte und die Art der Prozeßführung auf Bildschirm an und meldet evtl. Ausfälle optisch (fortwährend) und akustisch (am Wochentag). Bei Ausfall von zwei Sensoren oder/und des CSB-Meßgerätes alleine, wird per Eurosignal der Klärwerter benachrichtigt. Bis zur Behebung der Störung erfolgt die Prozeßführung nach dem eingestellten Schlammalter [27].

3.2. Geschichtlicher Abriß der großtechnischen Anlage

Zur Vorgeschichte der Eystruper-Kläranlage sei nur kurz zu erwähnen, daß diese 1948 als mech.-biologisch arbeitende Kläranlage mit einem Auslegungswert von 5.000 EGW errichtet wurde. Wegen hauptsächlich aus der ansässigen Industrie herrührender Überlastung der Kläranlage wurde diese 1968 auf 15.000 EGW erweitert. Bei weiterhin fortschreitender Überlastung sowie behördlich zusätzlich vorgeschriebener N-Elimination begann 1989 über das Ing. Büro Prof. Dr.-Ing. Al. Braha & Partner/Langenhagen eine ausschließlich maschinell und MSR-orientierte Ausrüstung [43, 45]. Wie nachstehend ausgeführt ließ sich durch die rechnergestützte Prozeßführung ein Ausbau auf 35.000 EGW ohne weiteres erreichen, und dieses bei Reinigungsgraden von mehr als 97 % bei CSB und sogar von über 98 % bei Gesamtstickstoff; allerdings ließen auch einige Überraschungen ebenfalls nicht lange auf sich warten.

3.3. Darlegung der Betriebsergebnisse

- Die bisherige Auffaßung, der Zulauf der Eystruper-Kläranlage stamme aus einer als praktisch vollkommenes Trennsystem gebauten Kanalisation erwies sich infolge nunmehr ermöglichter Langzeitbeobachtung als Fehlschätzung - Bild 8.

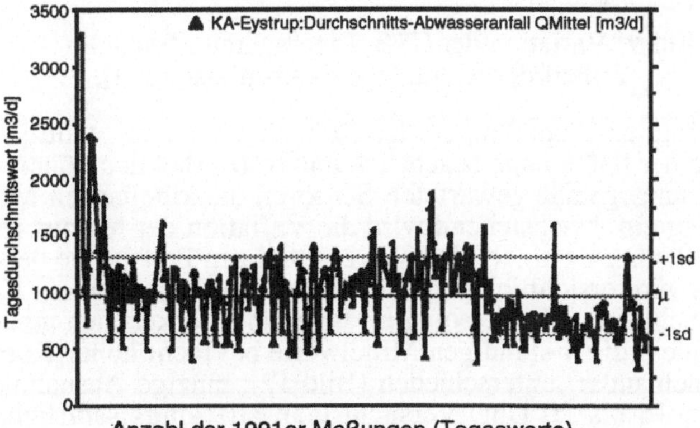

Bild 8: Variation der Tagesdurchschnittsmenge im Zulauf der Kläranlage Eystrup; nach [44].

Dieses Ergebniß veranlasste die Samtgemeinde zu einer Kampagne zwecks Aufdeckung von Fremdwasseranschlüssen. Prozeßmäßig betrachtet erzwang diese unerwartete Belastung und deren Schwankungsbreite allerdings tiefgreifende Software-Änderungen, da die Prämisen zur Durchführung der Plausibilitätsanalyse sämtlicher Meß- und Rechenwerte ganz andere Rahmenbedingungen voraussahen.

- Die CSB-Konzentration im Zulauf lag während der untersuchten 1991er-Zeitspanne bei 2334 mg/l; Tagesmittel-Spitzenwerte über 4000 mg/l und unter 1000 mg/l traten häufig auf, und es konnten bis auf knapp 8000 [kgCSB/d] hinausgehende Schmutzfrachten gemessen wurden - Bild 9. Auch in diesem Falle mußten softwarenmäßige Eingriffe ins Prozeßleitsystem vorgenommen werden, diesmal allerdings erheblich größeren Umfanges, allen voran die Steuerung der Rücklauf- und Überschußschlammpumpen sowie jene der zwei Belüfter und der Systemgraphik. Trotz weiterhin aufgetretener Schwankungen erfolgte eine wirkungsvolle Anpaßung durch den Rechner und die Ablaufwerte blieben unter dem Einleitewert von 90 mg/l. Beispielhaft läßt sich dieses aus der Funktionskurve der Überschußschlammpumpe (Bild 10) und der CSB-Konzentration im Belebungsbecken deutlich ablesen (Bild 11).

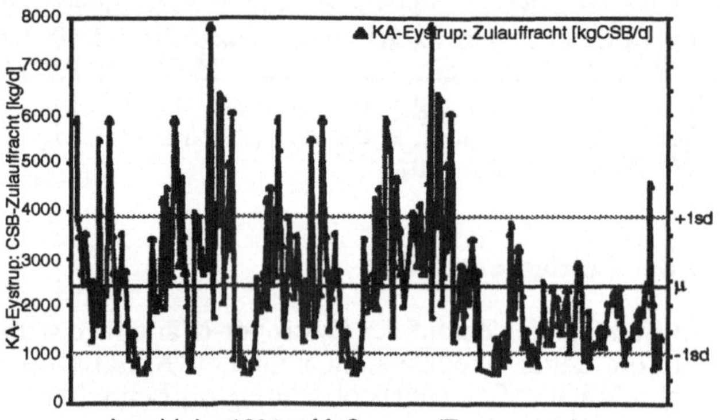

Bild 9: Variation der CSB-Tagesschmutzfracht im Zulauf der Kläranlage Eystrup; nach [44].

- Nach den erfolgten Anpaßungen des Prozeßleitsystems stabilisierte sich die Funktionsweise der Kläranlage beachtlich und trotz erheblich höherer Auslastung griffen bei ordnungsgemäß gewarteten Sensoren die kinetischen Modelle so gut wie 24 h am Tag ein. Nachstehend wird die Variation der hieraus resultierenden biokinetischen Parameter innerhalb einer 24stündigen Zeitspanne beispeilhaft dargelegt. Hieraus wird ersichtlich, daß der Einfluß der Variation der CSB-Konzentration auf die Schlammabbauleistung im Belebungsbecken sich modellmäßig gut erfaßen ließ, indem die 4-stündigen Mittelwerte bei recht hoher Korrelationsgüte sich wenig voneinander unterschieden (Bild 12); einzige Ausnahme hierbei die Zeitspanne von 16 bis 20 Uhr. Versucht man allerdings sämtliche, binnen 24 Stunden gemessene Werte zu einer Tages-Modellbildung zusammenzuführen, so resultiert eine merklich niedrigere Korrelationsgüte (Bild 13). Dieses zeigt eindeutig, daß während des 24 h-Zyklus gewisse (Ver)Änderunge des Substrates auftraten, was so auch zu recht unterschiedlichen Spezies-Prädominanzen in der Biozönose führte. Am wenigsten (ver)änderten sich die Y- und $\mu_{max.}$-Werte (± 15%), gefolgt von K_S, (± 20 %), wohingegen bei k_d nunmehr Schwankungen bis zu 600 % zu verzeichnen waren (Bild 13). Angesichts jedoch der verhältnißmäßig sehr niedrig liegenden k_d-Werte gegenüber $\mu_{max.}$ fällt dieses bei der Netto-Schlammproduktion aber kaum ins Gewicht. Während derselben Zeitspanne griff allerdings das Modell mit nicht-abbaubarem Term S_∞ in die Prozeßführung der

Kläranlage zeitweise ein, was auf einen Ausstoß an für die Eystruper-Biozönose als biologisch kaum (noch)abbaubaren Substratkomponenten schließen lassen dürfte. Die Ganglinie der CSB-Zulauffracht zeigte während der Zeitspanne 15 - 18 Uhr zwei ausgeprägte Stoßbelastungen von umgerechnet 1450, resp. 1350 kg CSB/d an (Bild 11), denen man allerdings durch entsprechende Rechnerbefehle (ÜSS-Volumenstromkurve automatisch Rechnung trug und die CSB-Konzentration in Ablauf unter 90 mg/l hielt (Bild 11). Deshalb läßt die reaktionstechnische Prozeßanalyse den Schluß zu, daß die Y-Werte weniger auf Substrat-(Ver)Änderungen reagieren, als bei K_s oder $\mu_{max.}$, ein Faktum, welches auch in der modernen Fachliteratur erwähnt wird [36].

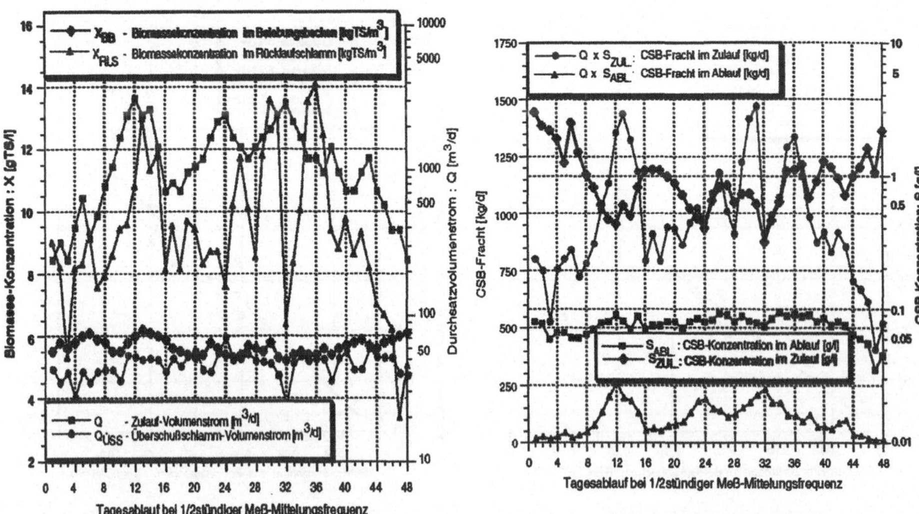

Bild 10: Variation in der Bild-Legende aufgeschlüßelter, halbstündig gemittelter Parameter während einer Zeitspanne von 24 h; nach [44].

Bild 11: Variation in der Bild-Legende aufgeschlüßelter, halbstündig gemittelter Parameter während einer Zeitspanne von 24 h; nach [44].

4. Schlußbemerkungen zu Modellbildung und grotechnischem Einsatz in der biologischen Abwasserreinigung

- Die vorhergehenden Ausführungen befaßten sich mit dem Problem der Anwendbarkeit reaktionstechnischer Ansätze zur Modellbildung mittels in Labormaßstab durchführbarer Mikropilotversuche und deren Übertragung auf die Großanlage. Diese Untersuchungen wiesen eindeutig nach, daß über die Durchführung einer Laborstudie, die so gewonnenen biokinetischen Parameter (in ein reaktionstechnisches Modell zur Simulation und Modellvoraussage des zu steuernden biologischen Substratabbaus nun eingesetzt) eine computergestützte Prozeßführung auch unter großtechnischen Bedingungen gestatten. Technisch ließ sich dieses verwirklichen, indem - über den Einbau von Meßwertaufnehmern und on-line-Analysengeräten an verfahrenstechnisch relevanten Stellen - die Übergabe der Prozeßführung demjenigen Modell erfolgte, welches auch die beste Anpaßung

Modellvoraussage zu den Meßdaten gestattete. Durch on-line ablaufende CSB-Meßungen im Zulauf der Kläranlage und Auslauf des Belebungsbeckens findet eine dynamische Prozeßsimulation und so auch eine entsprechende Anpaßung des Kläranlagenbetriebes die ganze Zeit statt. Leitparameter dabei sind das Schlammalter und die Schlammabbauleistung bei Vorgabe entsprechender Sollwerte. Diese Voraussetzungen ließen bei einem mit einem solchen Prozeßleitsystem ausgerüsteten kommunalen Klärwerk, dessen Zulaufwerte im Tagesdurchschnitt etwa 1800 mg/l BSB_5, 2500 mg/l CSB und 200 mg/l TKN betragen, nun bei T >12°C Ablaufwerte unter 0,5 mg/l NH_4-N sowie unter 2 mg/l beim Gesamt-anorganisch-Stickstoff, unter 10 mg/l bei BSB_5 und unter 80 mg/l bei CSB sowie eine kontrollierte Denitrifikation erreichen.

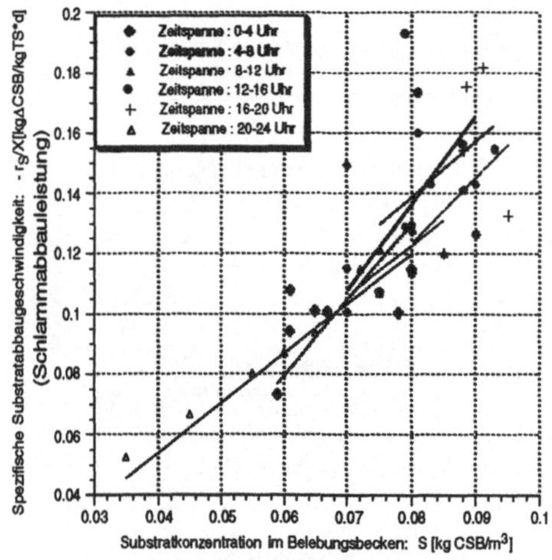

Bild 12: Variation der Schlammabbauleistung in Abhängigkeit von der CSB-Konzentration im Belebungsbecken (4stündige Zeitspannen)

$$-r_s/X = \mu_{max.} \frac{S}{Y(K_s + S)} - \frac{k_d}{Y}$$

$\mu_{max.}$ = 2,869 bis 3,461[d^{-1}];
K_S = 1,78 bis 2,52[g CSB/l];
Y = 0,613 bis 0,685 [gTS/g ΔCSB];
k_d = 0,008 bis 0,065 [d^{-1}];
r_k =0 ,461(16 bis 20 Uhr) bis 1,00.

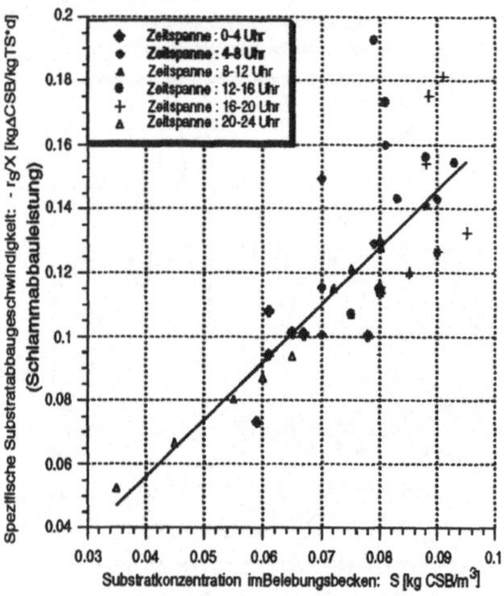

Bild 13 : Variation der Schlammabbauleistung in Abhängigkeit von der CSB-Konzentration im Belebungsbecken (Tagesmittelwerte)

$$-r_s/X = \mu_{max.} \frac{S}{Y(K_s + S)} - \frac{k_d}{Y}$$

$\mu_{max.}$ = 3,45 [d^{-1}];
K_S = 2,05 [g CSB/l];
Y = 0,88 [gTS/g ΔCSB];
k_d = 0,0173 [d^{-1}];
r_k = 0,762; nach [44].

Nach nunmehr 2jährigen Einführung des Automatisierungssystems in großtechnischen Maßstab läßt sich abschließend hervorheben, daß durch reaktionstechnische Analyse und die statistische Auswertung anfallender Meßdaten sowie der daraufhin erfolgten Rechnerbefehle die Abwicklung einer wesentlich elastischer reagierenden Software als ursprünglich geplant gestatten und demnach ging auch der Gesamtenergieverbrauch um etwa 35% zurück. Dabei fand durch die häufigen Software-Eingriffe "in situ" eine Vertiefung und Konsolidierung der Kenntnisse des Betriebspersonals beim Umgehen mit der ganzen Systemkonfiguration statt.

Diese durch den Rechner wesentlich bequemer gewordene Betriebsführung wurde allerdings durch die Wartungs- und Instandehaltungsarbeit an den Meßwertaufnehmern größtenteils kompensiert, sodaß entgegen anfangs kursierender Philosophie: Arbeitsplatzverlust-Durch-Rechnereinsatz, kein Klärwerkspersonal freigestellt oder umdisponiert werden mußte. Weil das Ziel der Modellierung ist, auf zeitraubende und teuere Pilotuntersuchungen verzichten zu können, liegt infolge dieser in Mikropilot- und großtechnischen Maßstab geführten Untersuchungen der Gedanke nahe, über eine eventuelle Standardisierung von Belebtschlammreaktoren, deren Verweilzeitverhalten bekannt ist, den „grauen“ Bereich: $0{,}1 \leq D/ul \leq 4$ zu meiden [32], um hiermit die aus einer Laboranlage resultierenden Reaktionskonstanten bei der Modelllierung der Substratelimination auf hydrodynamisch ähnliche full-scale-Reaktoren direkt übertragen zu können [34]. Da in der letzten Zeit - trotz noch vorhander Widerstände - sich doch wohl auch in der Klärtechnik immmer mehr die Erkenntniß durchzusetzen scheint, daß als Grundbedingung zur Anwendung moderner Planungskonzepte bei Bemeßung von Belebungsanlagen - und nicht zuletzt auch zu deren wirtschaftlichen Betrieb - gewinnen die Erstellung eines geeigneten reaktionstechnischen Modells und ein damit verbundener, verstärkter Einsatz von MSR-Technik immer mehr an Terrain. Dem Trend wird nach gezielter, mit Biotechnologen, MSR- und Verfahrensingenieuren eng interdisziplinär zu erfolgender Versuchsplanung - vorzugsweise durch die Aufstellung preiswerter Mikropilotierungsanlagen in Labormaßstab oder/und Durchführung von Versuchen direkt in teuererem Pilotmaßstab, künftig Rechnung zu tragen sein.

Notationen

A_1 bis A_6	Formelabkürzung, derer Definition aus Gl. 14 -19 resultiert;
k	Biokinetische Konstante, wobei die Indices d und e die Biomasse-Rücklösung bzw. die endogene Atmung der Biomasse $[T^{-1}]$ bedeuten;
K_s	Saturationskonstante des van-Udenschen reaktionstechnischen Ansatzes, d. h. jene Substratkonzentration bei der $r_x/X = 1/2\ \mu_{max.}$ wird $[ML^{-3}]$;
$\mu_{max.}$	Maximale Wachstumsgeschwindigkeit der Biomasse, welche bei theoretisch unendlich hohem Nahrungsangebot einsetzt $[T^{-1}]$;
Q	Abwasser-Volumenstrom $[L^3T^{-1}]$;
r	Reaktionsgeschwindigkeit, wobei sich die Indices s und x jeweils auf die Abnahme des Substrates, resp. den Zuwachs an Biomasse beziehen $[\Delta MT^{-1}]$;
S	Substratkonzentration $[ML^{-3}]$, wobei der Index o sich auf den Ausgangswert (Batchreaktor) und z auf den Zulauf eines CSTR bezieht;
t	Reaktionszeit [T], wobei sich der Index o auf die Ausgangsbedingung (Batchreaktor) bezieht, resp. $t = V/Q$ gilt als theoretische Aufenthaltszeit in einem CSTR ;
θ_c	Schlammalter $[T^{-1}]$ bzw. der Kehrwert der Bakterienwachstumsgeschwindigkeit;
V	CSTR-Volumen $[L^3]$;
X	Konzentration an Biomasse im Reaktor $[ML^{-3}]$ wobei der Index o sich auf den Ausgangswert (Batchreaktor) und z auf den Zulauf zu einem CSTR bezieht;
Y	Schlammertragskoeffizient, welcher das in der Brutto-Biomasse (ΔX) umgewandelte Substrat (ΔS) bedeutet [M/M].

LITERATURVERZEICHNIS

[1] RIWA: Jahresbericht 84, Teil A: Der Rhein. Übersetzung aus dem Niederländischen von K. E. Mittring, B. V. Drukkering De Eendracht, Schiedam, S. 74 - 77.

[2] TÜGEL, H.: Hinter den Kulissen der Konzerne. Natur, Heft 12 (1988), S. 18 - 29.

[3] FIRK, W.: Einsatz von Braunkohlekoksstaub bei der Abwasserbehandlung. 22. Essenertagung, 9. März, Aachen (1989).

[4] BRAHA, A.: Die Behandlung intensivieren. Entsorga-Magazin/Suppl. Abwasser-Praxis, Heft 11 (1987), S. 9 - 14.

[5] - Rheinische Braunkohlenwerke AG: Einsatz von Koksstaub aus Braunkohle in biologischen Kläranlagen nach dem Belebtschlammverfahren. Rheinbraun-Anwendungstechnik, Hausprospekt, Mai (1987).

[6] FELGENER, D.: Verbesserung des NKB-Ablaufes durch Zusatz von Braunkohlekoks in das Belebungsbecken. BITZ-Tagung in Bremen, 12/13 März (1992).

[7] ATV: Erfaßen, Auswerten und Darstellen von Betriebsdaten mit Hilfe von Prozeßdatenverarbeitungssystemen auf Klärwerken. Hinweisblatt H 260, GFA-Verlag, St. Augustin, März (1989).

[8] SCHNEIDER, H., H.: Betriebserprobungen und Anforderungsprofile für Meßeinrichtungen in Klärwerken. GFA-Verlag, St. Augustin (1991).

[9] EINSELE, A., SAMHABER, W., FINN, R., K.: Mikrobiologische und biochemische Verfahrenstechnik: Eine Einführung. VCH-Verlagsgesellschaft, Weinheim (1985), S. 151/194.

[10] KROIS, H.: Wirklichkeitsnahne Bemeßung von kommunalen Kläranlagen - Abschätzung und Bewertung von Sicherheiten. 27. Essener Tagung, Essen, 9/11 März (1994).

[11] RIWA: Jahresbericht 1990, Teil A: Der Rhein. Übersetzung aus dem Niederländischen von K. E. Mittring, B. V. Drukkering De Eendracht, Schiedam, März (1990).

[12] ORTH, H.: Vorwort. 9. Bochumer Workshop: Meß-, Steuer- und Regeltechnik in der Siedlungswasserwirtschaft, Ruhr-Universität Bochum, 1 Okt (1991), publ. in Schriftenreihe Siedlungswasserwirtschaft, Bochum, Heft 22, S. 3/5.

[13] DOMBROWSKI, T., WIESMANN, U.: Verfahren zur biologischen N-Eliminierung aus Abwässern mit hohen Konzentrationen an Ammonium und Nitrat. 4. Hannoversche Industrieabwassertagung, publiziert in Veroff. des Institutes für Siedlungswasserwirtschaft der TU-Hannover, Heft 80, (1991), S. 259/292.

[14] KAYSER, R.: Reinigung von Abwasser aus der Tierkörperverwertung: 4. Hannoversche Industrieabwassertagung, publiziert auch in Veroff. des Institutes für Siedlungswasserwirtschaft der TU-Hannover, Heft 80, (1991), S. 181/199.

[15] HUNKEN, K., H.: Untersuchungen über den Reinigungsverlauf und den Sauerstoffverbrauch bei der Abwasserreinigung durch das Belebtschlammverfahren. Stuttgarter Berichte zur Siedlungswasserwirtschaft, Heft 4, Verlag R. Oldenbourg München, (1960).

[16] WILDERER, P. : Reaktionskinetik in der biologischen Abwasseranalyse. Karlsruher Berichte, Heft 8, Verlag des Inst. für Ing.-Biologie und Biotechnologie des Abwassers der Uni. Karlsruhe (1976).

[17] ATV: Grunsätze für die Bemeßung von einstufigen Belebungsanlagen mit Anschlußwerten über 10.000 EGW. Arbeitsblatt A-131, ATV, Nov. (1981).

[18] ATV: Arbeitsblatt A-131, Bemeßung von einstufigen Belebungsanlagen ab 10.000 EGW, Regelwerk der ATV, St. Augustin, Febr. (1991).

[19] DICK, R., I.: Folklore in the design of final settling tanks. J.W.P.C.F., No. 4,

April (1976), pp. 633/643.
[20] - Kleinere Abwasseranlagen. Aktuelles Interview. wlb, Heft 11, Nov. (1979), S. 3/5.
[21] - Erwiderung zum Interview Kleinere Abwasseranlagen. Aktuelles Interview. wlb, Heft 3 (1980), S. 24.
[22] - : Kläranlagen zur Stickstoffelimination und Garantien für Belüftung, Braunschweig, 9/10 Sept. (1991), publiziert im Heft 50 der Veröffentlichungen des Institutes für Siedlungswasserwirtschaft der TU-Braunschweig.
[23] VON DER EMDE, W.: Bemeßung von Kläranlagen zur Stickstoffelimination nach dem ATV-Arbeitsblatt A131. Veröffentlichungen des Institutes für Siedlungswasserwirtschaft der TU-Braunschweig, Heft 50, S. 57/77.
[24] ECKENFELDER, W., W.: Berechnung einer Belebungsanlage zur Stickstoffelimination. Veröffentlichungen des Institutes für Siedlungswasserwirtschaft der TU-Braunschweig, Heft 50, S. 33/43.
[25] BAHRE, G.: Steuer- und Regelkonzepte für die Abwasserreinigung. Ein Überblick. 9. Bochumer Workshop: Meß-, Steuer- und Regeltechnik in der Siedlungswasserwirtschaft, Ruhr-Universität Bochum, 1 Okt (1991), Schriftenreihe Siedlungswasserwirtschaft, Bochum, Heft 22, S. 117/129.
[26] LADIGES, G.: Modellansätze als Grundlage zukünftiger Betriebsführung auf Kläranlagen. 9. Bochumer Workshop: Meß-, Steuer- und Regeltechnik in der Siedlungswasserwirtschaft, Ruhr-Universität Bochum, 1 Okt (1991), Schriftenreihe Siedlungswasserwirtschaft, Bochum, Heft 22, S. 159/176.
[27] -: Einsatz von High-Tech in Umwelttechnologien: Einführung der Prozeßrechnertechnik in der biologischen Kläranlage der Samtgemeinde Eystrup/Kreis Nienburg-Weser. Hausprospekt der Mannesmann-Anlagenbau AG/Düsseldorf und der Firma für Automatisierungstechnik Hempel & Jacobs/Hannover, Hannover (1991).
[28] BRAHA, A., BRAHA, I.: Reaktionstechnische Überlegungen zur Intensivierung des einstufigen Belebtschlammverfahrens. Wasser, Luft und Boden, Heft 1 - 2 (1989).
[29] BRAHA, A., BRAHA, I.: Anwendung reaktionstechnischer Modelle zur Prozeßautomatisierung in biologischen Kläranlagen. Wasser, Luft und Boden, Heft 5 (1991).
[30] LEVENSPIEL, L.: Chemical Reaction Engineering. 2nd Edition, John Willey & Sons, Inc., New York (1972).
[31] METCALF & EDDY: Wastewaterengineering. McGraw-Hill Book Company, 2nd Edition, New York (1979).
[32] ARCEIVALA, S. J.: Wastewater Treatment and Disposal. Marcel Dekker, Inc., New York (1981).
[33] MURPHY, K./TIMPANY, P. L.: Design and Analysis of Mixing for an Aeration Tank. Journal of the San. Eng. Div., Proc. of the Americ. Soc. of Civ. Eng., October (1967).
[34] BRAHA, A.: Das Dispersionsmodell - Modalität zur Erfassung der Reaktionskinetik längsdurchflossener Belebungsbecken. Korrespondenz Abwasser, Heft 10 (1982). S. 700/705.
[35] BRAHA, A.: Bioverfahren in der Abwassertechnik: Erstellung reaktionstechnischer Modelle mittels Labor-Bioreaktoren und scaling-up in der biologischen Abwasserreinigung. Udo Pfriemer Buchverlag, Berlin (1988), S. 27/97, S. 128/190.
[36] BENEFIELD, L. D./RANDALL, C.W.: Biological Process Design für Wastewater Treatment. Prentice-Hall Inc., New York (1980).

[37] ECKENFELDER, W. W. Jr.: Industrial Water Pollution Control. McGraw-Hill Book Company, New York (1975).
[38] KAYSER,R.: Beitrag zur Berechnung des Überschußschlammanfalls beim Belebungsverfahren. Öster. Abwasser Rundschau, Folge 5 (1971), S. 73/78.
[39] BRAHA, A., HAFNER, F.: Über die Anwendbarkeit eines erweiterten Monod-Ansatzes beim Belebtschlammverfahren. Abwassertechnik «awt», Heft 2, April (1986).
[40] BRAHA,A., GROZA, G., BRAHA, I.: Vorbehandlungsverfahren zur biologischen Reinigung eines hochbelasteten Chemieabwassers, <wlb>, Heft 7/8, August (1993), S. 29/37.
[41] WIESMANN, U.: Kinetik der aeroben Abwasserreinigung durch Abbau von organischen Verbindungen und durch Nitrifikation. Chem.-Ing. Technik, Heft 6 (1986).
[42] IMHOFF, K., IMHOFF, K.,R.: Taschenbuch der Stadtentwässerung, 27te Auflage, R. Oldenbourg-Verlag, München, Wien (1990), S. 222/237.
[43] BRAHA, A., BRAHA, I.: Prozeßleitsysteme auf reaktionstechnischer Basis: Kläranlage Eystrup/Kreis Nienburg-Weser. Abwassertechnik, <awt>, Heft 2, April (1991.
[44] BRAHA, A.: Automatisierung von Kläranlagen. Umwelt 94 - Jahrbuch für Umwelttechnik und ökologische Modernisierung, Media-Partner-Verlagsunion, Gütersloh (1994), S. 183/188.
[45] BRAHA, A., NOWAK, K.-E., MURGOCIU, O.: Leistungsanhebung durch Trägerbiologien und Prozeßautomation. Entsorga-Magazin, Heft 5 (1992), S. 115/123.

Klärschlammnaßoxidation in Apeldoorn/NL Entsorgung einer Region mit dem VerTech-Tiefschachtverfahren

Dipl.-Wirtsch.-Ing. Bernd Stroh

1. Die Ausgangsbasis

1.1 Das Klärschlammaufkommen in Apeldoorn

Der Veluwe Abwasserzweckverband im niederländischen Apeldoorn wird im Jahre 2000 über insgesamt 13 Abwasserkläranlagen verfügen. Es werden dann ca. 22.800 Tonnen Klärschlammtrockenmasse anfallen; dies entspricht einem Volumen von 250.000 bis 300.000 m^3 bei einem durchschnittlichen Trockensubstanzgehalt von 5 bis 10%. Unter Beibehaltung des Entsorgungsweges Entwässern und Deponieren wäre hiervon eine Klärschlammenge von insgesamt 100.000m^3 im Jahre 2000 zu deponieren - eine Menge, die sowohl die Kapazität der Entwässerungsaggregate des Abwasserzweckverbandes als auch die der verfügbaren Deponieräume übersteigt.

Wegen den im anfallenden Klärschlamm enthaltenen Schadstoffe ist eine Entsorgung durch Verbringung in der Landwirtschaft ebenfalls nicht möglich. Die niederländische Regierung geht davon aus, daß mittelfristig die in der Landwirtschaft zu verbringende Klärschlammenge drastisch zurückgehen wird.

So wurden Mitte der 80er Jahre Alternativen gesucht, die eine gesicherte und kostengünstige Entsorgung auch in Zukunft ermöglichen.

1.2 Entscheidungsphase und Realisation

Im Jahr 1989 wurde eine Studie fertiggestellt, die eine vergleichende Betrachtung der Entsorgungswege

- Pyrolyse
- Verbrennung
- Trocknung
- Naßoxidation

beinhaltete. Diese Studie kam zum Ergebnis, daß die Naßoxidation nach dem VerTech-Verfahren sowohl die wirtschaftlichste als auch ökologisch verträglichste Lösung zur Entsorgung der anfallenden Klärschlämme darstellt.

Die Realisierung der weltweit ersten großtechnischen VerTech-Naßoxidationsanlage in Apeldoorn vollzog sich nach folgendem Zeitablauf:

1989	Der Veluwe Abwasserverband entscheidet sich aus ökologischen und wirtschaftlichen Gründen für den Bau einer VerTech-Naßoxidationsanlage
Oktober 1990 bis Juni 1991	Durchführung des Genehmigungsverfahren und Erstellung einer Umweltverträglichkeitsstudie
September 1991	Beginn der Bauarbeiten
Januar 1993	Beginn der Testphase
Mai 1993	Erfolgreicher Abschluß des von Auftraggeber geforderten Leistungstests
Juni 1993 bis August 1994	Umfangreiche Erweiterung der oberirdischen Komponenten zur Anpassung an die ermittelte höhere Leistung des Tiefschachtreaktors
September 1994	Start des Dauerbetriebes

Tabelle 1: Zeitablauf der Realisierung der ersten großtechnischen VerTech-Anlage in Apeldoorn

2. Die Technik des VerTech-Verfahrens

2.1 Einordung der Naßoxidation in die Behandlungsverfahren

Mit der Naßoxidation von Klärschlämmen steht eine Technik zur Verfügung, die folgende Anforderungen erfüllt:

- Reduktion der organischen Trockenmasse im Schlamm
  - zur Erfüllung der Deponiekriterien (hier Klasse II nach der TA Siedlungsabfall)
  - zur Erzeugung eines verwertbaren Produktes
- Eluierstabilität des erzeugten festen Reststoffes
- Reduktion der Stickstoffverbindungen
- Erzeugung eines ableitfähigen, bei der Naßoxidation anfallenden, Prozeßwassers (zumindest Indirekteinleiterqualität)

Tabelle 2: Anforderungskriterien an die Naßoxidation

Somit steht erstmals eine Alternative zu den herkömmlichen thermischen Behandlungsverfahren zur Verfügung, die die Anforderungen der TA Siedlungsabfall erfüllt. Eine Übersicht möglicher Entsorgungswege zeigt Abbildung 1.

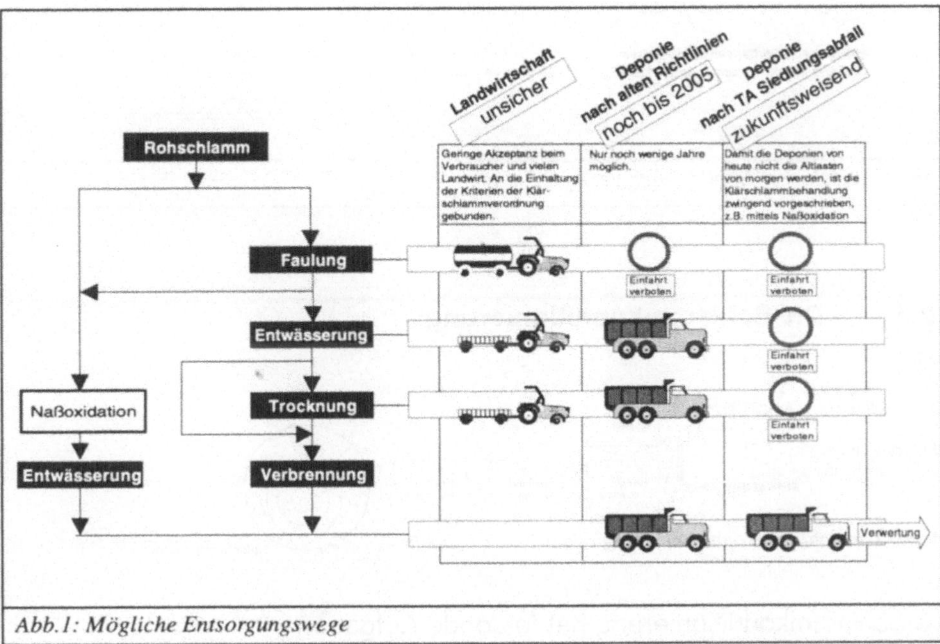

Abb.1: Mögliche Entsorgungswege

2.2 Verfahrensbeschreibung

2.2.3 Grundfließbild

Das Grundfließbild einer VerTech-Anlage zur Naßoxidation von suspendierten Schlämmen zeigt Abbildung 2.

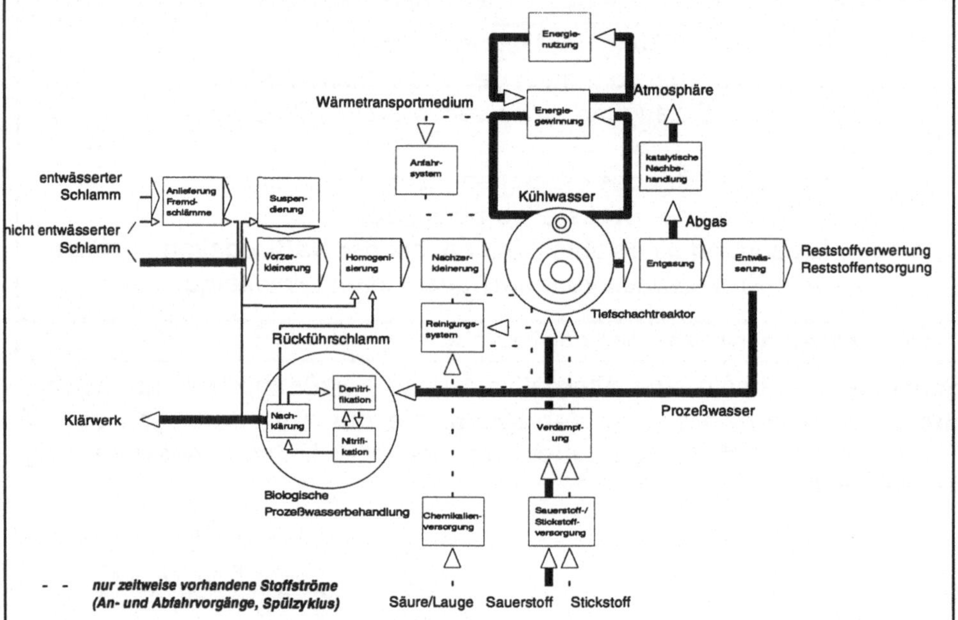

Abb. 2: Verfahrensfließbild einer VerTech-Anlage

2.2.4 Die Schlammkonditionierung

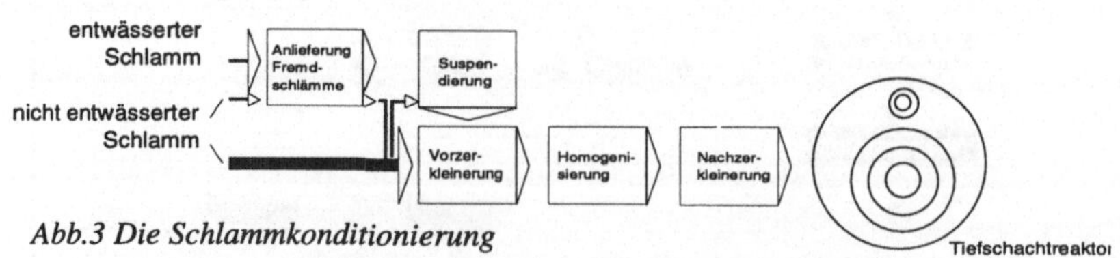

Abb.3 Die Schlammkonditionierung

Die Schlammkonditionierung hat folgende Aufgaben:

- Schlammsuspendierung
- Verringerung der Korngrößen des Feststoffs auf 3-5 mm
- Einstellung eines ausreichenden Festoffgehaltes/CSB-Gehaltes zwischen 30 - 45 g/l
- Homogenisierung des Schlamms

Die zu behandelnden Schlämme werden von der Kläranlage direkt oder als entwässerter Schlamm angenommen. Der entwässert angelieferte Schlamm wird suspendiert, durchläuft eine Zerkleinerungseinrichtung, um die Korngröße zu verringern und fasrige Inhaltsstoffe zu zerreißen.

Anschließend erfolgt in Rührbehältern die Homogenisierung des Schlamms um unterschiedliche Schlammzustände auszugleichen. Als letzter Schritt vor der Naßoxidation wird der Feststoffgehalt des Schlamms so eingestellt, daß der CSB-Wert im Bereich zwischen 30 - 45 g/l vorliegt. Dies entspricht zumeist Feststoffgehalten von TR = 4 - 6 %. In diese Verfahrensstufe wird auch der Überschußschlamm aus der biologischen Prozeßwasserbehandlung eingeführt.

Für die Resuspendierung des entwässerten Schlammes und die Schlammeinstellung können wahlweise behandeltes Prozeßwasser oder Fremdwasser (z.B. aus einer benachbarten Kläranlage) eingesetzt werden. Werden Schlämme mit zu geringem Trockensubstanzgehalt angeliefert, werden sie gegebenenfalls eingedickt (z.B. mit einer Zentrifuge oder Kammerfilterpresse).

2.2.5 Der VerTech-Reaktor

- Aufbau

Der VerTech-Reaktor ist das Kernstück der Schlammbehandlungsanlage. Er wird in ein unterirdisches Rohrsystem eingebracht (siehe Abb. 4). Die übliche Reaktorgröße ist für möglichst große Klärschlammdurchsätze unter Beachtung standardisierter Rohrdurchmesser aus der Öl- und Gasbohrtechnik ausgelegt.

Das Reaktorsystem besteht aus einem inneren Zuführrohr (Downcomer) mit ca. 195 mm Durchmesser, das unten offen ist. In diesem Zuführrohr hängen Injektionslanzen, die Sauerstoff in unterschiedlicher Tiefe in den abwärts fließenden Klärschlamm eindüsen. Umgeben ist dieses Zuführrohr von einem unten geschlossenen Rückführrohr (Upcomer) mit einem Durchmesser von

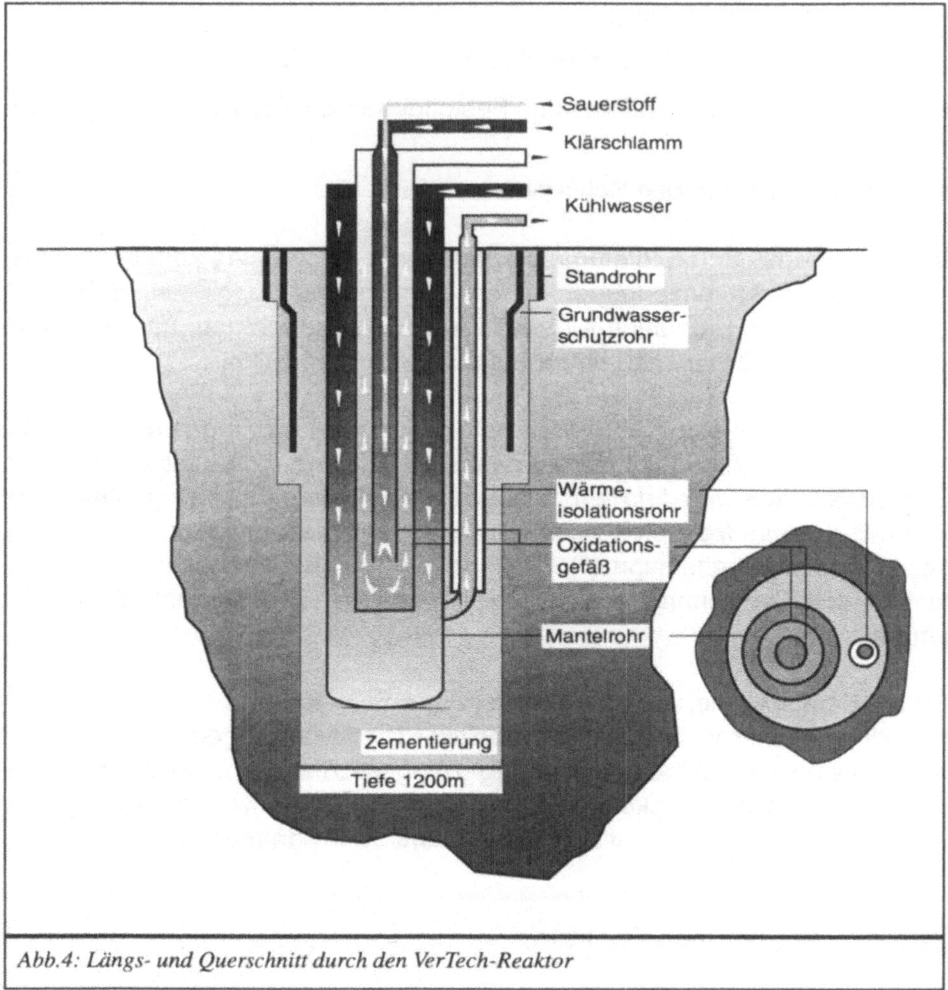

Abb.4: Längs- und Querschnitt durch den VerTech-Reaktor

ca. 340 mm. Upcomer und Downcomer bilden einen Ringraum, in dem der oxidierte Schlamm an die Oberfläche zurückfließt.

Der Reaktor hängt frei in einem weiteren Mantelrohr von ca. 400 mm Durchmesser. Der Ringraum zwischen diesem Mantelrohr und dem Reaktorgefäß wird zur Kühlung genutzt. Das Gesamtsystem wird in ein Bohrloch bis zu einer Tiefe von 1.200 m eingebracht.

An der Oberfläche ist der Reaktor mit einem Kopf versehen, der Anschlüsse für die zu- und abzuführenden Medien sowie Verschlußsysteme für Notfälle besitzt. Der Reaktor und seine Einbauten bestehen aus einem hochlegierten Edelstahl mit austenitisch-ferritischem Gefüge (AF22).

Für kommunale Klärschlämme und andere verdünnte organische Abfälle mit einem Chloridgehalt bis zu 400 mg/l bietet speziell dieser Edelstahl hervorragende Korrosionsbeständigkeit.

- Prozeßablauf

Der konditionierte Schlamm wird dem Reaktorsystem zugeführt, indem er in das Einlaufrohr gepumpt wird. Sauerstoff wird an mehreren Stellen dem Schlamm auf seinem Weg in die Tiefe zugegeben.

Um den Prozeß zu starten, wird die Schlammsuspension im unteren Reaktorbereich über das Wärmetauschersystem auf die notwendige Reaktionstemperatur gebracht.

Der Oxidationsprozeß beginnt bei einer Temperatur von ungefähr 180 °C, wobei die Temperatur mit zunehmender Tiefe aufgrund der exothermen Reaktion ansteigt. Das oxidierte Material steigt im Rücklaufrohr auf und gibt dabei Wärme an den kühleren nach unten fließenden Klärschlamm und das Kühlwasser ab. Die Temperatur im unteren Bereich des Reaktors wird durch das Kühlsystem auf ca. 280 °C eingestellt.

Der Wärmeaustausch zwischen den Flüssigkeiten im Einlauf- und Rücklaufrohr und der Stoffübergang von der Gasphase in die Flüssigphase ist aufgrund der vorliegenden ausgeprägt turbulenten Zweiphasenströmung sehr gut.

Am Reaktorboden wird durch die Flüssigkeitssäule selbsttätig ein hydrostatischer Druck von ca. 85 - 110 bar erreicht, wodurch ein Sieden des Schlammes verhindert wird. Die Pumpen für die Schlammzufuhr in den Reaktor dienen somit lediglich zur Kompensation der geringen Reibungsverluste.

Durchmesser und Länge des Rohrsystems sind so ausgelegt, daß eine ausreichende Verweilzeit und genügend hohe Temperaturen vorhanden sind, um den gewünschten CSB-Abbau zu erreichen. Der Reaktor verhält sich annähernd wie ein ideales Strömungsrohr, wodurch gewährleistet wird, daß alle Schlammteilchen vollständig in die Reaktionsprozesse einbezogen werden. Das große Längen/Durchmesser-Verhältnis des Reaktors ermöglicht einen günstigen Gegenstrom-Wärmeaustausch zwischen Zufluß und Abfluß.

Die oxidierte Flüssigkeit fließt durch das Rücklaufrohr des Reaktorsystems zur Oberfläche zurück und wird sowohl durch den im Gegenstrom betriebenen Kühlkreislauf als auch den im Einlaufrohr gleichfalls in Gegenrichtung fließenden Schlamm gekühlt. Das austretende Medium verläßt den Reaktor mit einer Temperatur von maximal 60 °C.

Die sich bildenden Reaktionsgase und der Restsauerstoff werden aus der Flüssigkeit abgetrennt und einer katalytischen Nachbehandlung (Oxidation) zugeführt.

2.2.6 Das Sauerstoff-System

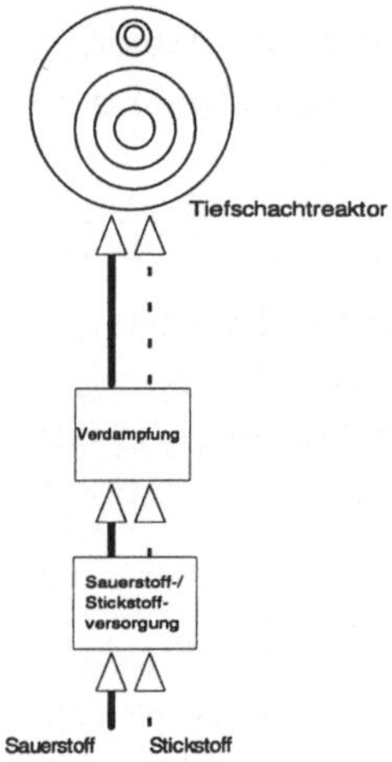

Abb. 5: Das Sauerstoffsystem

Zur Oxidation wird technischer Sauerstoff mit einem Reinheitsgrad von ca. 99 % verwendet. Der Sauerstoff wird üblicherweise in einer stationären Tankanlage flüssig gelagert. Mittels Kryopumpen wird der Druck auf max. ca. 90 bar erhöht. Bevor der Sauerstoff in den Reaktor eingeblasen wird, erfolgt seine Verdampfung wozu vorhandenes Prozeßwasser genutzt wird. Sicherheitseinrichtungen schalten in Notfällen die Zufuhr des Sauerstoffs automatisch ab.

Entsprechend den örtlichen Gegebenheiten und je nach Größe der VerTech-Anlage kann es im Einzelfall auch sinnvoll sein, eine Luftzerlegungsanlage vor Ort zu installieren.

2.2.7 Das Wärmerückgewinnungssystem

Das VerTech-Verfahren liefert aufgrund des im Reaktor stattfindenden exothermen Oxidationsprozesses Wärmeenergie. Die Reaktionsenthalpie der Oxidation beträgt etwa:

$$13 \text{ MJ/kg } CSB_{red.} = 3{,}6 \text{ kWh/kg } CSB_{red.}$$

Ein Teil der anfallenden Wärme wird verfahrensintern genutzt, z.B. zur Verdampfung des flüssigen Sauerstoffs.

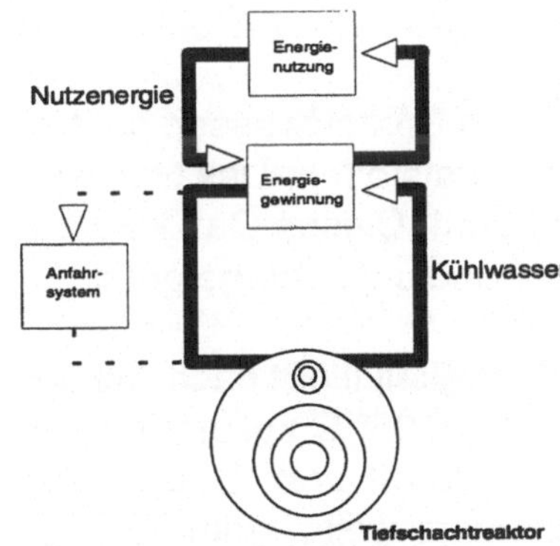

Abb. 6 : Das Wärmerück-gewinnungssystem

Die überschüssige Wärmeenergie wird mit Hilfe des Kühlwassers abgeführt und läßt sich standortabhängig auf verschiedene Weise nutzen:

- Fernwärmeversorgung
- Verstromung mittels Naßdampfturbinen
- Trocknung der festen Reststoffe
- Beheizung von Faultürmen
- Gebäudeheizung
- Abgabe an umliegende Industrie
- Strippen von NH_3 aus dem Prozeßwasser mit Erzeugung von gebrauchsfähigem Ammonikwasser

2.2.8 Das Reinigungssystem

Die im Schlamm vorhandenen Bestandteile, u.a. Kalzium, führen bei bestimmten Temperaturen zu Ablagerungen an den mit dem Schlamm in Berührung kommenden Oberflächen. Die Ablagerungen reduzieren mit zunehmender Dikke den Wärmeaustausch, so daß sie regelmäßig durch Spülen entfernt werden müssen. Zur Spülung wird verdünnte Salpetersäure verwendet, die mehrfach umläuft. Die Säure wird ausschließlich für die Reinigung des Reaktors benutzt. Die Spülflüssigkeit wird in einem getrennten Behälter gesammelt und nach erfolgter Neutralisation dem Prozeßwasserstrom zugegeben. Die hieraus resultierende Nitratfracht wird in der vorhandenen biologischen Stufe zum elemetaren Stickstoff umgesetzt.

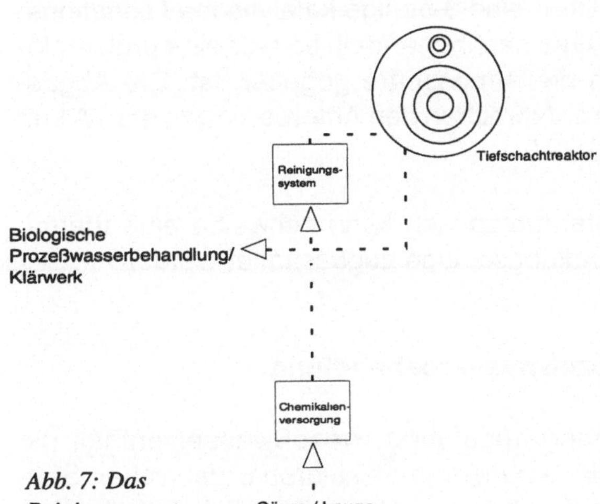

Abb. 7: Das Reinigungssystem

2.2.9 Die 3-Phasen-Trennung

Der den Reaktor verlassende Stoffstrom besteht aus Prozeßwasser, gasförmigen Anteilen (hauptsächlich CO_2) sowie festen Reststoffen. Das Gas wird über ein mehrstufiges Entgasungssystem abgetrennt. Dieses Gas wird zur Gasbehandlungsanlage geführt.

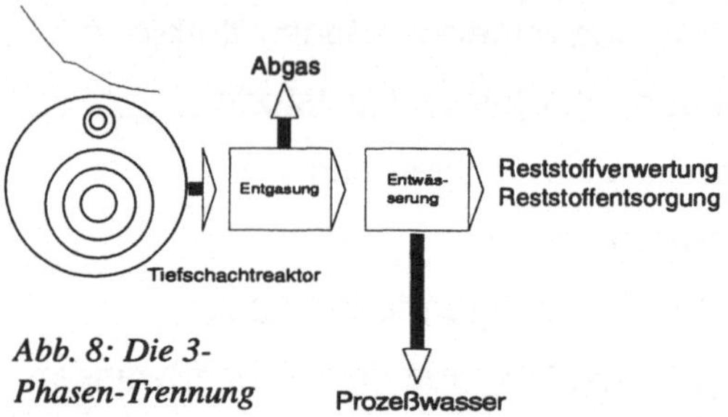

Abb. 8: Die 3-Phasen-Trennung

Die Flüssigkeit fließt nach Abkühlung auf ca. 35° C zusammen mit dem Reststoff vom Boden des Abscheiders weiter zum Flüssigkeits-/Feststoff- Trennsystem. Aufgrund der hohen Konzentration anorganischer Bestandteile lassen sich hohe Trockensubstanzgehalte erzielen. Ohne Zusatz von Hilfsmitteln werden z.B. mit einer Kammerfilterpresse Trockensubstanzgehalte von über 50 % erreicht. Das abgetrennte Prozeßwasser wird in der biologischen Stufe weiterbehandelt.

2.2.10 Die Gasbehandlung

Abb. 9: Die Gasbehandlung

Das aus der Entgasungsstufe abgeführte Rohgas enthält vorwiegend CO_2, bis zu 3 % CO und geringe Mengen an Stickstoff und C_xH_y. Über eine 3-stufige katalytische Oxidationsanlage wird das Gas nachbehandelt, so daß eine problemlose Abführung in die Atmosphäre gegeben ist. Die Abgaskonzentrationen entsprechen den Anforderungen der TA Luft und der 17.BImSchV.

Bei An- und Abfahrprozessen kann zeitweise eine thermische Nachbehandlungsanlage zugeschaltet werden.

2.2.11 Die biologische Prozeßwasserbehandlung

Das aus der Fest-Flüssigtrennung abgeführte Prozeßwasser enthält die während der Naßoxidation gebildeten niedermolekularen organischen Säuren sowie den aus dem Zelleiweiß gebildeten Ammoniumstickstoff, darüber hinaus sind gelöste Salze enthalten. Die vorhandenen biologisch leicht abbaubaren Kohlenstoffverbindungen stellen eine optimale Ausgangsbasis für die Stickstoffentfernung in einer biologischen Stufe dar. Das Prozeßwasser

Meß-größe	Meß-wert	Zielvor-gabe	η %
CSB	527	< 900	>93
TKN	75	< 95	$>94_{org}$
N_{ges}	151	< 165	

(Angaben in mg/l)

Tab.2: Zusammensetzung des behandelten Prozeßwassers (Beispiel)

wird hierbei mittels Nitrifikation und vorgeschalteter Denitrifikation auf Indirekteinleiterqualität gebracht. In Tabelle 2 sind typische Ablaufkonzentrationen aufgelistet.

Im Regelfall wird das aus der biologischen Stufe abgeführte Abwasser in eine benachbarte Kläranlage eingeleitet oder partiell für die Schlammresuspendierung genutzt. Je nach standortspezifischen Gegebenheiten kann die Schadstofflast des Abwassers weiter reduziert werden, z.B. bis zur Einhaltung von Vorfluterbedingungen.

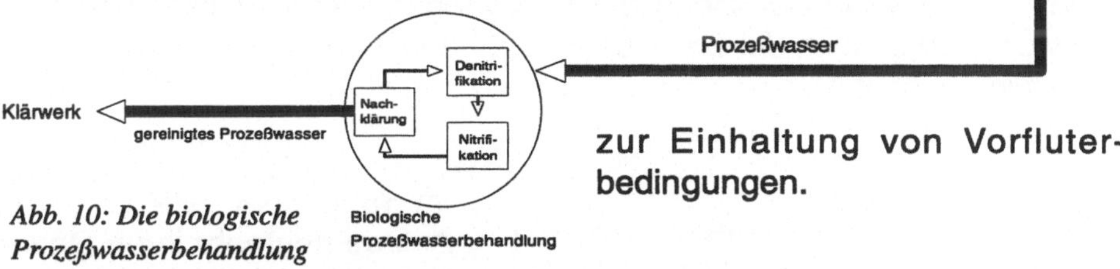

Abb. 10: Die biologische Prozeßwasserbehandlung

3. Betriebserfahrungen mit der VerTech-Anlage Apeldoorn

Im Mai 1993 absolvierte die VerTech-Anlage Apeldoorn (Abb. 11) einen vom Auftraggeber geforderten Leistungstest sehr erfolgreich. Dabei wurde festgestellt, daß das Herzstück der Anlage, der Tiefschachtreaktor, eine um etwa 30 Prozent höhere Kapazität vorzuweisen hat, als ursprünglich angenommen.

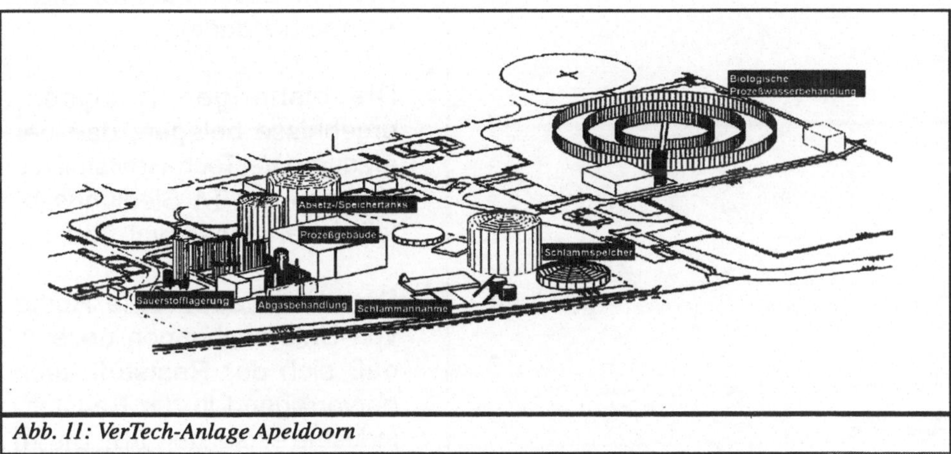

Abb. 11: VerTech-Anlage Apeldoorn

Ein umfangreiches Ausbauprogramm zur Anpassung der oberirdischen Aggregate an die neue Kapazität wurde durchgeführt. Im Bereich der Schlammaufbereitung wurde die Speicherkapazität durch den Neubau eines 5000 m^3 Behälters vergrößert. Ein weiterer Behälter gleicher Baugröße sowie ein 1500 m^3 großer Absetztank wurden für die kontinuierliche Versorgung der Biologie sowie die Anpassung der Biologie an die neue Durchsatzleistung notwendig. Für die Abgastrennung und -behandlung wurden zudem einige kleinere Komponenten neu errichtet. Die Prozeßwasserbehandlung war in ihrer ursprünglichen Planung überdimensioniert, so daß mit Ausnahme einer zusätzlichen Kühleinheit keine weiteren Maßnahmem erforderlich wurden.

Der VerTech-Reaktor war schon in der Vergangenheit den Blicken entzogen. Jetzt wurde auch noch der Reaktorkopf umhaust und damit vor Witterungseinflüssen geschützt.

Parameter	Einheit	TA Siedlungsabfall	Analysenergebnisse
		Zuordnungswerte Deponieklasse II	Performance Test
Originalsubstanz			
Festigkeit - axiale Verformung - einaxiale Druckfestigkeit	% kN/m²	< 20 > 50	3,1 1.074
Org. Anteil des Trockenrückstandes der Orginalsubstanz - bestimmt als TOC	Masse-%	< 3	2,8
Extrahierbare lipophile Stoffe der Originalsubstanz	Masse-%	< 0,8	< 0,5
Eluatkriterien (DIN 38 414 - S4)			
ph-Wert	./.	5,5 - 13,0	8,1
Leitfähigkeit	µS/cm	< 50.000	1.200
TOC	mg/l	< 100	48
AOX	mg/l	< 1,5	0,55
Phenole	mg/l	< 50	0,46
Arsen	mg/l	< 0,5	0,01
Blei	mg/l	< 1	< 0,1
Cadmium	mg/l	< 0,1	< 0,01
Chrom (VI)	mg/l	< 0,1	< 0,05
Kupfer	mg/l	< 5	0,11
Nickel	mg/l	< 1	< 0,05
Quecksilber	mg/l	< 0,02	0 0034
Zink	mg/l	< 5	0,39
Fluorid	mg/l	< 25	< 0,2
Ammonium-N	mg/l	< 200	130
Cyanide, leicht freisetzbar	mg/l	< 0,5	0,016
Wasserlöslicher Anteil (Abdampfrückstand)	Masse-%	< 6	0,08

Tab. 3: Reststoffbewertung im Vergleich zur TA Siedlungsabfall

Im September 1994 nahm die Anlage nunmehr ihren Dauerbetrieb auf. Das Betriebsdiagramm über Durchsatz und erreichter Temperatur der einzelnen Reaktorläufe in den ersten drei Monate zeigt den stabilen Prozeßverlauf (Abb.12). Bis zum 4.Dezember 1994 wurden insgesamt bereits über 4.000 Tonnen Klärschlammtrockenmasse in der VerTech-Anlage behandelt.

Die bisherigen Analysenergebnisse belegen, daß der erzeugte VerTech-Reststoff die Kriterien der TA Siedlungsabfall sicher einhält (vgl. Tab. 3).

Daneben haben eine Reihe von Untersuchungen gezeigt, daß sich der Reststoff auch hervorragend in der Baustoffindustrie einsetzten läßt. Die im Auftrag von der Mannesmann

Anlagenbau AG durchgeführten Versuche zur Verwendung des Reststoffes in der Ziegelindustrie brachten sehr gute Ergebnisse. So verbesserten sich zum Beispiel die mechanischen Eigenschaften der Ziegel merklich, nachdem 15 Prozent des Tons durch VerTech-Reststoff ersetzt wurden. Außerdem konnte die Wärmedämmung erhöht werden und die Dichte des Ziegels verringerte sich.

Neue Untersuchungen zeigen weiterhin, daß sich die Festigkeit von Kalksandsteinen um 23 Prozent unter Zugabe von VerTech-Reststoff erhöht.

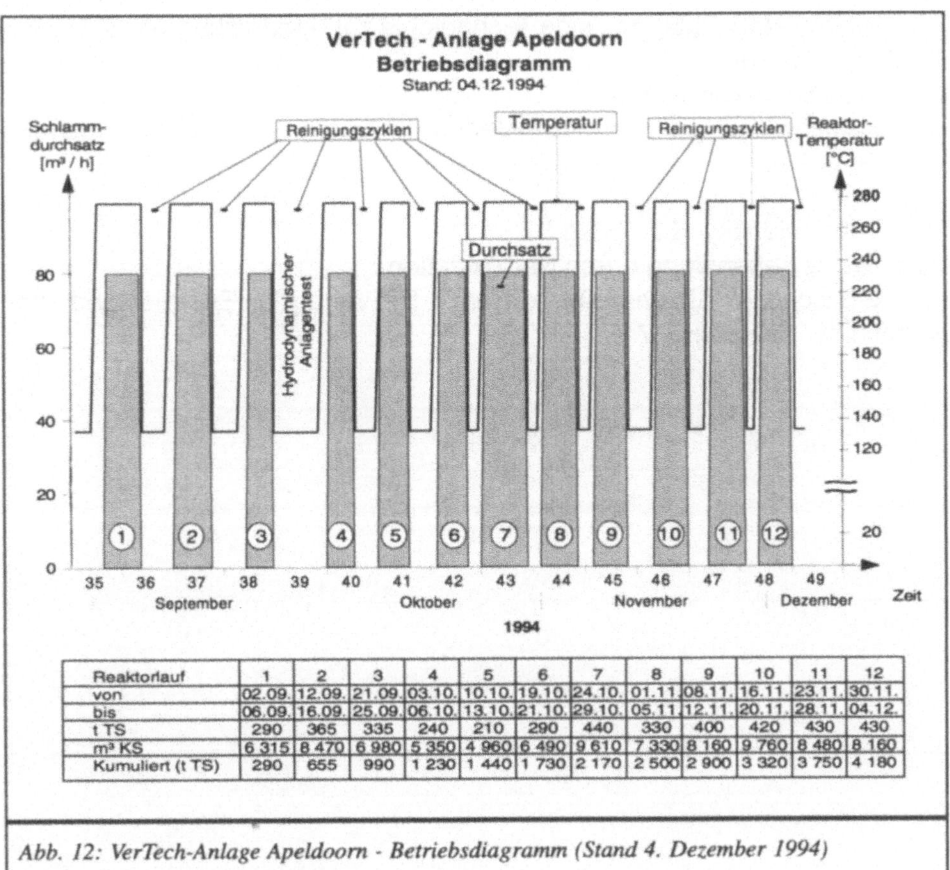

Reaktorlauf	1	2	3	4	5	6	7	8	9	10	11	12
von	02.09.	12.09.	21.09.	03.10.	10.10.	19.10.	24.10.	01.11.	08.11.	16.11.	23.11.	30.11.
bis	06.09.	16.09.	25.09.	06.10.	13.10.	21.10.	29.10.	05.11.	12.11.	20.11.	28.11.	04.12.
t TS	290	365	335	240	210	290	440	330	400	420	430	430
m³ KS	6 315	8 470	6 980	5 350	4 960	6 490	9 610	7 330	8 160	9 760	8 480	8 160
Kumuliert (t TS)	290	655	990	1 230	1 440	1 730	2 170	2 500	2 900	3 320	3 750	4 180

Abb. 12: VerTech-Anlage Apeldoorn - Betriebsdiagramm (Stand 4. Dezember 1994)

Literatur

Tränkler, J:
"Naßoxidation - eine Alternative zur herkömmlichen Behandlung von Abwässern und Schlämmen"
in: Thomé-Kozmiensky, K.J.:
Sonderabfallwirtschaft, Berlin: EF-Verlag für Energie- und Umwelttechnik, 1993, S. 217 ff.

Daun, M.:
"Die VerTech-Naßoxidation - eine Technologie zur Behandlung von Klär- und Sonderschlämmen"
in: Thomé-Kozmiensky, K.J.:
Sonderabfallwirtschaft, Berlin: EF-Verlag für Energie- und Umwelttechnik, 1993, S. 237 ff.

Thomé-Kozmiensky, K.J. [Hrsg.]
Thermische Behandlung durch Naßoxidation
in: Thermische Abfallbehandlung, Berlin: EF-Verlag für Energie- und Umwelttechnik, 1994, S. 337 ff.

Klärschlammentsorgung - Verfahrensvergleiche an Beispielen

Dr.-Ing. Bernd Genenger, Dr.-Ing. Günter Schock*

1 Einleitung

In der Bundesrepublik Deutschland fallen jährlich Klärschlämme mit ca. 3 Mio t Trockensubstanz (TS) an. Die gesamte Klärschlammenge wird z. Z. über die folgenden Wege entsorgt:

- landwirtschaftliche Verwertung,
- Kompostierung,
- Deponierung und
- Verbrennung.

Die über die einzelnen Entsorgungswege in den Jahren 1992 und 1993 abgegebenen Klärschlammengen sowie die prozentualen Anteile am gesamten Klärschlammaufkommen sind in Abb. 1.1 angegeben /Rüm94/. 55 bis 60 % der in der Bundesrepublik jährlich anfallenden Klärschlammenge werden z. Z. deponiert. Die Deponierung ist damit der z. Z. wichtigste Entsorgungsweg für Klärschlämme.

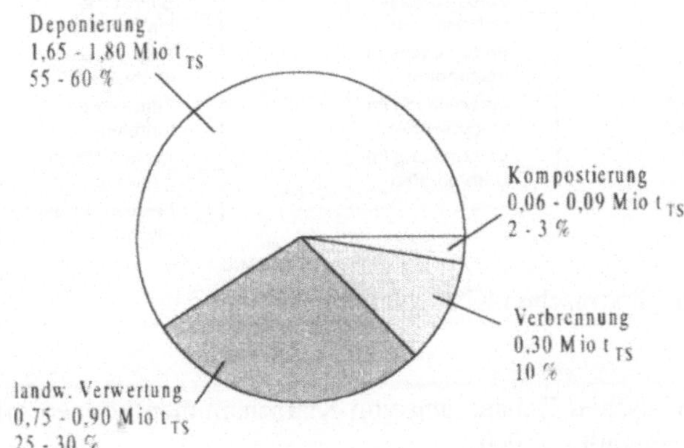

Abb. 1.1: Entsorgung von Klärschlämmen in der Bundesrepublik Deutschland

Aufgrund der gesetzlichen Vorschriften ist die Ablagerung von Klärschlämmen auf Deponien ohne vorherige Behandlung in Zukunft nicht mehr möglich. Die TA Siedlungsabfall vom 01.06.1993 schreibt vor, daß Stoffe mit einem organischen Anteil von mehr als 5 % ab dem Jahre 2005 nicht mehr deponiert werden dürfen. Um diese Forderung einzuhalten, sind Klärschlämme vor einer Deponierung z. B. thermisch zu behandeln. Der Anteil der thermisch behandelten Klärschlämme am gesamten Klärschlammaufkommen in der Bundesrepublik Deutschland wird somit drastisch ansteigen. Geht man davon aus, daß die gesamte z. Z. deponierte Klärschlammenge thermisch zu behandeln ist, so sind jährlich zusätzlich ca. 1,7 Mio t_{TS} über diesen Weg zu entsorgen. Unter Berücksichtigung der Einsparungen, die durch die Verminderung der Kosten für die Deponierung entstehen, ergeben sich zusätzliche Kosten für die Klärschlammentsorgung in der Bundesrepublik Deutschland in Höhe von ca. 1,5 Mrd DM pro Jahr. Der thermischen Klärschlammbehandlung kommt somit auch unter wirtschaftlichen Gesichtspunkten in Zukunft eine besondere Bedeutung zu.

2 Verfahren zur thermischen Klärschlammbehandlung

In Abb. 2.1 sind Verfahren zur thermischen Klärschlammbehandlung zusammengestellt.

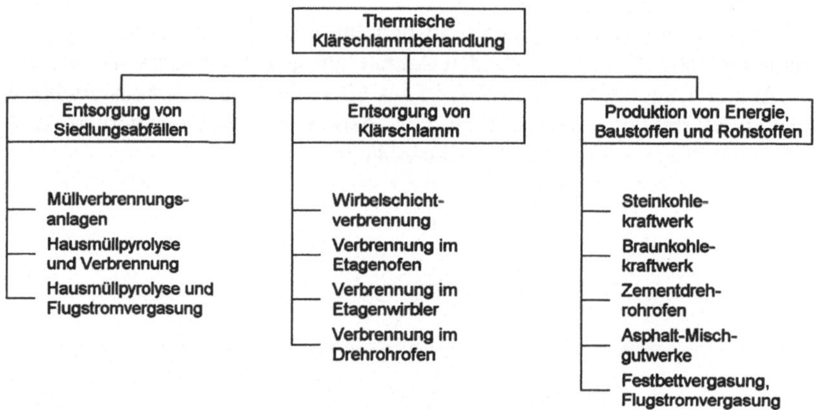

Abb. 2.1: Verfahren zur thermischen Klärschlammbehandlung

Die Verfahren zur thermischen Behandlung von Klärschlämmen können grundsätzlich in 3 Gruppen zusammengefaßt werden:

- Verfahren zur Behandlung von Hausmüll unter Zusatz einer begrenzten Menge von Klärschlamm mit dem Hauptziel der Entsorgung von Siedlungsabfällen,
- Verfahren zur Verbrennung von Klärschlamm mit dem Hauptziel der Entsorgung von Klärschlamm sowie
- Verfahren zur Erzeugung von Energie, Baustoffen und Rohstoffen mit dem Hauptziel der Erzeugung dieser Produkte.

Bei der Behandlung von Klärschlamm zusammen mit Hausmüll in Verbrennungs- und Pyrolyseanlagen wird der Klärschlamm mit dem Hausmüll gemischt und der Behandlungsanlage zugeführt. Die festen Rückstände aus Pyrolyseanlagen können z. B. auf einer Monodeponie abgelagert oder verbrannt werden. Das Pyrolysegas wird thermisch verwertet. Die genannten Anlagen wurden mit dem Ziel der Behandlung von Hausmüll entwickelt. Da diese Verfahren relativ geringe Anforderungen an die Beschaffenheit der Einsatzstoffe stellen, ist lediglich eine mechanische Entwässerung des Klärschlamms erforderlich.

Die Kombination der Pyrolyse von Hausmüll mit der Vergasung der Pyrolyseprodukte ermöglicht ebenfalls die gemeinsame Behandlung von Siedlungsabfällen und Klärschlamm Getrockneter und gemahlener Klärschlamm wird zusammen mit den Produkten aus der Pyrolyse einem Flugstromvergaser zugeführt.

Die Verfahren, die mit dem Ziel der Klärschlammentsorgung betrieben werden, beinhalten die Verbrennung von Klärschlamm in geeigneten Öfen. Um die erforderliche Menge an Zusatzbrennstoffen zu minimieren, wird eine selbstgängige Verbrennung angestrebt. Bei der Verbrennung von Rohschlamm ist die selbstgängige Verbrennung bei Trockensubstanzgehalten von mehr als ca. 28 % gewährleistet. Ein Trockensubstanzgehalt von 28 % kann mit Verfahren zur mechanischen Entwässerung (z. B. über Zentrifugen) erreicht werden. Soll hingegen ausgefaulter Schlamm selbstgängig verbrannt werden, so ist ein Trockensubstanzgehalt zwischen 45 und 50 % einzustellen. Dieser Trockensubstanzgehalt ist in der Regel mit mechanischen Verfahren zur Klärschlammentwässerung allein nicht mehr zu erreichen. Für die selbstgängige Verbrennung von Faulschlamm ist somit eine Vortrocknung erforderlich /LAG90/.

Verfahren mit dem Hauptziel der Produktion sind z. B. die Verbrennung in Steinkohle- und Braunkohlekraftwerken sowie in Zementdrehrohröfen und Asphalt-Mischgutwerken Die Vergasung von Klärschlamm in Festbettdruck- und Flugstromvergasern wurde ebenfalls dieser Gruppe zugeordnet. Klärschlamm kann z. B. in Festbettdruckvergasern zusammen mit Braunkohle vergast werden. Produkt ist ein Synthesegas, das z. B. verstromt oder als Grundstoff für die Methanolproduktion eingesetzt werden kann Vergaser können mit Klärschlamm als alleinigem Brennstoff betrieben werden. Gemeinsam ist den Verfahren mit dem Hauptziel der Produktion, daß getrockneter Klärschlamm mit einem Trockensubstanzgehalt von ca. 90 % eingesetzt wird.

Im folgenden werden die Verfahren Verbrennung zusammen mit Hausmüll, Verbrennung im Wirbelschichtofen und Flugstromvergasung verglichen. Die Verbrennung in Wirbelschichtöfen und in Hausmüllverbrennungsanlagen werden in der Bundesrepublik bereits seit längerer Zeit erfolgreich eingesetzt. Eine erste Anlage zur Vergasung von Klärschlamm zusammen mit Produkten aus der Hausmüllpyrolyse in Flugstromvergasern soll 1998 in Northeim in Betrieb genommen werden. Die Vergasung von Braunkohle in Festbettreaktoren sowie die Vergasung von Ölen und Suspensionen in Flugstromvergasern spielte eine wichtige Rolle bei der Versorgung mit Stadtgas in der DDR.

3 Verfahrensbeschreibung

3.1 Verbrennung zusammen mit Hausmüll

Abb. 3.1.1 zeigt die wesentlichen Verfahrensschritte der gemeinsamen Verbrennung von Klärschlamm und Hausmüll. Um Geruchsbelästigungen beim Umschlag und beim

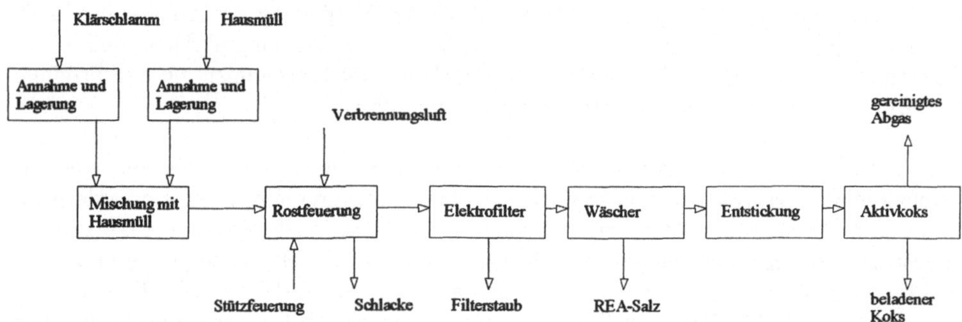

Abb. 3.1.1: Hausmüllverbrennung

Transport des Klärschlamms zu vermeiden, wird der Schlamm anaerob stabilisiert. Der mechanisch entwässerte Faulschlamm kann z. B. im Müllbunker mit dem Hausmüll vermischt werden. Die Mischung aus Hausmüll und Klärschlamm wird meist in einer Rostfeuerung verbrannt. Um den weitgehenden Ausbrand sicherzustellen, ist eine relativ lange Aufenthaltszeit des Gemisches aus Hausmüll und Klärschlamm in einer Zone mit Temperaturen um 900°C erforderlich. Im Rauchgas kann unmittelbar nach dem Verlassen des Feuerungsraums eine De-Novo-Synthese von Dioxinen und Furanen stattfinden. Das Rauchgas aus der Feuerung wird in Abgasreinigungssystemen (z. B. Elektrofilter, Wäscher, eine Anlage zur Entfernung von Stickoxiden sowie mit Aktivkoks zur Entfernung von leichtflüchtigen Schwermetallen und organischen Verbindungen) behandelt. Erfahrungsgemäß ist die Verbrennung von Klärschlamm zusammen mit Hausmüll bis zu Klärschlammanteilen von 20 % problemlos möglich /LAG90/.

Als Reststoffe fallen in Müllverbrennungsanlagen pro 1.000 kg Einsatzstoff durchschnittlich die folgenden Stoffe an /Car94/:

- ca. 330 kg Schlacke aus der Feuerung, die bei geigneter Prozeßführung den Anforderungen für die Ablagerung auf einer Deponie der Klasse I nach TA Siedlungsabfall entspricht,

- 30 bis 60 kg Filterstäube aus der Rauchgasreinigung, die in einer Untertage-Deponie abgelagert oder mit nachgeschalteten Behandlungsstufen (z. B. Verglasung) inertisiert werden müssen,

- ca. 30 kg Rückstände aus der Entschwefelung, die deponiert werden müssen, sowie

- beladener Aktivkoks, der in einer Sonderabfallverbrennungsanlage thermisch zu behandeln ist.

Die Verbrennung von Klärschlamm zusammen mit Hausmüll bietet i. w. die folgenden Vorteile:

- Vorhandene Kapazitäten können genutzt werden.

- Der Energieinhalt des Hausmülls wird zur Verbrennung mechanisch entwässerten Faulschlamms genutzt.

- Da die der Verbrennung zugeführte Klärschlammenge aus verfahrenstechnischer Sicht zwischen 0 und 20 % des Einsatzstoffes variieren kann, dient die Verbrennung als Puffer für Kapazitätsschwankungen anderer Entsorgungswege. So können z. B. Schwankungen der Kapazitäten der landwirtschaftlichen Verwertung ausgeglichen werden. Damit kann jeweils der größtmögliche Teil der Klärschlämme in der Landwirtschaft verwertet und die Gesamtkosten für die Klärschlammentsorgung können minimiert werden.

Die Kosten für die Verbrennung von Klärschlamm in einer Hausmüllverbrennungsanlage betragen bei einer Abschreibungszeit von 15 Jahren ohne mechanische Entwässerung zwischen 500 und 750 DM/t_{TS}.

3.2 Verbrennung in der Wirbelschicht

Abb. 3.2.1 zeigt die wesentlichen Verfahrensschritte der Klärschlammverbrennung in der Wirbelschicht. Wird die Verbrennungsanlage z. B. auf dem Gelände einer Kläranlage errichtet, so kann der Rohschlamm aus der Kläranlage mechanisch entwässert und der Verbrennung ohne weitere Behandlung zugeführt werden. Wird bei der mechanischen Entwässerung ein Trockensubstanzgehalt von mehr als ca. 28 % erreicht, so verläuft die Verbrennung selbstgängig. Soll ausgefaulter Schlamm verbrannt werden, so ist für die selbstgängige Verbrennung eine Teiltrocknung auf Trockensubstanzgehalte von 45 bis 50 % erforderlich /Bab91/.

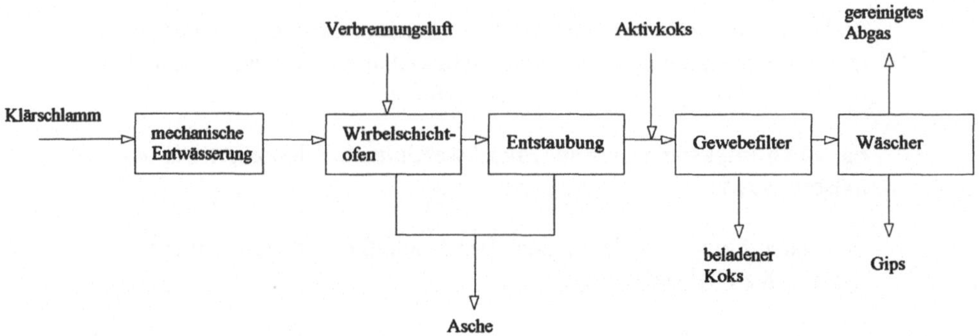

Abb. 3.2.1: Verbrennung in der Wirbelschicht /Tel94/

Das Rauchgas aus dem Wirbelschichtofen wird zunächst über Zyklone und Elektrofilter entstaubt. Vor nachgeschalteten Gewebefiltern wird dem Rauchgas Aktivkoks zugesetzt, um leichtflüchtige Metalle und organische Verbindungen zu entfernen. In Wäschern werden Schwefelverbindungen absorbiert. Bei geeigneter Wahl der Sauerstoffkonzentration im Verbrennungsraum wird die Bildung von Stickoxiden weitgehend unterbunden /Tel94/.

Als Reststoffe verbleiben bei der Verbrennung von 1.000 kg_{TS} Rohschlamm im Wirbelschichtofen die folgenden Stoffe:

- ca. 300 kg Asche aus dem Ofen und der Entstaubung, welche die Anforderungen für die Deponierung auf Deponien der Klasse I nach TA Siedlungsabfall erfüllen,

- ca. 70 kg Gips aus der Rauchgaswäsche, der grundsätzlich verwertet werden kann, sowie

- ca. 40 kg mit leichtflüchtigen Metallen und organischen Verbindungen beladener Aktivkoks.

3.3 Vergasung

Abb. 3.3.1 zeigt die wesentlichen Verfahrensschritte einer Anlage zur Klärschlammvergasung (Flugstromvergasung). Mechanisch entwässerter Faulschlamm wird getrocknet, gemahlen und einem Flugstromvergaser zugeführt. Im Vergaser werden die organischen Inhaltsstoffe des Klärschlamms unter Zugabe von technisch reinem Sauerstoff partiell oxidiert. Das Produkt aus dem Vergaser, das Synthesegas, besteht zum größten Teil aus Wasserstoff und Kohlenmonoxid. Es ist mit Schwefelwasserstoff, Kohlenoxid-

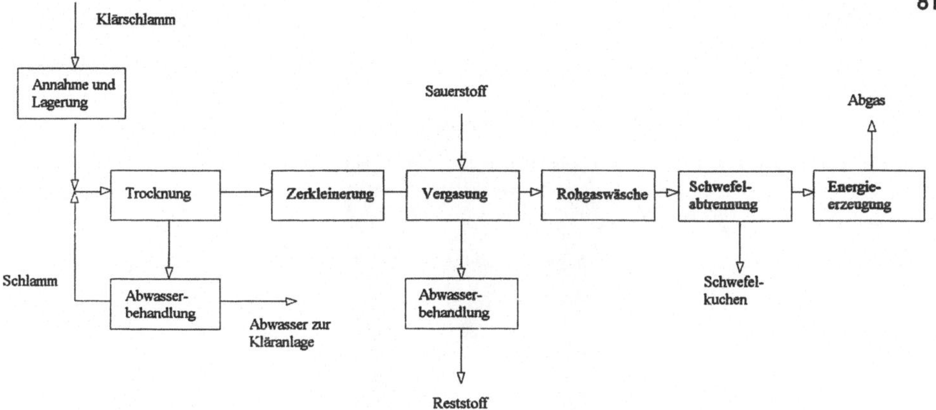

Abb. 3.3.1: Vergasung von Klärschlamm /Car94/

sulfid, Staub und Metallverbindungen verunreinigt. Ein Teil der Schwefelverbindungen und die leichtflüchtigen Metallsulfide werden in Venturiwäschern aus dem Rohgas entfernt. In einem Kondensator werden selbst kleine Aerosolpartikeln aus dem Rohgas abgeschieden. Das Rohgas wird entschwefelt und anschließend z. B. in einem GuD-Block energetisch oder in einer Chemieanlage als Rohstoff für die Methanolproduktion stofflich verwertet /Car94/.

Abb. 3.3.2 zeigt einen Flugstromvergaser, wie er z. B. für die Vergasung von Klärschlamm eingesetzt werden kann. Der Vergasungsbrenner ist am Kopf des Reaktors angeordnet. Über den Brenner werden das zu vergasende Material, der benötigte Sauerstoff und ein brennbares Gas zur Aufrechterhaltung einer Stützflamme zugeführt. Im zylindrischen Teil unterhalb des Brenners findet der Vergasungsprozeß statt. Bei Drükken bis zu 40 bar und Temperaturen zwischen 1.400 und 1.700°C entsteht das Synthesegas.

Mineralische Bestandteile des Einsatzstoffes fließen an der gekühlten Reaktorwand nach unten. Im Quenchraum wird aus den mineralischen Bestandteilen ein Granulat erzeugt, das am unteren Ende des Quenchraums abgezogen wird. Durch die schnelle Abkühlung des Gases im Quenchraum wird die De-Novo-Synthese von Dioxinen und Furanen unterdrückt. Das Gas wird seitlich aus dem Quenchraum abgezogen.

Der gesamte Prozeß der Klärschlammvergasung liefert für 1.000 kg_{TS} Klärschlamm die folgenden Produkte und Reststoffe:

- ca. 900 m^3_N Synthesegas mit einem Heizwert von ca. 10 MJ/m^3_N, das stofflich und energetisch verwertet werden kann,

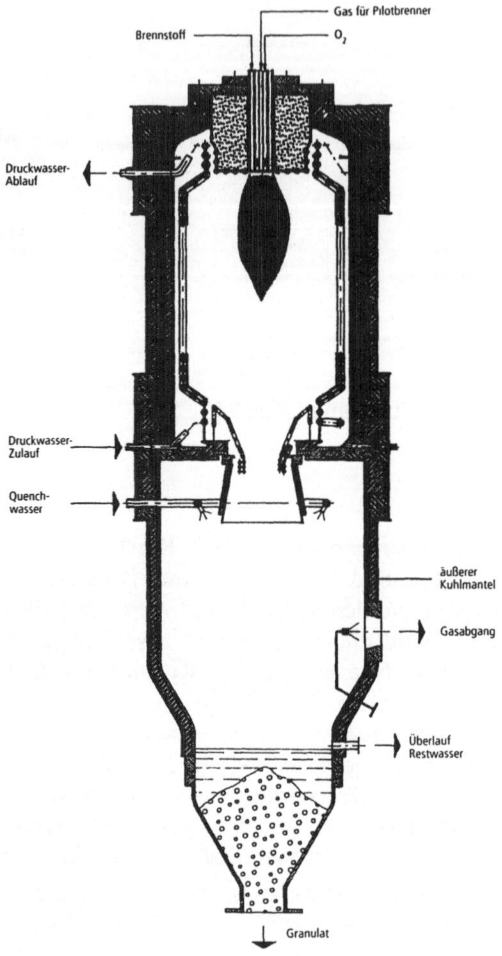

Abb. 3.3.2: Flugstromvergaser /Car94/

- ca. 385 kg Schmelzgranulat aus dem Vergasungsreaktor, das die Kriterien für die Ablagerung auf Deponien der Klasse I nach TA Siedlungsabfall erfüllt,

- ca. 5 kg Schwefel, der verwertet werden kann, sowie

- ca. 35 kg Feststoffe aus der Abwasserbehandlung, die als Sonderabfall untertägig zu deponieren sind.

Aufgrund des relativ aufwendigen Verfahrens und der daraus resultierenden hohen Investitionskosten ist die Vergasung erst bei der Umsetzung relativ großer Mengen wirtschaftlich. Die Grenze für den wirtschaftlichen Betrieb kann auf der Basis geplanter und bereits realisierter Anlagen auf ca. 50.000 t Vergasungsgut geschätzt werden. Um die erforderlichen Vergasungsgutmengen bereitzustellen, wird Klärschlamm zusammen mit anderen Stoffen vergast. So soll z. B. im Landkreis Northeim 1998 eine Anlage zur Vergasung von Klärschlamm und zur Vergasung der Produkte aus einer Hausmüllpyrolyse in Betrieb genommen werden. Am Standort Schwarze Pumpe der Laubag werden Klärschlämme zusammen mit anderen Reststoffen und Braunkohle in Festbettdruckvergasern zu Synthesegas umgesetzt.

4 Verfahrensvergleich

In Tab. 4.1 sind die wesentlichen Kennzeichen der in Kap. 3 beschriebenen Verfahren zusammengestellt. Zur Vermeidung von Geruchsbelästigungen beim Umschlag und beim Transport der Klärschlämme wird bei der Verbrennung zusammen mit Hausmüll und bei der Vergasung Faulschlamm eingesetzt. Wird eine Wirbelschichtverbrennung in der Nähe oder auf dem Gelände einer Kläranlage errichtet, so kann Dünnschlamm über Rohrleitungen angeliefert und mechanisch entwässert werden. Eine Faulung ist in diesem Fall zur Vermeidung von Geruchsbelästigungen nicht erforderlich. Für die Verbrennung zusammen mit Hausmüll und für die Entsorgung im Wirbelschichtofen können mechanisch entwässerte Schlämme eingesetzt werden. Für die Vergasung ist der Klärschlamm hingegen stets zu trocknen. Die Schlammbehandlung für die beiden Verbrennungsverfahren ist somit weniger aufwendig, da die Trocknung entfällt.

Die Verbrennung von Klärschlamm im Wirbelschichtofen und zusammen mit Hausmüll findet bei Temperaturen von ca. 900°C statt. Bei der Abkühlung des Rauchgases ist die De-Novo-Synthese von Dioxinen und Furanen möglich. Die Bildung dieser Stoffe wird bei der Vergasung, die bei Temperaturen zwischen 1.400 und 1.700°C abläuft, durch die Quenchung unterdrückt. Die Vergasung findet bei erhöhten Drücken statt.

Die Verbrennung in der Wirbelschicht und die Verbrennung zusammen mit Hausmüll unterliegen den Vorschriften der Siebzehnten Verordnung zur Durchführung des Bundes-Immissionsschutzgesetzes (17. BImSchV), da es sich um reine Abfallbehandlungsanlagen handelt. Die Grenzwerte dieser Verordnung werden von Rauchgasbehandlungsanlagen nach dem Stand der Technik eingehalten. Bei der Vergasung entsteht ein Synthesegas, das rohstofflich und energetisch verwertet werden kann. Wird das Synthesegas energetisch verwertet und wird z. B. ein GuD-Block in räumlichem und funktionalem Zusammenhang mit der Vergasung betrieben, so gelten ebenfalls die Grenzwerte der 17. BImSchV.

Die Mengen der bei allen 3 Verfahren anfallenden Rückstände unterscheiden sich nur unerheblich. Die Schlacke aus der Müllverbrennung, die Asche aus der Wirbelschichtverbrennung und das Granulat aus der Vergasung entsprechen den Anforderungen für

	Verbrennung zusammen mit Hausmüll	**Verbrennung im Wirbelschichtofen**	**Vergasung**
Einsatzstoff	mech. entwässerter Faulschlamm und Hausmüll	mechanisch entwässerter Rohschlamm	getrockneter Faulschlamm
Betriebsparameter - Temperatur - Druck	 900°C Umgebungsdruck	 800 - 950°C Umgebungsdruck	 1.400 - 1.700°C < 40 bar
Gesetzliche Vorschriften	17. BImSchV	17. BImSchV	17. BImSchV
Reststoffe/Produkte für 1.000 kg Einsatzstoff - verwertbar - zu entsorgen	 Schlacke, Asche: ca. 330 kg Filterst.: 30 - 60 kg Aktivkoks: k. A.	 Asche: ca. 300 kg Gips: ca. 70 kg Aktivkoks: ca. 40 kg	 Synthesegas: 900 m^3_N Granulat: 385 kg Schwefel: 5 kg Prozeßwasserfeststoff, Eindampfrückstand: ca. 35 kg
wirtschaftliche Anlagenkapazität	> 100.000 t/a (max 6.500 t_{TS}/a) max. 360.000 EW	> 7.500 t_{TS}/a > 400.000 EW	> 50.000 t_{TS}/a > 2.700.000 EW
Kosten inkl. mech. Entwässerung	650 - 1.150 DM/t_{TS}	750 - 1.200 DM/t_{TS}	k. A.

Tab. 4.1: Vergleich von Verfahren zur thermischen Klärschlammbehandlung

die Ablagerung auf Deponien der Klasse I nach TA Siedlungsabfall. Das Granulat aus der Vergasung ist ohne weitere Aufbereitung als Baustoff einsetzbar und entspricht in seinem Elutionsverhalten natürlichen Baustoffen /Car94/. Die Reststoffe aus der Vergasung von Klärschlämmen, Granulat, Schwefel und Synthesegas, weisen somit Vorteile gegenüber den Reststoffen der beiden anderen Verfahren auf, da eine Verwertung ohne weitere Aufbereitung möglich ist. Insbesondere die Produktion von Synthesegas stellt vor dem Hintergrund des politischen Ziels der Verwertung von Reststoffen einen Vorteil gegenüber den beiden anderen Verfahren dar.

Die kleinsten für einen wirtschaftlichen Betrieb erforderlichen Anlagenkapazitäten betragen für die Hausmüllverbrennung ca. 100.000 t/a Hausmüll, für die Verbrennung im Wirbelschichtofen ca. 7.500 t_{TS}/a und für die Vergasung ca. 50.000 t_{TS}/a. Bei einem Klärschlammanfall von 50 g pro Einwohner und Tag resultiert daraus für die Wirbelschichtverbrennung eine Entsorgungskapazität von ca. 400.000 Einwohnerwerten (EW) und für die Vergasung von ca. 2.700.000 EW. In einer Müllverbrennungsanlage können bei einer Kapazität von 100.000 t/a max. 20.000 t Klärschlamm mitverbrannt werden. Bei einem Trockensubstanzgehalt von 30 % entspricht das 6.500 t_{TS}/a, also einer Entsorgungskapazität von maximal 360.000 EW.

Die Wirbelschichtverbrennung ist besonders für die Entsorgung der Klärschlämme aus größeren Kläranlagen geeignet, wenn die Verbrennungsanlage in der Nähe der Kläranlage errichtet wird. Die Verbrennung zusammen mit Hausmüll bietet sich an, wenn die zur Verbrennung gelangende Klärschlammenge schwankt oder wenn kleinere Mengen zu entsorgen sind, die nicht in der Landwirtschaft eingesetzt werden können. Die Vergasung ist ein Verfahren, das besonders zur Entsorgung der Klärschlämme in Ballungsräumen geeignet ist, in denen die Transportwege relativ kurz sind. Alternativ ist die Vergasungsstufe mit einem Gemisch aus Klärschlamm und anderen Einsatzstoffen zu betreiben, um eine sinnvolle Anlagenkapazität zu erreichen.

Die Kosten für die Verbrennung von Klärschlamm zusammen mit Hausmüll und die Verbrennung in Wirbelschichtöfen betragen je nach Alter und Ausrüstung der Anlagen zwischen 700 und 1.200 DM/t_{TS} inkl. mechanischer Entwässerung (Abschreibungszeitraum 15 Jahre). Angaben über die Kosten der reinen Klärschlammvergasung liegen nicht vor. Die Gesamtkosten für die Vergasung des Klärschlamms sind u. a. abhängig vom Erlös, der durch den Verkauf oder die Nutzung des Synthesegases erreicht wird. Bei durchschnittlichen Erlösen für das Synthesegas oder dessen Nutzung scheinen unter Berücksichtigung der Kosten für die mechanische Entwässerung und die Trocknung Gesamtkosten in der Größenordnung von 1.100 DM/t_{TS} realistisch.

5 Zusammenfassung

Aufgrund der Bestimmungen der TA Siedlungsabfall ist die Deponierung von Klärschlämmen, deren Anteil an organischen Bestandteilen mehr als 5 % beträgt, nach dem Jahre 2005 nicht mehr zulässig. Eine Möglichkeit, die Anforderungen der TA Siedlungsabfall zu erfüllen, ist die thermische Behandlung von Klärschlamm. Die Verfahren zur thermischen Behandlung von Klärschlamm können in drei Gruppen eingeteilt werden:

- Verfahren mit dem Hauptziel der Entsorgung von Siedlungsabfällen,
- Verfahren mit dem Hauptziel der Entsorgung von Klärschlamm sowie
- Verfahren mit dem Hauptziel der Produktion von Energie, Baustoffen und Rohstoffen.

Ein Verfahren mit dem Hauptziel der Entsorgung von Siedlungsabfällen ist die Verbrennung von Klärschlamm zusammen mit Hausmüll. Hauptvorteil dieses Verfahrens ist die Flexibilität im Hinblick auf die für den wirtschaftlichen Betrieb erforderliche Klärschlammmenge. Da Hausmüllverbrennungsanlagen i. w. zur thermischen Behandlung von Hausmüll errichtet werden, ist die Auslastung solcher Anlagen und damit der wirtschaftliche Betrieb weitgehend unabhängig von der zu behandelnden Klärschlammenge.

Als Beispiel für ein Verfahren mit dem Ziel der Klärschlammentsorgung wurde die Wirbelschichtverbrennung vorgestellt. Dieses Verfahren gestattet die Behandlung von Rohschlamm, wenn die Verbrennungsanlage in der Nähe einer Kläranlage errichtet wird. Damit entfallen bei der Schlammbehandlung die Verfahrensschritte Faulung und Trocknung. Wirtschaftlich sind Anlagen mit Entsorgungskapazitäten von mehr als ca. 400.000 EW.

Ein Verfahren mit dem Hauptziel der Produktion von Rohstoffen ist die Vergasung nach dem Flugstromverfahren. Hauptvorteil der Vergasung in Flugstromvergasern ist die weitgehende Verwertbarkeit der Reststoffe. Das Synthesegas kann sowohl energetisch als auch stofflich verwertet werden. Anlagen zur reinen Klärschlammvergasung können jedoch erst bei relativ großen Entsorgungskapazitäten (ca. 2,7 Mio EW) wirtschaftlich betrieben werden. Anlagen zur Vergasung werden deshalb mit einem Gemisch aus Klärschlamm und anderen Einsatzstoffen betrieben, um wirtschaftliche Anlagenkapazitäten zu erreichen.

Die Verfahren Verbrennung zusammen mit Hausmüll, Verbrennung in der Wirbelschicht und Vergasung entsprechen dem Stand der Technik und sind grundsätzlich zur thermischen Behandlung von Klärschlamm geeignet. Die Entscheidung für eines der Verfahren ist abhängig von der zu entsorgenden Klärschlammenge, von der Verfügbarkeit anderer Entsorgungswege und von anderen Randbedingungen wie z. B. bereits vorhandenen Anlagen für die Klärschlammbehandlung und die Behandlung von Siedlungsabfällen. Der Verfahrensvergleich zur Auswahl eines der vorgestellten Verfahren oder eines anderen Verfahrens ist deshalb für jeden Einzelfall unter Berücksichtigung der Randbedingungen durchzuführen.

6 Literatur

/Bab91/ Babcock
Trocknung und Verbrennung von Schlämmen
Firmenprospekt
Krefeld 1991

/Car94/ Carl, J.; P. Fritz
Noell-Konversionsverfahren zur Verwertung und Entsorgung von Abfällen
EF-Verlag für Energie- und Umwelttechnik
Berlin 1994

/LAG90/ Länderarbeitsgemeinschaft Abfall
Alternativen der Klärschlammentsorgung
1990

/Rüm94/ Rümmele, St.
Schlamm auf die Äcker
UmweltMagazin 9 (1994), 105

/Tel94/ Teller, F.; M. Püschel; F. Wittchen
Klärschlammverwertung und -behandlung
Teil 1: Thermische Verwertung von Klärschlamm als Konsequenz der gesetzlichen Weichenstellungen
Abfallwirtschaftsjournal 6 (1994) 10, 678-688

Traditionelle und neue Verfahren zur Klärschlammbehandlung

Verfasser: **Dr.-Ing. Norbert Brink**
Burckhard Bussmann
Dipl.-Ing. Peter Strodt

In Deutschland beträgt das jährliche Klärschlammaufkommen ca. 3 Mio. t, gerechnet als Trockensubstanz (TS). Der Klärschlamm ist hierbei der Abfallgruppe zuzuordnen, auf welche die Gebote der Vermeidung und Verminderung nicht anwendbar sind, sondern deren Aufkommen zukünftig durch weitergehende Abwasserreinigung und fortschreitenden Anschlußgrad noch steigen wird. Die Entsorgung des anfallenden Klärschlammes erfolgt heute im wesentlichen über drei Wege:

Deponierung:	ca. 60 %
Landwirtschaftliche Verwertung:	ca. 25 %
Verbrennung:	ca. 15 %

Mit Verabschiedung der

TA Siedlungsabfall, die für die Deponierung ab dem Jahr 2005 einen maximalen Glühverlust von ≤ 5 % der Originalsubstanz zuläßt, sowie der neuen

Klärschlammverordnung, die zusätzliche Einschränkungen der landwirtschaftlichen Verwertung zur Folge haben wird,

werden die Abwasserverbände gezwungen, in relativ kurzer Zeit für ca. 60 - 70 % des in Deutschland anfallenden Klärschlamms, d. h. für ca. 2 Mio. t TS, neue Entsorgungskonzepte zu konzipieren, planen und realisieren. Verbunden mit der Tatsache, daß die Entsorgung zu jedem Zeitpunkt gesichert gegeben sein muß, stellt dies eine enorme Herausforderung an Planung und Betrieb gleichermaßen dar.

Es ist davon auszugehen, daß zur Bewältigung der anstehenden Aufgaben überwiegend erprobte und dem Stand der Technik entsprechende Verfahrenstechniken herangezogen werden. Andererseits sind die F+E-Abteilungen der Anlagenbauer aufgefordert, innovative Alternativtechniken zu entwickeln, die es ermöglichen, bezogen auf den individuellen Anwendungsfall ein optimales Entsorgungskonzept (auch unter Akzeptanzaspekten) anzubieten.

THYSSEN STILL OTTO ANLAGENTECHNIK GMBH (TSOA) befaßt sich bereits seit Jahrzehnten mit dem Thema *Klärschlammentsorgung*. In den nachfolgenden Ausführungen werden an Hand von konkreten und realisierten Beispielen bereits fest in der Entsorgungswirtschaft etablierte TSOA-Verfahren vorgestellt. Es handelt sich hierbei im wesentlichen um thermische Verfahren wie

die Verbrennung im Wirbelschichtofen und
die Klärschlamm-Volltrocknung.

Neben der Technik an sich wird die Anpassungsfähigkeit in bezug auf veränderte Vorgaben einen Schwerpunkt der Ausführung darstellen.

Anschließend wird über eine Neuentwicklung aus dem Hause TSOA berichtet, die sich mit der *kalten* Behandlung von Klärschlamm auf der Basis der temperaturaktivierten Flüssigphasenhydrolyse beschäftigt.

Klärschlammverbrennung in der Wirbelschicht

Die Verbrennung im Wirbelschichtofen ist allgemein anerkannter Stand der Technik und, bezogen auf Monoverbrennungsanlagen, das sicherste Verfahren, mit dem die gesetzlichen Vorgaben als Voraussetzung für die Deponieablagerung erreicht werden. Bild 1 zeigt schematisch den typischen Aufbau einer Klärschlammverbrennungsanlage.

Die mechanische Entwässerung des Klärschlammes erfolgt in der Regel mittels Zentrifugen, evtl. auch Kammerfilterpressen. Abhängig von dem geforderten Grad nach selbstgängiger (energieautarker) Verbrennung ist ein thermischer Trockner nachgeschaltet. Das Herzstück der Anlage ist der Wirbelschichtofen (Bild 2). Hier erfolgt die Verbrennung des Klärschlammes unter Einhaltung definierter Randbedingungen wie Temperatur, Sauerstoffgehalt, Verweilzeit der Verbrennungsgase und CO-Gehalt. Im unteren Bereich des Ofens befindet sich die Wirbelschicht auf einem Boden mit pilzförmigen Düsen, die vom größten Teil der Verbrennungsluft durchströmt werden. Durch die aufströmende Luft werden die Sand- und Aschepartikel, aus denen die Wirbelschicht besteht, intensiv aufgewirbelt und bilden somit einen für den Verbrennungsprozeß ideale Umgebung mit hohem Wärme- und Stoffaustausch. In dem darüberliegenden Freiboardraum folgt die Nachverbrennung von flüchtigen Bestandteilen.

Ein enges Temperaturfenster von 850 bis ca. 900 °C und eine Mindestabgasverweilzeit von deutlich über 2 sec. garantieren einen nahezu vollständigen Ausbrannt sowie eine fast 100 %ige Zerstörung von organischen Schadstoffen. Erreichbare NO_x-Werte von deutlich kleiner als 200 mg/m³ lassen es in der Regel zu, auf Sekundärmaßnahmen zur Stickoxidreduzierung zu verzichten.

Der Energieinhalt der beim Verbrennungsprozeß entstehenden Rauchgase wird in einem nachgeschalteten Abhitzekessel zur Erzeugung von Dampf und zu Vorwärmung der Verbrennungsluft genutzt. Der erzeugte Dampf kann entweder zur Stromerzeugung mit einer konventionellen Turbinenanlage und/oder zur Versorgung der thermischen Schlammtrockner verwendet werden.

Die Rauchgasreinigungsanlage erfüllt alle gesetzlichen Anforderungen, wie sie zum Beispiel in der 17. BImSchV definiert sind. Sie besteht in der Regel aus einem Elektrofilter zur Staubabscheidung, einer zweistufigen Naßwäsche zur Abscheidung der sauren Schadstoffe sowie einem System zur Quecksilberabscheidung, das nach dem Prinzip der Aktivkohleadsorption arbeitet. Die Erfordernis des letztgenannten Systems wurde erst vor kurzer Zeit nach umfangreichen Untersuchungen erkannt.

Schlammverbrennungsanlage (SVA) Wuppertal-Buchenhofen

Bereits in den 70er Jahren hatte sich der Wupperverband entschlossen, die Klärwerksrückstände aus Buchenhofen auf thermischem Wege zu entsorgen. Hierzu wurden 1977 von TSOA zwei auf Basis der Wirbelschichttechnik arbeitenden Verbrennungsanlagen, einschließlich Rauchgasreingung, entsprechend den zum damaligen Zeitpunkt geltenden Vorschriften errichtet. Die Auslegung der Anlagen erfolgte in der Weise, daß aus Gründen der Entsorgungssicherheit die gesamte am Standort anfallende Schlamm- und Rechengutmenge von einer Verbrennungslinie aufgenommen werden kann. Die Entwässerung des Klärschlammes erfolgte ausschließlich mechanisch mittels Zentrifugen, was eine Zugabe von Heizöl zur Aufrechterhaltung der Verbrennungstemperatur zur Folge hatte. Die Rauchgasreinigung bestand aus einem Elektrofilter und einem Natronlaugewäscher für die Abscheidung der sauren Schadstoffe.

Anfang der 90er Jahre, ca. 15 Jahre nach Erstinbetriebnahme, entschloß sich der Wupperverband zu dem Ausbau der Verbrennungsanlagen. Anlaß dieser Entscheidung war eine beabsichtigte Steigerung der zu entsorgenden Klärschlammengen, bedingt durch eine zunehmende Entsorgung für Nachbarklärwerke sowie verschärfte Emissionsanforderungen durch den Bundesgesetzgeber (17. BImSchV).

Der Ausbau der SVA beinhaltete im wesentlichen folgende Bereiche
(Bilder 3 und 4):

Installation thermischer Trockner.
Anpassung der Wärmenutzung durch Austausch des Abhitzekessels.
Installation einer modernen Rauchgas-Reinigungsanlage.

Durch die Ergänzung der mechanischen Entwässerung um nachgeschaltete thermische Trockner war es möglich, die Klärschlamm-Durchsatzleistung fast zu verdoppeln und den Zusatzbrennstoffverbrauch auf ein Minimum zu reduzieren. Das Abwärmerückgewinnungssystem mußte entsprechend den veränderten Verhältnissen durch Einsatz eines neuen Abhitzekessels angepaßt .werden. Die Rauchgasreinigung wurde ab dem Elektrofilter durch Zubau eines dritten zusätzlichen Feldes komplett erneuert. Sie besteht heute aus einem dreifeldrigem Elektrofilter, einer zweistufigen Rauchgaswäsche und schließt ab mit einer auf Basis eines Aktivkohle-Kalkhydratgemisches arbeitenden Flugstromanlage zur Quecksilberabscheidung.

Im Vergleich zu einer Neuerrichtung erwiesen sich diese Umbauarbeiten als besonders anspruchsvoll, da auch zum Zeitpunkt der Montage trotz mechanischer und leittechnischer Verknüpfung beider Verbrennungslinien ständig ein Ofen betrieben werden mußte. Die sich hieraus ergebende sequentielle Montage spiegelt sich auch in den Inbetriebnahmedaten wieder, die sich über die Jahre 1993 bis 1995 erstrecken.

Schlammverbrennungsanlage Brabant / NL

Rund zehn Jahre Planungs- und Projektierungszeit wurden aufgewendet, um das Konzept der Schlammverbrennungsanlage Brabant, wie es heute der Auftragsabwicklung zugrunde liegt, zu entwickeln. Veränderte Klärschlammengen durch Ausdehnung des Entsorgungsgebietes, neueste technische Erkenntnisse und verschärfte Umweltschutzauflagen waren Anlaß für verschiedene Planungsmodifikationen.

Zunächst ausgelegt für die Entsorgung des nördlichen Teiles wurde später die gesamte niederländische Provinz *Brabant* in die Betrachtung einbezogen (siehe Tabellen 1 und 2). Die hieraus resultierende Verdoppelung der Durchsatzmenge hatte zur Folge, daß neben einer Neudimensionierung der geplanten drei eine vierte Verbrennungslinie vorgesehen werden mußte. Neue Erkenntnisse wie die Notwendigkeit eines separaten Abscheidesystems für Quecksilber zwangen im Verlauf der Planung ebenso wie verschärfte Umweltschutzanforderungen auf der Luft- und Wasserseite den Kunden und den Anlagenbauer zu einschneidenden Veränderungen in der Konzeptfindung. Letztgenanntes resultierte insbesondere aus der zwischenzeitlich verabschiedeten *Verbranden '89*, die in den wesentlichen Punkten mit der deutschen 17. BImSchV vergleichbar ist, sowie aus der Forderung nach einer für Müllverbrennungsanlagen typischen abwasserfreien Fahrweise. Zusätzliche Verzögerungen brachte eine während der Planungsphase entfachte Standortdiskussion mit der Folge, daß ein neuer Aufstellungsort gesucht werden mußte.

Ein Eindruck über den Grad der erforderlichen Modifikationen während der Konzeptfindungsphase gibt der Situationsvergleich der Jahre 1988 und 1994, dargestellt als Blockfließbilder (siehe Bilder 5und 6). Es ist leicht zu erkennen, daß der

Schwerpunkt notwendiger Erweiterungen ausschließlich im Bereich der Rauchgasreinigung bzw. der Abwasserbehandlung liegt. Beispielsweise mußte pro Linie eine zusätzliche Rauchgas-Wiederaufheizung sowie eine Flugstromanlage zur Quecksilberabscheidung nebst Peripherie vorgesehen werden. Die Abwasserbehandlung wurde erweitert um eine Abwassereindampfanlage und um ein Ammoniakstrippersystem, das aufgrund der zu erwartenden NH_3-Gehalte im Klärschlamm erforderlich wurde.

Die Auswirkungen auf die Investitionskosten sind in Bild 7 dargestellt. In dem Zeitraum von 1988 bis 1994 haben sich die Gesamtinvestitionskosten etwa vervierfacht, wobei die Teilbereiche EMSR und Bau mit Faktor 7 und der Bereich Anlagentechnik mit Faktor 3 zu Buche schlagen.

Die thermische Klärschlammtrocknung

Thermische Klärschlamm-Trocknungsverfahren setzen dort an, wo hohe Trockensubstanzgehalte gewünscht werden, die mit mechanischen Entwässerungseinrichtungen nicht erreicht werden können. Die Notwendigkeit von höheren Trockensubstanzgehalten (> 25 %) wird hierbei bestimmt durch die gewählte Klärschlammverwertung bzw. -entsorgung.

Grundsätzlich wird unterschieden zwischen
- der angepaßten thermischen Teiltrocknung und
- der thermischen Volltrocknung.

Die angepaßte Trocknung stellt in der Regel eine Einzelkomponente in einer Systemkette dar. Der Trockensubstanzgehalt bzw. der Wassergehalt des Produktes *Klärschlamm* wird entsprechend den Erfordernissen der nachfolgenden Verfahrensstufen eingestellt. Als Beispiel sei die integrierte thermische Teiltrocknung innerhalb einer Klärschlamm-Verbrennungsanlage, wie sie zuvor an den Beispielen SVA Wuppertal und Brabant beschrieben wurden, genannt. Durch die angepaßte Trocknung kann dort eine energieautarke Verbrennung im Wirbelschichtofen erreicht werden, d. h. zur Aufrechterhaltung der geforderten Verbrennungstemperatur kann auf den Einsatz von Sekundärbrennstoff weitestgehend verzichtet werden.

Die thermische Volltrocknung ist im Vergleich zu der Teiltrocknung eine Einzellösung, die eine Weiterverarbeitung des Trockengutes, losgelöst vom Standort, zuläßt. Neben einer Volumenreduzierung um den Faktor 3 bis 4, bezogen auf mechanisch entwässerten Schlamm, bietet die thermische Klärschlammvolltrocknung noch folgende Vorteile:

Der bei der thermischen Behandlung auftretende Pasteurisierungseffekt erzeugt ein seuchenhygienisch unbedenkliches Produkt.
Der getrocknete Klärschlamm verfügt über bessere Lager- und Transporteigenschaften.

Für die Klärschlammtrocknung (Teil- und Volltrocknung) werden Trocknungssysteme eingesetzt, deren Prinzip sich bereits seit Jahrzehnten in der Energiewirtschaft, der chemischen bzw. Nahrungs- und Genußmittelindustrie bewährt hat. Diese Systeme können grundsätzlich in der Art der Wärmeübertragung zwischen Kontakt- und Konvektionstrockner unterschieden werden, wobei sich in den letzten Jahren die Kontakttrockner durchsetzen konnten.Letztere lassen sich unterteilen in Dünnschicht- und Scheibentrockner, wobei die Präferenz der Dünnschichttrockner auf der Seite der Teiltrocknung und die Präferenz der Scheibentrockner auf der Seite der Volltrocknung, d. h. TS-Gehalt > 90 - 95 % liegt.

Die zur Trocknung erforderliche thermische Energie muß dem Trocknungssystem über einen Wärmeträger in Form von Dampf, heißem Thermalöl oder Wasser zugeführt werden. Zur Erwärmung des Wärmeträgers können fossile Brennstoffe wie Erdgas oder Öl, aber auch auf der Kläranlage vorhandenes Faulgas verwendet werden.

Die thermische Klärschlamm-Volltrocknungsanlage Dresden-Kaditz

Die Anlage Dresden-Kaditz ist ein typisches Beispiel dafür, welchen äußeren Einflüssen heutzutage eine in der Planung befindliche Anlage ausgesetzt ist und welche unerwarteten Entwicklungsrichtungen sich daraus ergeben können. Das ursprüngliche Anlagenkonzept für die Behandlung der in der Region Dresden zu entsorgenden Klärschlammenge entstand Ende der 80er Jahre. Auslegungsgrundlagen waren die erwarteten Schlammengen und -eigenschaften des zu dem Zeitpunkt im Ausbau befindlichen Klärwerkes Kaditz sowie die Erwartung, daß die Nutzung des Klärschlammes ohne vorherige Veraschung in absehbarer Zeit nicht möglich sein wird.

Das Konzept sah vor (Bild 8), daß der Klärschlamm nach einer statischen Eindikkung, mechanischen Zentrifugenentwässerung über drei Verbrennungslinien (2 x Betrieb, 1 x Reserve) thermisch behandelt werden sollte. Mit diesen Merkmalen reichte der Betreiber den Planfeststellungsantrag beim Regierungspräsidenten ein.

Obwohl das hier vorgesehene Verfahren dem neuesten Stand der Technik entsprach, verlor das Projekt im Laufe der Zeit in der Öffentlichkeit sowie den neu strukturierten Gremien der Betreibergesellschaft an Akzeptanz. Der Antrag wurde zurückgezogen und neue Planungen, einschließlich Untersuchungen über alternative Schlammentsorgungswege, wurden eingeleitet. Zur zeitlichen Überbrückung bis zur Realisierung der zu diesem Zeitpunkt noch nicht bekannten Alternative wurde beschlossen, nur die Teilsysteme, statische und mechanische Entwässerung, einschließlich der thermischen Trocknung, die von angepaßter Teiltrocknung auf Volltrocknung umgestellt wurde, zu realisieren (Bild 9). Die ursprüngliche Verbrennung wurde bis auf weiteres zurückgestellt, ist jedoch als später nachrüstbare Option entsprechend berücksichtigt.

Bedingt durch die geänderte Aufgabenstellung (Volltrocknung statt Teiltrocknung) mußte ein separates Wärmeerzeugungssystem auf Basis von Erdgas und Dampf als Wärmeträger installiert werden. Zur Wahrung einer größtmöglichen Flexibilität hinsichtlich späterer Entsorgungskonzepte wurden darüber hinaus Möglichkeiten vorgesehen, den Klärschlamm an verschiedenen Stellen aus der Verfahrenskette herauszuführen und separaten Behandlungssystemen zuzuführen.

Die Anlage Dresden-Kaditz konnte im Herbst 1994 erstmalig in Betrieb genommen werden; der Probebetrieb wurde Ende 1994 erfolgreich abgeschlossen.

Abschließend sei nochmals auf Bild 10 hingewiesen, das in vereinfachter Form die Situationen zum Zeitpunkt - *gestern* - *heute* - *morgen* - im Verlauf der Planung eindrucksvoll zeigt. Die Darstellung macht deutlich, welche Flexibilität und Kompetenz heute von einem Anlagenbauer während der Abwicklung einer derartigen Objektes abverlangt wird.

Das Verfahren der temperaturaktivierten Flüssigphasenhydrolyse

Neben den bekannten Klärschlamm-Behandlungsverfahren der Verbrennung, Vergasung, Pyrolyse und Flüssigphasenoxidation steht mit der temperaturaktivierten Flüssigphasenhydrolyse eine interessanten Alternative zur Verfügung. Dabei ist dieser Prozeß besonders für die Aufarbeitung der Klär- bzw. Faulschlämme mittelgroßer Kläranlagen geeignet, da die Hydrolyseanlage günstigerweise direkt auf dem Geländer der Kläranlage installiert und in den Verfahrensablauf der Abwasserreinigung integriert werden kann und mittelgroße Kläranlagen dafür günstige Voraussetzungen bieten.

Bild 11 zeigt eine Integrationsvariante für eine Anlage zur Faulschlammhydrolyse in eine biologische Abwasserreinigungsanlage. Der Faulschlamm wird aus dem Schlammspeicher abgezogen und in die Hydrolyseanlage eingespeist. In einer Vorentwässerungsstufe (z. B. Dekanter) wird der Feststoffgehalt des zuvor auf etwa 70 °C aufgeheizten Faulschlammes auf 8 bis 10 Gew.% aufkonzentriert. Es ist somit weder eine vollständige mechanische Entwässerung noch eine thermische Trocknung des Faulschlammes notwendig. Vielmehr ist für den Verfahrensablauf der Erhalt des Faulschlamms als pumpfähige Suspension erforderlich.

Der eigentliche Prozeß der Hydrolyse findet in einem Rohrreaktor statt. Durch Reaktion mit Wassermolekülen (Hydrolyse) werden die Makromoleküle des Faulschlamms (Proteine, Fette, Polyzucker) gespalten und in kleinere, zum Teil wasserlösliche Moleküle abgebaut. Die Reaktion findet bei Temperaturen von bis zu 320 °C, Drücken von bis zu 120 bar (zum Erhalt der flüssigen Phase) und ausreichend langen Verweilzeiten von mindestens zwei Stunden statt.

Neben den Makromolekülen des Faulschlamms werden auch eventuell vorhandene organische Schadstoffe, wie z. B. Dioxine, Pestizide etc., durch die Hydrolyse gespalten und in nicht- bzw. weniger toxische Moleküle abgebaut. Darüber hinaus gelingt es, im Faulschlamm akkumulierte Schwermetalle in eine lösliche Form zu überführen (z. B. als Acetate) und damit von dem anorganischen Restfeststoff abzutrennen. Das Rohhydrolysat (Faulschlamm hinter den Hydrolysereaktoren) gibt in einem Hochdruckwärmetauscher den größten Teil der fühlbaren Wärme an den frischen Faulschlamm ab. Dieser wird damit bis auf ein ΔT von ca. 30 °K unter der gewünschten Reaktionstemperatur aufgewärmt. Die restliche Energie zur Aufheizung des Faulschlamms auf Reaktionstemperatur und für die endotherme Reaktion wird im Rohrreaktor durch Wärmeaustausch mit Thermalöl von außen eingebracht.

Das hinter dem Hochdruck-Wärmeaustauscher auf ca. 105 °C abgekühlte Rohhydrolysat wird in einen Gas-Flüssigkeitsseparator entspannt, wobei die bei der Hydrolysereaktion gebildeten Gase (CO_2, NH_3, kurzkettige Kohlenwasserstoffe) abgetrennt werden. Das freigesetzte Hydrolysegas kann zur Thermalölaufheizung zusammen mit Biogas im Thermalölerhitzersystem verbrannt und damit verwertet werden. Das entgaste Rohhydrolysat wird nach weiterer Abkühlung auf ca. 30 °C in einer Fest-Flüssig-Trennung (z. B. Cross-Flow, Mikrofiltration und Filterpresse) in den schadstofffreien, anorganischen, deponierbaren Restfeststoff und das feststofffreie Reinhydrolysat aufgetrennt. Aus dem Reinhydrolysat können bei Bedarf gelöste Schwermetalle gezielt als Hydroxide ausgefällt und damit abgetrennt werden.

Das schwermetallfreie Reinhydrolysat wird in den Faulbehälter der biologischen Abwasser-Reinigungsanlage eingespeist. Dort werden die gelösten organischen Bestandteile des Reinhydrolysates in Biogas umgewandelt und stehen somit als Energieträger zur Verfügung. Durch die Umwandlung der gelösten Organika des Reinhydrolysates wird dabei mehr zusätzliches Biogas gebildet als im Thermalölerhitzersystem benötigt wird.

Zusammengefaßt kann das Verfahren der temperaturaktivierten Flüssigphasenhydrolyse durch folgende Schwerpunkte charakterisiert werden:

Keine mechanische und/oder thermische Trocknung erforderlich.
Hohe Energierückgewinnung durch Flüssig-/Flüssig-Wärmeaustausch.
Verwendung von einfachen Reaktoren und Standardmaschinen.
Erzeugung eines deponiefähigen Restfeststoffes.
Zerstörung von Dioxinen, Pestiziden etc.
Separierung eventuell vorhandener Schwermetalle.
Positive Energiebilanz durch Überführung der organischen Faulschlammbestandteile in Hydrolyse- und Biogas.

Neben der Installation einer Hydrolyseanlage direkt auf dem Gelände einer biologischen Kläranlage ist selbstverständlich auch der Bau zentraler Anlagen möglich, in denen biologische Abfallschlämme mehrerer kleinerer Kläranlagen (in der Regel Klärschlämme) aufgearbeitet werden.

Das Verfahren ist im Labor- und Pilotmaßstab getestet und steht zur Umsetzung in Großanlagen bereit.

Typischer schematischer Aufbau einer Klärschlammverbrennungsanlage

Bild 1: Typischer schematischer Aufbau einer Klärschlammverbrennungsanlage

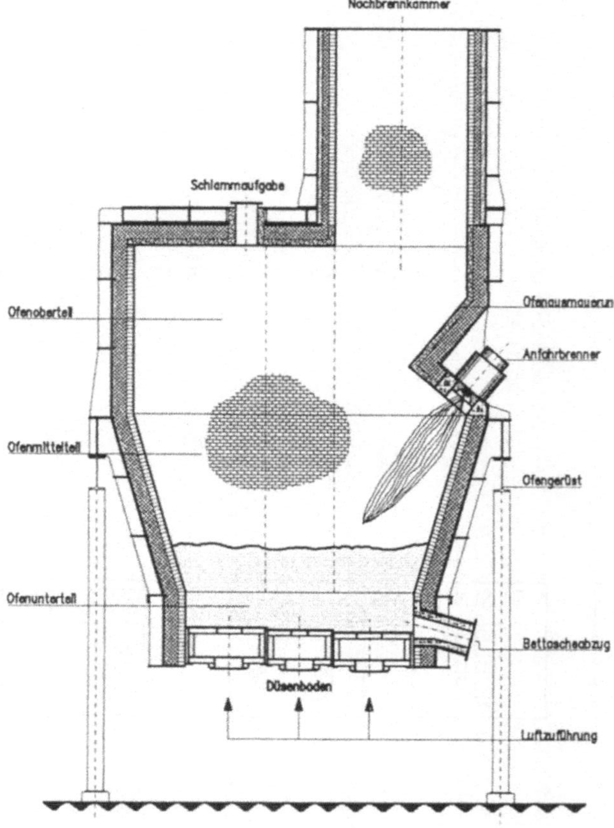

Bild 2: typischer Aufbau eines TSOA-Wirbelschichtofens

VERFAHRENSDIAGRAMM SCHLAMMVERBRENNUNGSANLAGE WUPPERTAL

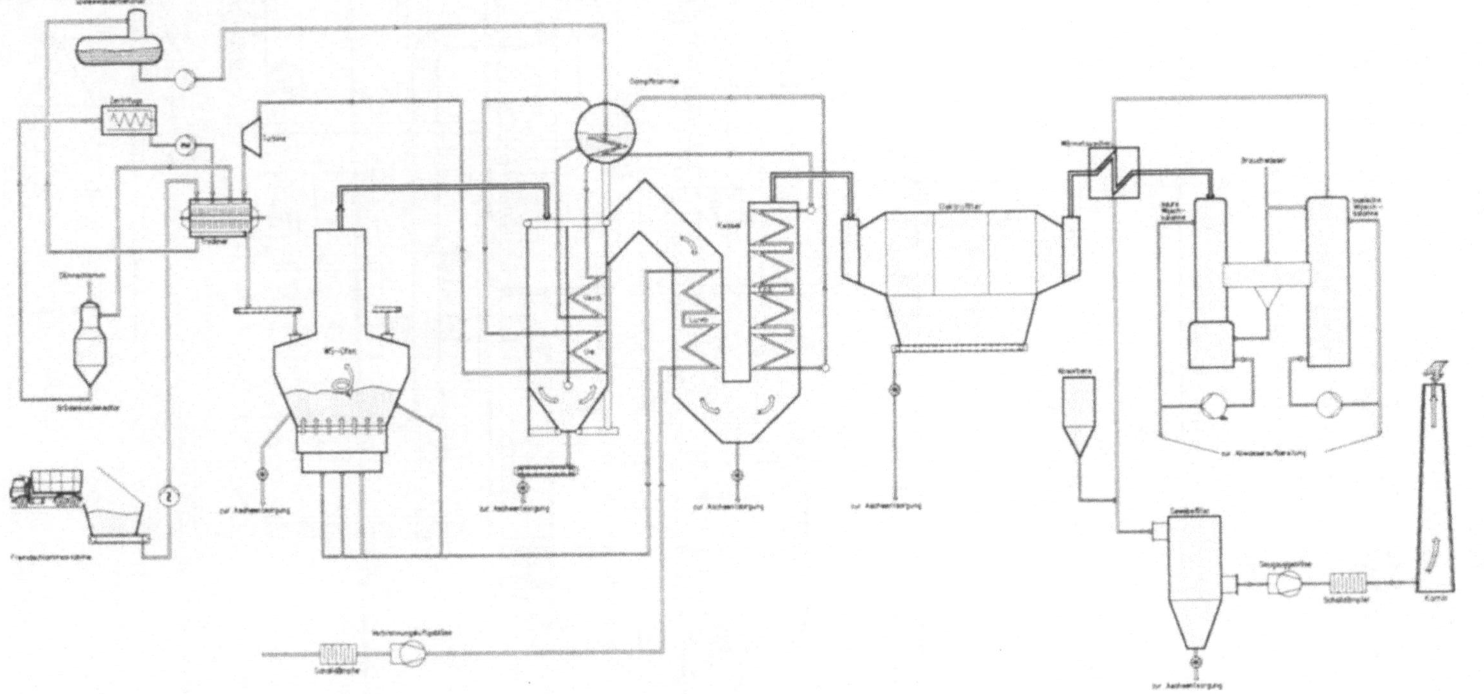

Bild 3: SVA–Wuppertal (1994)

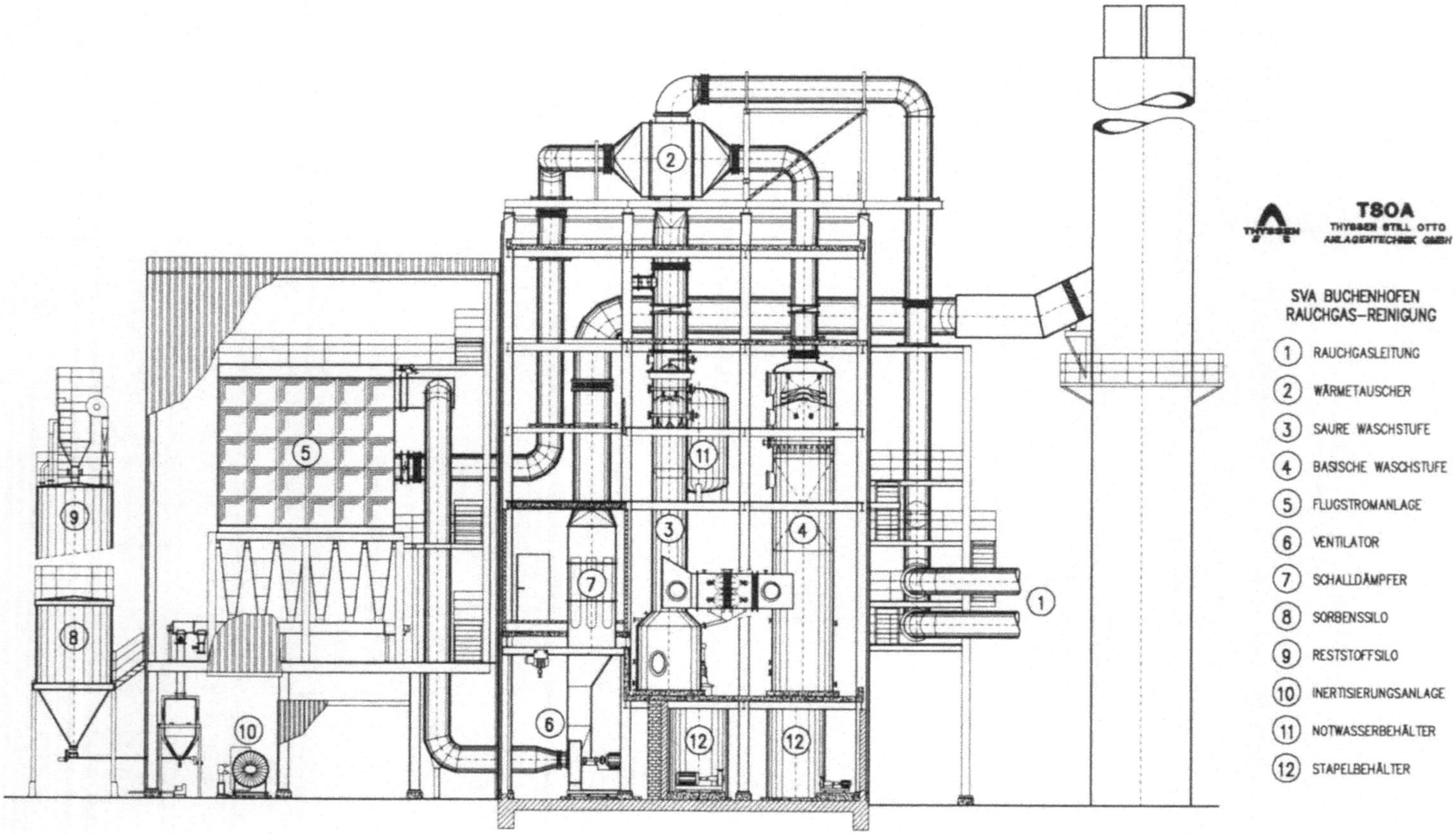

Bild 4: SVA Wuppertal–Rauchgasreinigung

Schlammverbrennungsanlage Brabant

Waterschap/ Hoogheemraadschap		Produktion		Produktion (Tag, gem.)	Abfuhr zur Schlammverbrennungsanlage		
		t ds/j	t/j	t ds/Werktag	max. t ds/ Werktag	max. t Werktag	ds %
De Aa							
Veghel-Uden	p/z	4.750	29.688	19	19	119	18
Helmond	p/c	5.200	20.800	21	21	84	28
De Dommel							
Eindhoven/Mierlo	p/c	13.500	54.200	54	54	216	28
´s-Hertogenbosch	p/z	5.300	22.083	21	21	88	25
Tilburg Noord/Oost	p/z	4.100	20.000	16	16	80	20
De Maaskant							
Oijen	p/c	4.000	22.222	16	16	89	22
Land van Cuijk	p/z/c	1.600	8.000	7	7	35	20
West-Brabant							
Rijen/Dongemond	p/z	0	0	0	0	0	20
Nieuwveer	t/zym/f	0	0	0	0	0	42
Bath	p/z	0	0	0	0	0	22
Alm en Biesbosch							
Sleeuwijk	p/c	0	0	0	0	0	22
Total		38.500	177.000	154	154	711	22

Mechanische Entwässerungsverfahren
p = Polymer   z = Siebbandpresse   c = Zentrifuge   f/zym = thermische Konditionierung/Zympro   f = Filterpresse

Tabelle 1 - Prognose Schlammangebot für das Jahr 2000 (Stand 1988)

Schlammverbrennungsanlage Brabant

Waterschap/ Hoogheemraadschap		Produktion		Produktion (Tag, gem.)	Abfuhr zur Schlammverbrennungsanlage		
		t ds/j	t/j	t ds/Werktag	max. t ds/ Werktag	max. t Werktag	ds %
De Aa							
Veghel-Uden	p/z	6.500	36.000	26	30	167	18
Helmond	p/c	7.500	27.000	30	35	125	28
De Dommel							
Eindhoven/Mierlo	p/c	18.000	64.000	72	80	286	28
´s-Hertogenbosch	p/z	7.000	28.000	28	32	128	25
Tilburg Noord/Oost	p/z	5.500	28.000	22	26	130	20
De Maaskant							
Oijen	p/c	5.200	24.500	21	26	118	22
Land van Cuijk	p/z/c	2.200	11.000	9	11	55	20
West-Brabant							
Rijen/Dongemond	p/z	6.000	30.000	24	28	140	20
Nieuwveer	t/zym/f	7.500	18.000	30	35	83	42
Bath	p/z	9.000	41.000	36	41	186	22
Alm en Biesbosch							
Sleeuwijk	p/c	1.900	8.500	8	9	40	22
Total		76.300	315.000	306	353	1.458	24
				------->	+ 15 % Sicherheit		

Mechanische Entwässerungsverfahren

p = Polymer z = Siebbandpresse c = Zentrifuge f/zym = thermische Konditionierung/Zympro f = Filterpresse

Tabelle 2 - Prognose Schlammangebot für das Jahr 2000 (Stand 1994)

SCHLAMMVERBRENNUNGSANLAGE BRABANT

3 Linien Stand: 1988

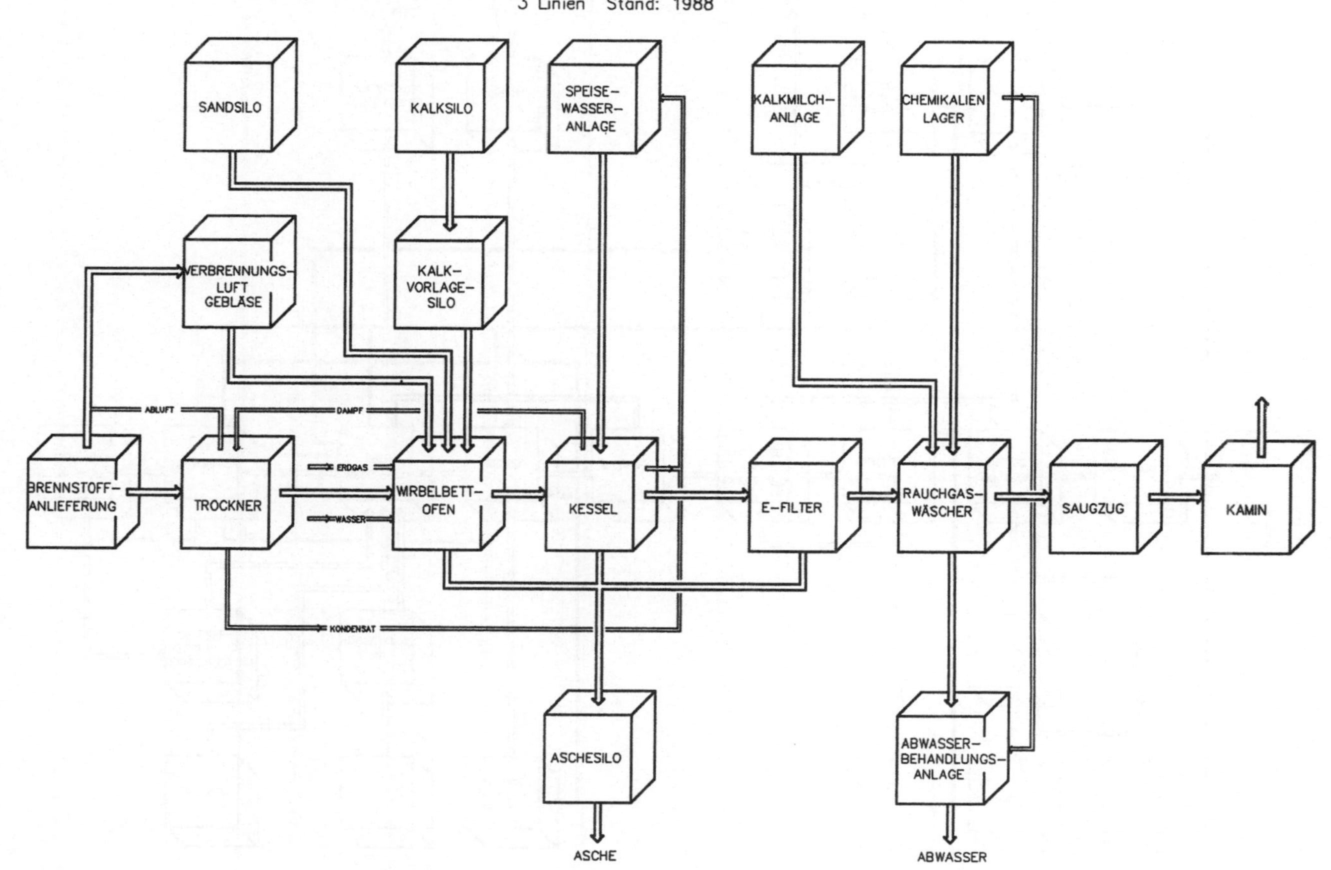

Bild 5: SVA Brabant (Stand 1988)

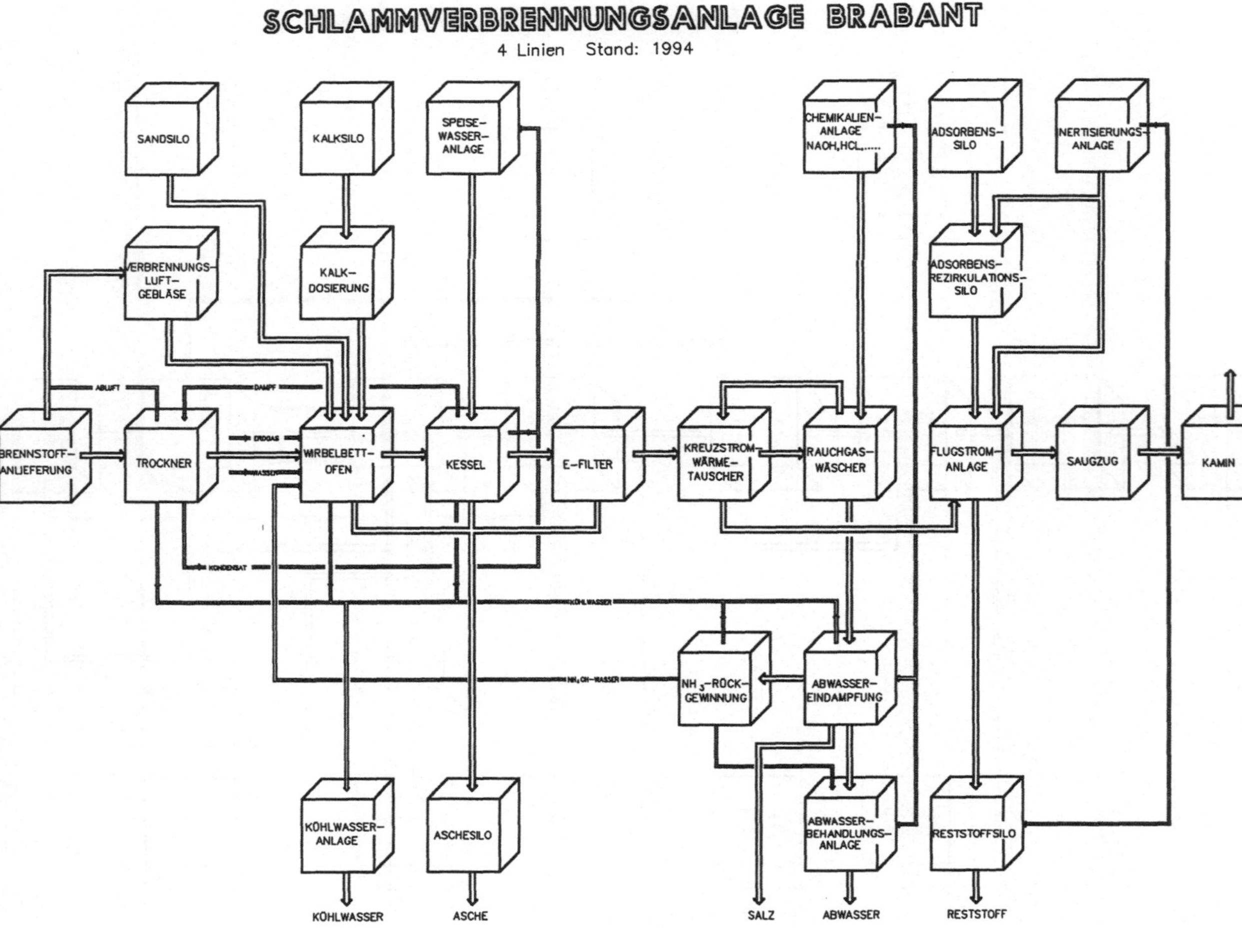

Bild 6: SVA Brabant (Stand 1994)

Schlammverbrennungsanlage - Brabant

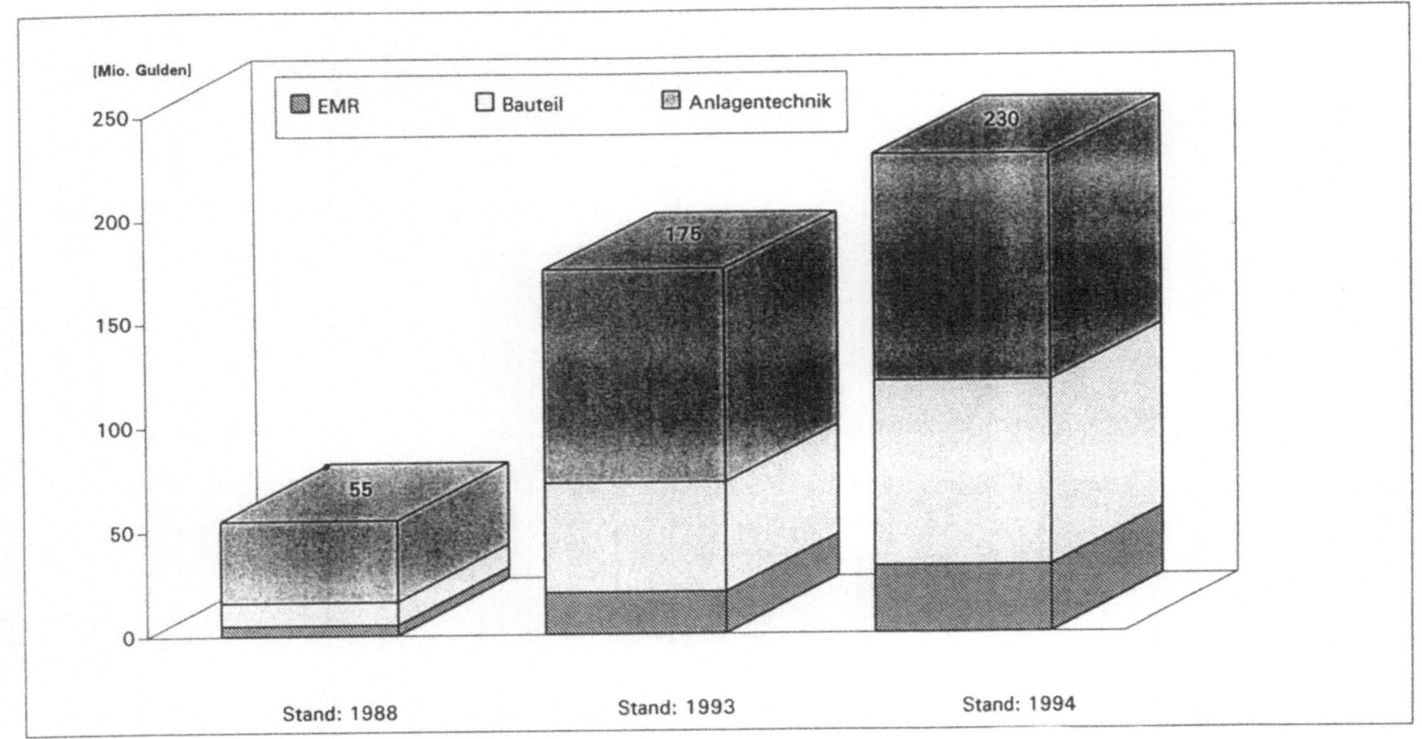

Bild 7: SVA-Brabant (Kostenentwicklung)

VERFAHRENSFLIESSBILD
KLÄRSCHLAMM-TEILTROCKNUNG U. VERBRENNUNG

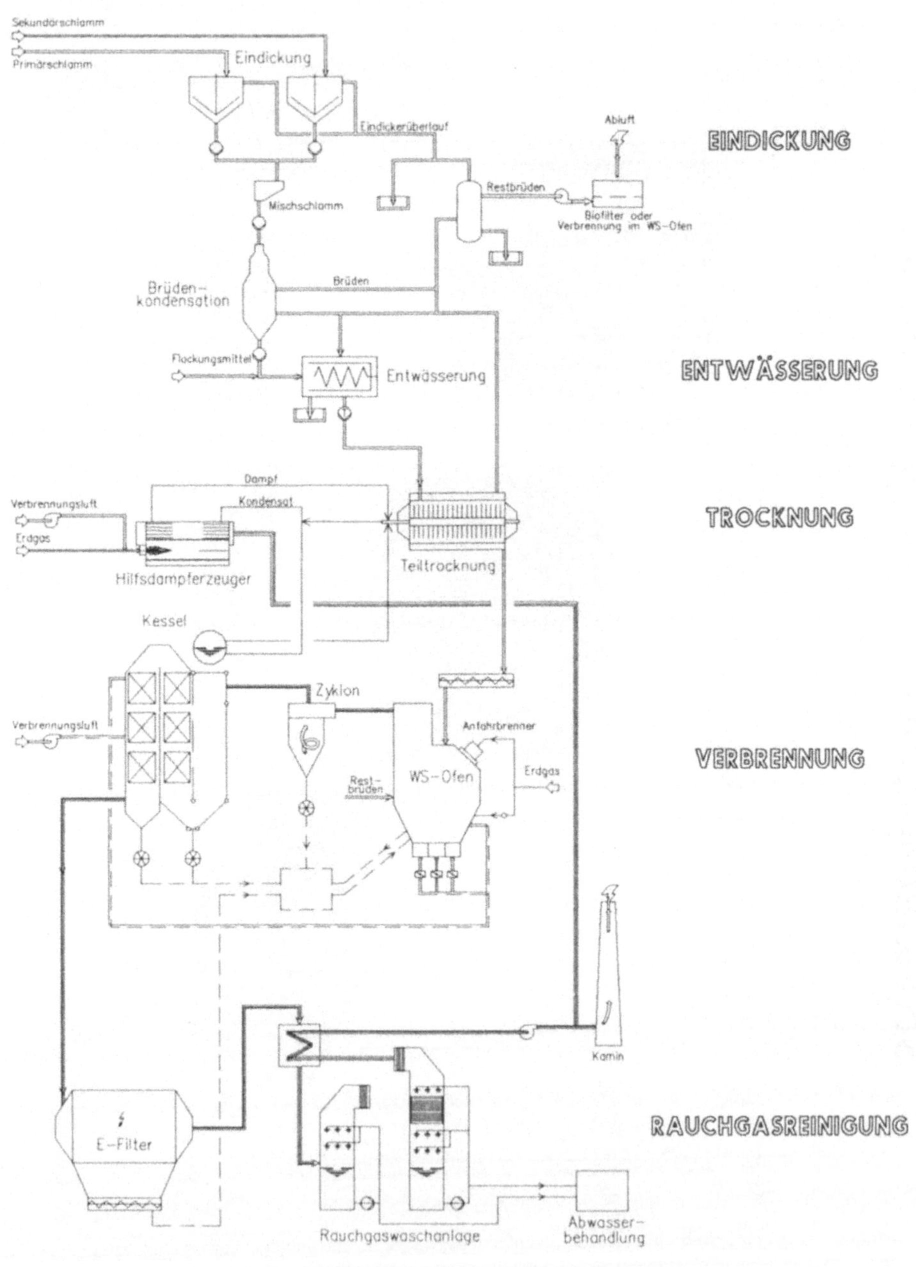

Bild 8: Klärschlammbehandlung Dresden–Kaditz (Stand 1990)

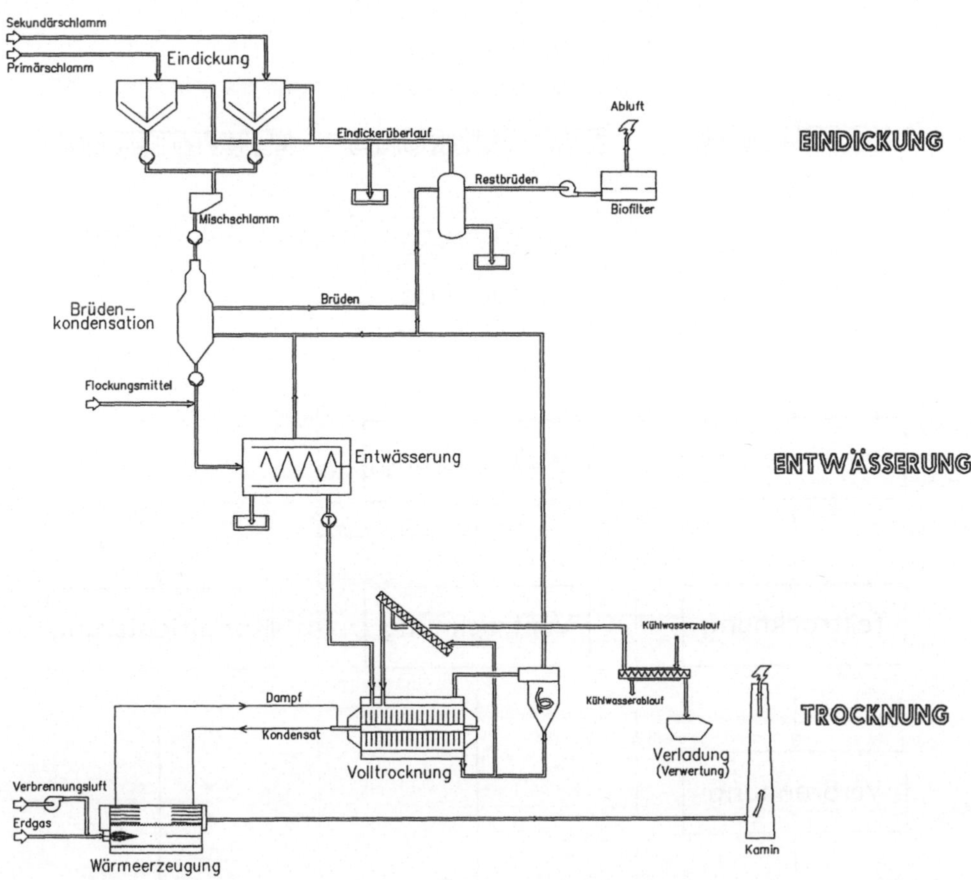

Bild 9: Klärschlammbehandlung Dresden-Kaditz (Stand 1994)

KLÄRSCHLAMMBEHANDLUNGSANLAGE DRESDEN-KADITZ

2. Ausbaustufe / 1. Bauabschnitt
Klärschlammbehandlungskonzept

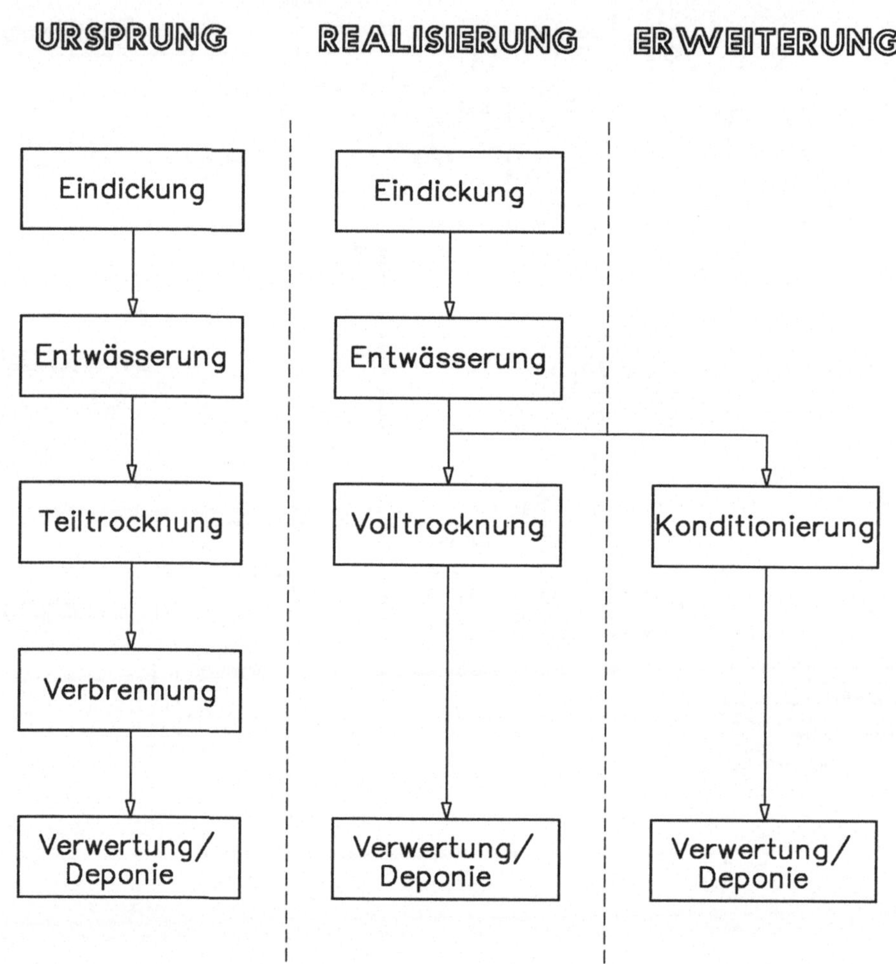

Bild 10: Klärschlammbehandlung Dresden-Kaditz (Konzeptentwickelung)

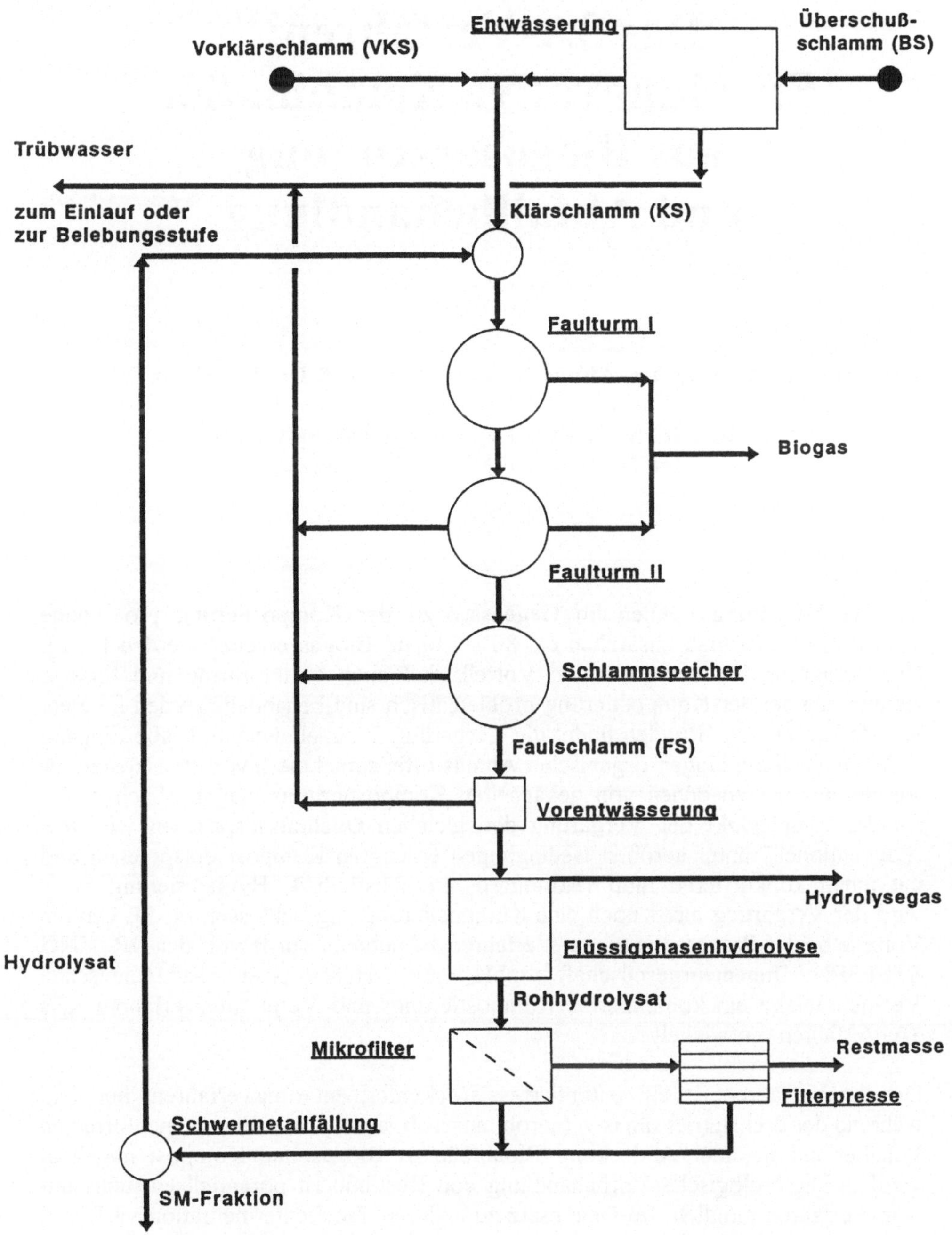

Bild 11: Prinzipschema einer modifizierten Kläranlage

Das 3A-Verfahren: Eine innovative Kombination aus Biogaserzeugung und Abfallbehandlung

Dr. Martin Denecke, Dr. Alfons Grooterhorst, Prof. Dr.-Ing Heinz Steffen

DR.-ING STEFFEN Ingenieurgesellschaft mbH
Im Teelbruch 128 45219 Essen

1 Einleitung

Bei der Vergärung können im Gegensatz zu der Kompostierung pro Tonne eingesetztem Bioabfall zusätzlich ca. 80 - 140 m^3 Biogas erzeugt werden [1, 2]. Die Vergärung hat weiterhin den Vorteil, daß auch strukturarme und flüssige Abfälle, die bei der Kompostierung problematisch sind behandelt werden können. Aus den genannten Gründen findet die Vergärung in zunehmendem Maße Eingang in die Behandlung biogen-organischer Abfallstoffe, zumal die Investitionskosten für Vergärungsanlagen denen von gekapselten Kompostierungsanlagen gleichen [3]. Da das Endprodukt der Vergärung den gleichen Qualitätsansprüchen wie dem "konventionell" unter aeroben Bedingungen erzeugten Kompost entsprechen und mit ihnen konkurrieren muß (Rottegrad, Geruchsfreiheit, Hygienisierung etc.), wird der Vergärung meist noch eine Kompostierung angeschlossen [4, 5]. Um die Vorteile beider Prozesse in einem Verfahren zu nutzen, wurde von der DR. -ING STEFFEN Ingenieurgesellschaft mbH mit Hilfe einer halbtechnischen Versuchsanlage ein kombiniertes Kompostierungs-und Vergärungsverfahren -das 3A-Verfahren- entwickelt.

Das 3A-Verfahren ist ein patentiertes Trockenfermentationsverfahren, bei dem während der drei Betriebsphasen (aerob, anaerob, aerob) in einem wannenförmigen Behälter mit flexibler Abdeckung Bioabfälle zu Biogas und Kompost abgebaut werden. Die biologische Vorbehandlung von Restmüll ist potentiell ebenfalls mit dem Verfahren möglich. Im Gegensatz zu anderen Trockenfermentationsverfahren benötigt das 3A-Verfahren keine aufwendigen Reaktoren. Das Material wird während des dreiphasigen Abbaus nicht gepumpt oder verlagert. Das dynamische Element des 3A-Verfahrens stellt die Prozeßwasserkreislaufführung dar.

2 Verfahrensbeschreibung

Das 3A-Verfahren ist ein Trockenfermentationsverfahren zur Behandlung strukturarmer und strukturreicher Bioabfälle und Restmüll. Bioabfälle müssen mit 20 - 30 % holzigem Strukturmaterial gemischt werden, um Gasgängigkeit und Prozeßwasserkreislauf optimal zu erhalten.

In der **Phase I (aerob)** wird das Material zwangsbelüftet, wodurch es sich auf Temperaturen von 65° C - 70° C erwärmt. Die Phase I hat mehrere Vorteile:

1. Das Material wird schon während dieses Verfahrensschrittes hygienisiert.
2. Die aufwendige Erwärmung des Materials auf 35° C für den anaeroben Prozeß (Phase II) durch ein externes System entfällt.
3. Der Anteil leicht abbaubarer Stoffe wird reduziert, wodurch eine schnellere Stabilisierung der Methanphase des Vergärungsprozesses erreicht wird.

Die aufgezeigten Vorteile werden schätzungsweise durch den Umsatz von bis zu 10 % des verfügbaren Kohlenstoffs im Ausgangsmaterial erreicht.

Die **Phase II (anaerob)** dient der Erzeugung von Biogas im mesophilen Temperaturbereich, wobei die Hauptmasse des im Material enthaltenen Kohlenstoffes umgesetzt wird. Während der anaeroben Phase wird das mit organischen Inhaltsstoffen angereicherte Sickerwasser mehrmals täglich durch das Material perkoliert (Prozeßwasserkreislauf). Zur Steigerung der Biogasausbeute wird das Biogas mit einem geregelten Unterdruck abgesaugt, was zur Verkürzung der Abbauzeit des organischen Materials führt.

In der **Phase III (aerob)** wird das Material erneut belüftet. Sie dient der Humifizierung, dem Abbau des verbliebenen Restkohlenstoffs und der Desodorierung. In der Mitte der Phase III muß das Material einmal umstrukturiert werden. Nach Abschluß der Phase III entsteht ein Kompost mit dem Rottegrad V.

Abbildung 1 macht den prinzipiellen Betriebsablauf des 3A-Verfahrens deutlich. Der Einbau erfolgt von links nach rechts. Aus Gründen der Übersichtlichkeit wird bei der Abbildung mit dem Einbau in eine zunächst leere "Wanne" begonnen. Nachdem die erste Schicht (**A_1**) eingebaut ist, wird sie belüftet und der 3A-Zyklus kann beginnen. Nach Erreichen einer Temperatur von 65° C - 70° C wird die Belüftung eingestellt, die Phase I ist hier beendet. An diese nicht mehr belüftete, im weiteren als fakultativ bezeichnete Schicht (**F_1**) wird wieder neues Material angeschüttet und ebenfalls belüftet. Die fakultativen Schichten dienen als "biochemische" Trennung zwischen dem aeroben und dem anaeroben Bereich. Nach der Übergangsphase (F_1) wechselt das Material in die Phase II. (**A_2**). Der Wechsel von A_1 nach A_2 wird durch die Inbetriebnahme des Prozeßwasserkreislaufes schnell und stabil realisiert. Aus A_1 zutretender Sauerstoff wird im Segment F_1 verbraucht und erreicht somit den stets mächtiger werdenen anaeroben Bereich nicht mehr. Der aerobe und der fakultative Teil ist im Verhältnis zum anaeroben Teil relativ klein.

Aus den anaeroben Schichten (A_2) wird das Biogas geregelt abgesaugt und einer energetischen Nutzung zugeführt. Das Prozeßwasser wird in der Phase II diskontinuierlich im Kreislauf durch die anaeroben Segmente perkoliert, wodurch sich sowohl die Nährstoffe als auch die Methangasbakterien gleichmäßig im Material verteilen. Nach ca. 45 - 55 Tagen in der anaeroben Phase werden die Schichten in der Reihenfolge ihres Einbaus über einen Zeitraum von ca. 25 - 35 Tagen belüftet (A_3).

Auch hier bildet sich zwischen den aeroben **(A_3)** und den angrenzenden, noch anaeroben Schichten eine "fakultative" Zone **(F_2)** aus. Nach Abschluß der dritten Phase wird der reife Kompost mit einem Wassergehalt von ca. 45 % ausgebaut. Ein kombiniertes Ein- und Ausbauaggregat baut die Schichten des neuen 3A-Zyklus wieder hinter sich auf. Dadurch ist eine kontinuierliche Prozeßführung möglich. Bei einem ca. 90tägigen Zyklus, können somit ungefähr 4 Zyklen pro Jahr die Anlage durchlaufen.

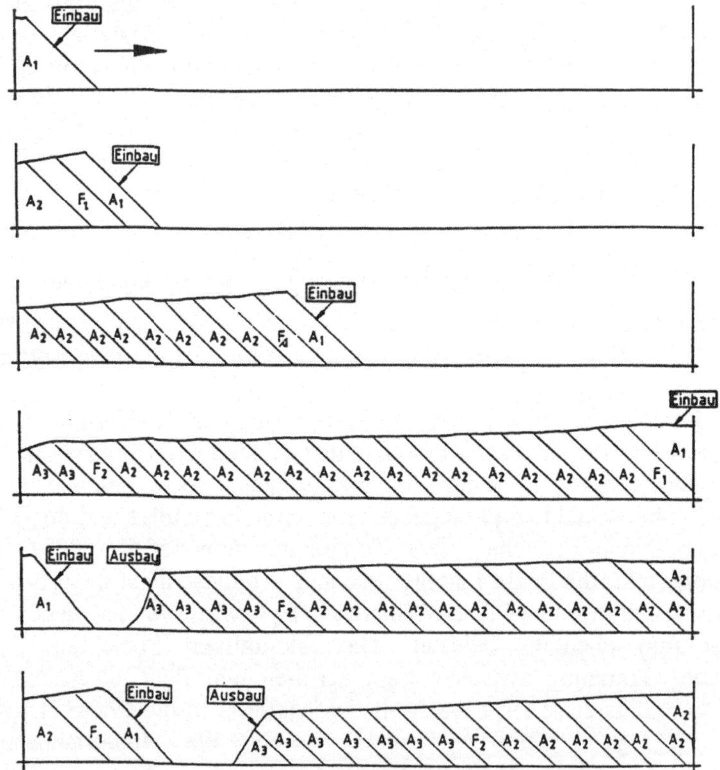

Abbildung 2-1: Prinzipskizze zum Betriebsablauf des 3A-Verfahrens

3 Ergebnisse der halbtechnischen Versuche

In den ersten Versuchsreihen wurde der Abbau von organischem Material in einem Segment durch Behälterversuche simuliert. Weiterhin wurden Experimente zur Migration von Luftsauerstoff durch das Material durchgeführt. Dazu wurden mehrere Versuchsbehälter so gekoppelt, daß benachbarte Segmente in einer Großanlage mit entsprechender Gasgängigkeit simuliert werden konnten.

Alle Versuche wurden in zylindrischen luftdichten Behältern mit einem Volumen von 4,7 m^3 aus 8 mm starken PE-HD-Platten durchgeführt. Die Behälter stehen auf Sockeln mit einer Neigung von 2 %. **Abbildung 2** zeigt den schematischen Aufbau eines Behälters mit sämtlichen Anschlüssen und Einrichtungen. In der **Abbildung 3** ist die Anordnug der Behälter für die Gasmigrationsversuche dargestellt.

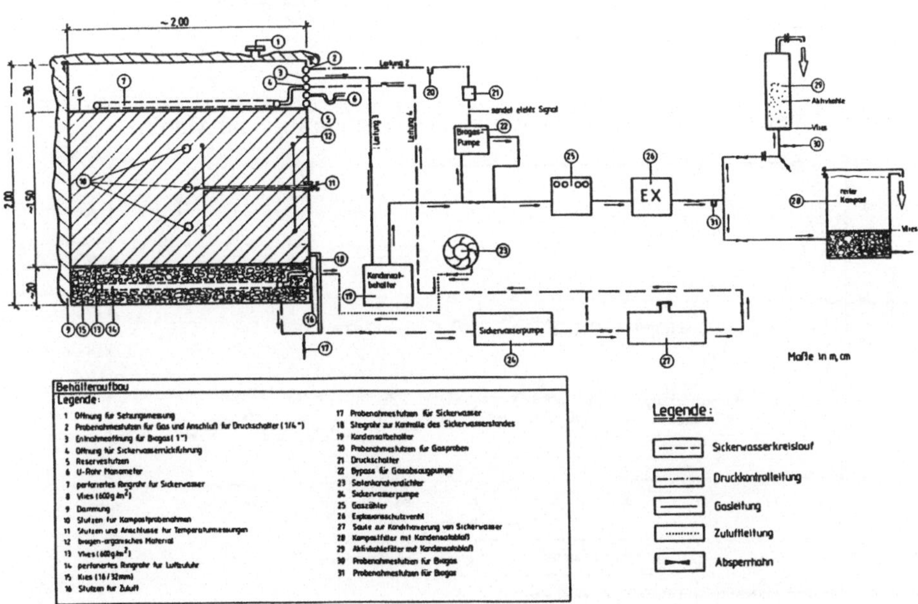

Abbildung 2: Schematischer Aufbau der Versuchsbehälter

Pro Versuch wurden jeweils ca. 2,5 t Ausgangsmaterial (pro Behälter) eingesetzt, das sich zu ca. 70 Gew.- % aus Bioabfall (getrennte Sammlung) und ca. 30 Gew.- % aus Grünschnitt zusammensetzte. Das Material wurde von der Abfallentsorgungsgesellschaft Ruhrgebiet m.b.H. bezogen.

Während der Betriebsphase I wurde das Material zwangsbelüftet, wobei sich das Material auf 65° C - 70° C erwärmte. In **Abbildung 4** ist der typische Temperaturverlauf des 3A-Verfahrens dargestellt. Der Kurvenverlauf läßt die Dreiphasigkeit des Verfahrens deutlich erkennen. Die Versuchsdauer eines 3A-Zyklus beträgt ca.

90 Tage. Bei der Optimierung des 3A-Verfahrens zeichnete sich eine Verkürzung der anaeroben Phase auf 30 - 50 Tage und eine Verlängerung der anschließenden aeroben Phase auf 25 - 40 Tage ab.

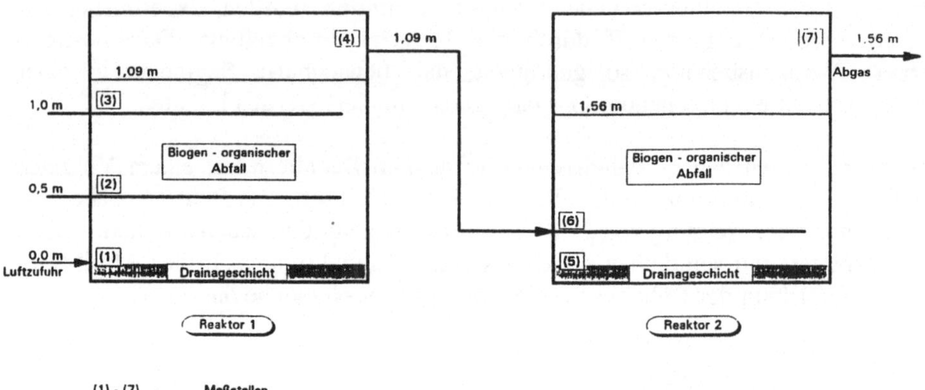

Abbildung 3: Versuchsaufbau zur Ermittlung der Gasmigration im Material

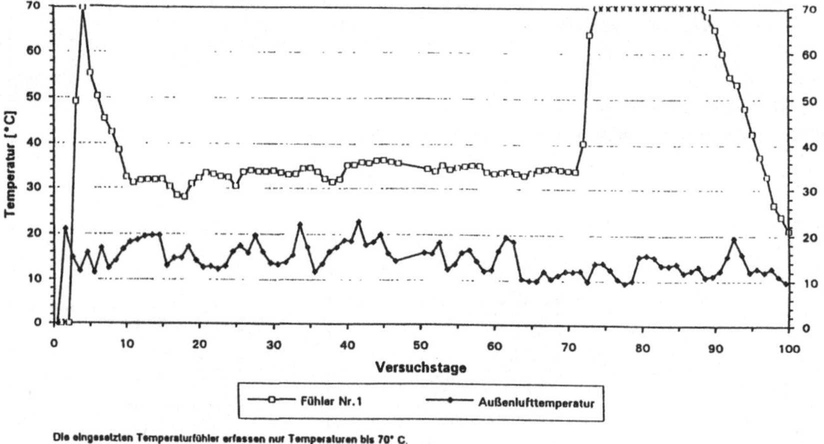

Abbildung 4: Typischer Temperaturverlauf beim 3A-Verfahren

Zu Beginn der anaeroben Phase wurde der Wassergehalt des Materials auf 70 Gew. % eingestellt. Das Prozeßwasser wurde diskontinuierlich durch das Material perkoliert. Zur Beschleunigung des Phasenüberganges wurde das Perkolat anfänglich mit Kalkmilch konditioniert. Da die Konditionierung keine wesentliche Verkürzung des Stabilisierungsprozesses bewirkte, wurde im Verlauf der Versuche die Versuchsdurchführung variiert. Durch den Parallelbetrieb von einem "frisch" befüllten Reaktor (F1) und einem sich in der stabilen Methanphase befindlichen Reaktor (A2) wurde das System einer Prozeßwasserkreuzlaufführung entwickelt. Bei dieser einfachen und effektiven Verfahrensführung wird das Prozeßwasser über Kreuz von den "frischen" zu den "reifen" Segmenten und umgekehrt gepumpt.

Durch diese Verfahrensführung kann jedes Segment in 1 - 2 Tagen von der aeroben Phase in die stabile Methanphase gebracht werden. Eine Versäuerung des Materials (Silageeffekt) ist durch die Technik ausgeschlossen. **Abbildung 5** zeigt schematisch die Entwicklung des Gasflusses mit und ohne Stabilisierung in Abhänigkeit der Betriebsdauer.

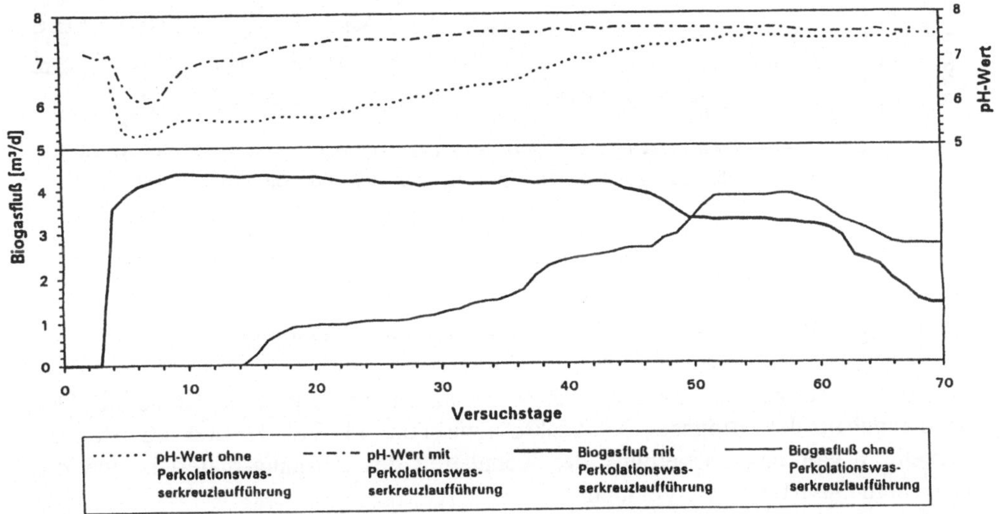

Abbildung 5: Entwicklung des Gasflusses mit und ohne Stabilisierung

Während der Versuche wurde die Auswirkung einer kontrollierten Absaugung des Biogases auf die Gasproduktion untersucht. Üblicherweise wird durch kontrollierte Abführung des Endproduktes - hier Methan im Biogas - das biochemische Gleichgewicht zur Produktseite verschoben. Für diesen Versuchsansatz wurde ein kontrolliertes Vakuum im Bereich von 0,3 - 4,0 mbar angelegt, wodurch die Flußrate während der Absaugversuche deutlich anstieg. **Abbildung 6** stellt die Entwicklung der Flusses dar.

Während der Absaugexperimente konnte ein leichtes Absinken der Methankonzentration beobachtet werden, was einer vorübergehenden, versuchsbedingten Undichtheit am Behälter zuzuschreiben war. Dadurch vergößerten sich die Volumenanteile des Stick- und Sauerstoffs zu Lasten des prozentualen Methangehaltes. Trotz der Undichtigkeit nahm der Biogasfluß gemessen am Methangehalt um bis zu 50 % zu. Der zu Beginn der anaeroben Phase scheinbar starke Anstieg des Methangehaltes wurde dadurch hervorgerufen, daß die Methanmeßzelle im eingesetzten Meßgerät auch auf Wasserstoff anspricht. Die Auswertungen zeigen, daß Wasserstoff nur kurzzeitig während des Beginns der anaeroben Phase auftritt und dabei einen Anteil von maximal 30 Vol.% einnimmt. Beim Betrieb einer Großanlage wird der Wasserstoffgehalt nur äußerst gering sein, da der Anteil des Biogases aus dem Phasenübergang, im Vergleich

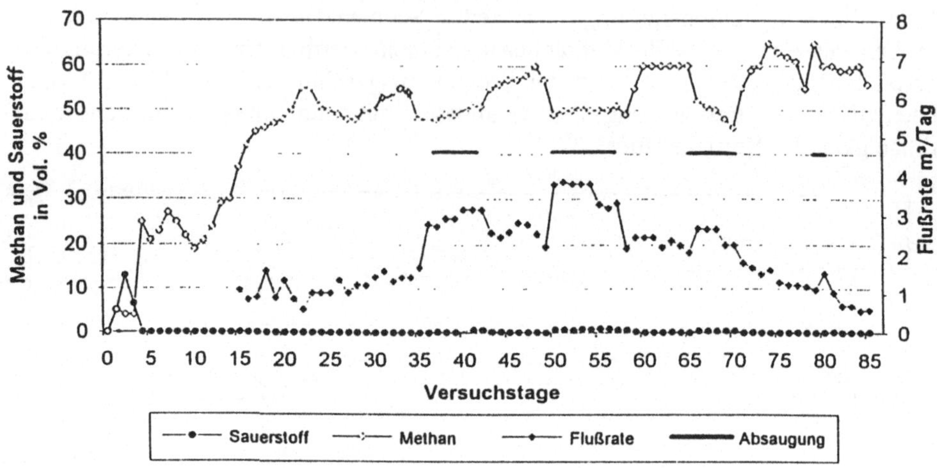

Abbildung 6: Biogasflußrate in Abhängigkeit von der Absaugung

Die Biogaserträge der Versuche lagen zwischen 85 - 146 m³/t Bioabfall. Der Methangehalt des Biogases schwankte zwischen 54 Vol. % und 62 Vol. %. **Tabelle 1** gibt einen Überblick der Kenndaten des Ausgangsmaterials und die erreichten Gaserträge der Versuche.

Tabelle 1: Kenndaten des Ausgangsmaterials, Versuchsdauer sowie Gasertrag der Versuche

Versuchsdauer (d)	90 - 92
1. Phase (d)	3 - 5
2. Phase (d)	60 - 65
3. Phase (d)	20 - 25
Einwaage FG (t)	2,46 - 2,58
TS-Gehalt (t)	1.0 - 1,5
eingestellter Wassergehalt (Gew -%)	70
Gasertrag (m³/t FG)*	60 - 102
Gasertrag (m³/t TS)	135 - 314
Gasertrag (m³/t Bioabfall)	85 - 146
Methangehalt (Vol- %)	54 - 62

*Das Frischmaterial enthält 70 Gew.% Bioabfall aus der getrennten Sammlung und 30 Gew.% holzigen Grünschnitt.

Bei der Untersuchung des Kompostes konnten keine menschenpathogenen Parasiten, Salmonellen, keimfähigen Samen und austriebsfähige Pflanzenteile nachgewiesen werden.

Das Verfahren eignet sich für alle biogen-organischen Abfälle und die Inertisierung von Restmüll. Flüssige, organisch hochbeladene Abfälle können direkt über den Prozeßwasserkreislauf in das Verfahren eingeschleust werden. Der organische Teil der Flüssigkeiten wird in dem Verfahren zu Biogas abgebaut. Halbflüssige Materialien wie z. B. Speisereste o. ä. werden entweder dem Ausgangsmaterial direkt untergemischt oder sie müssen - je nach Menge und Wassergehalt - vorher entwässert werden. Der Filterkuchen kann dem festen Material zugegeben werden, das Filtrat kann über den Prozeßwasserkreislauf in das Verfahren eingeschleust werden. Die Behandlung von Klärschlamm ist prinzipiell ebenfalls mit dem Verfahren möglich.

Bei der Behandlung von Biomüll fällt aller Voraussicht nach kein Abwasser an. Das Prozeßwasser wird im Kreislauf geführt, eine Versalzung konnte bis jetzt nicht festgestellt werden. Bei der Behandlung von flüssigen Abfällen ist mit einer Abwassermenge zu rechnen, die von der Menge der Flüssigabfälle abhängt.

4 Konstruktive Merkmale einer 3A-Anlage

Das Kernstück der 3A-Anlage ist eine 1,30 m Tiefe Asphaltbeton-"Wanne", in die das biogen-organische Material segmentweise und überhöht eingebaut wird. Die Segmentgröße kann je nach Anlagengröße variiert werden (Breite und Länge). **Abbildung 7** zeigt die "Wanne" für eine Anlage mit 3.500 t/a in der Aufsicht und im Längsschnitt. Auf dem Wannenboden sind in einem Abstand von 3 m Trennelemente aufgebracht, die eine segmentweise Belüftung (Phase I und II), Entgasung (Phase II) und Entwässerung erlauben. Die einzelnen Segmente sind mit geschlitzten Belüftungsböden abgedeckt. Diese stellen die eigentliche Auflagefläche für die biogen-organischen Materialien dar.

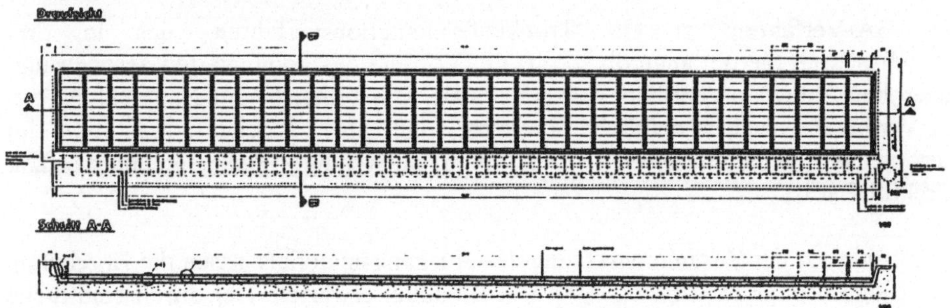

Abbildung 7: Schema einer "Wanne" für das 3A-Verfahren

Das gesamte Leitungssystem wird seitlich an der Wanne in einem Gang entlang geführt. In diesem Gang münden alle Leitungen aus den einzelnen Segmenten. Auch die Zentralleitungen der Belüftung, Entgasung, Be- und Entwässerung sowie sämtliche Absperrvorrichtungen sind in diesem Kontrollgang zusammengefaßt. Die Leitungen führen zu den peripheren Einrichtungen:

1. Blockheizkraftwerk
2. Biofilter
3. Prozeßwassertank

Die Folie zum gasdichten Abschluß der Materialien wird entsprechend dem Einbaufortschritt ab- bzw. aufgerollt und durch eine speziell konstruierte Vorrichtung umlaufend festgeklemmt. Bei der dargestellten Anlagengröße wird alle 3 Tage ein Segment gefüllt. Die Folie kann in kleinen Anlagen mit dem Ein- und Ausbauaggregat, bei größeren Anlagen mit einer speziell konstruierten Auf- und Abrollvorrichtung entlang der Wanne geführt werden.

Die Bewässerungsschläuche für die Perkolationswasserkreislaufführung werden unter der Folie auf der Materialoberfläche verlegt. Damit eine gleichmäßige Durchfeuchtung des Materials in der anaeroben Phase erreicht wird, werden pro Segment 3 Schläuche verwendet. Diese werden über eine Durchführung in der Seitenwand der Wanne an die zentrale Perkolationswasserleitung angeschlossen, über die das Wasser vom Perkolationswassertank heranführt wird.

Die gesamten Einrichtungen genügen zum Einsatz der 3A-Anlage. Der Aufwand für die Annahme, die Aufbereitung und Nachbereitung der biogen-organischen Materialien richtet sich nach den Anforderungen des jeweiligen Standortes (Halle, Zerkleinerungaggregate, Sortierbänder, Magnetabscheider etc.)

5 Zusammenfassung und Bewertung

Das 3A-Verfahren ist ein Trockenfermentationsverfahren, das in drei Betriebsphasen (aerob, anaerob,aerob) die Vorteile des kombinierten aeroben und anaeroben Abbaus organischer Substanz nutzt. Die Versuche zur Entwicklung des 3A-Verfahrens haben deutlich bewiesen, daß eine Trockenfermentation im mesophilen Temperaturbereich auch ohne aufwendige Anlagentechnik stabil durchführbar ist.

In Abhänigkeit der Zusammensetzung des Ausgangsmaterials lassen die Ergebnisse eine Biogasproduktion von ca. 100 m³/t Bioabfall erwarten. Der durchschnittliche Methangehalt liegt in Abhänigkeit des Eingangsmaterials bei ca. 60 Vol.-%. Die Dauer eines 3A- Zyklus beträgt ca. 90 Tage.

Das kombinierte Konzept des 3A-Verfahrens ermöglicht gleichzeitig die Erzeugung von Biogas und die Herstellung eines qualitativ hochwertigen Kompostes. Das Endprodukt ist hygienisch unbedenklich und besitzt den

Rottegrad V. Die Volumenreduzierung beträgt ca. 45 %, der Masseverlust ca. 40 % (bezogen auf die TS).

Es konnte nachgewiesen werden, daß die Biogasgewinnung mit einfacher Anlagentechnik möglich ist. Das Material verbleibt während des Gesamtprozesses in einem Reaktor. In der dritten Phase kann sich zur Verbesserung der Materialqualität das einmalige Umsetzen des Materials auf der Stelle als sinnvoll erweisen. Die Trocknung des Materials erfolgt über die Belüftung und die damit einhergehende erneute Selbsterhitzung des Materials in Phase III des 3A-Verfahrens.

Zur Stabilisierung des Vergärungsprozesses und zur Einstellung optimaler Lebensbedingungen der Mikroorganismen hat sich die Kreuzlaufführung von Perkolationswasser bewährt. Durch die Optimierung der Perkolationswasserkreuzlaufführung konnte die Versäuerung des Materials zu Beginn der anaeroben Phase verhindert werden.

Die Absaugung durch Anlegen eines kontrollierten Unterdrucks führt zu einer deutlichen Erhöhung des Gasflusses.

Die Ergebnisse zeigen, daß das 3A-Verfahren ein zukunftsträchtiges Verfahren zur gleichzeitigen Erzeugung von Biogas und hochwertigem Kompost aus biogen-organischen Abfällen darstellt. In Kürze werden auch halbtechnische Versuche zur Behandlung von Restmüll durchgeführt. Derzeit ist eine Pilotanlage in Planung.

6 Literaturverzeichnis

[1] LOTTER, S., STEGMANN, R.: Verfahren zur anaeroben Behandlung organischer Siedlungsabfälle. In: K. J. Thome - Kozmiensky; Biogas; EF-Verlag Berlin, 1989

[2] STEFFEN, H., Grooterhorst,A.: Biogasgewinnung, anlagentechnik, Gasaufbereitung und -nutzung.; Essen

[3] ENGELI, H., KULL, T.: Stand und Entwicklung der Anaerobtechnik für die Verwertung von Biomüll. IN: Gallenkemper, Doedens,Stegmann(Hrsg.); 3.Münsteraner Abfallwirtschaftstage; Münster 1993

[4] AUTORENKOLLEKTIV.: Conversietechnieken voor GFT-afval. Nederlandse maatschappij voor energie en milieu BV, Rijksinstituut voor Volksgezondheid en Milieuhygiene; 1992

[5] SCHÖN, M.: Das Kompogas-Verfahren der Firma Bühler. In: Wiemer, K., Kern, M. (Hrsg.); Biologische Abfallbehandlung; M.I.C. Baeza Verlag Witzenhausen; 1993

Stand der Pyrolysetechnik zur Verwertung von Reststoffen

Hans-Friedrich Hinrichs, Kommunale Technologie-Beratung GmbH

1. Einleitung

Die thermische Behandlung von Abfällen hat vor dem Hintergrund der am 1. Juni 1993 in Kraft getretenen TA Siedlungsabfall sowie des beschlossenen Kreislaufwirtschafts- und Abfallgesetzes vom 27. September 1994 neue Impulse erhalten.

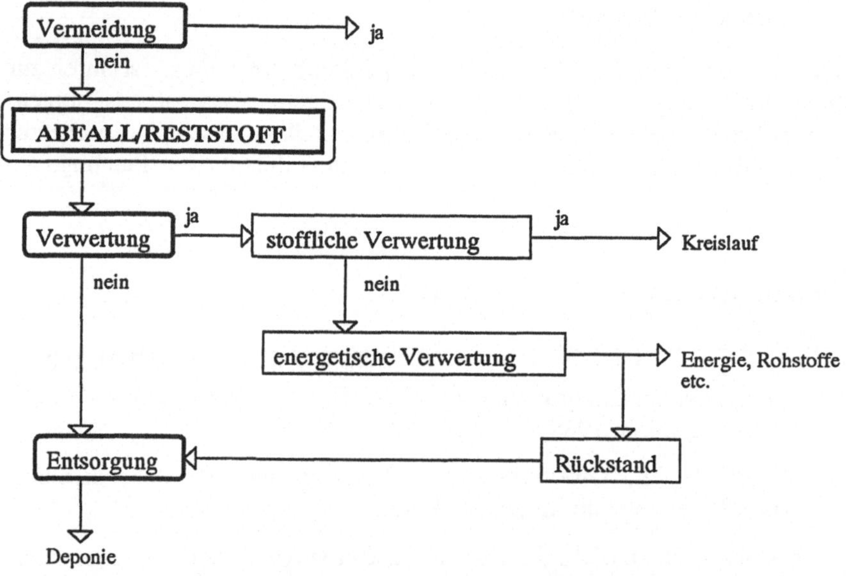

Bild 1: Entscheidungsweg Abfall-/Reststoffbehandlung

Mit der TA Siedlungsabfall wurde die Zielhierarchie: Vermeiden - Verwerten - Beseitigen auch auf Siedlungsabfälle übertragen. Diese wurde bereits 1974 im Bundesimmissionsschutzgesetz für Reststoffe aus genehmigungsbedürftigen Anlagen festgelegt. Somit ergibt sich als oberstes Ziel natürlich die Abfallvermeidung. Diese kann und wird jedoch nur ein Teil der durchzuführenden Maßnahmen sein.

Für den Bereich Siedlungsabfall schreibt die TA Siedlungsabfall außerdem vor, nur noch inertisierte und auslaugbeständige Reststoffe auf Deponien abzulagern. Es wurden neue Grenzwerte für die Belastung von Deponien mit organischen Substanzen festgesetzt. Diese Grenzwerte sind für die Deponieklasse I 3 % Glühverlust und für die Deponieklasse II 5 % Glühverlust. Nach dem heutigen Stand der Technik sind diese Werte nur bei thermischer Behandlung einzuhalten.

Es ist somit das Ziel jeder thermischen Behandlung von Reststoffen, organische Schadstoffe zu zerstören und die Schwermetalle wirksam zu binden bzw. aufzukonzentrieren und abzutrennen. Ferner sollen eine hohe Energieausbeute und die Gewinnung verwertbarer Reststoffe angestrebt werden.

Ein Verfahrensprinzip zur thermischen Behandlung von Abfällen und Reststoffen ist die Pyrolyse. Als alleiniger Verfahrensschritt zur thermischen Behandlung von Reststoffen ist die Pyrolyse jedoch nicht in der Lage, die o.g. Anforderungen der TA Siedlungsabfall zu erfüllen. Die Pyrolyse kommt somit häufig im Zusammenhang mit anderen Behandlungsverfahren zur Anwendung.

Im folgenden sollen verschiedene erfolgversprechende integrierte Pyrolyseverfahren vor dem Hintergrund, ob die Pyrolyse ein interessantes Instrument der Abfallwirtschaft ist, erläutert und bewertet werden.

2. Allgemeines zur Pyrolyse

Die Pyrolyse ist ein Verfahren zur thermischen Behandlung von Abfällen. Der ursprüngliche Einsatzbereich der Pyrolyse ist die Verfahrenstechnik. In den 70er Jahren führte, nicht zuletzt, ein verändertes Energie- und Umweltbewußtsein zur Erprobung und Weiterentwicklung auf dem Gebiet der Abfallbehandlung.

Die Pyrolyse stellt die thermische Zersetzung von organischem Material unter Ausschluß eines Vergasungsmittels (Sauerstoff, Luft, CO_2 etc.) dar [1].

Die Pyrolysetemperaturen liegen zwischen 150 °C und 1000 °C. Dabei werden höhere Kohlenwasserstoffverbindungen in niedere zerlegt und langkettige Moleküle zu kurzkettigen aufgespalten.

Entsprechend der Temperatur können die verschiedenen Verfahren eingeteilt werden:

1. Tieftemperaturpyrolyse (< 500 °C)
2. Mitteltemperaturpyrolyse (500 °C < t < 800 °C)
3. Hochtemperaturpyrolyse (> 800 °C)

Die wichtigsten Pyrolyseendprodukte sind:

- Pyrolysegas
- Pyrolyseöl bzw. -teer
- Pyrolysekoks bzw. Ruß.

Die relativen Mengen der Endprodukte sowie die Zusammensetzung der einzelnen Pyrolyseprodukte hängen neben der Temperatur auch noch von den Einsatzstoffen, der Verweilzeit im Reaktor und von den Ausführungsdaten der Anlage ab.

Der Pyrolysekoks kann aufgrund des zu hohen Kohlenstoffgehaltes und sonstiger Verunreinigungen nicht deponiert werden. Deshalb wird der Pyrolysekoks als integrierter Verfahrensschritt vergast oder verbrannt. Dasselbe gilt für die Pyrolyseprodukte Teer und Öl, die nur nach einer aufwendigen Aufarbeitung einer Verwertung zugeführt werden könnten.

3. Anwendungsgebiete und verfahrenstechnische Umsetzung der Pyrolyse

Die Pyrolyse läßt sich grundsätzlich auf alle organischen Abfall- bzw. Reststoffe anwenden. Großtechnisch gibt es bisher erst sehr wenig Erfahrung auf diesem Gebiet, jedoch befinden sich mehr und mehr großtechnische Anlagen in Planung bzw. Erprobung.

Auch wenn das Grundprinzip der Pyrolyse, die Verschwelung unter Sauerstoffabschluß, allen Verfahrensvarianten gemein ist, so wurden und werden doch viele Verfahren speziell für bestimmte Anwendungsbereiche entwickelt.

In der folgenden Tabelle werden die wichtigsten Pyrolyseanlagen mit nachgeschalteter Verbrennung oder Vergasung vorgestellt.

Verfahren /Firma (Standort)	Verfahrensart	Kapazität	Einsatzstoff	Betriebszeit
Babcock (Burgau)	Drehrohr/ Gasverbrennung	2 * 3 t/h	Hausmüll, Klärschlamm	seit 1987
Noell-Pyrolyse (Salzgitter)	Drehrohr	6 t/h	Kunststoffe, Klärschlamm, Gummi	1986 - 88
Noell-Konversionsverfahr. (Freiberg)	Drehrohr / Flugstromvergasung		Hausmüll, Klärschlamm, Sondermüll	
PKA (Aalen)	Drehrohr/ Gaswandler	1 t/h	Hausmüll	1983 - 87
Pyrocom (Bernau)	Drehrohr	2 * 0,8 t/h	Leiterplatten, Shredderabfall	seit 1988
Siemens/KWU (Ulm/Glodshöfe)	Drehrohr/ Verbrennung	0,5 t/h (3 t/h; Drehr.)	Hausmüll, Klärschlamm, Shredderabf.	seit 1988 (1982 - 87)
Thermoselect (Fondotoce/Italien)	Entgasungskanal/ Festbettvergaser	4 t/h	Hausmüll	seit 1991
Uni Hamburg/ABB (Ebenhausen)	Wirbelschichtpyrolyse	0,5 t/h	Kunststoffe, Gummi	
VEBA-Pyrolyse (Gelsenkirchen)	Drehrohr	0,5 t/h	Kunststoffe, Rückstandsöl	seit 1984

Tab.1 Pyrolyseverfahren für Abfälle [2]

3.1 Haus- und Gewerbemüll

Einen großen Bereich der Forschung nimmt die Pyrolyse von Haus- und Gewerbemüll ein, obwohl der Hausmüll gewichtsmäßig nur etwa 10 % des gesamten Abfallaufkommens der Bundesrepublik Deutschland ausmacht [3].

Im Verbindung mit Haus- und Gewerbemüll wird bei den Verfahren ebenfalls der Einsatz hinsichtlich der Behandlung von Klärschlämmen angestrebt. Weitere Forschungen beschäftigen sich mit der Pyrolyse von Kunststoffen, Altreifen und Sondermüll. Die Behandlung von Haus- und Gewerbemüll soll anhand von drei zur Zeit stark diskutierten Verfahren vorgestellt werden.

3.1.1 Schwel-Brenn-Verfahren [4]

Das von Siemens/KWU angebotene Schwel-Brenn-Verfahren stellt eine Pyrolyse im Drehrohr mit nachgeschalteter Verbrennung der Gase und der kohlenstoffhaltigen Pyrolyserückstände dar. Von den hier vorgestellten Verfahren ist es das sich am längsten auf dem Markt befindliche Verfahren zur Pyrolyse von Haus und Gewerbemüll.

Die angelieferten Restabfälle werden mittels Rotorscheren zu Feinmüll zerkleinert. Aus dem Feinmüllbunker erfolgt die Beschickung der Schweltrommmel mit Hilfe von Stopfschnecken. Hier findet unter Sauerstoffabschluß bei ca. 450 °C eine Verschwelung der Abfälle zu Gas und Feststoffen statt. Bei den Schweltrommeln handelt es sich um in Achsrichtung leicht geneigte, von innen beheizte Rohre, die sich mit etwa drei Umdrehungen pro Minute drehen. Die Verweilzeit der Feststoffe in der Trommel beträgt etwa 1 h.

Die festen Pyrolysereststoffe setzen sich einerseits aus inerten Materialien (Glas, Steine, Metalle), die den Prozeß praktisch unverändert verlassen, und andererseits aus Kohlenstoff zusammen. Über eine Siebschwingrinne wird die Fraktion kleiner 5 mm, die über 99 % des Kohlenstoffs der festen Rückstände enthält, abgetrennt. Diese Fraktion wird in einem Walzenbrecher auf < 1 mm zerkleinert und in die Brennkammer gegeben. Die Fraktion > 5 mm besteht, nach Eisenabscheidung mit einem Magnetabscheider sowie nach Abtrennung der NE-Metalle, hauptsächlich aus Glas und Steinen und kann als Baustoff eingesetzt oder zur Deponie gebracht werden.

Die gasförmigen Pyrolyseprodukte werden direkt aus der Schweltrommel in die Hochtemperaturverbrennung geleitet. In der Verbrennungseinheit, die in Haupt- und Nachbrennkammer aufgeteilt ist, findet unter Luftzugabe bei Temperaturen oberhalb 1.200 °C und Verweilzeiten von ca. 2 s die Verbrennung statt. Hierbei fällt eine schmelzflüssige Schlacke an, die am Boden der Brennkammer abgezogen und ebenfalls als Baustoff eingesetzt oder zur Deponie gebracht werden kann.

Die Rauchgase werden nach Energienutzung im Kessel einer mehrstufigen Reinigung zugeführt. Die Rauchgasreinigung umfaßt im einzelnen:

- eine Grobentstaubung,
- einen Sprühtrockner,
- einen Gewebefilter,
- eine zweistufige Naßwäsche,
- eine katalytische und
- einem nachgeschalteten Gewebefilter.

Die Kessel- und die E-Filterstäube werden in die Brennkammer zurückgeführt. Das Waschwasser aus der sauren und der neutralen Wäsche wird mit NaOH neutralisiert, die Schwermetalle werden mit TMT 15 ausgefällt. Dann wird die Suspension in den Sprühtrockner gegeben und dort eingedampft, so daß die Anlage abwasserlos arbeitet. Die im nachgeschalteten Gewebefilter abgeschiedenen Salze werden unter Tage deponiert. Von dem im zweiten Gewebefilter abgeschiedenen beladenen Herdofenkoks werden 90 % wieder in den Flugstromreaktor rezirkuliert, die restlichen 10 % werden ausgeschleust und gelangen in die Hochtemperaturverbrennung.

3.1.2 Thermoselect [4]

Das Thermoselect-Verfahren dient dazu, aus Müll ein heizwertreiches Gas zu gewinnen, das nach der Reinigung verbrannt werden kann. Das Verfahren befindet sich in der Erprobung anhand einer Pilotanlage. Dieses Vefahren befindet sich seit ca. 3 Jahren in einer kontroversen Diskussion. Dabei halten sich Gegner und Befürworter die Waage.

Die angelieferten Restabfälle werden mit einem Greifer aus dem Bunker in eine Presse befördert und dort auf etwa ein Zehntel ihres Volumens verdichtet. Der verdichtete Müll wird dann in den Entgasungskanal geschoben, in dem bei ca. 600 °C unter Sauerstoffausschluß eine Pyrolyse abläuft. Das im Müll befindliche Wasser verdampft und sorgt für eine relativ gleichmäßige Erhitzung der gesamten Abfälle. Als Produkte entstehen bei der Pyrolyse Gase und Feststoffe. Organische Verbindungen werden in Kohlenstoff und gasförmige Verbindungen umgewandelt.

Die Feststoffe gelangen aus dem Entgasungskanal in den Vergasungsreaktor. In diesem wird von unten unterstöchiometrisch Sauerstoff gegeben, der die sich bildende Feststoffschüttung durchströmt. Dabei reagiert er mit dem Kohlenstoff und den Metallen in der Schüttung. Bei der Reaktion mit dem Kohlenstoff entsteht Kohlendioxid, das mit weiterem Kohlenstoff zu Kohlenmonoxid reagiert. Zwischen den Reaktionspartnern stellt sich ein Reaktionsgleichgewicht ein, so daß man ein kohlenmonoxidreiches Gasgemisch erhält. Oberhalb der Feststoffschüttung trifft dieses Gas auf das Pyrolysegas, das das Wasser aus dem Müll in Form von Dampf enthält. Hier werden Temperaturen von ca. 1200 °C höhere organische Verbindungen im Pyrolysegas umgesetzt. Das Wasser reagiert mit dem Kohlenstoff der Schüttung zu Wasserstoff und Kohlenmonoxid (Wassergasreaktion). So entsteht ein Synthesegas mit einem hohem Anteil an Wasserstoff und Kohlenmonoxid.

Am unteren Ende des Vergasungsreaktors werden Mineralien, Glas und Metalle bei ca. 2.000 °C schmelzflüssig abgezogen. Im Homogenisierungsreaktor wird Sauerstoff durch die Schmelze geleitet, um Kohlenstoff zu verbrennen. Dann wird die Schmelze im Wasserbad granuliert. Als Schlacke fallen eine Metallegierung (ca. 90 % Eisen) und ein glasartiges, mineralisches Produkt an, die mit einem Magnetabscheider getrennt werden können.

Das Synthesegas wird einer mehrstufigen Reinigung unterzogen. Hierzu werden eingesetzt:

- eine Quenche zur Abkühlung des ca. 1.200 °C heißen Gases auf 90 °C, um eine PCDD/F-Bildung zu verhindern sowie zur Staubabscheidung,
- eine saure Gaswäsche mit Wasser und eine basische Gaswäsche mit Natronlauge zur Abscheidung von HCl, HF und Schwefelverbindungen,
- eine Gaskühlung auf unter 5 °C zur Kondensation von Wasser und
- zwei Aktivkohlefilter zur Abscheidung von Restschadstoffen wie Schwermetalle.

Als zusätzliche Option wird der Einsatz einer Alkazidwäsche erprobt, mit der Schwefelwasserstoff aus dem Gas entfernt werden kann. Bei der Gasreinigung fallen Abwasser sowie Aktivkohle an, letztere wird in dem Prozeß zurückgeführt oder unter Tage deponiert.

Das Abwasser wird einer Reinigung zugeführt. Man erhält ein Schwermetallkonzentrat, Gips und Natriumsalze. Diese Reststoffe werden unter Tage deponiert. Das gereinigte Wasser wird, bis auf einen Überschuß, der ausgeschleust werden muß wieder in die Gasreinigung zurückgeführt.

Das gereinigte Synthesegas wird zur Energiegewinnung in einem Gasmotor verbrannt. Ein Teil der Energie wird zur Beheizung des Entgasungskanals und zur Abwassereindampfung benötigt.

3.1.3 NOELL-Konversionsverfahren [5]

Das NOELL-Konversionsverfahren zur thermischen Behandlung von Rest- und Abfallstoffen verbindet das Verfahren der Pyrolyse mit einer Flugstromvergasung. Dabei werden die heterogenen Einsatzstoffe in einer Pyrolysestufe vorbehandelt und anschließend in einer Flugstromvergasungsstufe bei Temperaturen von über 1500 °C in ein Rohsynthesegas umgewandelt. Dieses Verfahren befindet sich seit jüngster Zeit in der Diskussion.

Der stückig angelieferte Restmüll wird über eine Rotorschere zerkleinert und anschließend dem Pyrolysereaktor zugeführt. Belastete, feststoffhaltige Öle und pumpfähige Suspensionen können über eine Dickstoffpumpe direkt in den Vergasungsreaktor gefördert werden. So können auch Klärschlämme nach vorgeschalteter Trocknung und Mahlung direkt verarbeitet werden.

Der Abfall wird im indirekt beheizten Pyrolysedrehrohr unter Luftabschluß auf ca. 550 °C erhitzt und bei Verweilzeiten von ca. einer Stunde thermisch zersetzt. Dabei entstehen ein Pyrolysekoks und ein Pyrolysegas mit kondensierbarem Ölinhalt.

Das Pyrolysegas wird nach Abscheidung der kondensierbaren Kohlenwasserstoffe, ebenso wie die entstandenen Kondensate, dem Flugstromvergaser zugeführt. Der Pyrolysekoks wird nach Trocknung mechanisch von Eisen- und Nichteisenmetallen getrennt. Der zurückbleibende Koks wird vermahlen und im Flugstromvergaser aufgegeben.

Der Vergasungsprozeß findet innerhalb eines zylindrischen Reaktionsraumes statt, dessen Kontur durch eine wassergekühlte Rohrwand gebildet wird. Es entsteht ein CO- und H_2-reiches Gas. Die Reaktionstemperatur ist mit mehr als 1500 °C (bis über 2000 °C) so hoch, daß die mineralischen Bestandteile des Einsatzmaterials aufgeschmolzen werden und an der gekühlten Reaktorwand nach unten abfließen, wo sie gemeinsam mit dem heißen Rohsynthesegas den Reaktionsraum durch eine zentrale Öffnung im Boden verlassen.

In einer unterhalb des Reaktionsraumes angeordneten Kühlzone werden Gas und Schlacke durch Eindüsung von Wasser schlagartig gekühlt. Die Schlacke erstarrt zu einem Granulat und wird über eine Schleusenkammer in einen Kratzbandentschlacker ausgetragen.

Das im Quencher vorgereinigte Gas wird unter Energienutzung weiter abgekühlt und in einer Gasreinigungsanlage von Schwefelverbindungen befreit, die zu Elementarschwefel aufgearbeitet werden können. Das so gewonnene Reingas ist frei von flüchtigen Schwermetallen und toxischen organischen Bestandteilen [6].

Das Abwasser aus dem Gasquencher enthält den Großteil aller im Rohgas vorhandenen Verunreinigungen wie Alkalichloride, Ammoniak und Spuren von H_2S. Dieses Wasser kann nach Abtrennen gelöster Gase und fester Partikel abgegeben bzw. eingedampft werden.

Das bei der Gaskühlung anfallende wässrige Kondensat wird als Quenchwasser verwendet.

3.2 Weitere Einsatzgebiete der Pyrolyse

Neben Haus- und Gewerbemüll soll die Pyrolyse auch noch für andere Bereiche der Reststoffbehandlung eingesetzt werden. Forschungen und Entwicklungen beschäftigen sich z.B. mit der Pyrolyse von Kunststoffen, Altreifen, Sondermüll und Klärschlamm. Wobei gerade der Anwendungsfall zur Behandlung von Klärschlamm eine interessante abfallwirtschaftliche Maßnahme darstellt, da neben der unbedingt erwünschten Volumenreduktion auch eine feste Einbindung der Schwermetalle durch die anschließende Hochtemperatur Verbrennung oder Vergasung erreicht wird [7].

Abschließend soll hier auf ein großtechnisches Verfahren eingegangen werden, welches sich schon seit einigen Jahren der Problematik zur Verwertung von Leiterplatten (Pyrocom-Verfahren) angenommen hat.

3.2.1 PYROCOM-Verfahren [8]

Dieses von der BC Berlin - Consult GmbH entwickelte Verfahren ist in Bernau, Brandenburg, in Betrieb und verbindet die Pyrolyse mit einer Hochtemperaturverbrennung. Entwickelt wurde es zur Verwertung von Rückständen aus der Leiterplatten- und Isolierstoffproduktion.

Das Einsatzmaterial wird zerkleinert und gelangt über einen Bunker zur Pyrolyse. Es stehen zwei Pyrolyselinien zur Verfügung.

In der Pyrolyselinie I werden die kupferkaschierten Leiterplatten verarbeitet. Der Reaktor ist ein indirekt gasbefeuertes Drehrohr. Bei Temperaturen von ca. 600 °C wird das Material pyrolysiert. Die abgespaltenen Pyrolysegase werden über eine beheizte Leitung abgesaugt und in der Hochturbulenzfeuerung verbrannt. Der verbleibende Feststoff (Metalle, Pyrolysekoks, ggf. auch Glasfasern) wird kontinuierlich über eine Schnecke und Zellenradschleuse aus dem Reaktionsraum ausgetragen und pneumatisch in die Rückstandsaufbereitung gefördert, wo er zuerst vorzerkleinert und anschließend in einem Windsichter getrennt wird. Es entsteht eine Koks- und eine Metallfraktion. Die Koksfraktion kann direkt der Verbrennung zugeführt oder zwischengelagert werden.

Andere Produktionsabfälle aus der Leiterplattenfertigung (meist nicht voll ausgehärtete Vor- und Zwischenprodukte) werden in der zweiten Pyrolyselinie verarbeitet. Da sich diese Materialien nicht soweit aufbereiten lassen, daß sie in feinteiliger Form verbrannt werden können, werden sie in einer ebenfalls von außen beheizten, kontinuierlich betriebenen Stahltrommel pyrolysiert.

Das dabei entstehende Gas wird, zusammen mit dem Pyrolysegas der ersten Pyrolyselinie, in der Hochturbulenzbrennkammer verbrannt. Der Pyrolysekoks wird, nach Ausschleusung über ein Wasserbad, ebenfalls wie der Koks der Linie I verfeuert oder abgelagert.

In der Brennkammer wird der Koks zusammen mit den flüssigen und gasförmigen Reststoffen bei Temperaturen zwischen 750 und 1100 °C verbrannt. Zur energetischen Nutzung der Abgase werden diese durch eine Nachbrennkammer und einen Kessel geführt.

Die Rauchgasreinigung erfolgt zweistufig in einem quasitrockenem Verfahren und ist abgasfrei. Die mit ca. 220 °C aus dem Kessel austretenden Rauchgase werden in einem Sättiger teilentstaubt und auf ca. 70 °C abgekühlt. In einem Venturi-Wäscher erfolgt die Hauptreinigung. Dabei wird Kalkmilch als Waschsuspension verwendet, aus der anschließend über eine Kammerfilterpresse die Feststoffe abgetrennt werden. Die Kalkmilch wird anlagenintern durch Dosierung von Kalk aus einem Vorratssilo in einem Löschbehälter aufbereitet.

4. Vor- und Nachteile der integrierten Pyrolyse

Die thermische Behandlung von Rest- und Abfallstoffen verfolgt verschiedene Ziele:

- Zerstörung organischer Schadstoffe,
- Bindung bzw. Aufkonzentrierung von Schwermetallen,
- Rückgewinnung verwertbarer Komponenten,
- energetische Nutzung (Dampf-/Stromerzeugung).

Vor dem Hintergrund dieser Ziele kann man für die vorgestellten integrierten Pyrolyseverfahren sowohl Vorteile als auch Nachteile gegenüber der konventionellen Rostfeuerung feststellen.

Vorteile:

- geringere Rauchgasmengen, dadurch auch bei gleicher Belastung der Rauchgase mit Schadstoffen absolut geringere Emissionswerte, zum Teil deutlicher unter den von der 17. BImSchV vorgeschriebenen (vor allem Dioxine/Furane),
- Granulat/Schlacke vielseitiger einsetzbar (die Schlacke aus der Verbrennung muß für die selbe Qualität schmelzflüssig gemacht und verglast werden)
- geringere Mengen unter Tage abzulagernder Rückstände der Rauchgasreinigung
- Rückgewinnung größerer Mengen verschiedener Komponenten der Einsatzstoffe (z.B. Metalle),
- größere Flexibilität der Einsatzstoffe.

Nachteile:

- kaum großtechnische Erfahrungen,
- Technik der einzelnen Komponenten zum Teil noch nicht so ausgereift,
- geringer thermodynamischer Wirkungsgrad.

5. Zusammenfassende Bewertung

Die reinen Pyrolyseverfahren sind nicht in der Lage, die gesetzlichen Anforderungen der TA Siedlungsabfall an die Ablagerung der Rückstände zu erfüllen. In Kombination mit nachgeschalteten thermischen Behandlungsverfahren, wie Verbrennung oder Vergasung, stellen sie jedoch eine vielversprechende Alternative zur konventionellen Verbrennung dar und sind damit auch ein interessantes Instrument der Abfallwirtschaft.

Die drei vorgestellten Verfahren zur Behandlung von Hausmüll stehen zwar kurz vor ihrer großtechnischen Anwendung, müssen aber noch die in sie gesetzten Erwartungen hinsichtlich Massen- und Energiebilanz, Investitions- und Betriebskosten, Entsorgungssicherheit und Reststoffverwertung in den nächsten Jahren erfüllen. Hinzu kommt, daß der inhomogene Abfall für die Behandlung einer aufwendigen mechanischen Aufbereitung unterzogen werden muß.

Ob die Vorteile der integrierten Pyrolyse mit einer nachgeschalteten Verbrennung oder Vergasung gegenüber der Rostfeuerung und Wirbelschichtverbrennung hinsichtlich Flexibilität der Einsatzstoffe, des stofflichen Verwertungspotentials, geringer Rauchgasmengen sowie dadurch bedingter niedriger Emissionen tatsächlich zu günstigeren Entsorgungkosten führen, wird dann auf dem Prüfstand stehen.

Die Konkurrenzfähigkeit der „integrierten Pyrolyse" gegenüber der Rostfeuerung und Wirbelschichtverbrennung, wird sich durch die Ergebnisse und Erfahrungen der ersten großtechnischen Anlagen beweisen müssen. Dabei wird die Rückstandsentsorgung und -verwertung hinsichtlich ihres ökonomischen und ökologischen Nutzens einer besonderen Bewertung unterzogen werden. Das Erreichen dieser Zielsetzung wird darüber entscheiden, ob die Verfahren zur Pyrolyse und Vergasung/Hochtemperaturverbrennung abfallwirtschaftlich die Lösung für die Behandlung/Verwertung von Hausmüll, Klärschlämmen, Leiterplatten, Kunststoffen etc. sein wird.

Literaturverzeichnis

[1] Thomé-Kozmienski, Karl J., Hinrichs H.-F., u. a.: Pyrolyse von Abfällen EF-Verlag für Energie- und Umwelttechnik GmbH, Berlin 1985

[2] Hauk Dr.-Ing. R., Poller Dipl.-Ing. J.: Vergasungsverfahren für Abfälle VGB Kraftwerkstechnik, September 1994

[3] Kielburger, G., Schmitz, H.J. : Thermische Behandlung von Restmüll WLB Wasser, Luft, Boden 7-8 / 1993

[4] Arbeitsgemeinschaft Systemvergleich Restmüllbehandlung Hessen: Vergleichende Untersuchung zu den Umweltauswirkungen unterschiedlicher Verfahren der Restabfallbehandlung Dieburg/Darmstadt, Februar 1994

[5] Lorson, Dr.-Ing. H., Schingnitz, Dr.-Ing. M.: Das NOELL-KONVERSIONSVERFAHREN zur umweltfreundlichen thermischen Verwertung von Rest- und Abfallstoffen. NOELL Abfall- und Energietechnik GmbH, März 1994

[6] Thermische Verwertung mit dem NOELL-Konversionsverfahren EP 9/94

[7] Loll U., Hinrichs H.-F., u.a.: Recycling von Klärschlämmen EF-VERLAG für Energie- und Umwelttechnik GmbH, Berlin 1989

[8] Angerer, G., Bätcher, K., Bars, P.: Verwertung von Elektronikschrott - Stand der Technik, Forschungs- und Technologiebedarf Erich Schmidt Verlag GmbH&Co., Berlin 1993

Stand der Technik bei modernen Restmüllverbrennungsanlagen

Werner Schumacher

1. Einleitung

In Deutschland werden Müllverbrennungsanlagen seit nunmehr ca. 100 Jahren betrieben. Die erste Verbrennungsanlage nahm 1895 in Hamburg ihren Betrieb auf und hatte in erster Linie die Aufgabe den Abfall zu hygienisieren /1/.

Heute werden ca. 30 % des in Deutschland anfallenden Haus- und Sperrmülls sowie der hausmüllähnlichen Gewerbeabfälle (insgesamt etwa 10 Mio t pro Jahr) in 52 Müllverbrennungsanlagen thermisch behandelt.

Diese 50 Anlagen unterscheiden sich stark in ihrer Anlagentechnik und aufgrund ihres verschiedenen Alters auch sehr stark in der Qualität ihrer gas- und feststoffseitigen Emissionen. Eines jedoch haben 51 dieser Anlagen gemeinsam: es sind Rostfeuerungsanlagen.

2. Anforderungen an die Anlagentechnik im Bereich Feuerung/ Dampferzeuger

Bis in die 70er Jahre waren die Anforderungen an eine Müllverbrennungsanlage auf die Entsorgung des Abfalls beschränkt. Im Vordergrund stand die Volumenreduktion und die Nutzung der freigesetzten Energie. Nicht zuletzt stammt aus dieser Zeit das heutige negative Image von Müllverbrennungsanlagen und die daraus resultierenden Akzeptanzprobleme in der Bevölkerung für dieses wesentliche Instrument der Abfallwirtschaft.

Bild 1 Gesetzliche Anforderungen an MVA's

Die Anforderungen an die Anlagentechnik einer modernen Müllverbrennungsanlage gehen weit über die bisherigen Vorgaben hinaus und sind gesetzgeberisch reglementiert.

- Die 17. Verordnung zum Bundesimissionsschutzgesetz definiert Mindestanforderungen an die Abgasqualität im Sinne einer Schadstoffminimierung

- Die technische Anleitung Siedlungsabfall legt Qualitäten für Reststoffe fest und deren Möglichkeiten zur Verwertung

- Der Entwurf zum Abfallwirtschaftsgesetz fordert eine Rückführung der Reststoffe in den Stoffkreislauf

Bild 2 Schema Müllverbrennungsanlage

Das erste Bild zeigt zum Einstieg das vereinfachte Blockschaltbild einer modernen Müllverbrennungsanlage nach dem heutigen Stand der Technik.

Eine solche Anlage besteht im wesentlichen aus den Bereichen

- Verbrennung und Dampferzeugung
- Rauchgasreinigung
- Reststoffbehandlung und
- Energienutzung.

Diese Grobstruktur soll auch als Leitfaden für die weiteren Ausführungen dienen.

Die Breite der dargestellten Pfeile ist ein Maß für die Größe der zu- bzw. abgeführten Massenströme.

2. Müllverbrennung

Betrachten wir zunächst die eigentliche Verbrennung:

2.1 Theoretische Betrachtungen

Die konsequente Minimierung der gasseitigen Schadstoffemissionen fordert zunächst eine Minimierung der Schadgase an der Stelle ihrer Entstehung, d. h. im Falle der thermischen Behandlung von Hausmüll im Bereich der Verbrennung. Durch eine möglichst schadstoffarme Verbrennung bei allen Betriebszuständen muß eine maximale primäre Schadstoffminderung erzielt werden. Diese verbessert nicht nur die insgesamt erzielbaren Emissionsreduzierungen, sondern stellt auch sicher, daß die erhaltenen Reststoffe wie beispielsweise Schlacke und Flugstaub aber auch die aus dem Chlorwasserstoff erzeugten Produkte, möglichst geringe Frachten an Schadstoffen aufweisen.

2.2 Technische Umsetzung

Bild 3 Schnittbild Hausmüllverbrennungsanlage

Dieses Schnittbild zeigt die wesentlichen Komponenten der eigentlichen Verbrennungsanlage

- der Müllbunker, in dem der angelieferte Restmüll zwischengespeichert und homogenisiert wird
- der Müllkran, der zur Umschichtung des Mülls und zur Beschickung der Aufgabetrichter benötigt wird

- das Müllaufgabesystem, bestehend aus Aufgabetrichter, Fallschacht mit Absperrklappe und Zuteilvorrichtung

- der Feuerraum mit Rost und den verschiedenen Luftzuführungen

- die Nachverbrennungszone mit der Zünd- und Stützfeuerung

- dem Dampferzeuger mit seinen Strahlungszügen und den konvektiven Heizflächen

- die Entaschungssysteme einschließlich der Rückführung des Rostdurchfalls

- nicht dargestellt, jedoch wichtig ist die Energieerzeugung im wesentlichen bestehend aus Turbine und Generator

- ebenfalls nicht dargestellt sind die Rauchgasreinigung und die Behandlung der Restprodukte. (Hierzu waren gesonderte Vorträge im Rahmen der Vortragsveranstaltung "Moderne thermische Abfallverwertung" des Bayrischen Landesamtes für Umweltschutzes vorgesehen.)

2.2.1 Feuerungssysteme

Das Herz einer Rostfeuerungsanlage ist zweifellos der Rost, und zwar in Kombination mit dem sich anschließenden Feuer- und Nachverbrennungsraum.

Aufgrund individueller Entwicklungsschwerpunkte der verschiedenen Anlagenbauer gibt es heute im wesentlichen 3 Feuerungssysteme in Verbindung mit der Rostfeuerung (Bild 4):

- Gleichstromfeuerung
- Gegenstromfeuerung
- Mittelstromfeuerung

Die Namen resultieren aus der Strömungsrichtung der Rauchgase bezogen auf die Richtung des Mülltransportes auf dem Rost.

Den Feuerungssystemen sind im Bild 4 Roste zugeordnet, die wiederrum auf bestimmte Lieferanten hinweisen:

- Walzenrost
- Rückschubrost
- Vorschubrost

Wichtig ist an dieser Stelle der Hinweis, daß unter Berücksichtigung bestimmter Randbedingungen jedes Feuerungskonzept mit jedem Rosttyp zu kombinieren ist, und weiter, daß mit allen Systemen die gesetzlichen Vorschriften einzuhalten sind.

2.2.2 Rost/Feuerraum

Um zu demonstrieren, daß eine moderne Rostfeuerung mehr ist als ein simpler "Müllofen", soll am Beispiel der Kombination

Vorschubrost- und Mittelstromfeuerung ein etwas tieferer Einblick in die Technik gewährt werden.

Der Rost (Bild 5) - gleich welcher Bauart - besteht in Längsrichtung aus mehreren Zonen mit dazugehörenden Primärluftsystemen. Die Aufgabe des Rostes ist es, den Müll zu transportieren und zu schüren sowie durch eine gleichmäßige Verteilung der Unterluft eine "weiche Verbrennung" zu ermöglichen. In jeder Zone eines modernen Rostes sollte daher die Transportgeschwindigkeit und die entsprechende Primärluftmenge getrennt geregelt werden können.

Der Rostbelag des in Bild 5 dargestellten Vorschubrostes besteht aus hitzebeständigen Roststäben, die wie Dachziegel übereinander angeordnet sind. Jede zweite Reihe der Stäbe ist über Hydraulikzylinder zu bewegen, um so den Müll langsam (innerhalb 1 h) von der Aufgabe bis zum Schlackenabwurf zu transportieren. Die schmalen Spalten zwischen den Roststäben sorgen für eine gleichmäßige Primärluftverteilung. Die Trichter unter dem Rost dienen einmal zur Aufnahme des Rostdurchfalls und zum anderen als "Windboxen" der Primärluft.

<u>Bild 6</u> Ablauf des Verbrennungsvorgangs

Auch bei den als Alternative zur Rostfeuerung diskutierten Pyrolyseverfahren mit nachgeschalteter Hochtemperaturstufe und den Vergasungsverfahren handelt es sich letztlich um Verbrennungsverfahren.

Die Umwandlung der organischen Inhaltsstoffe erfolgt über die selben Teilprozesse wie bei der Rostfeuerung. Die Verfahren unterscheiden sich allein in der Zusammenfassung der in Reihe geschalteten Teilprozesse

- Trocknung
- Entgasung
- Pyrolyse ($\lambda \cong 0$)
- Vergasung ($\lambda < 1$)
- Verbrennung ($\lambda \geq 1$)
- Ausbrand

Bei der Rostfeuerung erfolgt die Trocknung des Mülls und die Entgasung leichtflüchtiger Stoffe hauptsächlich im Bereich der ersten Rostzone. Da durch die Primärluft nur eine unterstöchiometrische Luftzugabe erfolgt, handelt es sich bei den Reaktionen auf dem Rost vorwiegend um Vergasungsprozesse.

An einzelnen Stellen des Müllbettes kann je nach Müllbeschaffenheit örtlich auch ein nahezu vollständiger Luftmangel auftreten, so daß hier Pyrolyseprozesse ablaufen. Erst durch die als Oberluft zugeführte Sekundärluft erfolgt der vollständige Ausbrand bei überstöchiometrischem O_2-Angebot.

Von entscheidender Bedeutung für den Ausbrand der Verbrennungsgase ist die Geometrie des Feuerraumes und die Art und Weise der Sekundärlufteindüsung.
Eine von sicherlich mehreren Lösungen zeigt das Bild 7.

Der eigentliche Feuerraum endet mit der Einziehung am Übergang zum Nachverbrennungsraum bzw. zum ersten Strahlungszug, obwohl die Grenze zwischen Feuer- und Nachverbrennungsraum nicht so eindeutig zu definieren ist. Im engsten Querschnitt sind beidseitig Düsen angeordnet, durch die mit hohem Impuls die restliche Verbrennungsluft zugeführt wird. Eine dritte SL-Zugabe im vorderen Bereich der Feuerraumdecke dient zur vollständigen Oxidation der entgasten leichtflüchtigen Stoffe.

Mit der Rauchgasrezirkulation im Bereich des Nachverbrennungsraumes wird eine Stabilisierung der Strömung im ersten Strahlungszug erreicht.

Zur Sicherstellung eines vollständigen Ausbrandes der Rauchgase schreibt bereits die 17. BImSchV eine möglichst gleichmäßige Verweilzeit auf hohem Temperaturniveau vor. Dieses Ziel ist nur über eine nahezu ideale Kolbenströmung im ersten Kesselzug zu erreichen. (Daher die Stabilisierung.)

2.2.3 Die Feuerleistungsregelung

In jüngster Zeit wurde in verschiedenen Firmen intensiv an der Verbesserung der Feuerungsleistungsregelung gearbeitet. Diese Anstrengungen wurden u.a. auch vom BMFT unterstützt.

Bild 8 Verbesserte Feuerleistungsregelung

Die linke Bildhälfte zeigt ein typisches Beispiel für Feuerleistungsregelungen bei Hausmüllverbrennungsanlagen. Die kurzfristige Regelung der als Dampfmenge gemessenen Wärmeentbindung erfolgt über die Primärluftmenge, während die Sekundärluftmenge hierzu gegensinnig geregelt wird. Längerfristige einseitige Abweichungen des O_2-Gehaltes im Rauchgas vom vorgegebenen Wert werden als Brennstoffmangel oder -überfluß interpretiert und zur Ansteuerung des Zuteilers verwendet.

Durch den Einbau einer IR-Kamera in der Decke des ersten Strahlungszuges ist es neuerdings möglich, die effektiven örtlichen Bettemperaturen zu erfassen.

Die Kenntnis dieser Temperaturen gibt Aufschluß über die exakte Lage und Ausdehnung des Hauptfeuers. Kennt man erst die Lage des Feuers, so ist es auch möglich dieses in der Mitte des Rostes zu stabilisieren.

Dadurch wird einmal im Sinne der 17. BImSchV durch ein optimales Zusammenspiel von Primär- und Sekundärluft die gasseitige Schadstoffemission minimiert. Zum anderen lassen sich die hohen Anforderungen an den Ausbrand der Schlacke - wie nach der TA-Siedlungsabfall gefordert - realisieren, da zum Ausbrand genügend Verweilzeit verbleibt.

Die Thermografie ermöglicht darüber hinaus die Primärluft bedarfsgerecht zu verteilen und somit auch zu minimieren.

Bild 9 zeigt beispielhaft eine aufgenommene Temperaturverteilung. Die Transportrichtung des Mülls erfolgt von oben nach unten. Die Kamera erfaßt die zweite bis vierte Rostzone. Die Hauptverbrennung liegt in diesem Beispiel optimal im Bereich der dritten Zone.

3. Rauchgasreinigung

Die wesentlichen Anforderungen an die Anlagentechnik einer modernen RGR werden durch die Umweltverträglichkeit geprägt. Sie können wie folgt zusammengefaßt werden:

Bild 10 Anforderungen an die Rauchgasreinigung

- Minimierung der abgasseitigen Emissionen
- weitestgehende Verwertung der Reststoffe (durch Erzeugung vermarktbarer Produkte)
- abwasserfreie Betriebsweise

Um diese Ziele zu erreichen, muß die Schadstoffabscheidung möglichst selektiv erfolgen.

Eine moderne RGR-Anlage besteht daher heute meistens aus fünf (oder mehr) Reinigungsstufen

Bild 11 Prinzipschaltung einer modernen RGR

Diese sind im einzelnen:

- Flugstaubabscheidung
- Saure Waschstufe
- Neutrale Waschstufe
- Rauchgasfeinreinigung
- NOx-Abscheidung

In der ersten Stufe wird der im Abgas noch enthaltene Flugstaub in einem Elektro- oder Gewebefilter abgeschieden. Anschließend erfolgt in der sauren Waschstufe die Absorption der Schadgase Chlorwasserstoff (HCl) und Fluorwasserstoff (HF). Gleichzeitig werden in diesem Wäscher die noch enthaltenen Schwermetallverbindungen entfernt.
In der neutralen Waschstufe wird das Schwefeldioxid (SO_2) durch Zugabe einer Kalksuspension als Calciumsulfat, d. h. als Gips gebunden.
Zur Feinreinigung - d. h. zur Restabscheidung der Schadstoffe - werden adsorptive Filter eingesetzt. Zur Auswahl stehen Flugstromadsorber und Aktivkoksfestbettfilter.

Die Schaltung der ersten vier Stufen ist bei den meisten Anlagenkonzepten identisch. Allein die Anordnung der Entstickungsstufe kann je nach den Anforderungen an das System entweder als SNCR-Stufe oder als Hoch- bzw. Niedertemperatur SCR ausgeführt werden. In dieser Stufe werden durch Zugabe von Ammoniak die Stickoxide letztendlich in Stickstoff und Wasser zerlegt.

Das nächste Bild (Bild 12) zeigt die enorme Entwicklung der Rauchgasreinigung in den letzten Jahren. Das Bild vergleicht für einige repräsentative Schadstoffe die Emissionsgrenzwerte

- der Technischen Anleitung (TA) Luft von 1986,
- der 17. Bundesimmissionsschutzverordnung (BImSchV) von 1990 mit
- den heutigen Garantiewerten.

Die erst 1986 festgelegten Werte werden heute bei nahezu allen Schadstoffen um einen Faktor 10 - 50 unterschritten.

4. Reststoffbehandlung

Die in Müllverbrennungsanlagen anfallenden Reststoffe resultieren nahezu ausschließlich aus dem Aschegehalt des Brennstoffes oder entstehen in der Rauchgasreinigung bei der Minimierung der Schadstoffemissionen.

Bild 13 Reststoffanfall

Zur ersten Gruppe gehören die Schlacke, die Kesselasche und der Filterstaub. Zur zweiten Gruppe, der in der RGR entstehenden Reststoffe, zählen die Reaktionsprodukte (z. B. die Abschlämmung aus der HCl-Aufbereitung) und das beladene Adsorbens aus der Feinreinigung. Die Bandbreite der pro t Müll anfallenden Reststoffmengen ist in der Tabelle angegeben.

Nicht dargestellt sind die aus den beiden Wäschern auszuschleusenden Massenströme, d. h. die Rohsäure aus dem sauren Wäscher sowie die Gipssuspension aus dem neutralen Wäscher.

Das Ziel der Rückstandsbehandlung muß es sein, die einzelnen Stoffe so weit wie möglich und ökonomisch vertretbar in vermarktungsfähige Produkte zu überführen. Die verbleibenden Schadstoffe sind so aufzuarbeiten, daß sie in möglichst konzentrierter Form umweltverträglich abgelagert und damit dem Materialkreislauf entzogen werden können.

4.1 Behandlung der Verbrennungsrückstände

Zur Entsorgung der Verbrennungsrückstände sind prinzipiell drei Wege möglich:

1. Ablagerung nach den Kriterien der TA-Siedlungsabfall

2. Eingeschränkte Verwertung unter Berücksichtigung der Richtlinien des vorgesehenen Anwendungsbereiches

3. Weitergehende Verwertung mit den Qualitätsanforderungen an einen ökologisch unbedenklichen "Rohstoff".

Heute werden ca. 50 % der in Deutschland anfallenden Schlacken nach einer mechanischen Aufbereitung im Straßenbau verwertet. Flugstäube und Kesselaschen werden Untertage deponiert.

Zukünftig ist davon auszugehen, daß aufgrund verschärfter gesetzlicher Rahmenbedingungen für Inhaltsstoffe in Rostschlacken und aufgrund eines zunehmenden Recyclings von Bauschutt, der verwertbare Anteil von allein mechanisch aufbereiteten Schlacken abnehmen wird.

4.1.1 Behandlung von Schlacken

Eine nachhaltige Verbesserung der Schlackequalität ist mit relativ geringem Aufwand durch das Waschen der Schlacke zu realisieren. Hierbei werden zwei verschiedene Wege verfolgt:

Bild 14 Integrierte Schlackenwäsche

- die integrierte Schlackenwäsche im Stößelentascher der Müllverbrennung und

- die nachgeschaltete Schlackenwäsche im Bereich der mechanischen Aufbereitung.

Durch die Wäsche können im wesentlichen die leichtlöslichen Neutralsalze reduziert werden.

Eine Immobilisierung der Schadstoffe auf Dauer kann durch die Wäsche jedoch nicht erreicht werden.

4.1.2 Behandlung von Flugaschen

Zur Behandlung von Flugaschen wird eine Vielzahl von Verfahren angeboten, die hier nur erwähnt werden sollen:

Bild 15 Behandlungsverfahren für Flugaschen

- Verfestigungsverfahren, bei denen durch Zugabe von Bindemitteln eine verbesserte Immobilisierung der Schadstoffe bei der Ablagerung der Rückstände erreicht werden soll.
- Waschverfahren, bei denen im sauren Mileu die Schwermetallverbindungen zumindest teilweise ausgelöst werden.
- Niedertemperaturverfahren zur Zerstörung der organischen Schadstofffracht in den Aschen.

Alle diese Verfahren, wie auch Kombinationen hiervon können nur die Qualität der Reststoffe von einer Ablagerung verbessern. Eine Verwertung der Reststoffe ist in eingeschränktem Maße über die Verfahren zur Baustoffherstellung gegeben (z. B. Versatzmaterial und Alinitbinder) sowie uneingeschränkt über die Einschmelzverfahren.

4.1.3 Thermische Verfahren

Die höchsten Anforderungen an eine Immobilisierung von Schadstoffen in Rostschlacken und Flugstäuben, d. h. im wesentlichen Eluate des Reststoffes mit Trinkwasserqualität, lassen sich nur mit Hilfe von Hochtemperatur-Schmelzverfahren erreichen. Derartige Behandlungsverfahren sind nicht in jedem Anwendungsfall erforderlich aber zumindest dort vorzusehen, wenn eine Ablagerung Übertage oder eine Verbringung in Untertagedeponien nicht oder nur mit erheblichem finanziellem Aufwand zu ermöglichen ist.

Bild 16 EloMelt-Verfahren (zur kombinierten Schlacke- und Ascheeinschmelzung)

Bei der nachgeschalteten Einschmelzung werden die Verbrennungsrückstände (nach einer mechanischen Behandlung der Schlacke) mittels fossiler oder elektrischer Energie auf ca. 1300 °C erhitzt und aufgeschmolzen, wobei die leichtflüchtigen Schwermetalle ausgasen. Die schwerflüchtigen Schwermetalle werden je nach Verfahren entweder ebenfalls aus der eigentlichen Schmelzphase abgetrennt oder in diese ökologisch unbedenklich eingebunden.

Die hohe Umweltverträglichkeit der erzeugten Schmelzgranulate dokumentieren die sehr niedrigen Eluatwerte (Bild 17). Die erzielten Versuchsergebnisse unterschreiten die Werte der Trinkwasserverordnung ganz erheblich.

4.2 Reststoffbehandlung der Chlor- und Schwefelfraktion

Chlorwasserstoff (HCl) ist in aller Regel das Schadgas mit dem höchsten Massenstrom im Rauchgas. Somit muß bei der Rauchgaswäsche zur HCl-Eliminierung besonderes Augenmerk auf eine entsprechende Wiederverwertbarkeit des entstehenden Reststoffes gelegt werden. Für das abgeschiedene HCl, das in der Flüssigphase als Chlorid vorliegt, ergeben sich drei praktikable Verwertungsmöglichkeiten, nämlich die Aufarbeitung zu

- marktfähiger Salzsäure
- kristalinem Kochsalz
- kristalinem Calciumchlorid.

Durch die von den Abnehmern geforderten Reinheitsgrade ist praktisch immer der Weg über eine vorgeschaltete Salzsäuredestillation vorgeschrieben.

Der zweitgrößte Massenstrom der Schadgase wird in der Regel vom Schwefeldioxid (SO_2) gebildet. Der einzig sinnvolle und auch bereits vielfach praktizierte Verwertungsweg für den freigesetzten Schwefel besteht in dessen Umsetzung zu Gips. Hierzu wird die im Kalkwäscher entstehende 10 %ige Gipssuspension über eine Hydrozyklonstation geführt, um Feinanteile abzutrennen und in den Wäschern zurückzuführen.

Der Grobanteil wird über einen Vorlagebehälter einer Zentrifuge zugeführt, in der der Gips gewaschen und anschließend entwässert wird. Der entstehende Feuchtgips mit einem Wassergehalt von < 10 % entspricht den Anforderungen der Gipsindustrie und wird unmittelbar verwertet.

4.3 Übrige Reststoffbehandlung

Bild 18 Zykloidfeuerung

Aus der Rauchgasfeinreinigung fällt eine kleine Menge an beladenem Adsorbens (Aktivkohle oder ein Kalk-Aktivkoks-Gemisch) an. Der beladene Aktivkoks wird in der Anlage rückstandsfrei entsorgt. Dies erfolgt entweder

- durch die Mitverbrennung auf dem Rost
- oder in einer separaten von uns entwickelten Entsorgungseinrichtung, der sogenannten Zykloidfeuerung.

Die Verbrennung der unaufgemahlenen Kokspartikel erfolgt hierbei in einem Zentrifugalfeld.

Es verbleibt als zu deponierender Reststoff die mit Schwermetallen angereicherte Abschlämmung aus der Chloraufbereitung. Sie wird in einem Dünnschichtverdampfer zu einem deponiefähigen Rückstand kleinster Menge eingedampft.

Dieser kurze Überblick über die verschiedenen Behandlungskonzepte für die Reststoffe zeigt, daß es bei der Müllverbrennung eine Vielzahl von Verwertungsmöglichkeiten gibt. Für jede Anlage muß ein individuelles Konzept erarbeitet werden, in dem die spezifischen Randbedingungen des Standortes berücksichtigt sind.

5. Energienutzung

Die im Heizwert des Restmülls enthaltene Energie wird im Kessel der Verbrennungsanlage zur Erzeugung von Prozeßdampf genutzt. Dieser kann entweder sofort zur Fernwärmeheizung oder zur Stromerzeugung genutzt werden.

Bild 19 Energieflußbild EloMelt-Verfahren

Das Bild zeigt den Energiefluß einer Müllverbrennungsanlage mit integriertem Schmelzverfahren zur Behandlung von Schlacke und Flugasche.

Der Dampf-Kraft-Prozeß ist konventionell mit dampfbeheizter Luftvorwärmung und einstufiger regenerativer Speisewasservorwärmung aufgebaut.

Bei dem angenommenen Heizwert von 10 MJ/kg - der sehr gut die aktuellen Verhältnisse wiederspiegelt - ergibt sich für eine moderne Rostfeuerungsanlage ein Gesamtwirkungsgrad von 18 %.

Das heißt, 18 % der im Restmüll enthaltenen Energie kann nach Abzug des Eigenbedarfs der Anlage als Strom ins öffentliche Netz eingespeist werden.

Der Wirkungsgrad verringert sich durch die Integration einer elektrischen Einschmelzung (EloMelt-Verfahren) um ein Drittel auf ca. 12 %. Erwartungsgemäß noch günstiger ist der Gesamtwirkungsgrad, wenn die Reststoffe mittels fossiler Energieträger (wie z. B. beim FosMelt-Verfahren) aufgeschmolzen werden. Hierbei ergibt sich ein Wirkungsgrad von 15 %.

Entscheidend ist, daß selbst bei Einschmelzung aller nicht direkt verwertbaren Verbrennungsrückstände ein großer Energieüberschuß zur weiteren Nutzung gegeben ist.

6. Schlußbemerkung

Abschließend möchte ich Ihnen in komprimierter Form vorstellen, welche Ergebnisse mit einer modernen Müllverbrennungsanlage erreicht werden:

6.1 Emissionen

Bild 20 Erreichte Restwerte im Vergleich zur 17. BImSchV

Betrachten wir zunächst die abgasseitigen Emissionen. Die Darstellung vergleicht die Grenzwerte der 17. BImSchV mit den Meßwerten einer modernen Anlage mit Festbettreaktor.

Die Reingaswerte liegen für alle Schadstoffe deutlich unter den Anforderungen der gesetzlich vorgegebenen Grenzwerte. Viele Schadstoffgruppen unterschreiten die Anforderungen um eine Zehnerpotenz und mehr.

Vergleichende Betrachtungen mit anderen Emittenten - wie z. B. den PKW's - zeigen, daß moderne Restmüllverbrennungsanlagen einen extrem geringen Anteil zur Gesamtemission beitragen.

6.2 Reststoffe

Bei konsequentem Einsatz der technischen Möglichkeiten können die bei einer Müllverbrennungsanlage anfallenden Reststoffe nahezu vollständig einer Verwertung zugeführt werden.

Bild 21 Reststoffverwertung RMHKW Böblingen

Ein solches Beispiel ist das Konzept des RMHKW Böblingen. Schlacke und Flugasche werden gemeinsam eingeschmolzen. Die Chlorfraktion wird zu marktfähiger 30%iger Salzsäure verarbeitet, die Schwefelfraktion wird als Gips wiederverwertet. Es verbleibt, bezogen auf die eingesetzte Restmüllmenge, nur ein Anteil von ca. 1 %, der deponiert werden muß.

7. Schlußwort

Moderne MVA's besitzen durch ihre ausgereifte Technik eine sehr hohe Verfügbarkeit von 90 % und mehr und gewährleisten somit eine hohe Entsorgungssicherheit für den zu behandelnden Restmüll.

Alle alternativen Verfahren müssen sich hieran messen lassen.

Ich hoffe ich konnte Ihnen verdeutlichen, daß eine moderne MVA mit Rosttechnik im Bezug auf die Umweltverträglichkeit ihrer gasförmigen und festen Emissionen durchaus dem neuesten Stand der Technik entspricht und den Vergleich mit anderen Verfahren nicht zu scheuen braucht.

Gesetzliche Anforderungen an Müllverbrennungsanlagen

17. BImSchV	Mindestanforderungen an - Verbrennungsvorgang - Abgasqualität
TA Siedlungsabfall	Mindestanforderungen an Qualität der Reststoffe
Entwurf Abfallwirtschaftsgesetz	Rückführung der Reststoffe in Stoffkreislauf

Bild 1

STEINMÜLLER
Schema Müllverbrennungsanlage
Luft
Müll
Müll-
verbrennung
Rauchgas-
reinigung
Abgas
(N2, CO2, O2)
Schlacke
Kesselasche
Filterasche
Turbine
Generator
Verglasung
HCl/NaCl
Anlage
Gips
Anlage
Konzentrat (Abschlämmung)
SM-Konzentrat
elektr. Energie/Fernwärme
Wertstoff
Wertstoff
Wertstoff

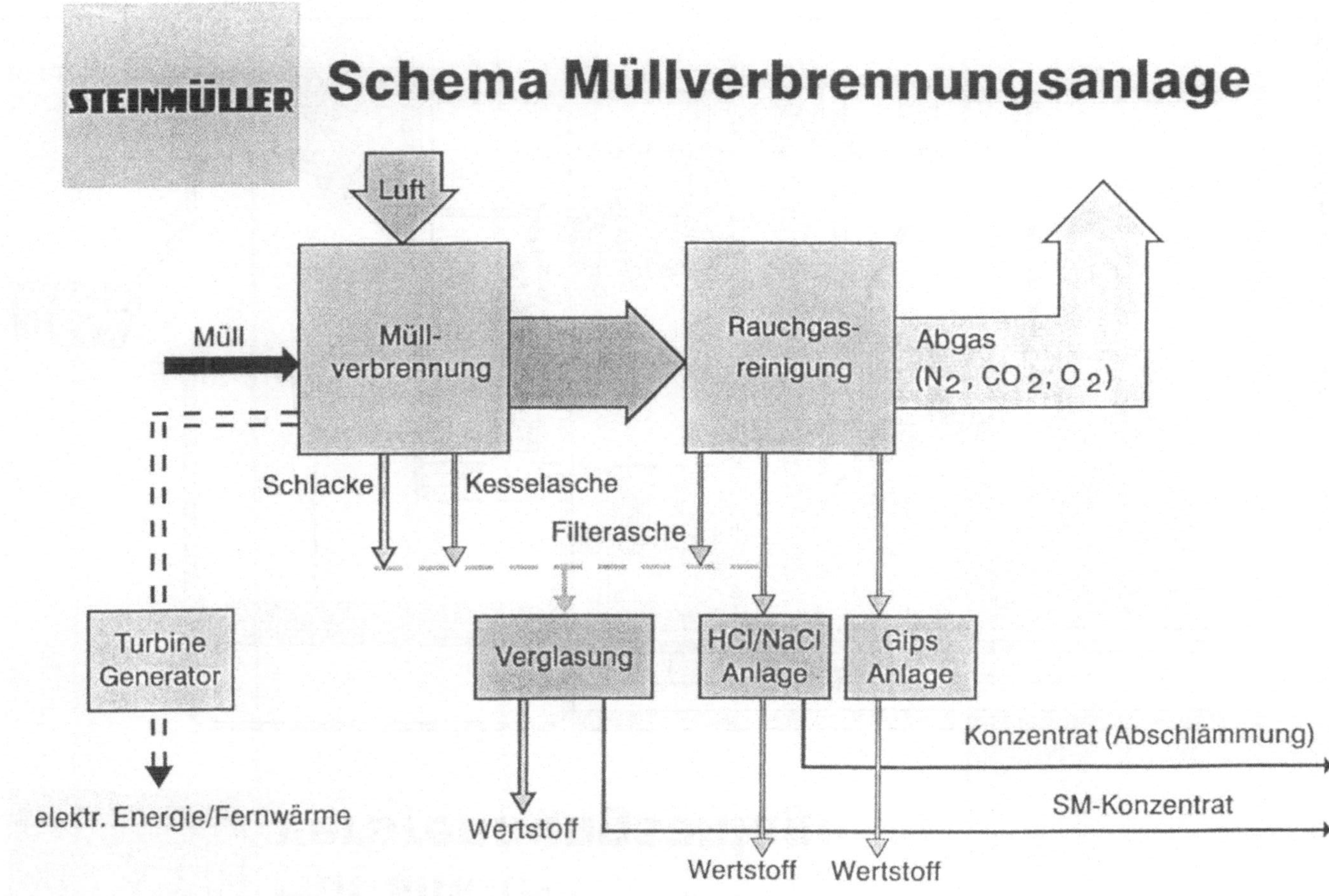

Bild 2

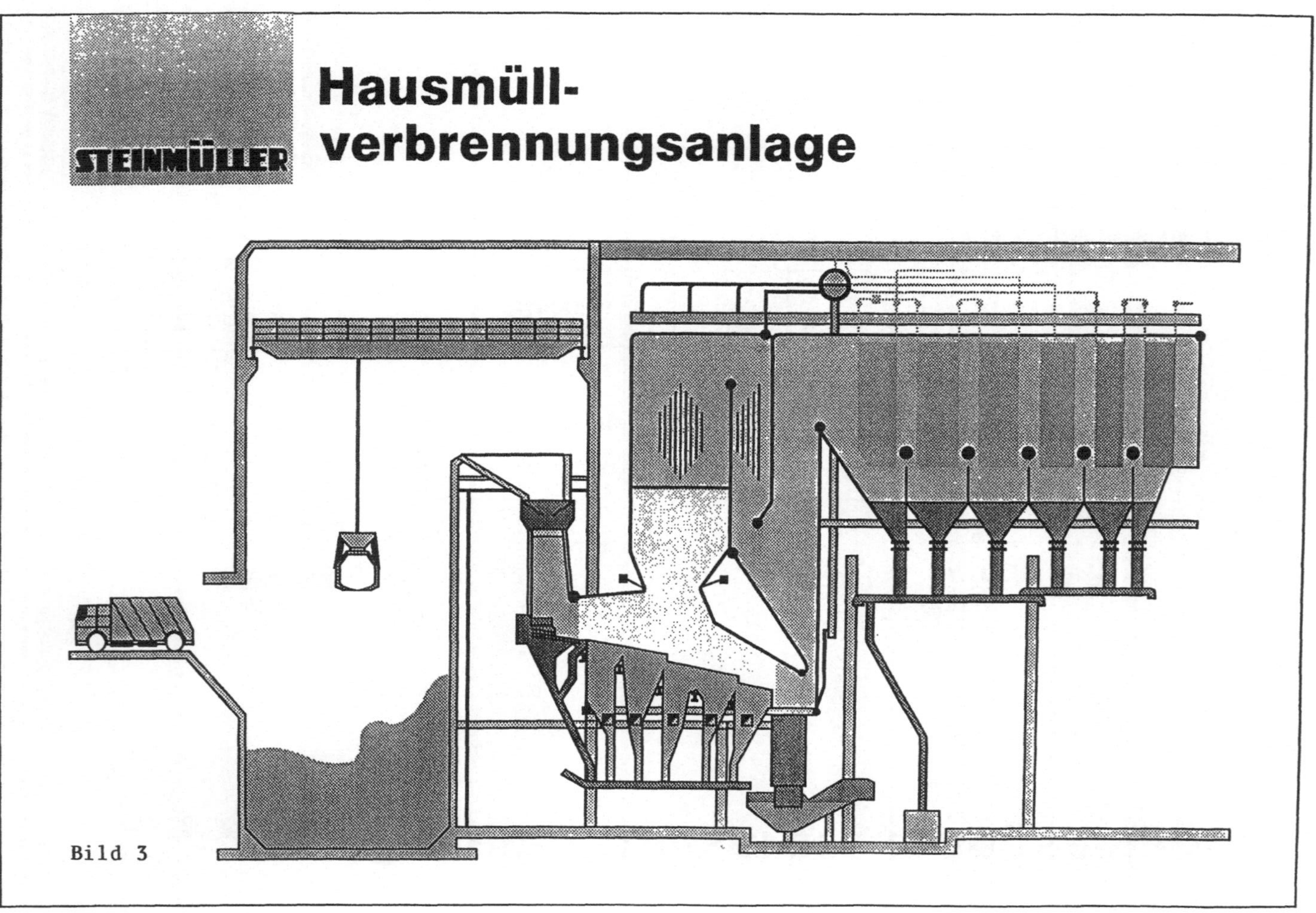

Bild 3

STEINMÜLLER
Feuerungssysteme
Gleichstromfeuerung
Gegenstromfeuerung
Mittelstromfeuerung

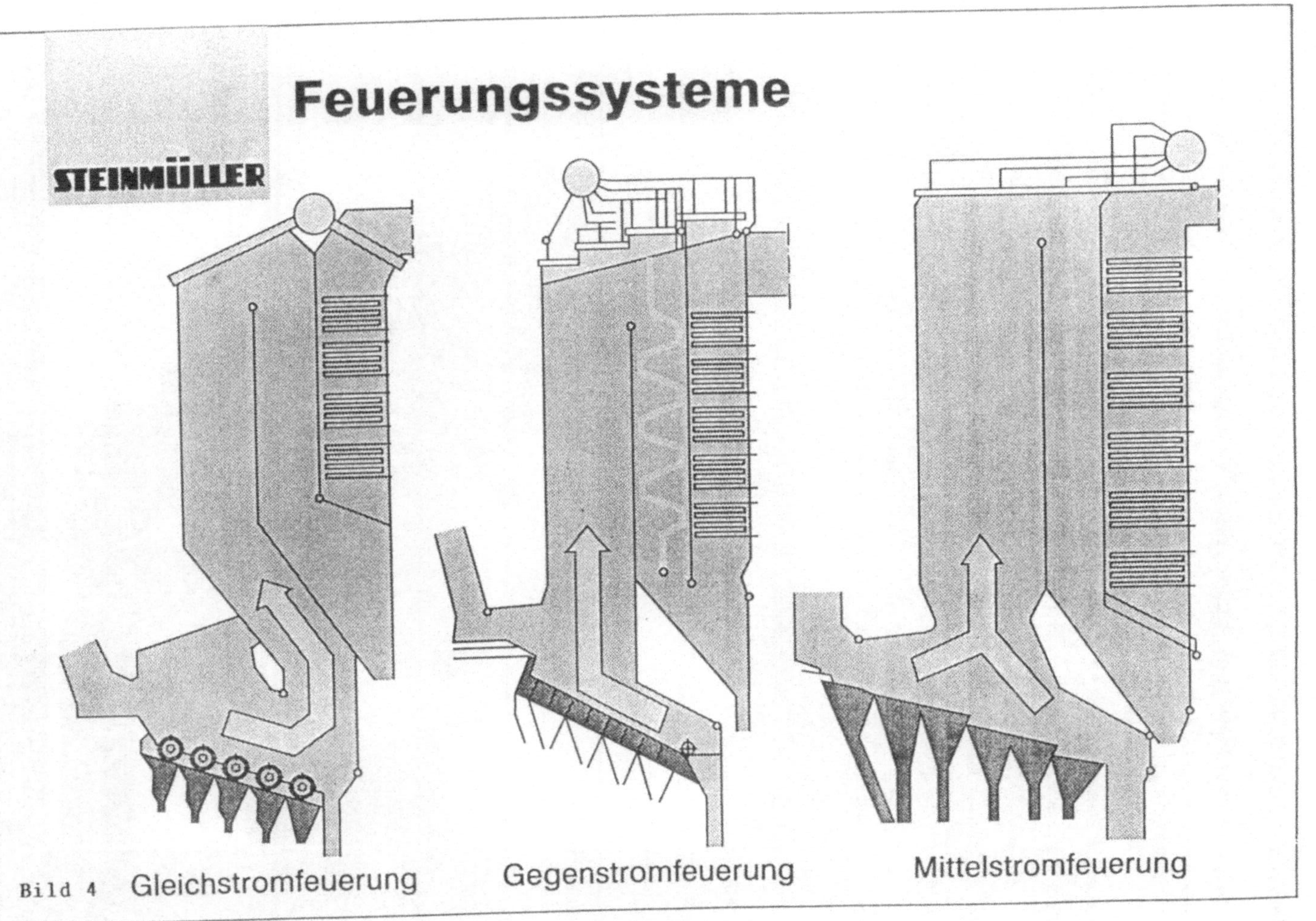

Bild 4

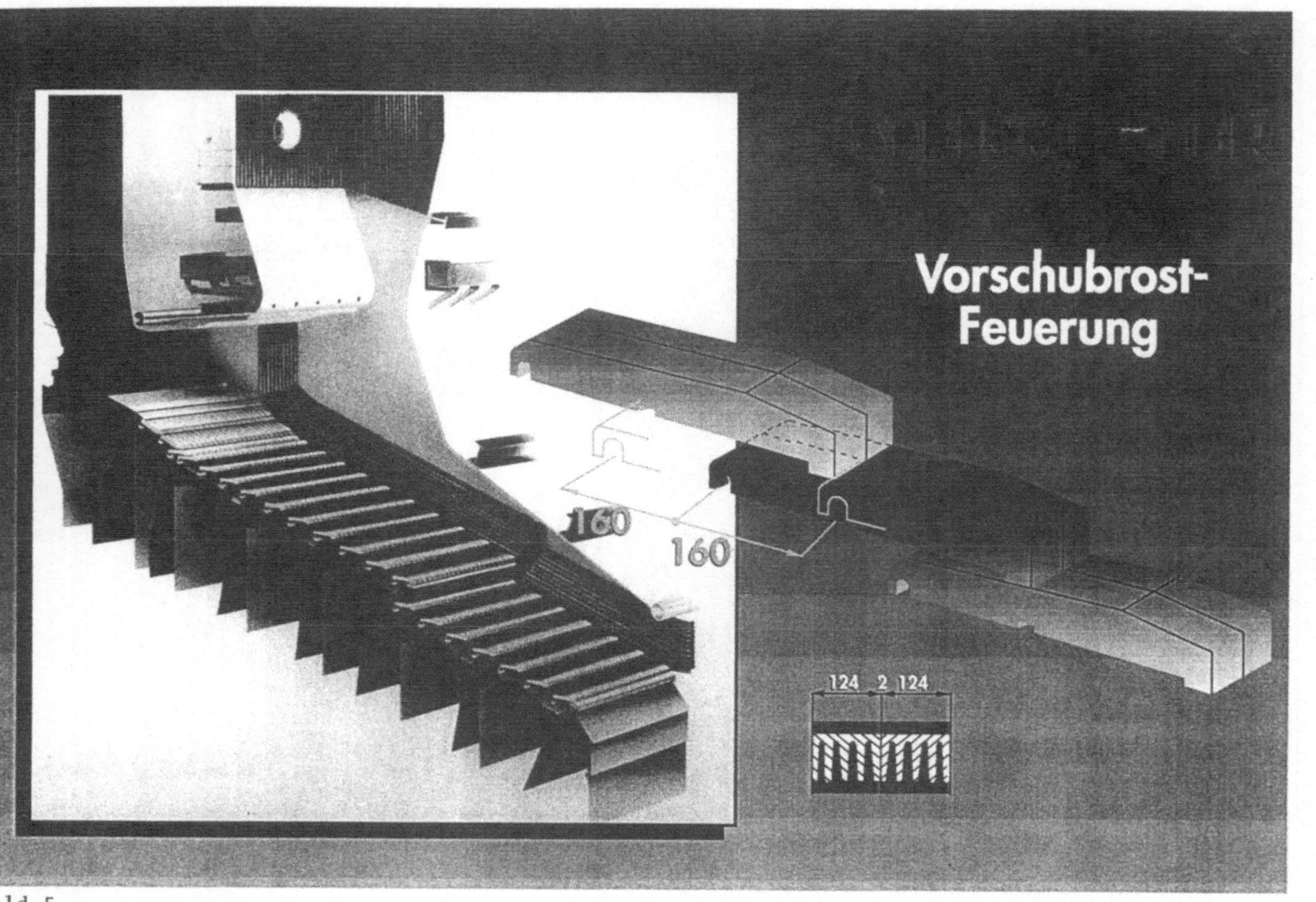

Bild 5

STEINMÜLLER
Vergleich des Verbrennungsablaufs
Trocknung
Entgasung
Pyrolyse (λ≈0)
Vergasung (λ<1)
Verbrennung (λ≥1)
Ausbrand
Rost
Feuerraum
Nachverbrennungszone
Rostverbrennung
Konversionstrommel
Schmelzkammer
Nachbrennkammer
Schwel-Brenn-Verfahren
Entgasungskanal
Vergaser
Gasmotor
Hochtemperaturvergasung

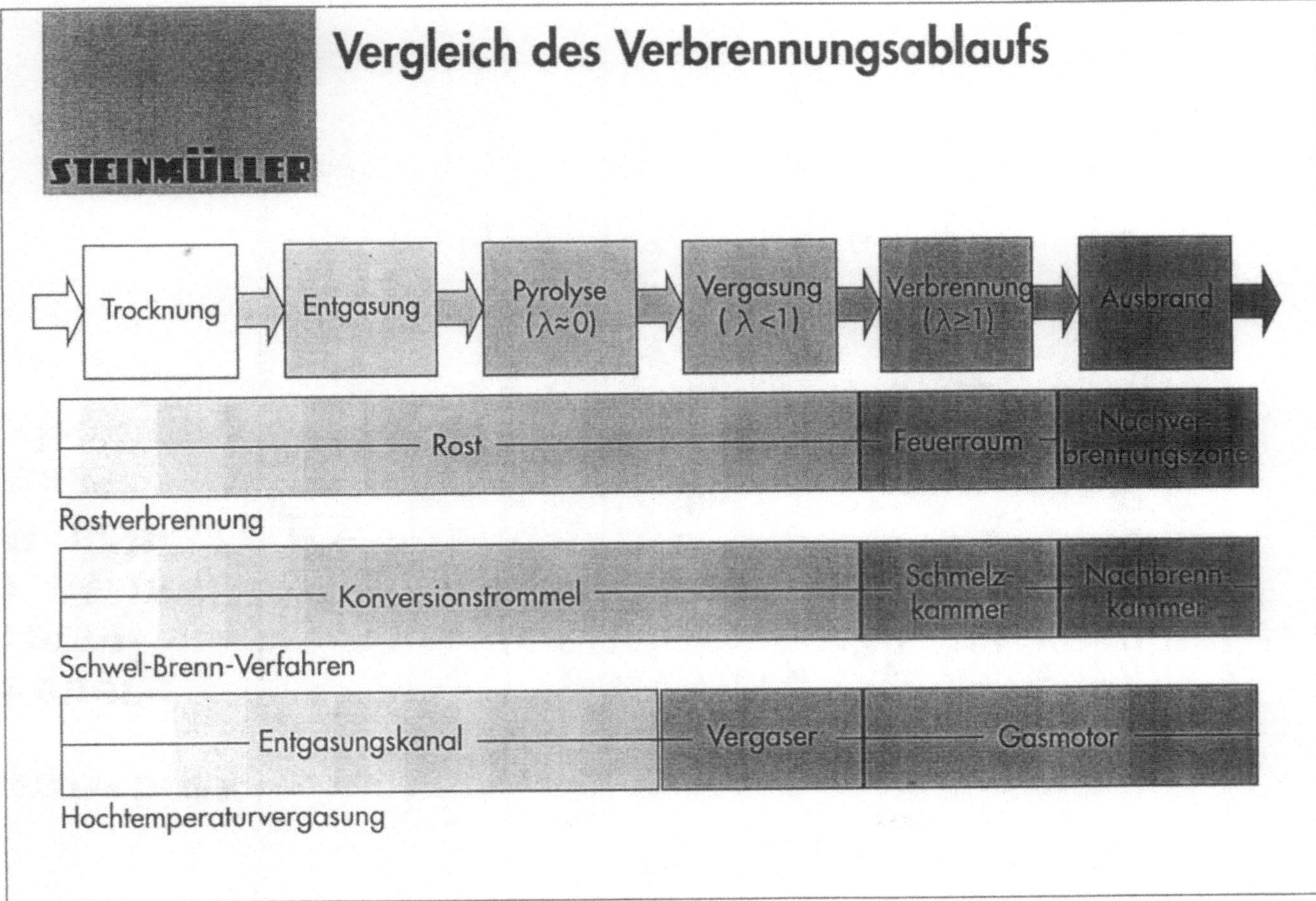

Bild 6

STEINMÜLLER
Feuer-
raum/
Luft- und
Rauch-
gas-
strömung
Rezirkulation
Abgas
Sek.-Luft
Brenner
Vorschubrost
Primärluft

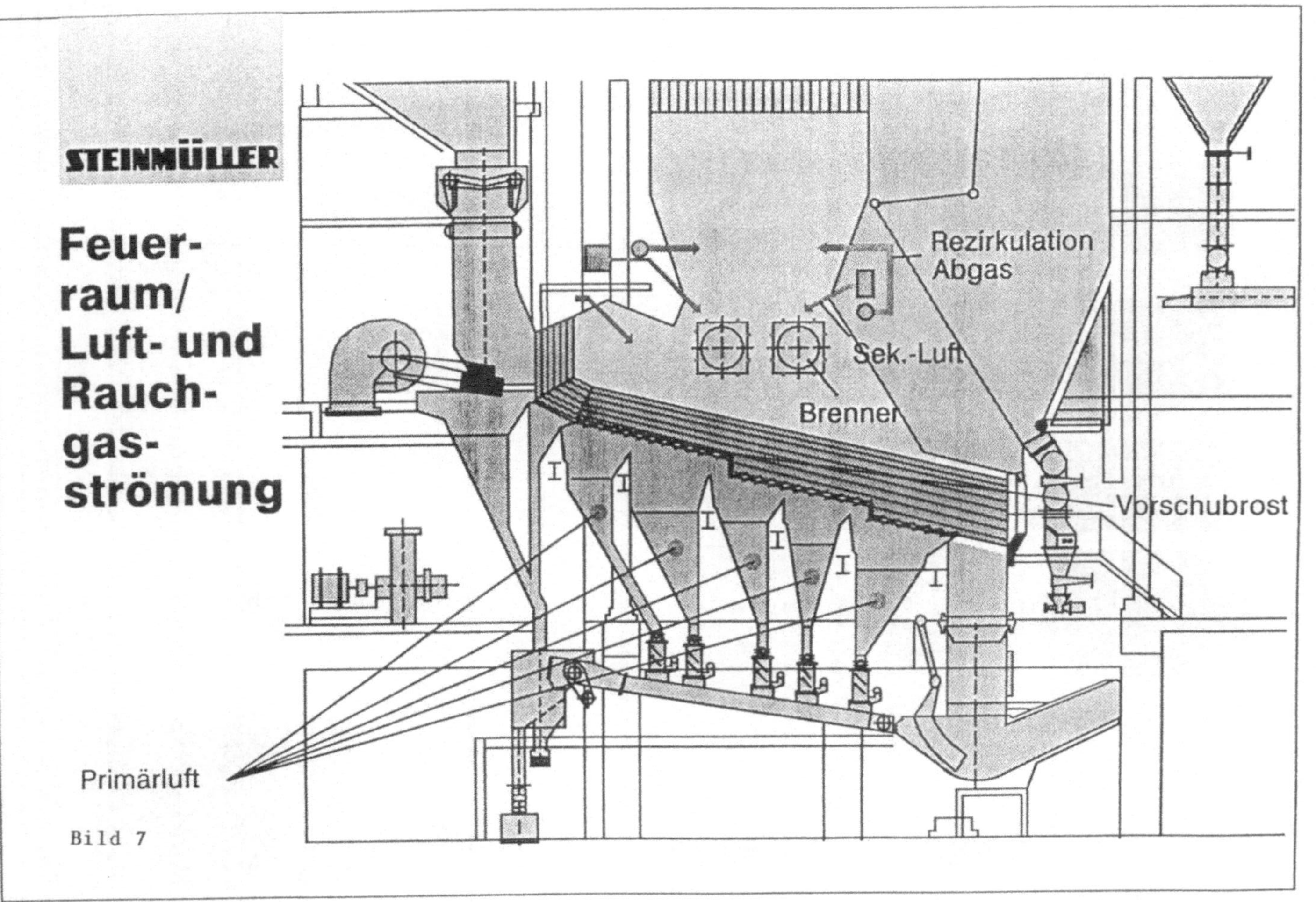

Bild 7

STEINMÜLLER
Verbesserte
Feuerleistungsregelung
Wärme-
leistungs-
regelung
Gesamtluft-
regelung
O 2
Regelung
PID
PI
PI
PI
PI
Primärluft
Sekundärluft
O2
Zuteilung/
Rostbe-
wegung
Infrarotkamera
Müllaufgabe
Sekundärluft
Rostbewegung
Feuerlagenänderung über Rostbewegung
relative Primärluft-Verteilung = konstant

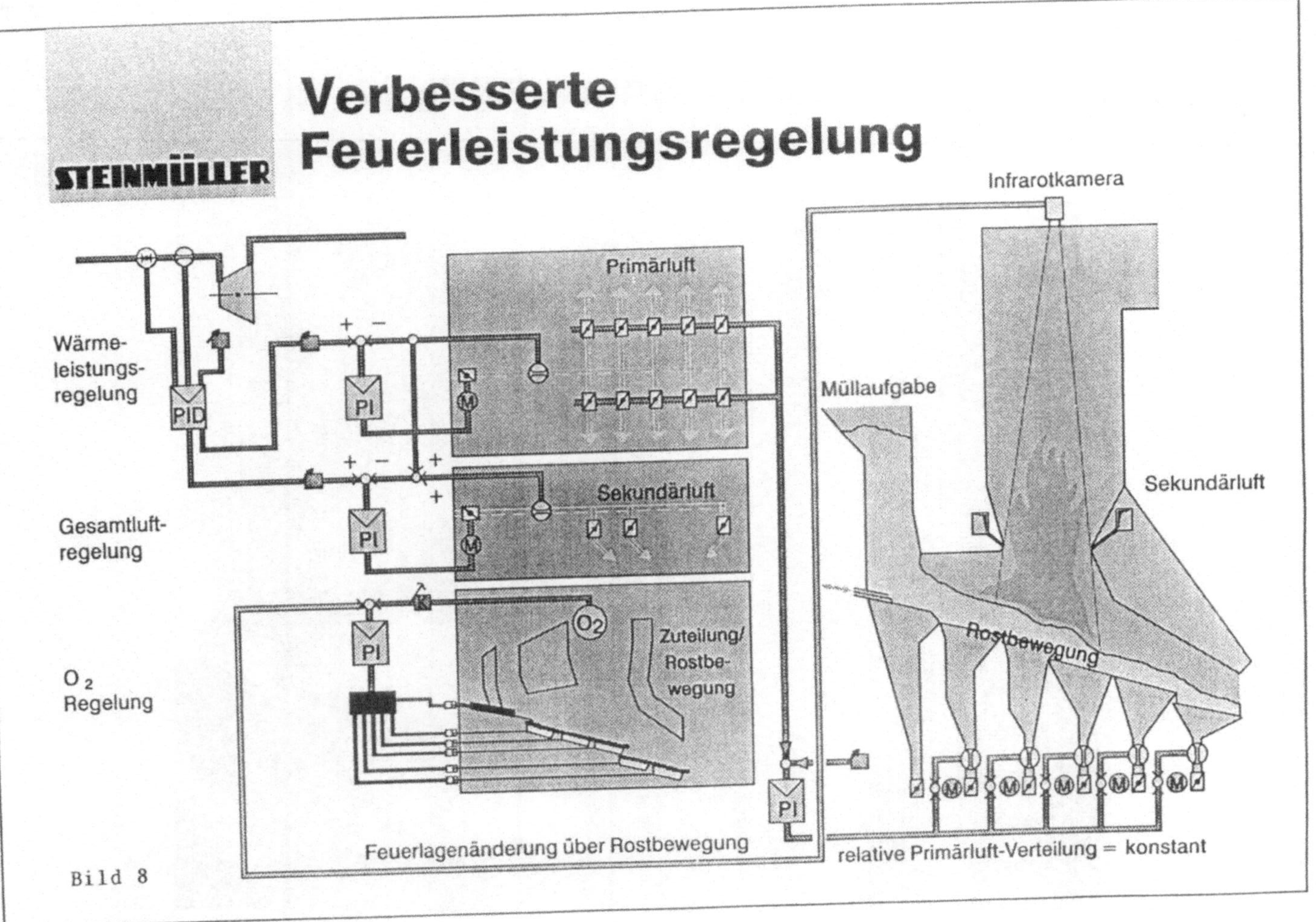

Bild 8

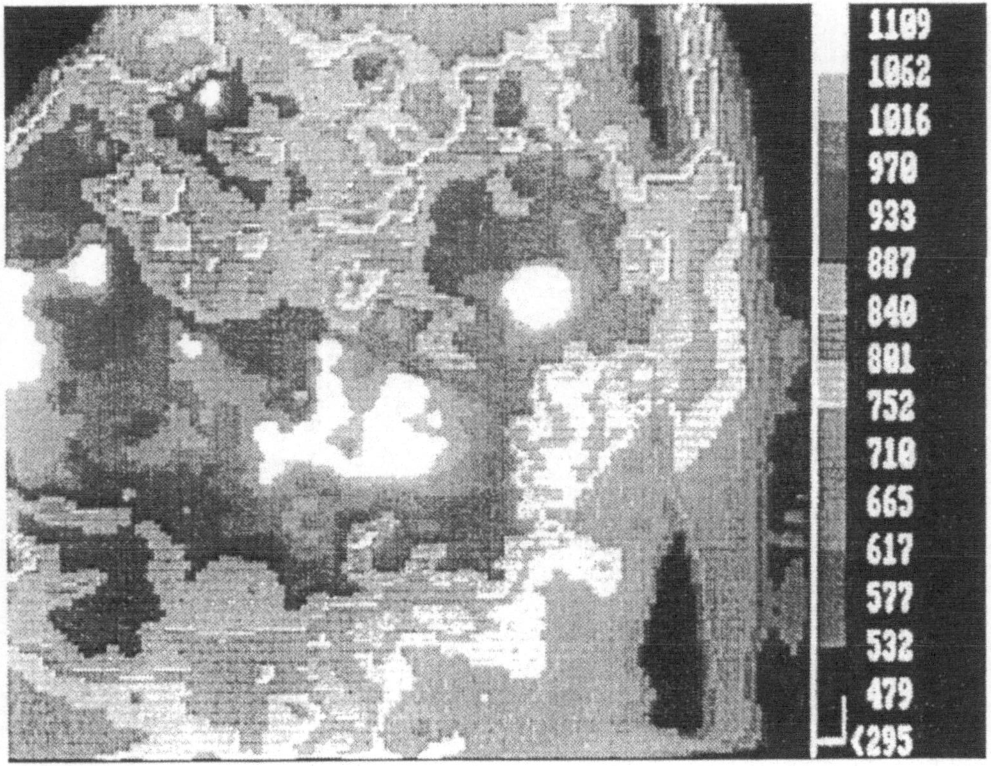

Infrarotaufnahme

STEINMÜLLER

Bild 9

Anforderungen an die Rauchgasreinigung

- Minimierung der abgasseitigen Emissionen
- Weitestgehende Verwertung der Reststoffe
  (Erzeugung vermarktbarer Produkte)
- abwasserfreie Betriebsweise

Bild 10

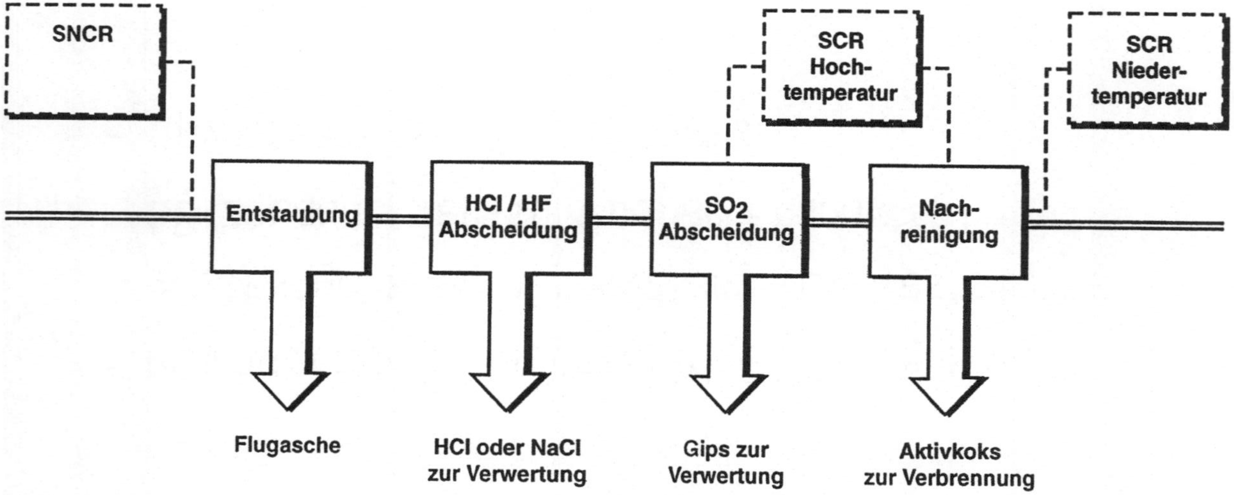

SNCR
Entstaubung
HCl / HF Abscheidung
SO_2 Abscheidung
SCR Hoch-temperatur
Nach-reinigung
SCR Nieder-temperatur
Flugasche
HCl oder NaCl zur Verwertung
Gips zur Verwertung
Aktivkoks zur Verbrennung

Bild 11 Prinzipschaltung einer modernen Rauchgasreinigungskette

STEINMÜLLER

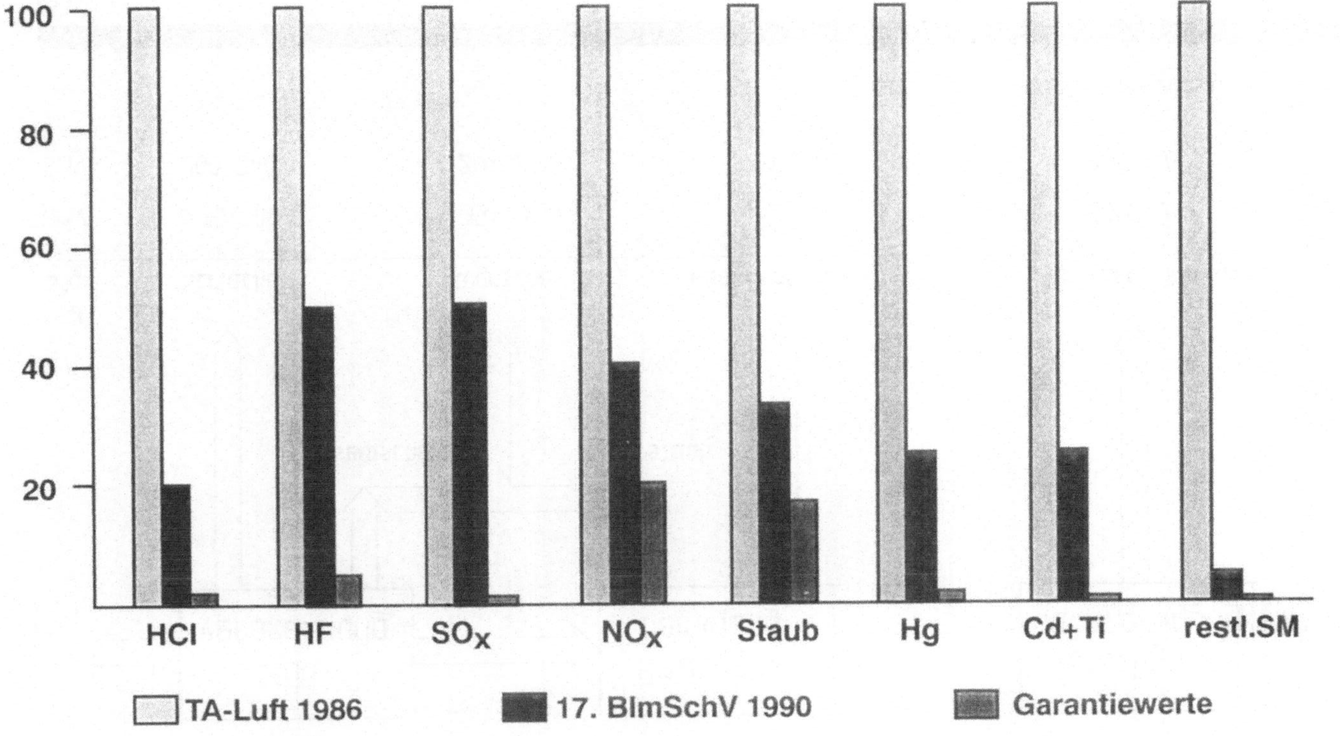

Vergleich Emissionsgrenzwerte

STEINMÜLLER

Bild 12

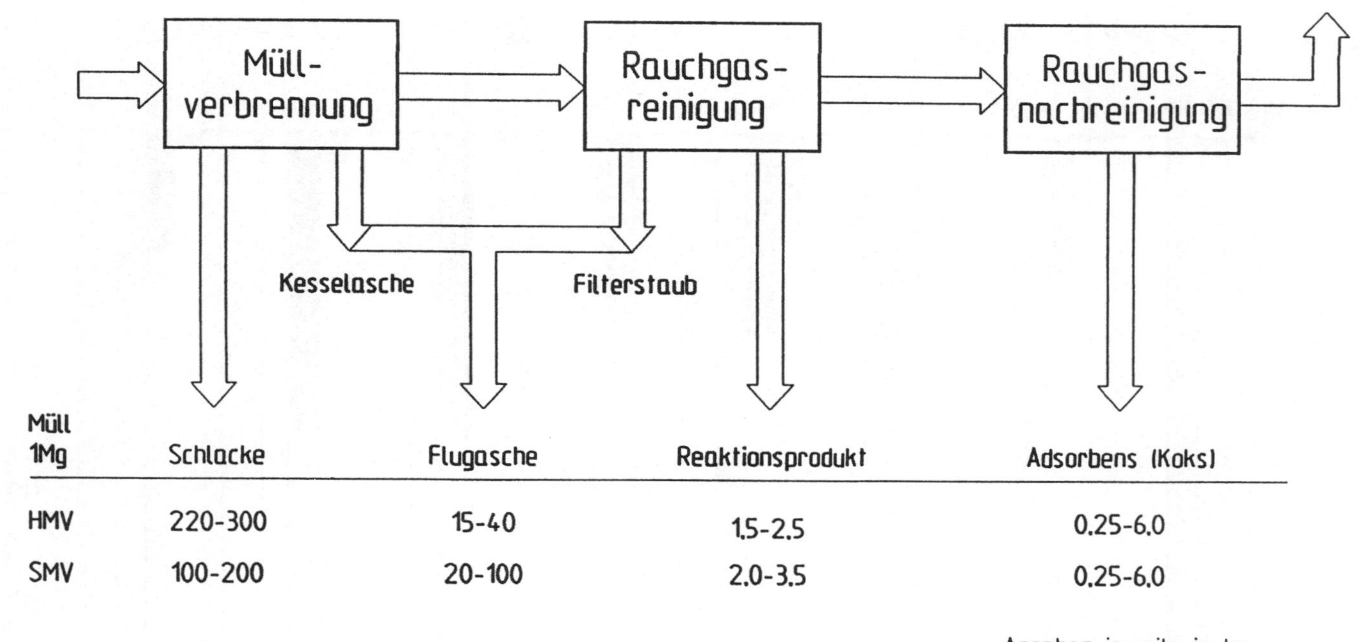

Müll 1Mg	Schlacke	Flugasche	Reaktionsprodukt	Adsorbens (Koks)
HMV	220-300	15-40	1,5-2,5	0,25-6,0
SMV	100-200	20-100	2,0-3,5	0,25-6,0

Angaben jeweils in kg

Bild 13

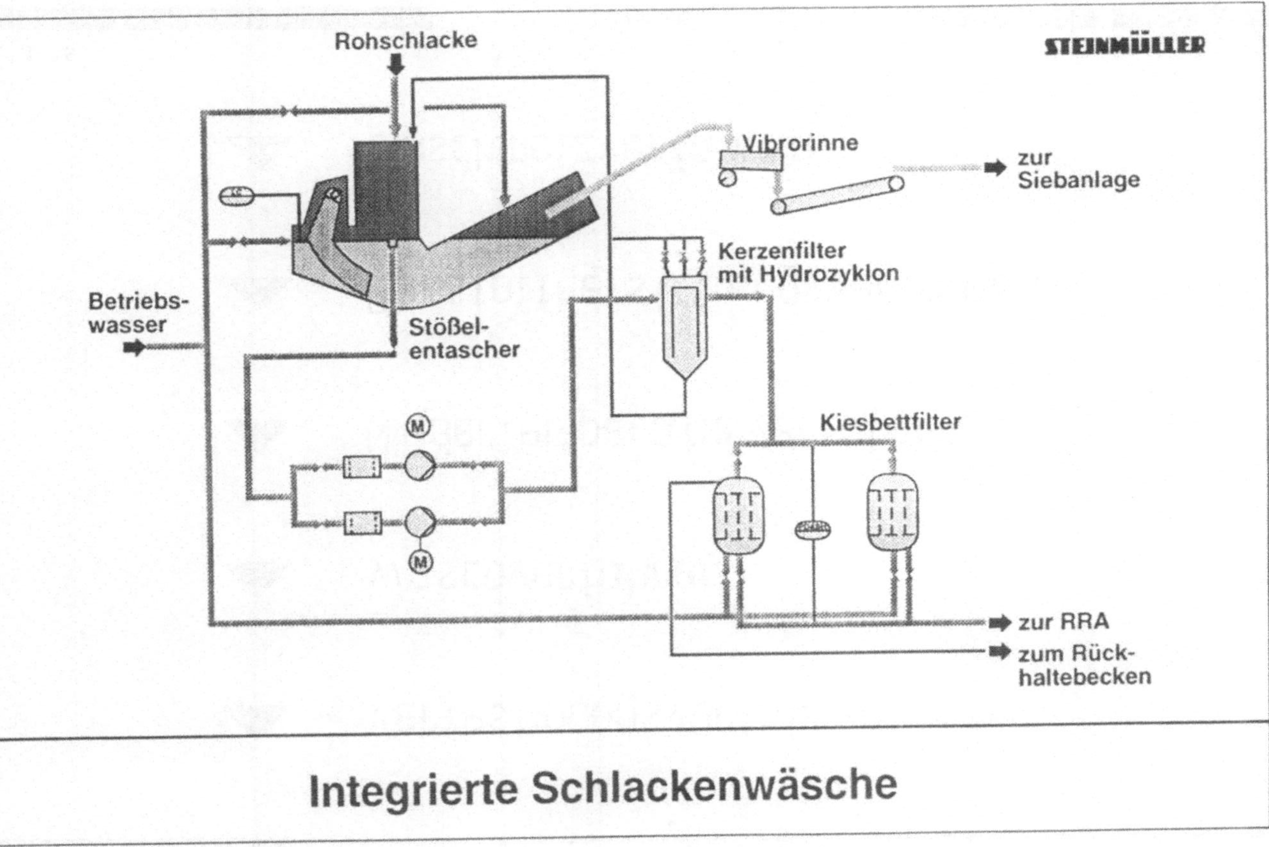

Integrierte Schlackenwäsche

Bild 14

Behandlungsverfahren für Flugaschen

- Verfestigungsverfahren
- Waschverfahren
- Niedertemperaturverfahren
- Baustoffherstellungsverfahren
- Einschmelzverfahren

Bild 15

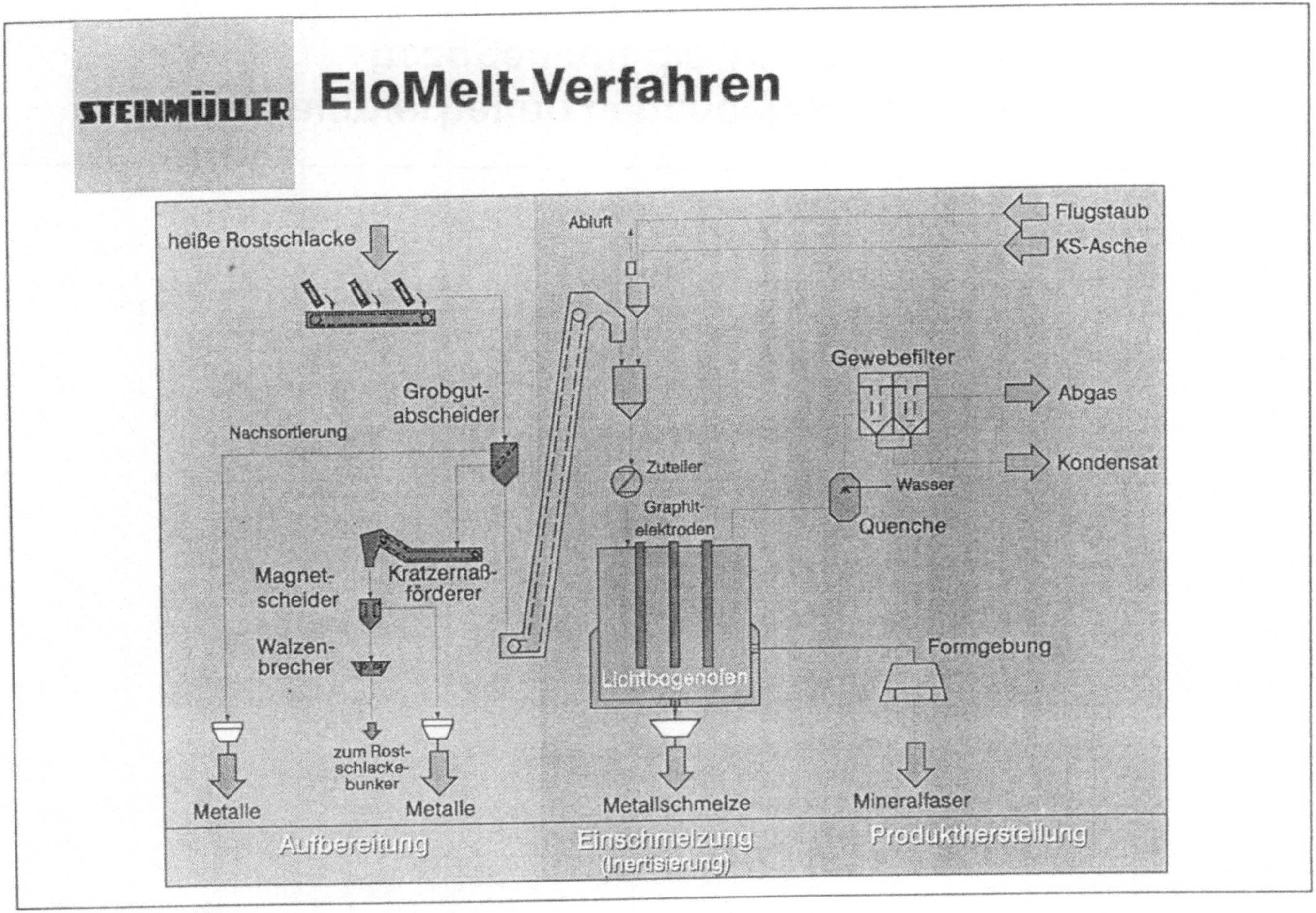

STEINMÜLLER

EloMelt-Verfahren

heiße Rostschlacke
Abluft
Flugstaub
KS-Asche
Grobgut-abscheider
Nachsortierung
Gewebefilter
Abgas
Kondensat
Zuteiler
Wasser
Graphit-elektroden
Quenche
Magnet-scheider
Kratzernaß-förderer
Walzen-brecher
Formgebung
Lichtbogenofen
zum Rost-schlacke-bunker
Metalle
Metalle
Metallschmelze
Mineralfaser
Aufbereitung
Einschmelzung (Inertisierung)
Produktherstellung

Bild 16

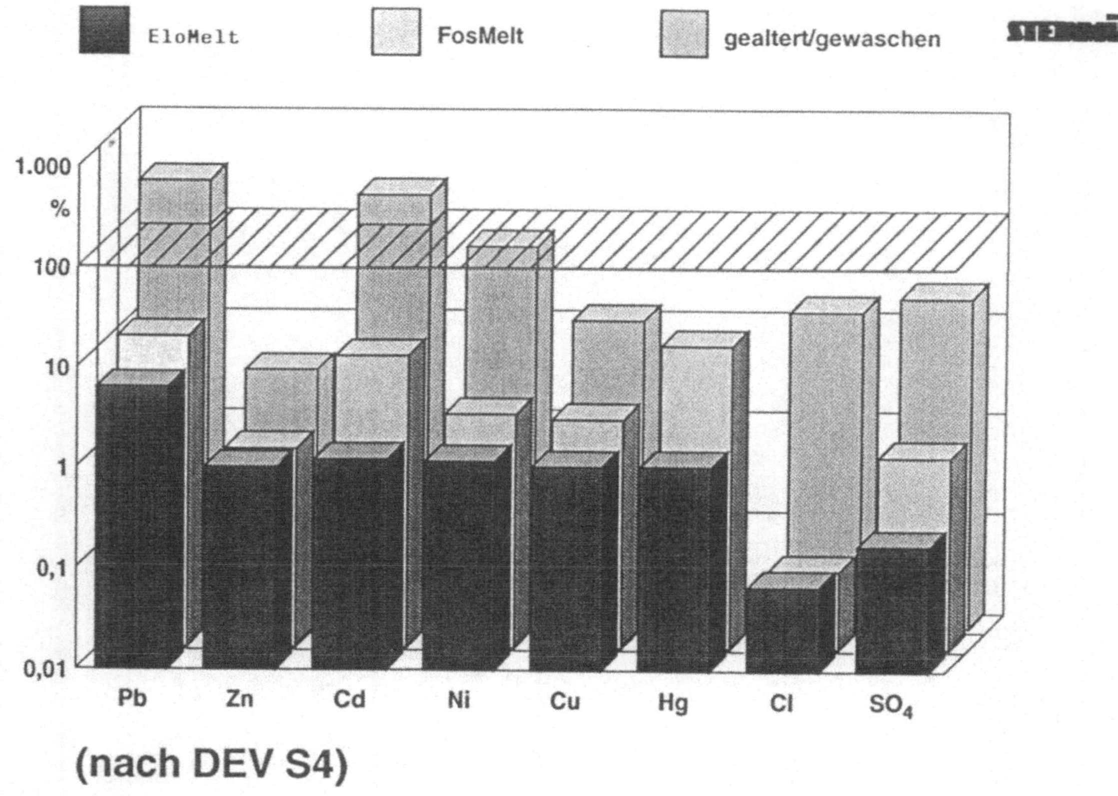

Bild 17

Auslaugverhalten behandelter Schlacken bezogen auf die TrinkwV

STEINMÜLLER
Zyklonbrennkammer
Altkoks
Altkoksvorlage
Nachbrennkammer
Luftquenche
Verdampfungs-
kühler
Betriebs-
wasser
Druckluft
zum Filter
Saugzug
Zyklon-
brenn-
kammer
Zünd- und
Stütz-
feuerung
Sekundärluft 2
Sekundärluft 1
Primärluft
Zündgas
Zünd- und
Kühlluft
Quenchluft
Primärluft
Wirbelluft
Sekundärluft
Luft
Frischluft
Asche-
Sammelbehälter
2x

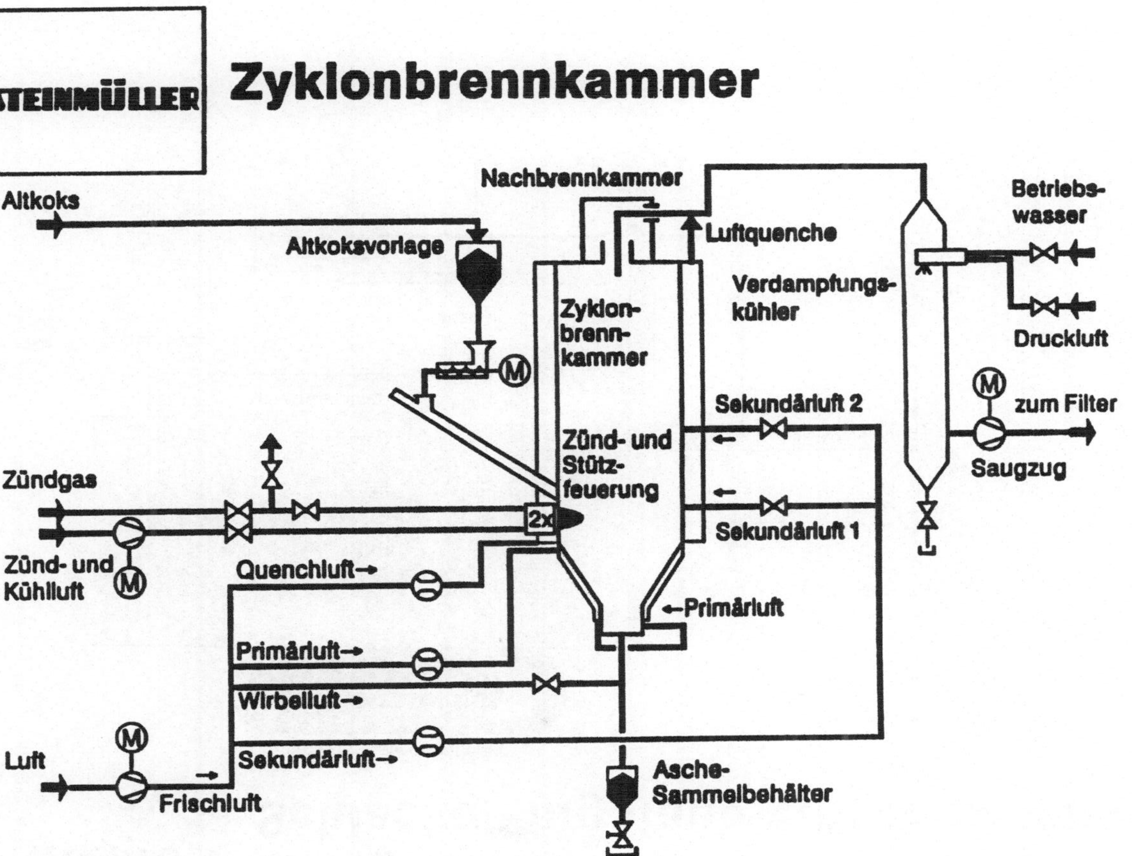

Bild 18

STEINMÜLLER
Energieflußbild (EloMelt-Verfahren)
Schlacke/Flugstaub-Einschmelzung
Speisewasservorwärmung
100.0
92.8
23.0
62.8
Kondensations-
wärme
12
Abgasverlust
10.7
Luftvorwärmung
Eigenbedarf
-Gasreinigung
3.2
-Kessel
1.7
18.1
Abstrahlung
Schlacke
Flugstaub
1.5
6.5
1.1
Licht-
bogen-
ofen
11.6
4.43
2.79
Schmelze
Kühlung
Elektrische
Energie
Aschegehalt des Brennstoffs: 30%
η DE = 0.858
η Krl = 0.21
η ges = 0.18 (ohne Einschmelzung)
η ges* = 0.116 (mit Einschmelzung)
Bild 19

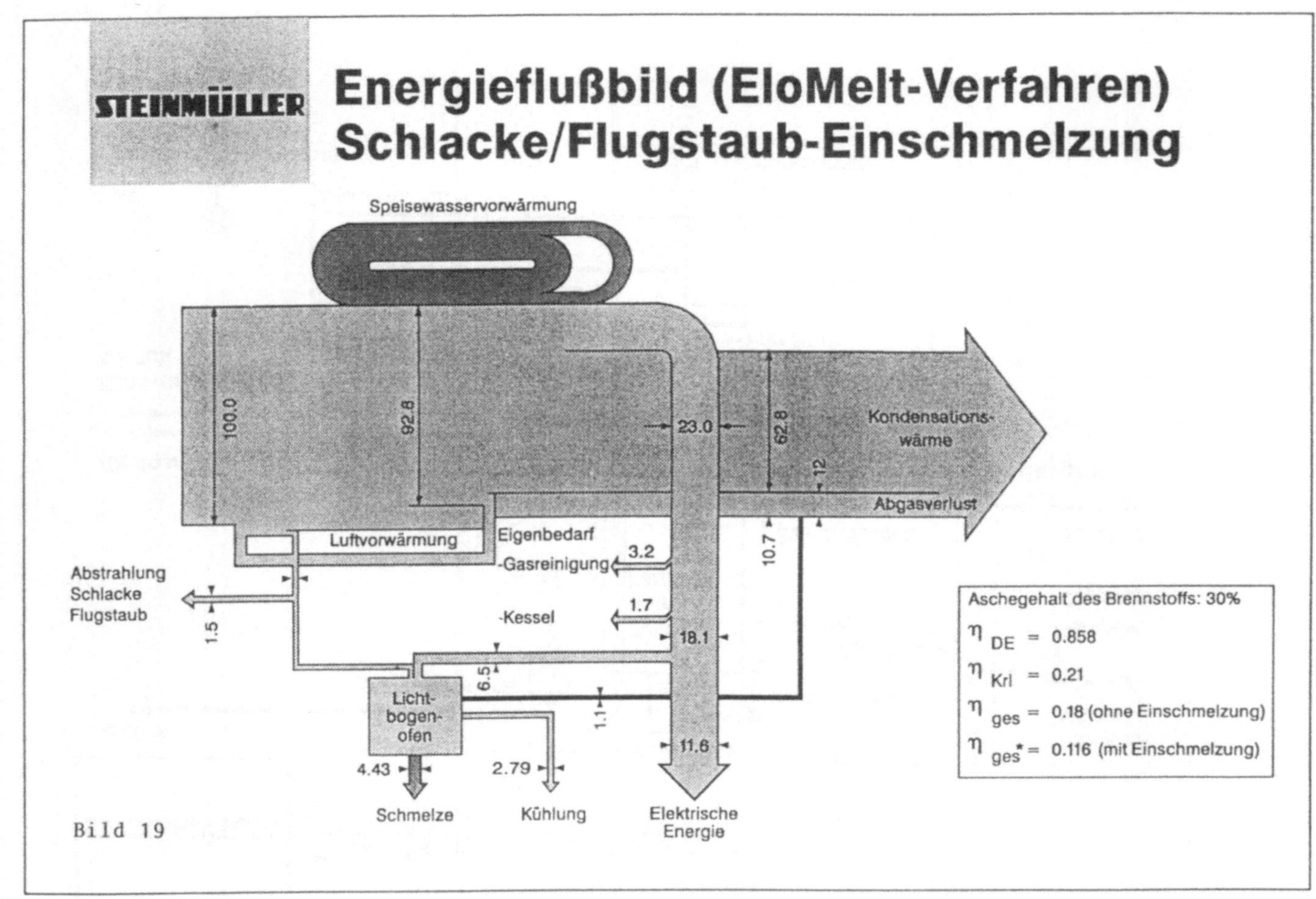

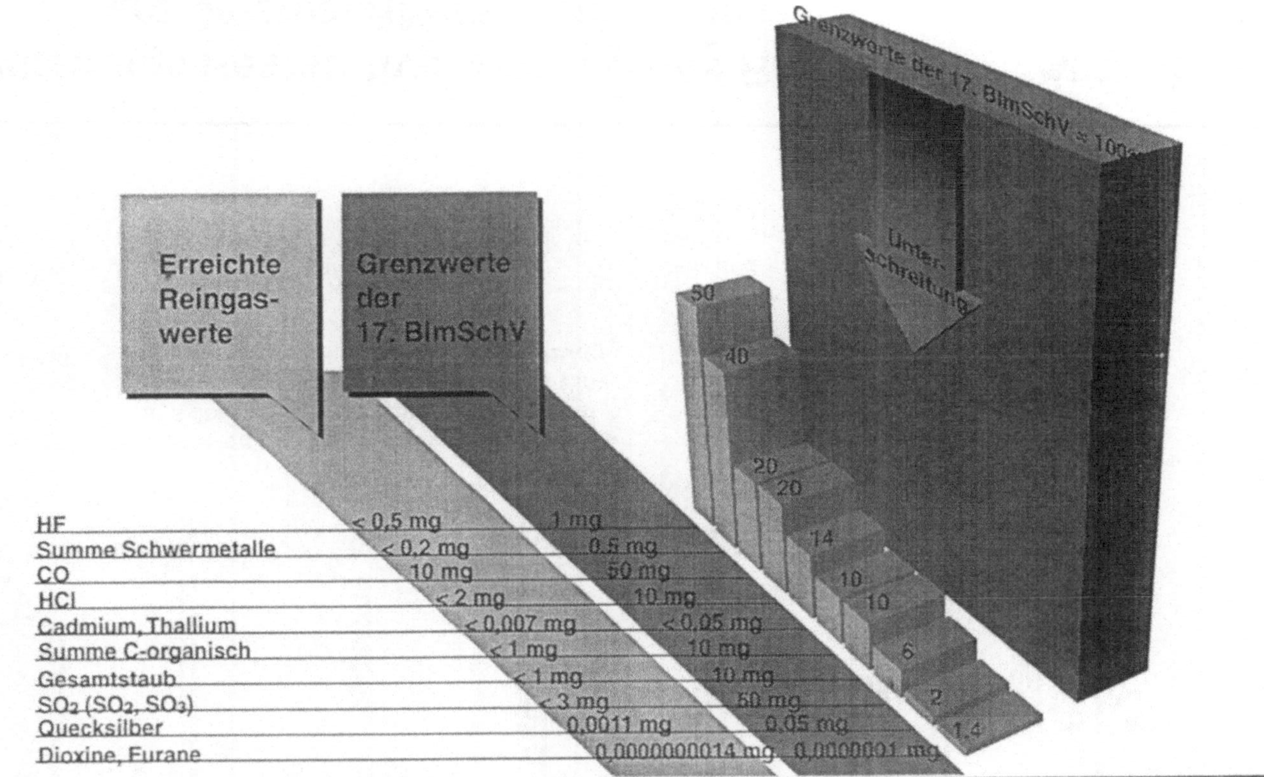

Erreichte Restwerte im Vergleich zur 17. BImSchV

Bild 20

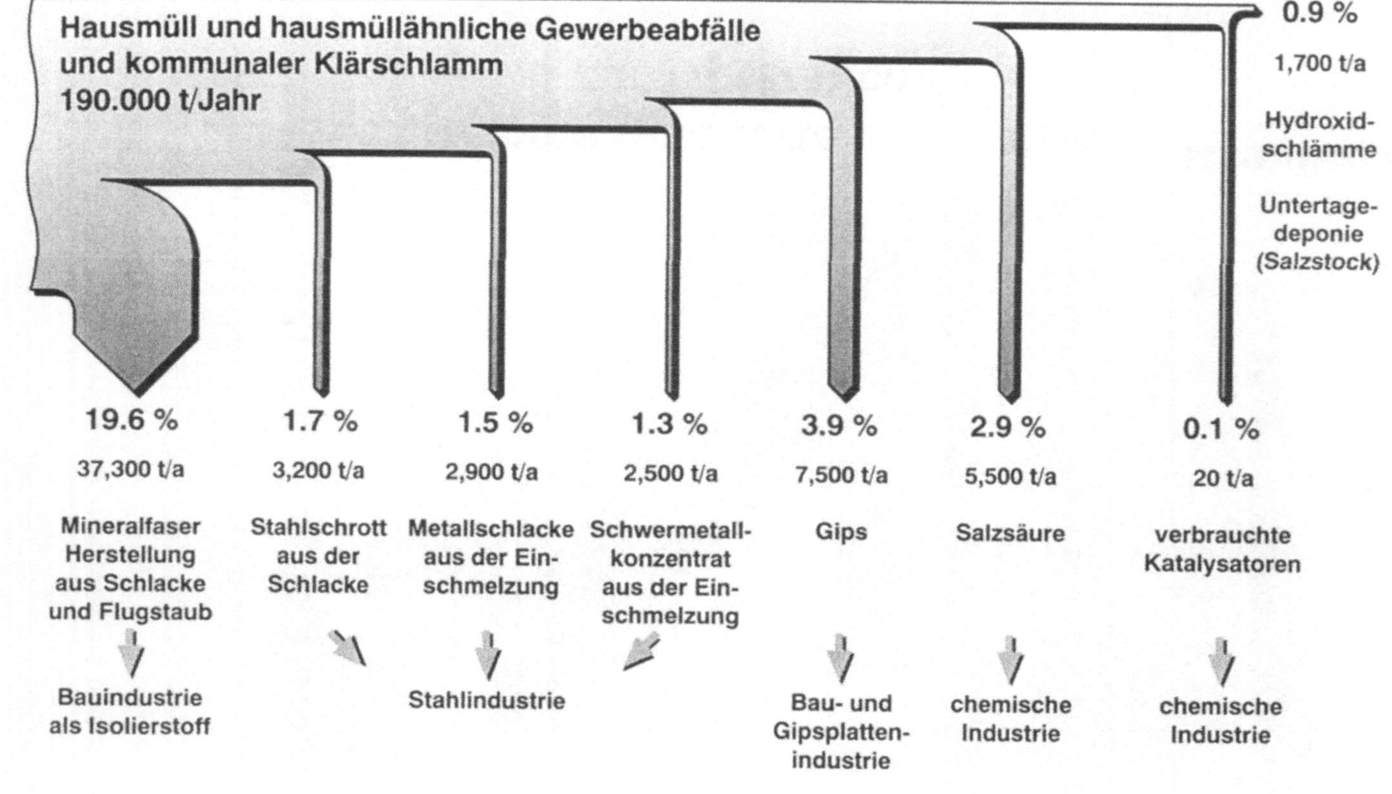

Vollständige Reststoffverwertung und Recycling am Beispiel RMHKW Böblingen

Bild 21

Siemens Schwel-Brenn-Verfahren – Thermische Reaktionsabläufe

Heinz-Jürgen Berwein

Ein thermisches Verfahren zur Entsorgung von Restmüll, Klärschlamm und auch hausmüllähnlichem Gewerbemüll und Sperrmüll sollte aus heutiger Sicht so konzipiert sein, daß die Umgebungsbelastung sehr gering und die anfallenden Reststoffe möglichst sortenrein und auslaugbeständig sind.

Durch die damit gewonnene gute Verwertbarkeit der Reststoffe kann teurer Deponieraum eingespart werden, womit nicht nur die Umwelt entlastet, sondern auch die laufenden Kosten für den Deponieunterhalt vermieden oder vermindert werden.

Der nun vorliegende Entwurf der TA-Siedlungsabfall läßt ohnehin eine Deponierung von unbehandelten Abfällen nicht mehr zu, weil gemäß dieser Verordnung ein Grenzwert für den Glühverlust von ≤ 5 % (bzw. ≤ 3 % für Inertstoffdeponien) vorgeschrieben wird. Diese Werte können z.Zt. nur durch den Einsatz thermischer Verfahren eingehalten werden. Es kann nämlich nur bei entsprechender Vorbehandlung der Abfälle eine langjährige Belastung der Umwelt sicher vermieden werden.

Oben genannten Grundsätzen entspricht das von SIEMENS entwickelte Schwel-Brenn-Verfahren (Bild 1). Als Grundlage für diese Entwicklungsarbeiten dienten Betriebserfahrungen mit eigenen Pyrolyseanlagen und die Fachkenntnisse, die wir als internationaler Kraftwerksbauer besitzen. Bereits im August 1988 haben wir für das Schwel-Brenn-Verfahren eine Demonstrationsanlage in Ulm-Wiblingen in Betrieb genommen.

Der verfahrenstechnische Aufbau und die Funktionsweise der Schwel-Brenn-Anlage wird in den folgenden Kapiteln beschrieben.

Verfahrenstechnik der Schwel-Brenn-Anlage

Der verfahrenstechnische Aufbau des Schwel-Brenn-Verfahrens läßt sich aus Bild 2 entnehmen.

Zur technischen Realisierung der Zielvorgaben wird eine Kombination aus einer Konversionstrommel und einer Hochtemperaturbrennkammer gewählt. Die Konversionstrommel dient dabei einerseits zum Aussortieren der rezyklierfähigen Stoffe und andererseits zur Umwandlung des Restmülls zu den homogenen Brennstoffen Schwelgas und kohlenstoffhaltiger Feinreststoff, die der Hochtemperaturverbrennung zugeführt werden.

Die verfahrenstechnischen Schritte lassen sich in die nachfolgend beschriebenen Bausteine aufteilen.

Abfallhandhabung

Der durch Müllfahrzeuge angelieferte Müll wird gewogen und in einen Tiefbunker entladen. Die Lagerkapazität des Bunkers ist so bemessen, daß der Anlagenbetrieb auch an anlieferungsfreien Wochenenden und an Sonn- und Feiertagen aufrecht erhalten werden kann. Der gesamte angelieferte Hausmüll, hausmüllähnliche Gewerbemüll und Sperrmüll wird mit einer Rotorschere zu Feinmüll verarbeitet (Kantenlänge kleiner als etwa 200 mm).

Die Zugabe von mechanisch entwässertem Klärschlamm mit ca. 35 % Trockensubstanz (TS) ist bis zu 25 Gewichtsprozenten möglich. Ebenso ist die Zugabe getrockneten und pelletierten Klärschlammes mit größeren Prozentanteilen möglich. Der zu entsorgende Klärschlamm wird, wie ebenfalls aus Bild 2 ersichtlich ist, direkt vor der Schweltrommel aufgegeben.

Konversion

Die Konversion (Verschwelung) des Restmülls geschieht beim Schwel-Brenn-Verfahren in einer innenbeheizten Drehtrommel (Bild 3). In dieser Trommel wird der Müll unter Luftabschluß auf eine Temperatur von ca. 450 °C erhitzt. Die Verweildauer des Abfalls beträgt dabei etwa 1 Stunde. Eine leichte axiale Trommelneigung (ca. 1,5 °) und eine geringe Trommeldrehzahl (von ein bis vier Umdrehungen je Minute) bewirken den Mülltransport innerhalb der Trommel. Die innenliegenden Heizrohre sind schaufelförmig angeordnet und ermöglichen damit eine gute Durchmischung des Abfalls: indem sie den Müll aufnehmen und während der Drehbewegung vor dem Scheitelpunkt abwerfen. Durch diesen Misch- und Wendevorgang sowie durch die relativ großen Wärmeübertragungsflächen der Heizrohre wird ein guter Wärmeeintrag in den Müll sichergestellt.

Die Erhitzung des Heizgases in den Trommelrohren erfolgt durch die Kombination Dampfwärmetauscher und Fremdenergiebeheizung. Nach Vorheizung der Heizgase in einem Dampfwärmetauscher wird die Endtemperatur von ca. 520 °C durch Zufuhr von Fremdenergie (z.B. Erdgasverbrennung) erreicht.

Während das Schwelgas aus dem Reststoffgehäuse kommend direkt der Hochtemperaturbrennkammer zugeführt wird, gelangen die festen Reststoffe zur Reststoffaufbereitung, wo sie in eine Grobfraktion und in eine kohlenstoffhaltige Feinfraktion getrennt werden. Hierzu werden Siebe mit Maschenweiten von 1 bis 5 mm verwendet. Der Siebüberlauf, d.h. die Grobfraktion wird mit Hilfe mechanischer Reinigungseinrichtungen, Elektromagneten und eines Wirbelstrommagnetfeldes in die direkt verwertbaren Fraktionen Eisen-, Nichteisenmetalle und Inertien (vorwiegend Glas, Steine und Keramik) getrennt (Bild 4).

Dagegen besteht der Siebdurchfall, d.h. die Feinfraktion, aus einer Mischung aus ca. 30 % Kohlenstoff und einem mineralischen Anteil, der vorwiegend aus Silizium-, Kalzium- und Aluminiumoxid besteht. Diese Fraktion enthält über 99 Gewichtsprozent des Kohlenstoffes des gesamten, festen Reststoffes. Der Anteil der Feinfraktion, der eine Korngröße größer 1 mm besitzt, wird mit einem Walzenbrecher auf kleiner 1 mm gebrochen. Der gesamte Feinreststoff wird über einen Pufferbehälter pneumatisch der Hochtemperaturbrennkammer zugeführt. Dort verbrennt der kohlenstoffhaltige Feinreststoff gemeinsam mit dem Schwelgas, wobei im unteren Brennkammerbereich - mit gestufter Luftzuführung - eine Temperatur von ca. 1300 °C erreicht wird.

Diese Temperatur liegt etwa 150 °C über dem Ascheschmelzpunkt des Feinreststoffes, so daß dieser sicher eingeschmolzen wird. Dies gilt auch für die anfallenden Flugstäube aus dem Abhitzekessel und dem nachgeschalteten Elektrofilter. Diese Stäube werden ebenfalls der Hochtemperaturbrennkammer zugeführt und dort eingeschmolzen. Weiterhin wird das schadstoffbeladene Adsorbens der Feinreinigungsstufe in die Hochtemperaturbrennkammer zurückgeführt. Durch die anlageninterne Aufbereitung dieser schadstoffhaltigen Stoffströme müssen diese Stoffe - im Gegensatz zur Vorgehensweise bei konventionellen Müllverbrennungsanlagen - nicht als Sondermüll deponiert werden.

Die erzeugte Schmelze wird im Wasserbad abgeschreckt und als glasartiges Schmelzgranulat ausgetragen. Ferner ergibt die beim Verbrennungsvorgang vorhandene hohe Verbrennungstemperatur von 1300 °C in Verbindung mit der guten Verwirbelung und Verweilzeit einen nahezu vollständigen Ausbrand und damit eine sichere Zerstörung der organischen Schadstoffe.

Rauchgasreinigung

Die Rauchgasreinigung setzt sich im wesentlichen aus folgenden Komponenten zusammen: E-Filter, Sprühtrockner, Gewebefilter, Vor- und Hauptwäscher, DeNox-Katalysator, Feinreinigungsstufe (Flugstromreaktor oder Aktivkohlefestbett), Saugzugventilatoren und Abgaskamin.

Die Feinreinigungsstufe bewirkt neben einer Absenkung der ohnehin im Rohgas nur in sehr geringen Mengen vorhandenen Dioxine und Furane auch eine Absenkung der Schadstoffe Chlorwasserstoffe, Schwefeldioxid und verschiedener Schwermetalle. Die Schadstoffgrenzwerte der 17. BlmSchV werden, wie entsprechende Messungen in unserer Demonstrationsanlage in Ulm-Wiblingen gezeigt haben, deutlich unterschritten (Bild 5). Mit einer separaten HCl-Wäsche und Gipsabscheidung wird erreicht, daß der größte Teil der in der Wäsche anfallenden Schadstoffe als verwertbare Salzsäure und verwertbarer Gips aus dem Verfahren abgezogen werden (Bild 6). Die verbleibende deponiepflichtige Rückstandsmenge beträgt dann nur noch etwa 1 bis 3 ‰ der in die Anlage eingebrachten Restmüllmenge (Bild 7).

Eine andere, einfachere Variante der Rauchgasreinigungstechnik mit interner Eindampfung produziert 2 bis 3 % deponiepflichtige Rückstände als Salz/Staubgemisch. Sie wird dann angewendet, wenn für eine Verwertung der Salzsäure und des Gipses kein aufnahmefähiger Markt vorhanden ist, oder die Wirtschaftlichkeit nicht gegeben ist.

Energieerzeugung

Der in den Schwel-Brenn-Anlagen erzeugte Dampfzustand ist, wie bei vielen thermischen Müllentsorgungsanlagen üblich, 40 bar/400 °C. Zur Vermeidung von Korrosion hat sich dieser Dampfzustand in der Vergangenheit bewährt. Der Dampferzeuger stellt eine praxiserprobte Komponente dar und wird im Naturumlauf betrieben. Mit dem eingebauten Turbosatz wird der elektr. Eigenbedarf gedeckt bzw. Fernwärme/elektr. Überschußenergie in die entsprechenden Verteilernetze eingespeist.

Unter Annahme eines Abfallheizwertes von Hu = 10.000 kJ/kg kann bei voller Verstromung des erzeugten Dampfes ein Nettostrombetrag von 450 $kWh/t_{Müll}$ in das öffentliche Netz eingespeist werden.

Stoffe zur Wiederverwertung

Aus dem Massenstromschema (Bild 7) lassen sich die Reststoffmengen entnehmen, die bei einem Mülleintrag von 1000 kg mit einem Heizwert von 10.000 kJ/kg anfallen. Die Auftrennung der abgesiebten Grobfraktion ist mit einfachen Trennmitteln wegen des trockenen Trommelaustrages - bei sehr großer Produktreinheit - einfach durchführbar. Dies gilt auch für die Verbundwerkstoffe. Sie werden in der Schweltrommel in ihre Bestandteile zerlegt, wobei vorhandene Aluminiumfolien sehr sauber abgetrennt anfallen.

Die Grobfraktion besteht vor allen aus Eisen- und NE-Metallen (vor allem Aluminium) sowie einer Inertfraktion (vorwiegend aus Glas, Keramik und Steinen). Lediglich eine an den Oberflächen haftende dünne Staubschicht muß in der Reststoffaufbereitung abgeblasen werden.

Diese Konstruktion der Reststoffaufbereitungsanlage ist in unserer Demonstrationsanlage in Ulm-Wiblingen seit mehreren Jahren installiert und hat sich sehr gut bewährt.
Eine weitere zur Verwertung anstehende Reststofffraktion ist das mit Hilfe der Hochtemperaturverbrennung erzeugte Schmelzgranulat.

Ein Vergleich der chemischen Zusammensetzung des Schmelzgranulates der Schwel-Brenn-Anlage mit dem Schmelzgranulat aus einem Steinkohlekraftwerk und einem natürlichen Gestein zeigt Bild 8. Es erweist sich dabei, daß das Siliziumdioxid (SiO_2) als Trägermaterial in den genannten Fällen nahezu identische Massenanteile besitzt. Auswaschversuche, d.h. Eluatuntersuchungen nach dem Deutschen Einheitsverfahren (DEV-S4) haben außerdem gezeigt, daß sowohl die Inertfraktion (Grobfraktion) als auch das Schmelzgranulat die strengen Grenzwerte für freie Bodenablagerungen gemäß eines Referentenentwurfes für Nordrhein-Westfalen erfüllen (Bild 9 und 10).

Der Nachweis, daß die anfallenden Reststoffe gut verwertbar sind und damit teurer Deponieraum nicht beansprucht werden muß, wurde von namhaften Prüfinstituten und Verwertern erbracht. So wurde bereits im Dezember 1988 eine Straßen-Asphalttragschicht gemäß den Technischen Vorschriften für Tragschichten (TVT 72) mit Zugabe von Schmelzgranulat und Inertfraktion aus der Wiblinger Anlage in Peutenhausen eingebaut.

Die hierzu notwendigen bauphysikalischen Untersuchungen, durchgeführt durch das Prüfamt für bituminöse Baustoffe und Kunststoffe der Technischen Universität München, haben gezeigt, daß die Reststoffe der Schwel-Brenn-Anlage voll verwertbar sind. Eine zeitgleich eingebaute Versuchsstrecke ohne Zuschlag von Schmelzgranulat und Inertfraktion zeigte vergleichbare Ergebnisse.

Weitere bauphysikalische Untersuchungen wurden an hydraulisch gebundenen Tragschichtkörpern (Beton), denen ebenfalls Schmelzgranulat und Inertfraktion beigemischt wurden, mit guten Ergebnissen durchgeführt.

Für die Überprüfung eines zusätzlich möglichen Verwertungsweges wurde aus Schmelzgranulat Brechsand hergestellt. Dieser Brechsand kann aufgrund seiner guten bauphysikalischen Eigenschaften sogar für bituminöse Fahrbahnbefestigungen der Bauklasse I bis III (für höchste Anforderungen) eingesetzt werden. Wegen dieser Ergebnisse haben bereits mehrere Unternehmen - vorwiegend aus der Bauwirtschaft - ihre Abnahmebereitschaft erklärt.

Darüber hinaus wurden die in Ulm-Wiblingen anfallenden Eisen- und Nichteisenmetalle verschiedenen Metallschmelzwerken und Schrotthändlern zur Begutachtung vorgelegt. Da es sich bei diesen Reststoffen um sehr sortenreine Metalle handelt, boten bereits jetzt verschiedene Verwerter eine sofortige Abnahme bei guter Bezahlung an. Alle Reststoffe (Mineralstoffe und Metalle) liegen in hygienisch einwandfreier Form vor.

Wenn man eine Rauchgasvariante wählt, bei der eine 30 %ige technische Salzsäure und ein verwertbarer Gips anfallen, dann sind nahezu alle festen Stoffe, mit Ausnahme von etwa 1 bis 3 kg Reaktionsprodukten je 1000 kg Restmüll, auf mehreren alternativen Wegen verwertbar. Damit ist für den Anlagenbetreiber eine hohe Abnahmesicherheit gegeben. Die möglichen Verwertungswege für die Produkte aus einer Schwel-Brenn-Anlage sind in Bild 11 zusammengefaßt.

Stand der Markteinführung

Mit der Entscheidung des Zweckverbandes Abfallentsorgung Rangau (ZAR) in Fürth, Deutschland, eine Schwel-Brenn-Anlage mit einer jährlichen Abfallkapazität von 100.000 t zu bauen und wegen des hierzu bereits laufenden Planfeststellungsverfahrens ist die Markteinführung vollzogen.

Mit einer Reihe weiterer entsorgungspflichtiger Körperschaften wird derzeit der Bau von Schwel-Brenn-Anlagen diskutiert bzw. wir stehen hier kurz vor Aufnahme weiterer Genehmigungsverfahren. Positiv beeinflußt wurden diese Entscheidungen durch die guten Betriebsergebnisse der Demonstrationsanlage in Ulm-Wiblingen. Diese Anlage wird normalerweise mit Hausmüll der Stadt Ulm versorgt und sie steht neben der Erprobung und Optimierung der Komponenten und des Verfahrens auch für Kundenbesichtigungen zur Verfügung.

Die Entwicklung des Schwel-Brenn-Verfahrens wurde von einem Gutachterkreis begleitet, der vom Bundesumweltministerium eingesetzt worden war. In seiner abschließenden Bewertung vor über einem Jahr hat man festgestellt, daß dieses Verfahren entscheidende ökologische Vorteile gegenüber der bisherigen Technik aufweist und soweit entwickelt ist, daß es für den Entsorgungsbetrieb eingesetzt werden kann. Da in diesem Arbeitskreis die für die Genehmigung zuständigen Landesbehörden weitgehend vertreten waren, ist auch deren Akzeptanz gegeben (Bild 12).

Neben der Verarbeitung von Hausmüll und Klärschlamm wurden auf Wunsch einiger Unternehmen auch Versuche zur Entsorgung von Autoshredder-Leichtfraktionen durchgeführt; diese Versuche zeigten sehr gute Ergebnisse. Da die anfallende Menge an Shredder-Leichtfraktionen nach Aussagen der Automobilindustrie zukünftig noch weiter zunehmen wird, sieht Siemens auch in diesem Marktsegment gute Chancen.

Wirtschaftlichkeit

Die Investitionskosten für eine Schwel-Brenn-Anlage sind vergleichbar mit denen, die für eine Müllverbrennungsanlage mit herkömmlicher Rostfeuerung aufgewendet werden müssen.

Die günstigen Entsorgungskosten (DM/tMüll) des Schwel-Brenn-Verfahrens resultieren vor allem aus der weitestgehenden Verwertbarkeit der Verfahrensprodukte: Neben den Verkaufserlösen aus den sortenreinen Wertstoffen Eisen- und Nichteisenmetallen sowie Inertien (Glas, Steine, Keramik) und Schmelzgranulat schlagen vor allem die durch die drastische Volumenreduktion der zu deponierenden Reststoffe eingesparten Kosten positiv zu Buche.
Weiterhin trägt die hohe Stromausbeute (Stromabgabe ans Netz nach Abzug des Eigenbedarfs) nicht unwesentlich zur Verminderung der Entsorgungskosten bei.

Besonders in Ländern, in denen das Deponieren nicht nur aus ökologischen Gründen, sondern auch aufgrund beengter Raumverhältnisse problematisch ist, werden sehr hohe Anforderungen an die Reststoffqualität gestellt. So hat die japanische Firma Mitsui Engineering and Shipbuilding Co. Ltd. (MES) eine Lizenz für das Schwel-Brenn-Verfahren erworben.

Die ökologischen und ökonomischen Vorteile des Schwel-Brenn-Verfahrens lassen erwarten, daß dieses Verfahren zukünftig weltweit eingesetzt wird.

Bild 1

SIEMENS

Entsorgungskonzept mit Wertstoffrückgewinnung

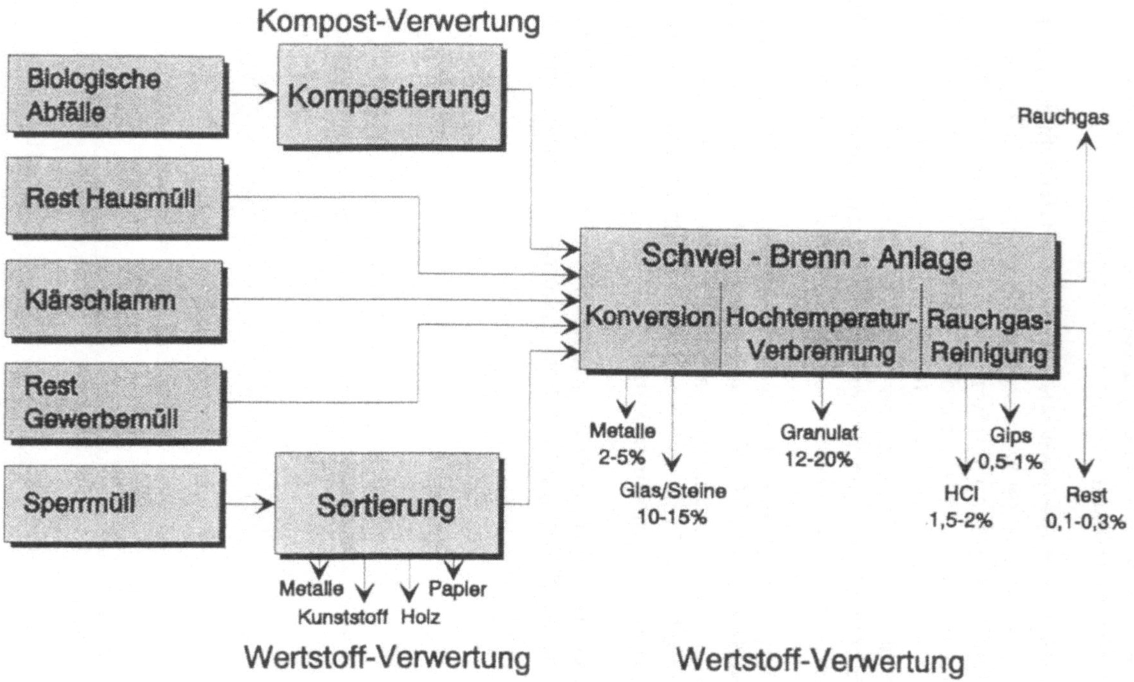

Schwel - Brenn - Verfahren

Verfahren.dtsch.D1/EntsKonz
18.10.1993/Wbe

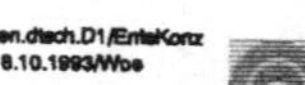

SIEMENS Bild 2

Schwel-Brenn-Anlage - Verfahrensschaubild
Abtrennung von Salzsäure und Gips in der Rauchgasreinigung

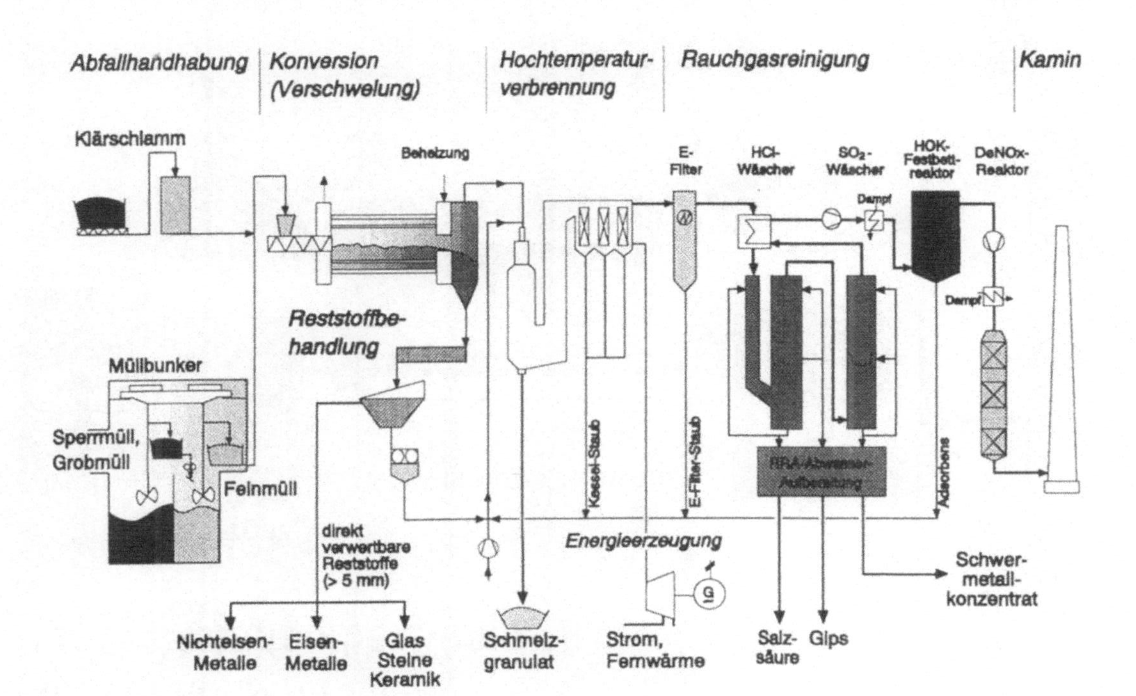

Schwel - Brenn - Verfahren

Komp.dtsch.D1/SBA_m 28.10.1998/Hg

Bild 3

SIEMENS

Konversionstrommel zur Wertstoffaufbereitung

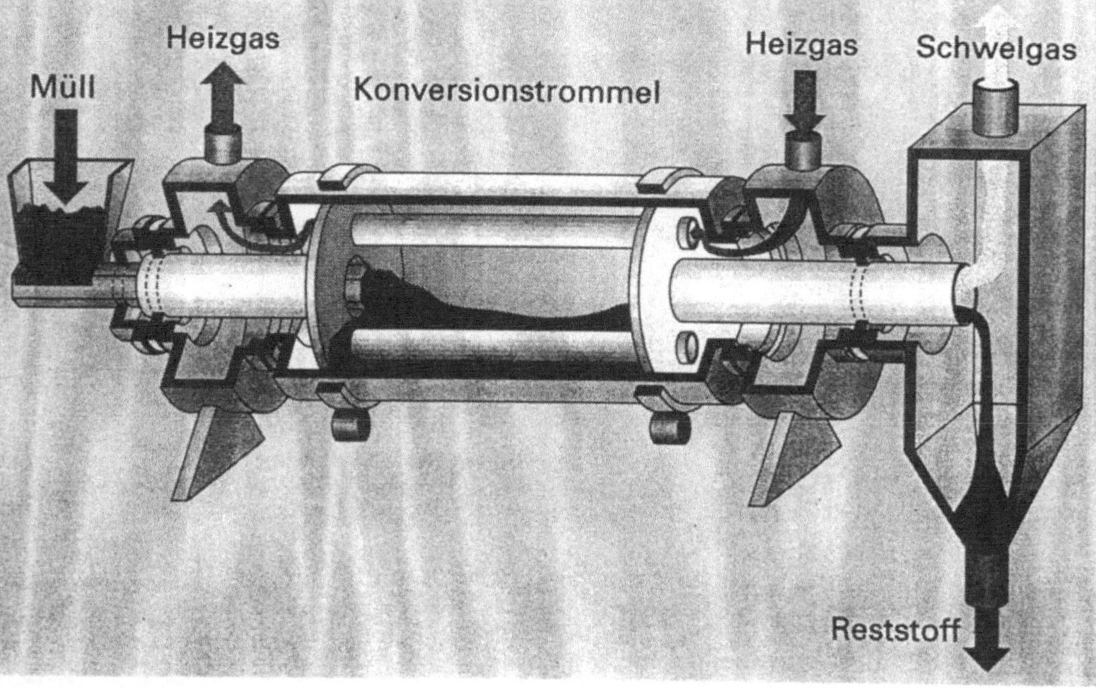

Müll

Heizgas

Konversionstrommel

Heizgas

Schwelgas

Reststoff

Schwel-Brenn-Verfahren

A:/SBA-Standardisierung
F13/93 205

Bild 4

SIEMENS

Reststoffbehandlung, NE-Separationseinrichtung

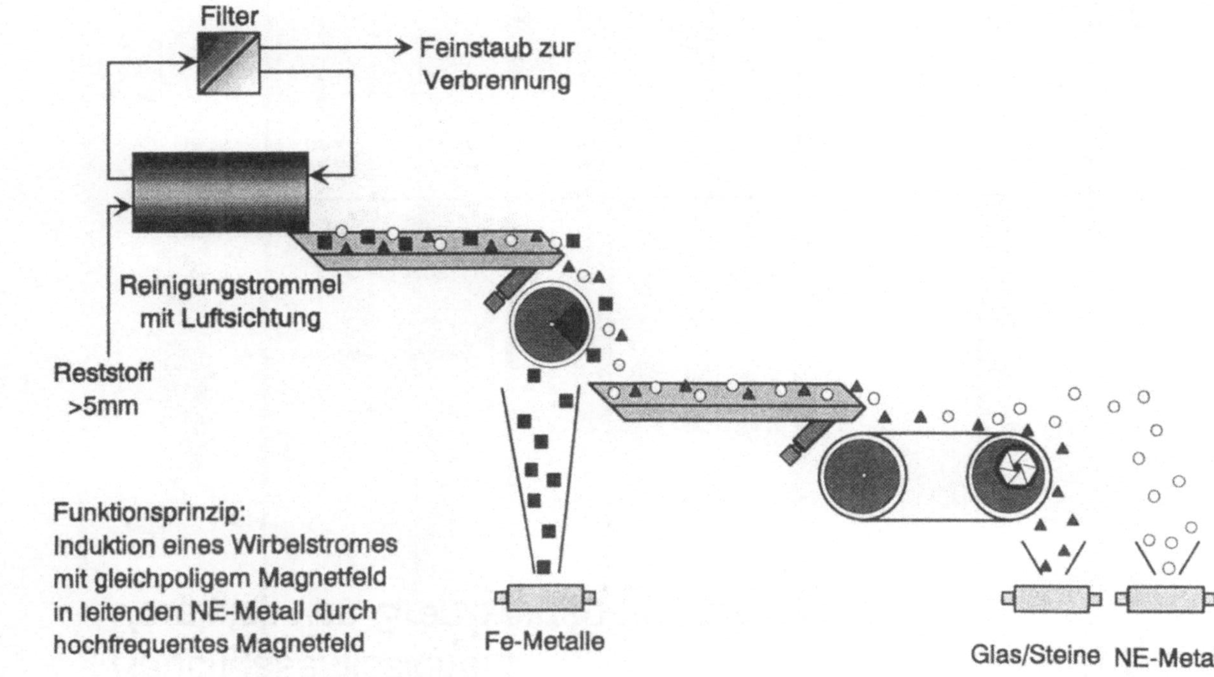

Funktionsprinzip:
Induktion eines Wirbelstromes mit gleichpoligem Magnetfeld in leitenden NE-Metall durch hochfrequentes Magnetfeld

Schwel - Brenn - Verfahren

SIEMENS

Bild 5

Rauchgasemissionen: Vergleich von Grenzwerten und Meßwerten

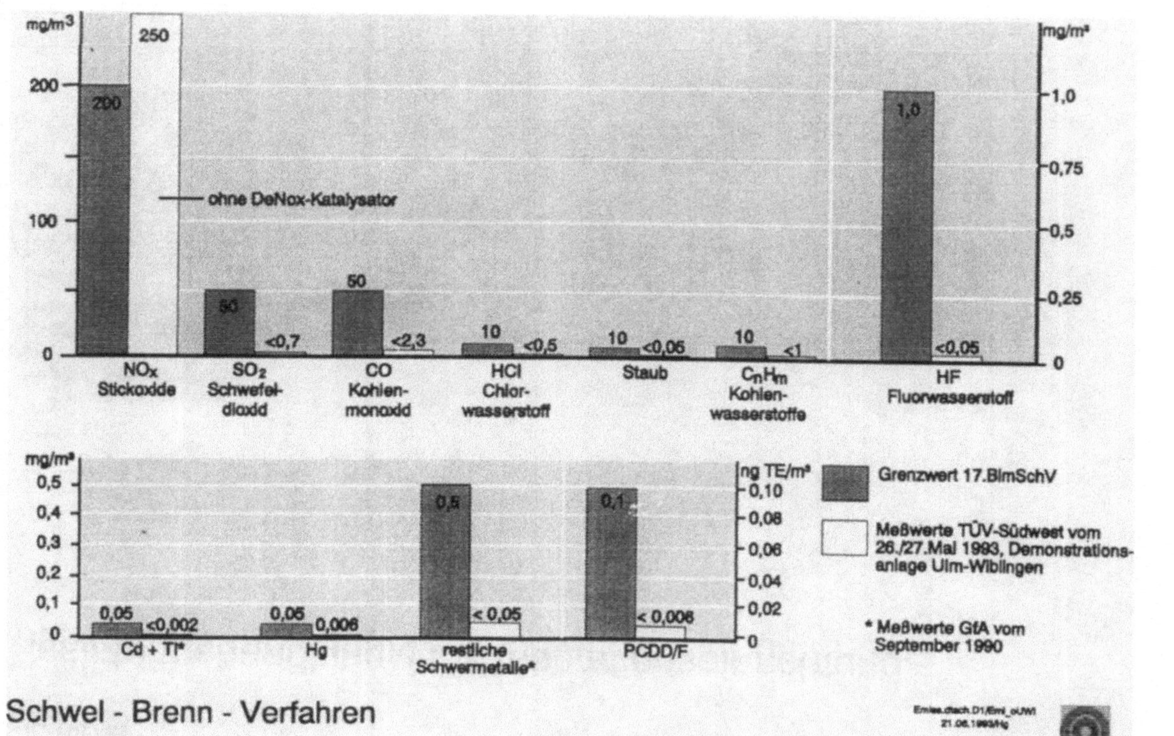

Schwel - Brenn - Verfahren

SIEMENS

Bild 6

Rauchgasreinigung
Abtrennung von Salzsäure und Gips

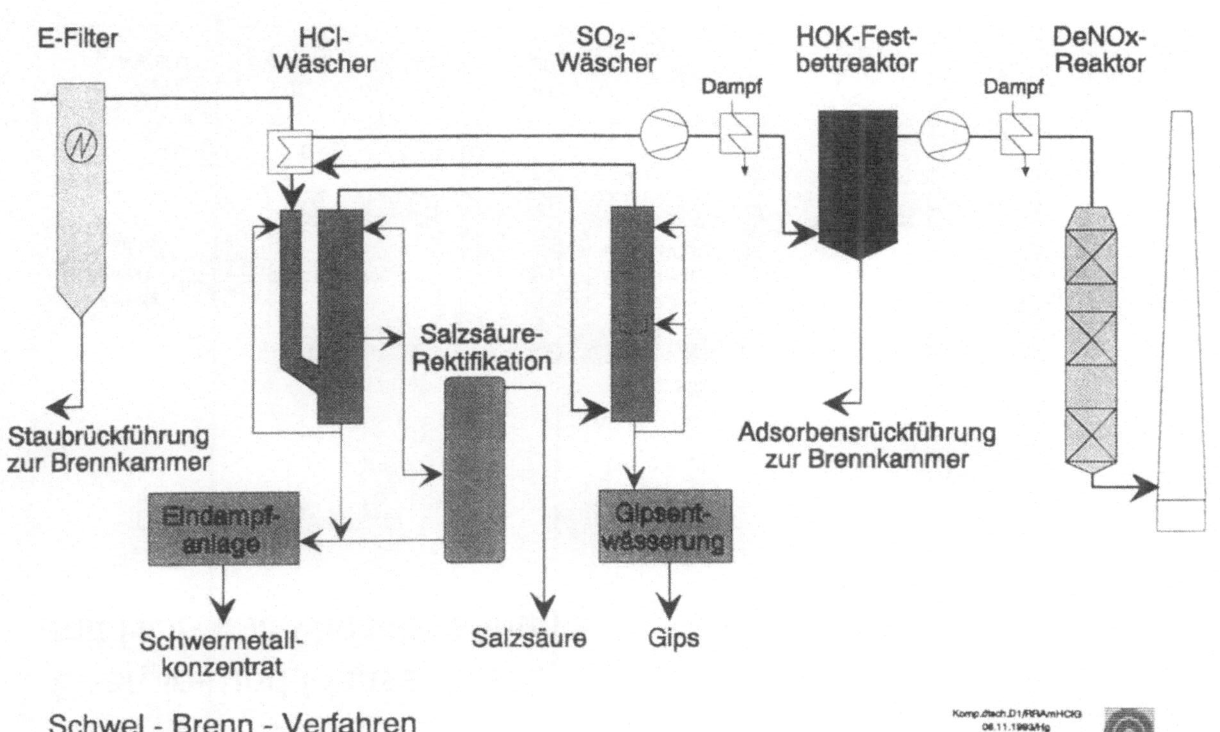

Schwel - Brenn - Verfahren

SIEMENS

Bild 7

Energie- und Massenbilanz mit HCl- und Gipsabtrennung

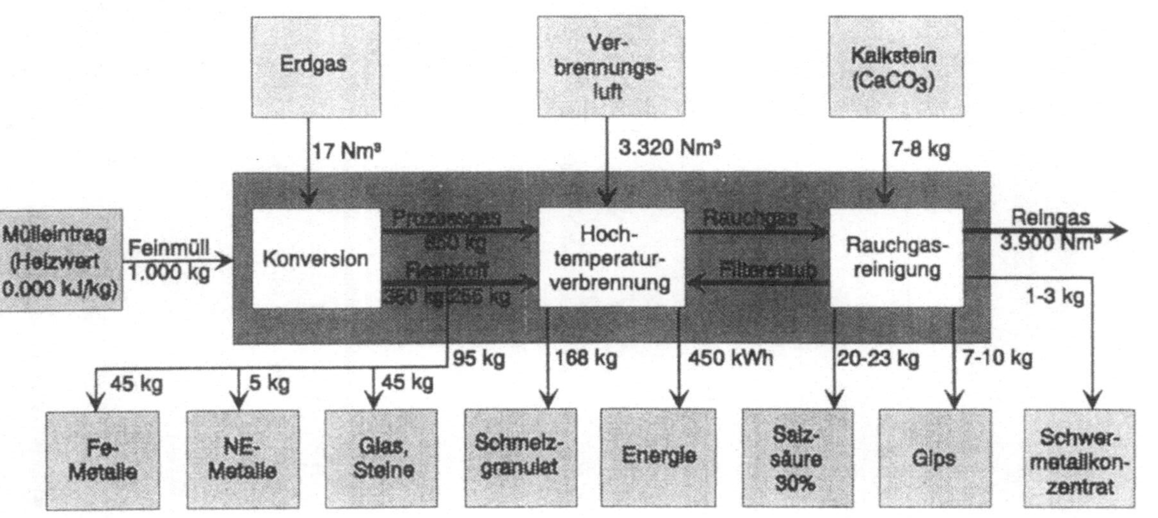

Schwel - Brenn - Verfahren

THERMOSELECT – Energie- und Rohstoffgewinnung

Verfahrensgrundlagen zur unterbrechungslosen Verwertung von Restabfällen

Rudi Stahlberg
Uwe Feuerriegel

Zusammenfassung: Begrenzte Deponiekapazitäten, Unvollkommenheiten bei der thermischen Abfallbehandlung und Unklarheiten über Veränderungen im Abfallaufkommen waren für THERMOSELECT Anlaß für die Konzipierung eines neuen Weges zur unterbrechungslosen Umwandlung von Restabfällen unabhängig von ihrer geometrischen Beschaffenheit und stofflichen Zusammensetzung in wirtschaftlich nutzbare Rohstoffe.

1. Einleitung

Bereits Ende der achtziger Jahre bestand Klarheit über folgende Probleme, deren heutige Bewertung sich nicht anders darstellt:

- Deponiekapazitäten sind in kurzen Zeiträumen erschöpft. Neue Deponien finden keine Akzeptanz. Deponien sind die Quelle künftiger Altlasten. Die auf Deponien abgelagerten Mengen, z.B. in Deutschland bis ca. 80 Prozent und in Italien weit über 90 Prozent, stehen in krassem Widerspruch zum allgemein existierenden Stand der Technik und Kultur.
- Das proklamierte Ziel der Müllvermeidung und Ressourcenschonung ist auch in naher Zukunft nicht erreichbar; die Gründe dafür sind ausreichend gut bekannt.
- Die sogenannten „kalten" Verfahren bewähren sich nur auf Teilgebieten der Abfallwirtschaft. Die verbleibenden Probleme werden derzeit nicht ausreichend erkannt und bewertet.
- Getrenntes Sammeln beziehungsweise Sortierungen sind mit zusätzlichen Aufwendungen verbunden. Dem gewachsenen Umweltbewußtsein entsprechend bestehen trotzdem Erfolge, obwohl es bislang nicht gelungen ist, flächendeckende Verwertungs- oder Recyclingtechnologien einzuführen. Die Ursachen liegen in damit verbundenen erheblichen Kosten und fehlenden technischen Lösungen zur Aufarbeitung heterogener sortierter Abfälle. Bei der Produktherstellung sind nach wie vor gewinnbringende Qualität und Quantität bestimmend. Die Verantwortung beim Übergang von Wirtschaftsgütern in Entsorgungsgüter liegt weitgehend außerhalb der Produktion und belastet die Verbraucher. Die Verbundstrukturen in Werkstoffen und Wirtschaftsgütern erschweren die direkte Wiederaufarbeitung weggeworfener Produkte. Eine erweiterte Produktverantwortung ist bisher nicht durchsetzbar. Als Folge entstehen neue Zwischenlager, deren Wachstum zur Zeit nicht aufgehalten werden kann.
- Durch neue gesetzliche Vorschriften (z.B. Verpackungsverordnung, TA-Siedlungsabfall) wird Einfluß auf bisher nicht gelöste Abfallprobleme genommen. Mit der TA-Siedlungsabfall wird z.B. in Deutschland gesetzlicher Druck ausgeübt, um dem Ablagern von Abfall mit Gehalten an organischen Materialien > 5 % generell entgegenzutreten. Da bislang keine durchgreifende Alternative zur Lösung dieser Zielstellung bestand, werden damit einerseits Entscheidungen für thermische Techniken und andererseits neue Wege zur Abfallbehandlung erforderlich.
- Für klassische Verbrennungstechnologien bedeutet das eine Chance, neue Kapazitäten zu etablieren. Die Investitionsaufwendungen erreichen jedoch untragbare Höhen, da zur Einhaltung gesetzlicher Vorschriften erhebliche Ausrüstungen zur Abgasreinigung erforderlich sind. Die umfangreichen gegenwärtigen wissenschaftlichen Untersuchungen

z.B. der Verbrennungsprobleme sowie die in Entwicklung genommenen Versuche zur Einschmelzung von Aschen, Filtraten und der allgemeinen Verbrennungsrückstände belegen, daß trotz etwa 100 Jahre industrieller Abfallverbrennung die Verbrennungstechnologie zwar prinzipiell verfügbar ist, jedoch technologische Unvollkommenheit und ökologische Unsicherheiten verbleiben. Darin liegen die wesentlichen Ursachen für die fehlende Akzeptanz.

- Kürzlich in der Öffentlichkeit bekannt gewordene Inbetriebnahmeprobleme mit dem als „Deutschlands modernste Anlage" bewerteten Komplex in Augsburg lassen erkennen, daß neben der etwa fünffachen Planungssumme von über 900 Millionen DM noch mehr als 50 Millionen DM Nachbesserungsaufwendungen veranschlagt wurden. Mit diesen bedauerlichen Ereignissen werden die vor Jahresfrist durch die ISA (Initiative sichere Abfallbehandlung) und den FDBR (Fachverband Dampfkessel-, Behälter- und Rohrleitungsbau im VDMA) zusammengetragenen Bedenken gegen das neue THERMOSELECT-Verfahren noch einmal relativiert [1].

THERMOSELECT hatte aus der Analyse der Situation wachsender Abfallberge und unzureichend entwickelter bzw. verfügbarer Abfallbehandlungstechniken Ende der achtziger Jahre ein neues Konzept zur unterbrechungslosen Abfallverwertung entwickelt mit den hauptsächlichen Zielen einer höchstmöglichen Ausbeute an wiederverwertbaren Rohstoffen und einer geringstmöglichen ökologischen Belastung bei gleichzeitiger Ausnutzung der im Abfall gebundenen chemischen Energie. Ziel der nachfolgenden Mitteilungen ist es, über wesentliche Grundlagen des Verfahrens und neue Ergebnisse an der für den dauerhaften Betrieb bis zu 4,2 Mg/h (Abfallheizwert $\leq$ 10 MJ/kg) Ende April 1994 genehmigten Anlage in Fondotoce zu berichten.

2. Wesentliche Verfahrensmerkmale und Verknüpfung der Verfahrensschritte

THERMOSELECT hat erstmalig die Verfahrensschritte Abfallverdichtung, Entgasung, Vergasung und Einschmelzung in einer verfahrenstechnischen Einheit konzipiert, schrittweise erprobt und optimiert sowie in einer großtechnischen Anlage verwirklicht.

Die grundsätzlichen Überlegungen sind der Patentschrift DE 4130416 C1 zu entnehmen [2]:

„Es wird ein Verfahren zur Nutzbarmachung von Entsorgungsgütern beschrieben, bei dem unsortierter, Schadstoffe enthaltender Industrie-, Haus- und/oder Sondermüll einer Hochtemperaturbeaufschlagung unterzogen wird. Hierbei wird das Entsorgungsgut zunächst unter Mitführung vorhandener Flüssigkeitsanteile sowie Beibehaltung seiner Misch- und Verbundstruktur chargenweise zu Kompaktpaketen komprimiert. Unter Aufrechterhaltung der Druckbeaufschlagung wird es nachfolgend formschlüssig in einen auf über 100°C beheizten Kanal eingebracht und hier so lange schiebend in kraftschlüssigem Kontakt mit den Wandungen des Kanals gehalten, bis die anfangs vorhandenen Flüssigkeiten verdampft und mechanische Rückstellkräfte einzelner Entsorgungsgut-Komponenten aufgehoben sind. Die mitgeführten organischen Bestandteile übernehmen zumindest teilweise Bindemittelfunktionen. Das aus dem Kanal in diesem Zustand form- bzw. strukturstabil ausgedrückte brockige Feststoffkonglomerat wird in einen auf wenigstens 1000°C gehaltenen Hochtemperaturreaktor eingebracht und bildet hier eine gasdurchlässige Schüttung."

Bisher bekannte Verfahren zur thermischen Abfallbehandlung sind durch Unterbrechungen der Massen- und Energieströme gekennzeichnet. Die klassische Rostfeuerung hinterläßt Feuerungsrückstände und verursacht durch notwendigen Luftüberschuß eine Reihe von Problemen (z.B. Bildung von NO_x und Filterstäuben, „de-novo"-Synthese organischer Verbindungen bei der Abhitzenutzung), die mit aufwendiger Technik schrittweise gelöst werden. Der verfahrenstechnische Vorteil eines gemeinsamen Reaktionsraumes zur Feststoffbehandlung durch Verbrennung wird bei anderen Verfahren der Kombination von Pyrolyse mit nachfolgender Verbrennung aufgegeben, wobei auf dem Abgasweg die o.g. Nachteile erhalten bleiben. Über die Niedertemperaturverschwelung versucht man, feste Müllbestandteile zurückzugewinnen (z.B. Schwel-Brenn-Verfahren). Weitere technische Lösungen konzentrieren sich auf die Kombination der getrennt ablaufenden Verschwelung mit einer Vergasung. Dabei wird neben der aufwendigen Abtrennung der gasförmigen Schwelprodukte und des Pyrolysekokses auf den Vorteilen der Druckvergasung aufgebaut, die bereits seit den dreißiger Jahren mit homogenisiertem fossilem Brennstoff großtechnisch funktioniert und über die Synthesegasbildung zur Erzeugung hochwertiger organischer Syntheseprodukte geführt hat.

Das THERMOSELECT-Verfahren berücksichtigt die Tatsache, daß Restabfälle sowohl hinsichtlich der stofflichen Zusammensetzung als auch der geometrischen Beschaffenheit extrem heterogen sind. Aus diesem Grunde wird in einem ersten unerläßlichen Verfahrensschritt der Restabfall maximal verdichtet. Ausgehend von diesem Zustand werden alle weiteren Behandlungen der Trocknung, Entgasung, Vergasung und Einschmelzung ohne Prozeßunterbrechung vollzogen [3,4].

Abbildung 1 beinhaltet eine Zusammenstellung hauptsächlicher Verfahrensmerkmale thermischer Verfahren im Vergleich zu dem durch THERMOSELECT realisierten Weg. Seit April 1994 liegt die Genehmigung für den dauerhaften Betrieb der Anlage in Fondotoce vor. Die Kapazität beträgt bis zu 4,2 Mg/h, bezogen auf einen Abfallheizwert Hu $\leq$ 10 MJ/kg. Über die ökologischen und wirtschaftlichen Vorteile des Verfahrens wird nachfolgend berichtet.

Das THERMOSELECT-Verfahren ermöglicht durch direkte Kopplung von Abfallverdichtung, Entgasung unter Luftabschluß im druckfesten, außenbeheizten Entgasungskanal, Hochtemperaturvergasung mit reinem Sauerstoff und intern gebildetem Wasserdampf und Kohlendioxid sowie Einschmelzung aller anorganischen, nicht vergasungsfähigen Bestandteile eine unterbrechungslose Umwandlung aller Abfallbestandteile in nutzbare Rohstoffe (Synthesereingas, Mineralstoffe). Die hohe Verdichtung und die Vermeidung des Stickstoffballastes bei der Ent- und Vergasung führen infolge drastischer Volumenreduzierung zur Realisierung des Verfahrens in kleineren und somit kostengünstigeren Apparaten (Abbildung 2).

Abfalleintrag in die Presse, Abfallverdichtung und der Austrag der durch Einschmelzung homogenisierten und nach Schockkühlung mit Wasserstrahlen erstarrten mineralischen Bestandteile erfolgen außerhalb der thermischen Behandlung. Damit werden typische Verschleißprobleme, insbesondere von mechanisch bewegten Bauteilen, wie sie z.B. bei Rostfeuerungs- und Drehrohranlagen zum Einsatz kommen, ausgeschlossen. Die unterbrechungslose Energie- und Stoffumwandlung vermeidet die bei bisherigen Pyrolyseverfahren erforderliche Zwischenproduktbehandlung und gewährleistet dadurch eine höhere Betriebssicherheit. Das THERMOSELECT-Verfahren ist kein Pyrolyseverfahren, sondern ein neuer kombinierter Entgasungs-, Vergasungs- und Direkteinschmelzprozeß [3].

Durch ausreichend hohe Verweilzeit der gasförmigen Verbindungen im Hochtemperaturvergasungssystem und Gasabgangstemperaturen von ca. 1200°C werden alle organischen Komponenten vollständig zerstört und im wesentlichen durch die ablaufenden Synthesegasbildungsprozesse zusammen mit den Vergasungsprodukten des Kohlenstoffs zu Wasserstoff und Kohlenmonoxid als Hauptbestandteile des Synthesegases umgewandelt (vgl. Tabelle 1). Die sich anschließenden Prozesse der Gasreinigung beruhen auf bekannten chemisch-physikalischen Prozessen (s.u.).

Die Homogenisierung der eingeschmolzenen anorganischen Bestandteile bei gleichzeitiger Trennung der Mineralstoffe von den Metallen im Temperaturbereich von ca. 1600°C bis oberhalb 2000°C sichert einerseits die Abreicherung verdampfungsfähiger Bestandteile und andererseits die stabile Einbindung von Metallen in das Mineralstoffsystem bzw. in die eisenreiche Metallegierung. Beim Erstarren und Granulieren trennen sich Mineralstoffe und Metalle selbständig voneinander, so daß anschließend durch Magnetabscheidung letztere separiert werden können.

Das gebildete etwa 1200°C heiße Syntheserohgas wird bei einem durch die Vergasung entstehenden Überdruck $\leq$ 0,3 bar vom Hochtemperaturreaktor kontinuierlich in die sich unmittelbar anschließende Schockkühlung übergeführt. Es enthält neben den Hauptkomponenten Kohlenmonoxid, Wasserstoff, Kohlendioxid und Wasserdampf noch kleine Tropfen geschmolzener Mineralstoffe, leichtflüchtige Metalle bzw. deren Verbindungen sowie insbesondere HCl, H_2S und HF. Zu den hauptsächlichen Verfahrensschritten vgl. Abbildung 3.

In der ersten Stufe wird das Syntheserohgas durch Einsprühen von Wasser von ca. 1200°C auf unter 70°C abgekühlt (Quench). Dadurch – und durch die Abwesenheit von Sauerstoff – wird verhindert, daß sich Dioxine, Furane oder andere organische Verbindungen bei der Abkühlung des Gases durch Rekombination neu bilden können (Verhinderung der „de-novo"-Synthese). Die geringen Mengen der Mineralstoff- und Kohlenstoffpartikel – letztere bilden sich anteilig durch die katalytisch geförderte Boudouard-Umkehrreaktion $2\ CO \longrightarrow C + CO_2$ – werden abgetrennt und in den thermischen Prozeß zurückgeführt. Die im Syntheserohgas enthaltenen Verunreinigungen werden pH-Wert-abhängig in Waschkolonnen aus dem Synthesegas entfernt. Die H_2S-Entfernung erfolgt in einer spezifischen Prozeßstufe durch Umwandlung in elementaren Schwefel. Anschließend wird das nur noch mit Spuren beladene Synthesegas in einem Kühler getrocknet und nach geringfügiger Erwärmung zur Verhinderung der Kondensation von verbliebenen Wasserdampfanteilen durch einen Aktivkoksfilter geleitet. Danach wird das Synthesereingas für die Umwandlung in elektrische Energie und Prozeßwärme genutzt.

Das in den verschiedenen Stufen der Gasreinigung kondensierte Wasser mit den aus dem Synthesegas übernommenen Inhaltsstoffen wird direkt der Prozeßwasseraufbereitung zugeführt. In der ersten Aufbereitungsstufe erfolgt die Neutralisation mit Natronlauge. Durch Zugabe von Na_2S werden restliche Schwermetalle einschließlich Quecksilber in schwerlösliche Sulfide übergeführt. Anschließend werden die ausgefällten Metallverbindungen (Hydroxide, Sulfide) durch Zugabe von $FeCl_3$ und Polyelektrolyt geflockt. Durch Filtration werden die Fällungsprodukte aus dem Prozeßwasser entfernt.

Das Prozeßwasser wird nach Umkehrosmose, Eindampfung (unter Verwendung von Abwärme) und Kondensation den Hybridkühltürmen als Benetzungswasser zugeführt. Die beim Eindampfen kristallisierten Mischsalze werden abgetrennt. Das THERMOSELECT-Verfahren endet abwasserfrei.

Das Synthesereingas wird anteilig zur indirekten Beheizung des Entgasungskanals und der Überschuß in Gasmotor-Generator-Modulen zur Stromerzeugung genutzt. Die Nettostromerzeugung erreicht bei Normalbetrieb einer Anlage – nach Abzug des gesamten Eigenbedarfs der Anlage einschließlich Luftzerlegung – mit zwei thermischen Behandlungslinien von jeweils 10 Mg/h ca. 7 MW. In die Synthesegasnutzung einbezogen ist die Umwandlung in Prozeßwärme für die Eindampfung, die Klärschlammtrocknung und die Versorgung von Absorptionskältemaschinen zur Synthesegastrocknung [5].

In Abhängigkeit von der Anlagengröße und standortspezifischer Anforderungen (z.B. Fernwärmebedarf) sind weitere Konzepte zur Nutzung des Synthesegases erarbeitet worden (z.B. Nutzung in Zündstrahlmotoren, Dampfturbine, Gasturbine, Gas- und Dampfturbine). Darüber hinaus kann das Synthesereingas auch zur Synthese von z.B. Methanol oder Kohlenwasserstoffen genutzt werden.

3. Reaktionsbedingungen zur vollständigen Stoffumwandlung

Wesentlich am THERMOSELECT-Verfahren ist die Wahl der besonderen Reaktionsbedingungen im thermischen System. Auch bei wechselnden Abfallzusammensetzungen wird gewährleistet, daß die entstehenden Stoffströme – Syntheserohgas und Mineralstoffschmelze – den Hochtemperaturreaktor im stofflichen Gleichgewicht verlassen (Abbildung 2). In Tabelle 1 sind die wesentlichen Teilschritte der unterbrechungslosen thermischen Abfallbehandlung nach dem THERMOSELECT-Verfahren zusammengestellt.

Tabelle 1 Vorgänge beim THERMOSELECT-Verfahren

Verfahrensschritt	*Bedingungen, physikalisch-chemische Vorgänge*
Müllannahme	Vermischung diverser Abfallbestandteile bei Sammlung, Transport sowie Kran- und Bunkerbetrieb

Verdichtung	Erzeugung von Preßdichten bis über 1,2 Mg/m³, Verteilung flüssiger Abfallbestandteile, Minimierung der Restluftanteile und vor allem des Stickstoffballastes. Sicherung des Wandkontaktes der gepreßten Pakete und der Gasdichtheit zur Materialeingangsseite.
Entgasung	Permanente Nachverdichtung, Sicherung des Wandkontaktes, Ausgleich der Volumenkontraktion. Dichteanstieg bis über 2,5 Mg/m³ nach der Entgasung. Wesentliche Vorgänge bei der Entgasung: 100 ... 200°C Trocknung, Wasserabspaltung 250°C Desoxygenierung, Desulfurierung, CO_2- und Konstitutionswasserabspaltung 350°C Krackung aliphatischer Verbindungen, CH_4-Bildung 400°C Karburierung, Krackung 400 ... 600°C Bildung und Krackung hochsiedender organischer Verbindungen Konvektiver Wärmetransport vom Heißgas der Kanalbeheizung an die Kanalwand. Wärmeleitung durch die Kanalwand. Wärmeleitung im heterogenen Abfall, im festen Entgasungsrückstand, in den Zwischenprodukten und in den kondensierten Bestandteilen. Konvektiver Wärmetransport über Gase. Wärmetransport durch Strahlung in im Abfall vorhandenen oder durch Entgasung entstehenden Hohlräumen. Beschleunigung temperaturbestimmter Entgasungsreaktionen im Kanal durch die katalytische Wirkung von im Abfall enthaltenen Komponenten. Beschleunigung des Entgasungsfortschritts durch Einwirkung der Hochtemperaturstrahlung aus dem Reaktor auf die sich ausbildende Feststoffschüttung am Reaktoreintritt, ablaufende exotherme Reaktionen an der Oberfläche und oberflächennahen Bereichen des Entgasungsrückstandes mit der Gasströmung (> 1200°C) aus dem Hochtemperaturreaktor. Entgasungsrückstandstemperatur örtlich > 600°C.

Fortsetzung auf der nächsten Seite

Tabelle 1 (Fortsetzung)

Vergasung Einschmelzung	Gasaustrittstemperatur ca. 1200°C. Schmelzaustrittstemperatur > 1600°C. Verweilzeit der Gase ca. 4 Sekunden. Verweilzeit der Mineralstoffschmelze > 5 Minuten. Energetische und stoffliche Wechselwirkung im Übergangsbereich Entgasungskanal – Hochtemperaturreaktor mit der ankommenden Front des Entgasungsrückstandes. Zerplatzen der in den Hochtemperaturreaktor fallenden Entgasungsrückstände. Eintrag und Erwärmung des Sauerstoffs. Vergasungsreaktionen an den äußeren und inneren Oberflächen der Feststoffe einschließlich Folgereaktionen: $H_2 + \frac{1}{2} O_2 \longrightarrow H_2O$ exotherm $C + O_2 \longrightarrow CO_2$ exotherm $C_xH_y + (X + \frac{1}{4} Y) O_2 \longrightarrow X\,CO_2 + \frac{1}{2}Y\,H_2O$ exotherm $C_xH_y \longrightarrow X\,C + Y\,H_2$ endotherm $C + CO_2 \longrightarrow 2\,CO$ endotherm $C + H_2O \longrightarrow CO + H_2$ endotherm $C_xH_y + X\,H_2O \longrightarrow X\,CO + (X + \frac{1}{2})\,H_2$ endotherm Anorganika (s) ——> Anorganika (l) endotherm Beschleunigung von Reaktionen in der Gasphase oder von Vergasungsreaktionen durch katalytisch wirkende Komponenten (homogene bzw. heterogene Katalyse). Turbulente Strömungsvorgänge und Sekundärreaktionen in permanenter Wechselwirkung mit den sich zeitlich, räumlich, qualitativ und quantitativ verändernden Stoffströmen. Beeinflussung besonders der Vergasungsreaktionen durch Stoff- und Energietransportvorgänge, so daß die Geschwindigkeit der chemischen Umsetzungen wesentlich von der Geschwindigkeit der energetischen und stofflichen Transportprozesse abhängen kann (konvektiver Transport des Sauerstoffs und der weiteren gasförmigen Reaktionspartner z.B. H_2O, CO_2, Vergasungsprodukte; Stofftransport durch Diffusion in den zu vergasenden Feststoffpartikeln, Wärmetransportvorgänge durch Konvektion, Leitung, Strahlung zu, zwischen und in den Partikeln). Vergleichmäßigung des zeitlichen Temperaturverlaufes durch große Wärmespeicherkapazität des Hochtemperatur- und Homogenisierungsreaktors. Einschmelzung der Mineralstoffe und Metalle, Abfließen, Vermischen und Homogenisieren der Bestandteile, Einstellung der stofflichen Gleichgewichte zwischen den durch Dichteunterschiede sich im Homogenisierungsreaktor überschichtenden Schmelzphasen. Erreichen der thermodynamischen Gleichgewichte im Syntheserohgas (chemisches Gleichgewicht, vgl. Abbildung 4) und in der Schmelze (chemische Gleichgewichte und Phasengleichgewichte).

4. Entwicklungsetappen bis zur Genehmigung für den dauerhaften Betrieb der großtechnischen Anlage

Nach Bewertung der Situation in der Abfallwirtschaft Ende der achtziger Jahre und den in dieser Zeit bekannten Problemen bei der thermischen Abfallbehandlung ist das Konzept für das THERMOSELECT-Verfahren entstanden. In der Tabelle 2 sind die Entwicklungsetappen bis zum Betrieb einer großtechnischen Anlage zusammengestellt.

Tabelle 2 Entwicklungsetappen THERMOSELECT

1989	Verkohlungsverhalten in Abhängigkeit von Druck, Temperatur, Zeit, Werkstoffeignung; (10 kg/h).
1990	Verkohlungs- und Entgasungsverhalten mit Verdichtungseinrichtung, Entgasung im Druckrohr; Erprobung des Schmelzverhaltens, der Meßtechnik und verschiedener Gasreinigungsvarianten; (250 kg/h).
1991	Verkohlungs- und Entgasungsverhalten in diversen pressengekoppelten, druck- und temperaturstabilen Schuböfen unterschiedlicher Länge bis 20m; Querschnitt 0,225m^2. Erprobung des Vergasungsverhaltens, Test der Ausmauerung; Brennerentwicklung einschließlich Sicherheitstechnik und Schnellwechseleinrichtung; Werkstoffstabilität; Meßtechnik; Produktqualitäten; (1000 kg/h); Gutachten. Ausarbeitung des Gesamtkonzeptes der großtechnischen Pilotanlage und Erstellung der Konstruktionsunterlagen; (4200 kg/h); Sicherheitsanalyse.
9/1991	Beginn des Aufbaus der THERMOSELECT-Anlage Fondotoce.
12/1991	Fertigstellung des Gebäudes.
3/1992	Abschluß der Hauptinstallation. Versuche zum stabilen Schmelzaustrag und zum Füllstandsverhalten; Erprobung der Sicherheitssysteme; An- und Abfahrzustände; Steuerung der Beschickung; Erprobung der Stabilität der Schnittstellen Presse/Kanal, Kanal/Hochtemperaturreaktor, Hochtemperaturreaktor/Quench; Dauerbetrieb, Wechsellastverhalten; Optimierung der Gasreinigung, Optimierung des Gasmotorbetriebes (0,1 MW).
6/1992	Behördlich verfügte Sequestrierung.
10/1992	Inbetriebnahme der Gesamtanlage nach Installationsabschluß der Eindampfanlage; regulärer Anlagenbetrieb auf einer Genehmigungsgrundlage bis zu 4200 kg/h.
1/1993	Beginn der Anlagenbewertung durch italienische, schweizerische und deutsche Einrichtungen.
4/1993	Zerlegung wesentlicher Anlagenmodule und Inspektion durch externe Einrichtungen zur Beurteilung der Stabilität einzelner Baugruppen und Verfügbarkeit.
11/1993	Abschluß der 12monatigen Haupterprobung einschließlich Test eines 1,2-MW-Gasmotor-Generator-Moduls.
12/1993	Umsetzung der Erfahrungen zur Einrichtung der Anlage für den Serienbetrieb.
3/1994	Genehmigungsdokumentation für die Standardanlage (≥ 150 000 Mg/a).
4/1994	Genehmigung für den dauerhaften Betrieb einer kompletten Entsorgungslinie.
6/1994	Untersuchungsphase mit heizwertreichen Abfällen; Spitzenbelastung 4,4 Mg/h; bei einem Abfallheizwert von 12 bis 13 MJ/kg im Bereich von 2,8 Mg/h energieautarker Betrieb.

Durch

- den Aufbau der THERMOSELECT-Anlage in Fondotoce mit einer Entsorgungslinie der genehmigten Kapazität von bis zu 4,2 Mg/h (Abbildung 5),
- die im praktischen Betrieb der Anlage erprobten Aggregate,
- die gewonnenen Betriebserfahrungen, Betriebsdaten, Analysenergebnisse der erzeugten Rohstoffe und Endprodukte,
- die sofortige Integration neuer Erkenntnisse in die Anlage Fondotoce

besitzt THERMOSELECT alle Auslegungsdaten und Planungsgrundlagen für den Aufbau von standardisierten Serienanlagen mit Kapazitäten von jeweils 10 Mg/h Mülldurchsatz pro thermischer Linie oder Anlagenjahreskapazitäten ≥ 150 000 Mg (Abbildung 6).

5. Wesentliche Ergebnisse

Neue Technologien finden Akzeptanz und Verbreitung, wenn die Qualitäten der erzeugten Produkte hoch und die insgesamt aufzuwendenden Kosten vertretbar sind. Mit der Erzeugung der Rohstoffe

- Synthesegas
- Mineralstoffe
- Metalle
- Wasser
- Schwefel

in hoher Reinheit und Qualität sowie technisch aufarbeitungsfähiger Metallverbindungen und Restsalze werden bei THERMOSELECT mehr als 99 Prozent der eingesetzten Abfallmengen in technisch nutzbare Rohstoffe umgewandelt. Bei der energetischen Synthesegasnutzung entstehende Abgasemissionen unterschreiten drastisch bisherige Grenzwerte. Im Gegensatz zu konventionellen Verfahren werden durch geringere Abgasvolumenströme (Vorteil der Vergasung mit Sauerstoff) wesentlich geringere Schadstofffrachten erreicht.

Beispielhaft werden in Tabelle 3 die in den einzelnen Stoffströmen (bezogen auf 1 Mg Abfall) noch nachweisbaren Restkonzentrationen von PCDD und PCDF (angegeben als Toxizitätsäquivalent TE) aufgeführt. Daraus folgt ein weiterer Beweis für die richtige Festlegung der thermodynamischen Bedingungen sowohl während der thermischen Zersetzung der mit dem Abfall eingebrachten Anteile (ca. 150 ng/kg) als auch bei der Schockkühlung des Syntheserohgases.

Tabelle 3 Dioxin und Furan-Verteilung in den Stoffströmen

Stoffstrom	Konzentration (TE) (ng/kg)	Produktmenge (pro Mg Abfall) (kg/Mg)	Fracht (TE) (pro kg Abfall) (ng/kg)
*Syntheserohgas**	*0,01**	*1100**	*0,011**
Synthesereingas	0,002	800	0,0016
Mischgranulat	0,2	250	0,05
*Mineralstoffpartikel**	*0,6**	*0,5**	*0,0003**
*Kohlenstoffpartikel**	*50**	*0,5**	*0,025**
Metallfällungsprodukte	40	6	0,24
Mischsalz	0,2	8	0,0016
Summe			0,2932

** nur Zwischenprodukte, nicht in die Aufsummierung einbezogen*

Dioxine und Furane (TE) im Abfall [6]:	50...250 ng/kg
Mittelwert für Vergleich:	150 ng/kg
„Dioxinabreicherungsfaktor" Abfall/Fracht:	ca. 500

Eine Dioxin- und Furan-Konzentration im Syntheserohgas von nur 0,01 ng/m^3 bei einem Volumenstrom von ca. 1100m^3/h steht einer Rohabgaskonzentration bei klassischen Verbrennungsverfahren von bis über 50 ng/m^3 bei mehr als 6000 m^3/h gegenüber [6]. Das Verhältnis der Frachten von bis zu 1 : 30 000 in der Gegenüberstellung des THERMOSELECT-Verfahrens mit der konventionellen Rostfeuerung belegt eindrucksvoll die Überlegenheit des neuen Verfahrens. Analoge Vorteile sind auch beim Vergleich von 0,2 ng/kg im Mineralstoffgranulat gegenüber bis zu 100 ng/kg in Kesselaschen sofort erkennbar. Eine unvollkommene Verbrennung einerseits und die zwingende Abgaswärmenutzung andererseits bewirken in allen Stoffströmen der Verbrennung erhebliche Nachteile. Noch 1992 haben namhafte Toxikologen einerseits festgestellt, daß zwar bisherige Immissionskonzentrationen die toxikologisch begründeten Grenzwerte der TA-Luft deutlich unterschreiten, andererseits aber bemerkt: „Mit zunehmender Umrüstung der betriebenen Müllverbrennungsanlagen auf moderne Verfahren der Rauchgasreinigung wird sich der Anteil von Müllverbrennungsanlagen an der Gesamtbelastung des Menschen mit dieser Stoffgruppe, der gegenwärtig auf 20 bis 30 Prozent geschätzt wird, verringern." [7]

Ausführliche Ergebniszusammenfassungen sind in [4,5] beschrieben. Mehrfach wurden Nachweise erbracht, daß

- im Hochtemperaturreaktor sich die ohnehin geringen Anteile von NH- und NO-enthaltenden Verbindungen durch autokatalysierte Reaktionen in Stickstoff und Wasserdampf umwandeln,
- die Bildung von SCN- und CN-Verbindungen extrem gering ist,
- die H_2S-Fracht mit geringen Anteilen von COS sicher aus dem Synthesegas entfernt werden kann,
- die Boudouard-Umkehrreaktion bei der Schockkühlung nur zu geringen Kohlenstoffanteilen führt, die sicher entfernt und in die Müllaufgabe zurückgeführt werden,
- im Syntheserohgas die Methan- und Restsauerstoffgehalte << 0,1 Vol.% sind (vgl. Abbildung 4),
- im Syntheserohgas nach Schockkühlung Restkonzentrationen von Dioxin- und Furanäquivalenten von 0,01 ng/m3 vorkommen und durch Reinigung mit anschließender Aktivkoksfiltration eine noch weitere Reduzierung um mehr als den Faktor 5 erreicht wird,
- das Quenchwasser nur abzutrennende anorganische Komponenten sowie nicht zu behandelnde Restspuren organischer Bestandteile im Bereich der Nachweisgrenzen enthält,
- die mit dem Syntheserohgas mitgeführten Mineralstoffpartikel sicher abgeschieden werden und die Schockkühleinrichtung systematisch freigehalten wird,
- der Schmelzaustrag aus dem Homogenisierungsreaktor durch eine halbautomatische Freiräumeinrichtung permanent funktionsfähig gehalten wird (an der Anlage in Fondotoce wurden Schmelzleistungen im kontinuierlichen Betrieb von ca. 1500 kg/h erreicht),
- das Prozeßwasser als Senke für die aus dem Gasstrom ausgewaschenen Begleitstoffe dient, Metallhydroxide, Schwefel und Restsalze nach Eindampfung wiederaufarbeitungsfähig oder nutzungsfähig sind,
- das Verfahren durch Prozeßwassereindampfung und Abschlämmwasserrückführung nicht nur abwasserfrei endet, sondern erheblich weniger Frischwasser benötigt als konventionelle Anlagen (ca. 30 Prozent),
- das Direkteinschmelzen sofort zu im Baustoffsektor verwertbaren Rohstoffen führt,
- das Synthesegas als Rohstoff flexibel sowohl zur Energiegewinnung als auch für chemische Stoffsynthesen nutzbar ist.

Das THERMOSELECT-Verfahren nutzt auf optimale Weise die im Abfall gebundene chemische Energie, um eine hohe Produktqualität der erzeugten Rohstoffe auf direktem Weg zu erzielen. Der elektrische Energieüberschuß kann von den bisher bekannten Verfahren bei

Beachtung der ökologischen Randbedingungen nicht erreicht werden. Mit der nachfolgenden Mitteilung werden die für die Entsorgung interessanten Aspekte der Qualität und Verwertung der produzierten Rohstoffe, die Energieausbeute, die technischen Aspekte der Anlagenverfügbarkeit und die Zusammenhänge von Flexibilität und Kapazität von THERMOSELECT-Anlagen detailliert dargestellt.

Literaturverzeichnis

[1] Thomé-Kozmiensky, K.J.

Abfallwirtschaftsjournal 5 (1993), 659, 670-681

[2] Kiss, G.

Patentschrift DE 41304 16.C1

[3] Stahlberg, R.

Hochtemperatur-Recycling und Minimierung der Umweltbelastung durch vollständige thermisch-chemische Stoffumwandlung; MUT – Int. Kongreß für Umwelttechnologie und -forschung, Basel, Oktober 1992, Thema A, S. 7-22.

THERMOSELECT – Energie- und Rohstoffgewinnung aus Restabfall. K.J. Thomé-Kozmiensky, Reaktoren zur thermischen Abfallbehandlung. EF-Verlag für Energie- und Umwelttechnik, Berlin 1993, S. 203-216

THERMOSELECT – Energie- und Rohstoffgewinnung aus Restabfall. K.J. Thomé-Kozmiensky, Sonderabfallwirtschaft. EF-Verlag für Energie- und Umwelttechnik, Berlin 1993, S. 337-351.

[4] Kiss, G., Marfiewicz, W., Riegel, J., Stahlberg, R.

THERMOSELECT – Energie- und Rohstoffgewinnung aus Entsorgungsgütern. Fachtagung THERMOSELECT – Neuer Weg der Abfallbehandlung, Berlin, März 1994. Erschienen in: F.J. Schweitzer, THERMOSELECT-Verfahren zur Ent- und Vergasung von Abfällen, EF-Verlag für Energie- und Umwelttechnik, Berlin 1994, S. 21-55.

[5] Feuerriegel, U., Künsch, M., Stahlberg, R., Steiger, F.

Massen und Energiebilanz des THERMOSELECT-Verfahrens. Fachtagung THERMOSELECT – Neuer Weg der Abfallbehandlung, Berlin, März 1994. Erschienen in: F.J. Schweitzer, THERMOSELECT-Verfahren zur Ent- und Vergasung von Abfällen, EF-Verlag für Energie- und Umwelttechnik, Berlin 1994, S. 69-84.

[6] Greiner, B., Stelzner, E. et. al.

Koordination, Erfassung und Auswertung von Dioxinmessungen an Abfallverbrennungsanlagen, ARGUS – Arbeitsgruppe Umweltstatistik, Institut für Quantitative Methoden, Technische Universität Berlin, April 1991.

[7] Habig, G.

Fachgemeinschaft Thermo Prozeß- und Abfalltechnik, VDMA, März 1992.

Wesentliche Merkmale thermischer Entsorgungsverfahren

VORBEHANDLUNG	THERMISCHE BEHANDLUNG			GASREINIGUNG: NO$_x$	GASREINIGUNG: "de-novo-S."	GASREINIGUNG: Filterstaub	ROHSTOFFE	ENERGIE
THERMOSELECT								
Verdichtung	Trocknung	Entgasung	Vergasung Einschmelzung	□	Synthesegas □	□	Synthesegas Mineralstoffe Metalle	elektrisch thermisch
Druckvergasung								
Shreddern* (z.T. Brikettieren, Trennen)	Entgasung Trocknung	Feststoff-abtrennung	Vergasung Einschmelzung	□	Synthesegas oder Rauchgas ◧	◧	Synthesegas Mineralstoffe Entgasungsrückstände**	elektrisch thermisch
Schwel-Brenn-Verfahren								
Shreddern*	Entgasung Trocknung	Feststoff-abtrennung	Verbrennung Einschmelzung	■	Rauchgas ■	◧	Mineralstoffe Schwelrückstände**	elektrisch thermisch
Verbrennung								
Shreddern*	Trocknung	Entgasung	Verbrennung Ascheabtrennung**	■	Rauchgas ■	■	Aschen**	elektrisch thermisch

* aufwendige Vorbehandlung

** externe, aufwendige Nachbehandlung (hoher Energiebedarf)

□ bei Synthesegas nicht von Bedeutung

■ bei Rauchgas aufwendige Nachbehandlung

** externe, aufwendige Nachbehandlung (hoher Energiebedarf)

BEW-9405*FH3

Verfahrensübersicht

THERMOSELECT
Energie- und Rohstoffgewinnung

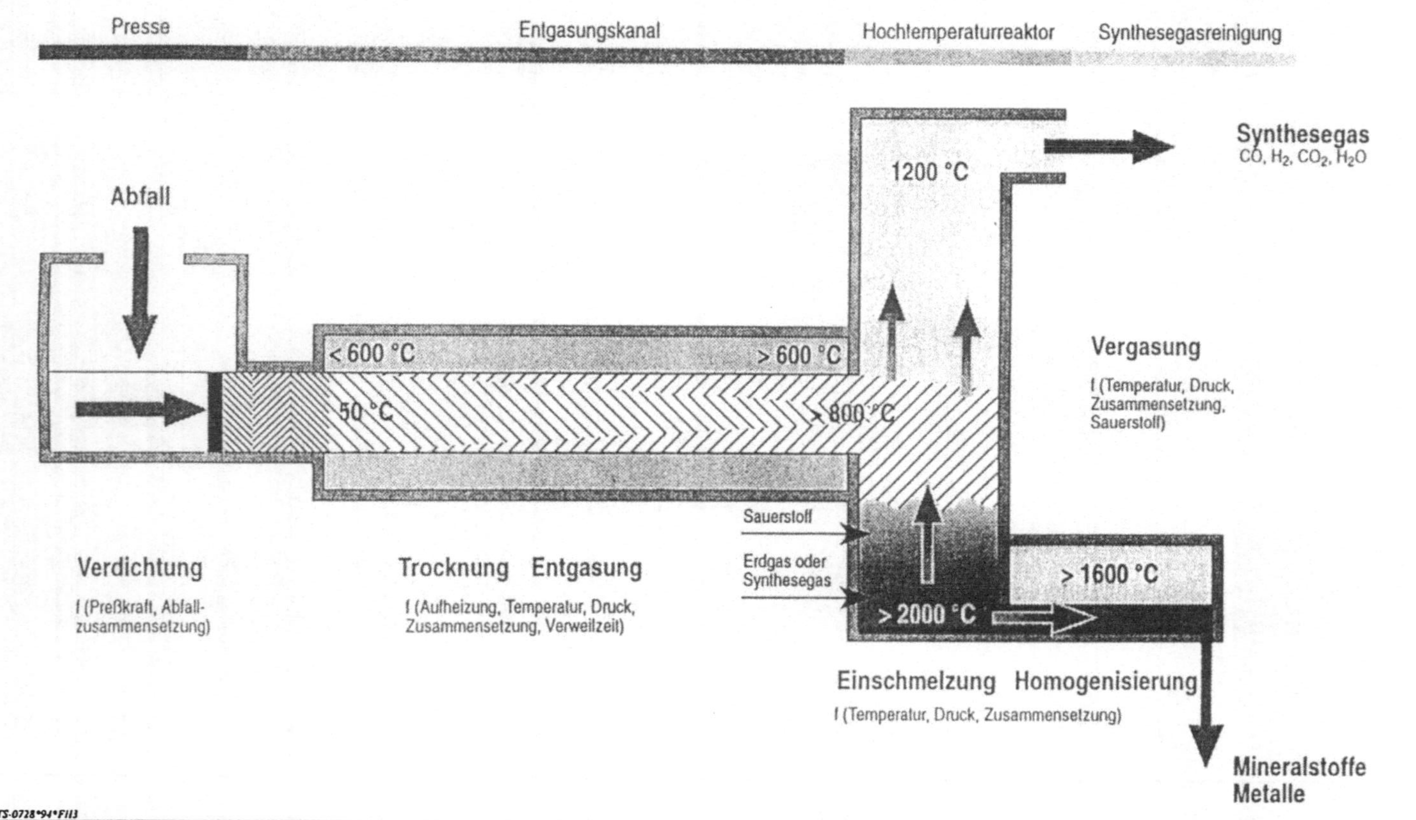

TS-0728*94*FII3

Massen- und Energieströme

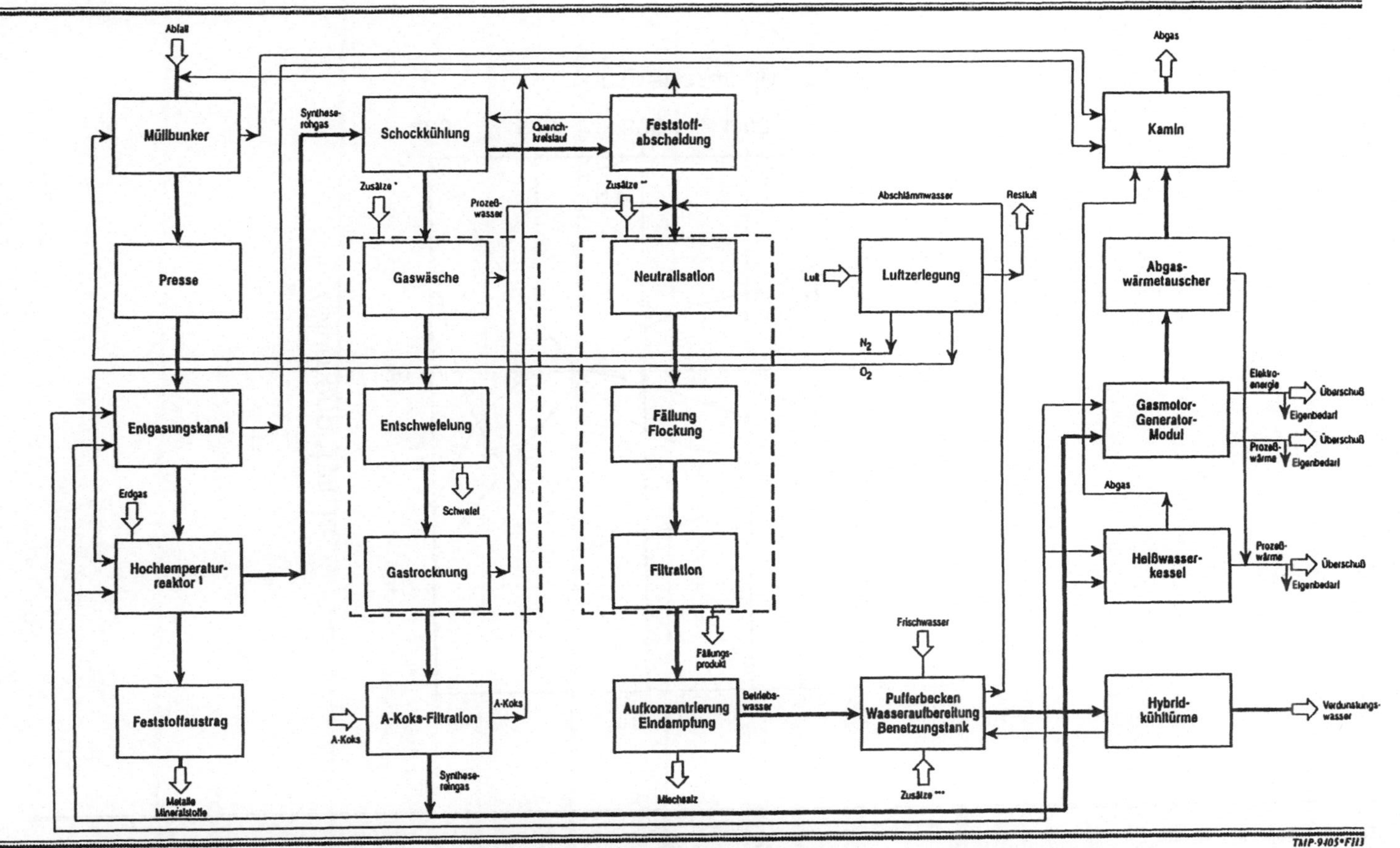

TMP-9405*FII3

1 Erdgaszufuhr oder Synthesegasrückführung zum Hochtemperaturreaktor; * Zusätze für die Synthesegasreinigung; ** Zusätze für die Prozeßwasseraufbereitung; *** Zusätze für die Betriebswasseraufbereitung

Chemisches Gleichgewicht bei der Vergasung

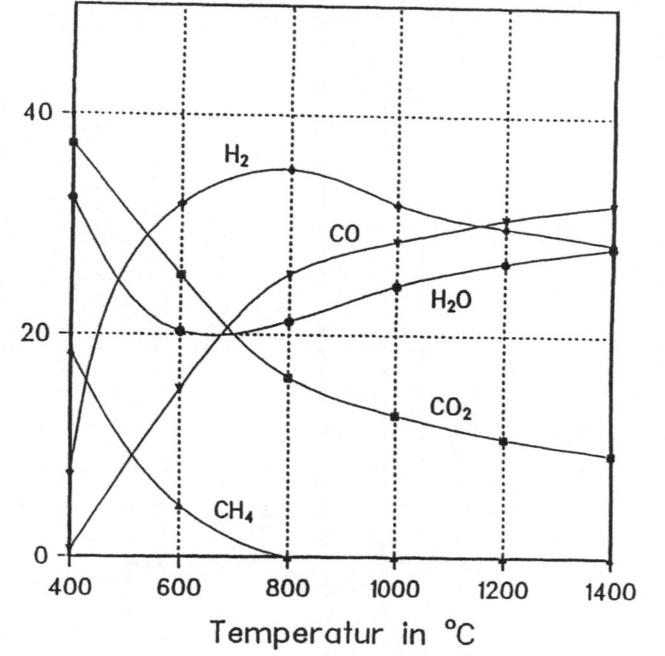

Chemisches Gleichgewicht bei der Vergasung (Syntheserohgas) in Abhängigkeit von der Temperatur

Das Maschinengerüst erfüllt Gebäudefunktion. Es wurde von dem Schweizer Architekten Mario Botta entworfen.

Von links: Müllbunker - Presse - Entgasungskanal - Hochtemperaturreaktor; darunter: Homogenisierungsreaktor und Granulataustrag

Abbildung : Die THERMOSELECT - Anlage in Fondotoce (NO) am Lago Maggiore in Italien.

Standardanlage - Funktionsbereiche

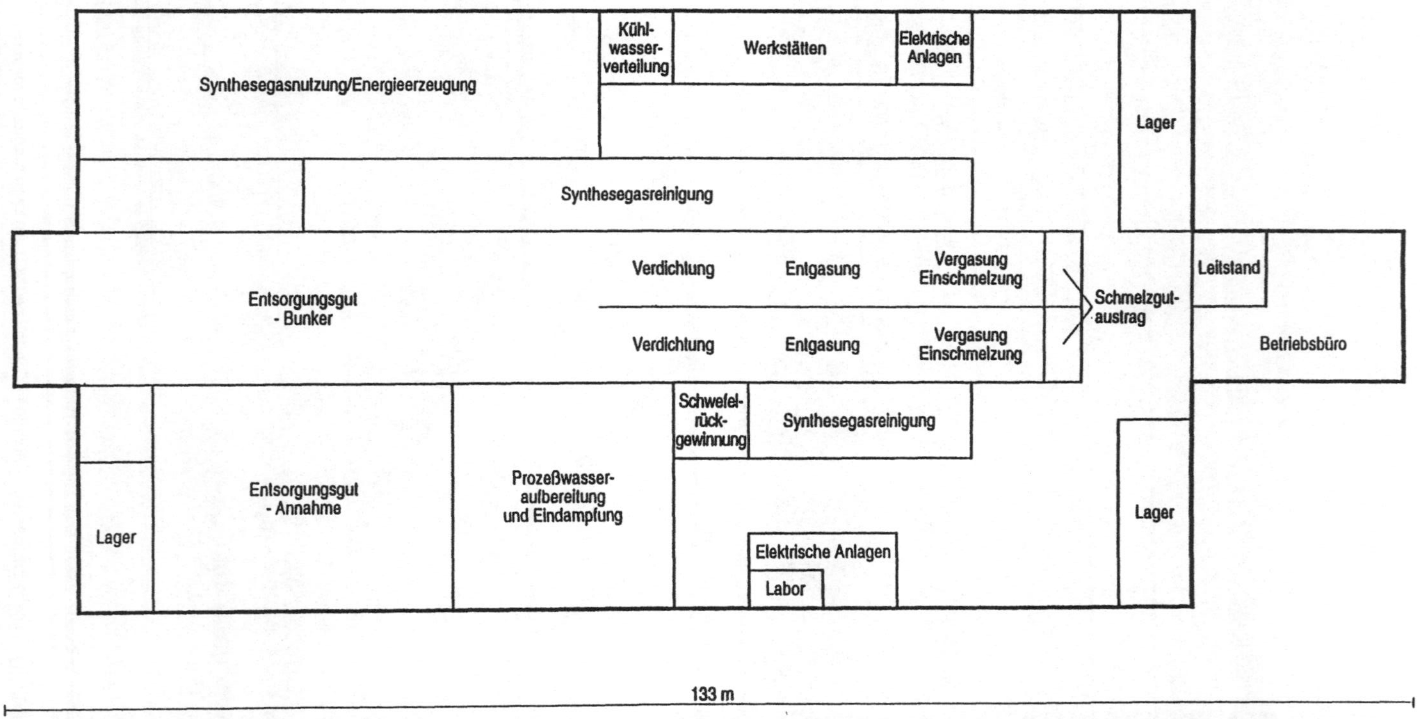

Die Übersicht ist nicht in jedem Detail maßstabsgerecht. Auf die Darstellung architektonischer Einzelheiten wie Trennwände oder Treppenhäuser wurde bewußt verzichtet.

Probleme der Behandlung und Deponierung von Abfällen in der Republik Belarus

V.R.Waaks

Sehr geehrte Damen und Herren !

Gestatten Sie mir, einen herzlichen Dank auszudrücken, vor allem den Organisatoren des Forums für die mir angebotene Möglichkeit, vor den Kollegen zu sprechen und an der Arbeit des Forums teilzunehmen.

In der Republik Belarus (Weißrussland) leben 10,3 Millionen Menschen auf einem Territorium von 207 km². Auf Grund ihrer natürlichen Voraussetzungen und eines relativ gut entwickelten Verkehrsnetzes hat die Republik Belarus eine Industrie, die auf Maschinenbau, Mineraldüngererzeugung, Petrolchemie, Textilindustrie und holzverarbeitende Industrie sowie Elektronik, Fleisch-und Milchproduktion spezialisiert ist.

In den letzten Jahren ging die Industrie-und Landwirtschaftsproduktion zurück. Dafür gibt es viele Gründe. In dieser Zeit der wirtschaftlichen Umgestaltung ist die wohl komplizierteste Aufgabe, den Übergang von der zentralen Planung zur Marktwirtschaft zu bewältigen. Die Republik Belarus trifft eine Reihe von Fördermaßnahmen, um ausländische Investoren für die Entwicklung von Ökonomie und Ökologie zu gewinnen.

Leider war in der Vergangenheit in Weißrussland der Schutz der Umwelt nicht gewährleistet. Die Gründe dafür sind in der zentralen Planwirtschaft sowie im Abbruch zwischenstaatlicher Beziehungen zu sehen. Die folgenden Faktoren führten dazu, daß den Aspekten des Umweltschutzes nicht genügend Beachtung geschenkt wurde:

1. Die industrielle und landwirtschaftliche Entwicklung von Belarus weist strukturelle Besonderheiten auf.
2. Die Förderung bzw. Stimulierung des sparsamen Umgangs mit Ressourcen war nur in Ansätzen entwickelt. So haben zum Beispiel niedrige Preise für Energieträger dazu geführt, daß der Energieverbrauch dreimal höher ist als in entwickelten Ländern.
3. Die Zielsetzung auf die Quantitativen Ergebnisse der Produktion

zwang dazu, auf das Innovationsrisiko zu verzichten.

4. Finanzielle Nötigung . Da die Betriebe ein Teil der Staatlichen Struktur sind, werden Verluste ständig auf Kosten des Staatshaushaltes ausgeglichen, um drohende Zahlungsunfähigkeit von den Betrieben abzuwenden. Das führte zu der dimensionierten Projekten dem Bau von Deichen am Fluß Pripjat, der Entwässerung des Polessje-Gebietes u.a.
5. Geheimhaltung, mangelhaftes Informationssystem und daher keine Möglichkeit gesellschaftlicher Kontrolle.
6. Nichtvorhandensein eines Rechtsstaates mit Machtverteilung, Schutz des Eigentums und der Bürgerrechte.

Bei der Lösung der Aufgaben der wirtschaftlichen Entwicklung bzgl. einzelner Regionen der Republik war die Zweigeinstellung vorherrschend, die zu wesentlichen Verletzungen der Naturkomplexe geführt hat.

Besonders schwierig gestaltete sich die Umweltsituation auf Grund der Atomreaktor-Katastrophe von Tschernobyl. Ein Fünftel des Territoriums der Republik ist seitdem für die Bewirtschaftung ungeeignet und gefährdet mit unvoherrschbaren genetischen Folgen das Leben der Menschen.

Bedeutend beeinträchtigen die Umwelt die Abfälle, darunter gefährliche Abfälle, die sich sowohl in der Produktion als auch in der gesellschaftlichen Konsumtion bilden.

Die Fragen der Erfassung und Überwachung in bezug auf die gefährlichen Abfälle auf jeder Umgangsstufe (von der Bildung und Anhäufung auf den betrieblichen Territorien und bis zur Entsorgung auf den Sonderdeponiestellen) wurden in eine der globalen Umweltprobleme verwandelt, die erfolgreiche Lösung könnte mit Bemühungen eines einzelnen Landes nicht realisiert werden.

Nach den Angaben der Staatlichen statistischen Rechnungslegung gemäß der Form Nr.2 tp bildeten sich über 14,5 Mln.Tonnen Abfälle in der Republik im Jahre 1993, nur 12% davon werden wiederverwertet. Über 85% vom Gesamtumfang der wiederverwertbaren Abfälle entfallen auf die viele Tonnnen schweren 4 Klassen der Gefährlichkeit: Gallitabfälle (Verwertungsgrad/Recycling - - 8%), lehmsalzige Schlamme (nicht verwertet), Phosphorgips (Verwertung - -0,7%), Lignin (Verwertung - 24%).

Die vergleichende Analyse der Angaben nach der Form der statistischen Rechnungslegung Nr.2 tp (Stand : 1992 und 1993) hat gezeigt, daß sich im Jahre 1993 das Aufkommen an der Gesamtmenge der Abfälle im Vergleich zum Jahre 1992 auf 36,8% verringert hat, das ist mit der Durchsetzung der ressourceneinsparenden Technologien verbunden und durch den wirtschaftlichen Rückschlag bedingt. Die Reduzierung der Gesamtabfall-und-reststoffmenge bezieht sich de facto auf alle Arten der Abfälle. Beim Vergleich des Wiederverwendungsgrades der Reststoffe kann man erwähnen, daß sich die Wiederverwertung der Abfälle im Vergleich zum Jahre 1992 auf 57,5% vermindert hat, der Unterschied zwischen den Angaben dieser 2 Jahre ist größer als der beim Aufkommen an Abprodukten.

Der Hauptgrund liegt in der Verringerung der Verwertung von Phosphorgips (auf 6-fach), von Gallit (auf 2-fach) infolge des bedeutenden Anwachsens der Transportaufwendungen für die Anlieferung der Abfälle zu Anwendungsbereichen.

In der Republik wurden die Arbeiten bzgl. der Abfallverarbeitung aktiviert. Es wurden die Kleinunternehmen und Joint-ventures gegründet, deren Tätigkeitsfeld Abfallverwertung und-entsorgung ist. Leider muß man jedoch feststellen, daß die oben erwähnten Betriebe die aus dem Auslande eingeführten Abfälle verwerten. Hauptsächlich werden verschlissene Autoreifen, Kunststoffe, abgelaufene Chemikalien, Altautos von allen Arten und verschiedener Nutzungsdauer (10 - 15 Jahren Gebrauch), moralisch und technisch verschlissene Haushaltgeräte (Kühlschränke, Waschmaschinen, Bügeleisen u.s.w.), gebrauchte Bedarfsartikel, die als humanitäre Hilfe in die Republik geliefert wurden, importiert. Die o.g. Be triebe, darunter die außerordentlichen verfügen über keine staatliche Erfassung und Überwachung der Abfallvermeidung und-verwertung. Das ist ein der Gründe, der dringend zu lösen ist.

Die Herabsetzung der Wiederverwertung der Abfälle bedingt die Steigerung deren Anhäufung. Die Gesamtmenge der angehäuften Abfälle steigerte sich 1993 auf 2,1%.

Auf den Sammelstellen und in den Lagern geordneter Ablagerung und auf den Betriebsterritorien sind Ende 1993 schon über 585 Mln.Tonnen Abfälle incl. Gallitabfälle und lehmsalzige Schlamme angehäuft. Die Sammelstellen der Gallitabfälle nehmen das Territorium von über 800 ha ein. Infolge der Witterungseinwirkungen (Niderschläge) bilden sich alljährlich gegen 4 Mln. m³ gesättigte Solen auf einem Hektar der Salzhalden.

Die produzierten und unverwertbaren Abfälle werden zu den Entsorgungsanlagen (-stellen) in der Regel mit den betrieblichen Transportmitteln zusammen mit den hausmüllähnlichen Gewerbeabfällen angeliefert. Das Nichtvorhandensein der Sonderdeponiestellen für die Behandlung, Entgiftung und Beseitigung der toxischen Abfälle von solcher Art auf die Deponien für feste Haushaltabfälle gelangen. Zum Beispiel: im Jahre 1993 wurden zu den Deponiestellen für feste Haushaltabfälle über 170 T Abfälle der galvanischen Produktion, die durch die 1. bis 3. Gefahrstufen gekennzeichnend sind, (Werk "Legmasch" von Orscha, Kugellagerwerk von Minsk,Elektronenrechenmaschinenwerk von Minsk und sonstige) 5640 T alkalische Lösung (Werk "Krion" in Minsk) abtransportiert.

Bis zuletzt erfolgte keine systematische Erfassung und Kontrolle der Ablagerungen von Abfällen auf den Flächen von verschiedenem Typ, dabei fehlt ihre vollständige Charakteristik.

Im Jahre 1989 führte das Ministerium für Wohnungskommunalwirtschaft die Bestandsaufnahme aller Deponien für feste Haushaltabfälle aus, infolgedessen wurde in Belarus 163 Deponiestellen registriert, diese Deponiestellen nehmen das Territorium von 900 ha ein. Die Bestandsaufnahme der Deponiestellen für Indust rie-und Gewerbeabfälle wurde überhaupt nicht durchgeführt. Ihre Anzahl beträgt in der Republik Belarus gegen 100 (gemäß den Angaben der statistischen Rechnungslegung der Form Nr.2 tp-Abfälle). Die technischen Daten , Meldungen über die Ausrüstung der Entsorgungsobjekte sowie über die Umweltbeeinträchtigung fehlen in den zuständigen Einrichtungen des Ministeriums für Naturressourcen und Umweltschutz der Republik Belarus.

Vom belorussischen wissenschaftlichen Forschungszentrum "Ökologie" wurde die komplexe ökologische Untersuchung/Überprüfung der 16 Entsorgungsobjekte bzw. Deponien für feste Haushaltabfälle und Industrie-und Gewerbeabfälle gemäß den Forschungsangaben wurden Gutachten über die Auswirkungen auf Grundwässer, Boden und Luft abgegeben sowie die Maßnahmen zur Beseitigung bzw.Abwendung der Beeinträchtigung der lebensnotwendigen Elemente durch Deponiestellen ausgearbeitet.

Für 2 von den 16 nachgeprüften Deponien liegen die Projekte vor (bzw.Ausführungsdokumentation und Projektdokumentation für technische Ausstattung dieser 2 sozusagen nach den Projekten errichteten Deponien gemäß der Dokumentation für die technische Einrichtung nicht voll ausgeführt. In bezug auf die anderen liegen nur die Akten der örtlichen Verwaltungskörperschaften über die Übergabe der Grundstücke zur entsprechenden Bewirtschaftung vor.

Im vollen und ganzen werden jene Deponien, wo Abprodukte abgelagert werden, unter der Verletzung der normativen Grundanforderungen bewirtschaftet.

Artikel Nr.24 des Umweltgesetzes sieht die staatliche Erfassung und Registrierung der umweltgefährdenden Objekte vor, die Bewertung wird von den zuständigen Einrichtungen des Ministeriums für Naturressourcen und Umweltschutz sowie vom Ministerium für Gesundheitswesen ausgeführt. Es ist zweckmäßig, diese Arbeiten nach der einheitlichen Methodik durchzuführen, diese Methodik würde die Verarbeitung und Systematisierung der Daten mit den elektronischen Rechenmaschinen vosorgen.

Zu dem o.g. Anliegen und zwecks der Schaffung der umweltfreundlichen Bedingungen für die Ablagerung der Abprodukte ist es erforderlich, die vollständige Bestandsaufnahme der Deponiestellen vorzunehmen. Dazu sind die Form des ökologischen Passes (des umweltverträglichen Datenblattes) in bezug auf Abfalldeponiestellen und Methodik der komlexen ökologischen Erforschung der Entsorgungsobjekte zu erstellen. Auf Grunde der Untersuchungsangaben wird das umweltverträgliche Datenblatt bzgl. eines Entsorgungsobjektes erstellt und die Maßnahmen zur technologischen Ausstattung festgelegt, die auf die Schaffung der minimalen Einwirkungen der Schadstoffe auf die Umwelt orientiert sind.

Die ökologischen Pässe müssen zur Informationsbasis für die nächstfolgende Gründung der Datenbank in bezug auf alle Entsorgungsobjekte, wo die Abfälle abgelagert werden, im Rahmen der Republik geeignet sein. Außerdem müssen die ökologischen Pässe als Grundlage zur Lizenzerteilung für die Betreibung der Entsorgungsobjekte sowie für die Bestimmung der Abfallentsorgungslimite undgebühre gelten.

Es ist zu bemerken, daß der gegenwärtige vorhandene Technische Paß (das umweltverträgliche Datenblatt) einer Deponiestelle für feste Haushaltabfälle, deren Form vom Ministerium für Wohnungskommunalwirtschaft erstellt und in Kraft gesetzt, enthält umweltfreundliche Aspekte. In dieser Unterlage sind die technische Ausstattung der Deponien für feste Haushaltabfälle, die Bauingenieurcharakteristik und sonstige Aufgaben der Entsorgungsobjekte, die sich auf dem Territorium der Deponie befinden. Das Datenblatt ist doch für die Deponien für Ablagerung der festen Haushaltabfälle entwickelt, solche Deponiestellen werden von den kommunalen Behörden /Ämten betreiben und berücksichtigen keine anderen Lagerstätten für Industrie-und Gewerbeabfälle sowie Siedlungsabfälle.

Die technische Ausgestaltung der Deponien fordert enorme Kapitalinvestitionen an, nicht alle Betriebe sind zur Zeit imstande, dafür Geldmittel auszusuchen. Deshalb wäre es erforderlich, einen optimalen Komplex bzgl. der preiswerten Maßnahmen auszuarbeiten, deren Realisierung zur Verminderung der Einwirkungen der Schadstoffe auf die Umwelt beitragen könnte. Zum Beispiel:

- bei der Ausfahrt - die Errichtung der Betonbecken für die Desinfektionslösung zum Autoreifenwaschen;
- Überwachung der Entsorgung der toxischen Abfälle, damit werden keine Schadstoffe in die Deponien für feste Haushaltabfälle sowie in die illegalen Lagerstätten eingebracht.

Die vordringlichen Aufgaben auf dem Gebiet der Abfallablagerung sind

- Bildung und Einführung des Staatskatasters in bezug auf die Abfallablagerungsstätten;
- Organisierung des Umweltmonitoring in den durch Halden und Mülldeponien umweltbelastenden Zonen.

Diese Arten der Arbeiten sind in den Artikeln 22 - 24 des Umweltschutzgesetzes vorgesehen. 3 Hauptaufgaben sind für die Ausführung dieser Arbeiten zu lösen:

- Durchführung der Bestandsaufnahme der Abfallbehandlungs-und-entsorgungsobekte und Schaffung der Datenbank bzgl. der Abfalldeponierung;
- Typisierung der Objekte unter Berücksichtigung vieler Faktoren;
- landschaftlich-ingenieurgeologische Rayonierung des Territoriums von Belarus unter Berücksichtigung der Bedingungen der Abfalldeponierung;

Die Lösung dieser Aufgaben ermöglicht das optimale/bestmögliche wissenschaftlich begründete Überwachungsnetz aller Typen der Objekte in einer bestimmten landschaftlich-geologischen Zone auszuarbeiten und in Kraft zu setzen.

Die in der Republik funktionierende Verwaltungsstruktur auf dem Gebiet der Wiederverwertung und Entsorgung der hausmüllähnlichen Gewerbeabfälle und das Gesetzgebungssystem entsprechen den Anforderungen des Baseler Übereinkommens nicht vollinhaltlich. Obwohl sich Belarus an das Baseler Übereinkommen noch nicht angeschlossen hat, (das ist hauptsächlich mit den wirtschaftlichen Schwierigkeiten verbunden, überging unsere Republik in die Formierung eines wirkungsvollen staatlichen Systems des Abfallmanagements in bezug auf alle Recyclingstadien. Das Gesetz über den Umweltschutz sowie das über die Gewerbe-, Industrie-und Haushaltabfälle angenommen. Zur Zeit werden die Arbeiten an der Vorbereitung der rechtlichen Akten und sonstiger Dokumente zum Ziel der Entwicklung der angenommenen Gesetze incl. die Vorschriften für den Umgang mit den gefährlichen Stoffen durchgeführt.

Es ist die Form der staatlichen Rechnungslegung Nr.2 tp-Abfälle ausgearbeitet, genehmigt und schon in Kraft gesetzt, die ermöglicht, den Kreislauf aller Arten der Abfälle in einem Unternehmen zu verfolgen (Umgang im Produktionsbereich, Vermeidung und Verwertung).

Seit Juli 1993 ist die Verordnung über die Regeln/Normen der Lizenzierung in bezug auf Waren-Aktivitäten-Dienstleistungen-Import-Export in der Republik Belarus in Kraft , entsprechend den rechtlichen Regelungen erfolgt die Lizenzerteilung für die Einfuhr der Industriewaren in die Republik Belarus. Das hat ermöglicht, die Kontrolle der qualitativen und quantitativen Zusammensetzung der zur Verwertung eingebrachten Abfälle herzustellen.

Es ist zu bemerken, daß die Überwachung der grenzüberschreitenden Verbringung der Abfälle und der Transitbeförderung der Abfälle vorläufig fehlt, es sind keine normativen Unterlagen, die diese Operationen/Prozesse anordnen, ausgearbeitet. Die Zahlung für die Industrie-und Siedlungsabfalldeponierung ist eingeführt, das fördert die Aktivitäten der Abfallproduzenten in der Richtung der Verringerung der Zahl der Abprodukten sowie in der der Suche nach ihrer Behandlungsverfahren.

Eine der wichtigsten Dokumente ist das von der Regierung angenommene Programm über die ökologisch und wirtschaftlich begründete Wiederverwendung der Abfälle. Das Hauptanliegen des Programms ist die Formierung einer staatlichen Einheitspolitik auf dem Gebiet des Umganges mit den Industrie-und Siedlungsabfällen.

Man kann einige Haupaufgaben des Programms hervorheben:

- Sicherstellung der Verringerung des Anfalls der Abfälle auf Grunde der Einführung der neuesten ressourcenschonenden Technik;
- Erhöhung des Niveaus und der Wirksamkeit der Abfallwiederverwendung;
- Sicherstellung der umweltverträglichen Entsorgung der gefährlichen Abfälle sowie die der Transitbeförderung der Abfälle (grenzüberschreitende Verbringung);
- Vervollkommnung des Systems der verwaltungsorganisatorischen, rechtlichen, normativ-methodischen, wirtschaftlichen Maßnahmen zum Umgang mit den Abfällen.

Es ist das für die Republik wichtigste Dokument "Verordnung über die Rechtsordnungen bzgl. der Lizenzerteilung für die Verwirklichung der zur Zeit unkontrollierbaren grenzüberschreitenden Verbringung der Abfälle an wirtschaftliche Subjekte" ausgearbeitet und im Ministerrat zur Behandlung vorgelegt. Die erarbeitete Verordnung ordnet die Genehmigungserteilung für die Transgrenzentransportierung der Abfälle an. Gemäß der Verordnung erfolgt die Genehmimigungserteilung für die grenzüberschreitende Verbringung der Abfälle in den Ausnahmefällen (sie werden ausbedingt); die zur Transgrenzentransportierung geeigneten/zugelassenen Abfallkategorien sind angegeben. Die Inkraftsetzung der Verordnung ermöglicht, die Umweltbelastungen durch die Tätigkeit der wirtschaftlichen Subjekte beim Abfallimport und-export maximal zu verringern.

Im Stadium der Ausarbeitung und Behandlung im Ministerrat der Republik Belarus sind zur Zeit solche Dokumente wie die Verordnung über den Umgang mit den Abfällen, die Ausarbeitungsbestimmungen bzgl. der Limitation für

Abfalldeponierung, Rechtsordnungen bzgl. der Genehmigungserteilung für die Abfallbehandlung und-deponierung an die wirtschaftlichen Subjekte und sonstige.

Die Bestimmungen der Beschlußfassungen bzgl. der Standortverteilung und der technischen Weiterentwicklung der Abfallentsorgungsobjekte sind gesondert zu erwähnen, die Vorlage der anzunehmenden Verordnung ist erarbeitet und vom Ministerrat behandelt.

Die Entscheidung über die Errichtung des Komplexes zur Behandlung, Entgiftung und Entsorgung der toxischen Abfälle in jeder Republik wurde noch 1991 (Verordnung des Ministerrates der Belorussischen SSR vom 26. Juli 1991 Nr.292) angenommen. Aber bei der Standortwahl für die Errichtung der Abfallentsorgungskomplexe sind Probleme entstanden, deren Lösung ohne entsprechende rechtsgebende Unterlage unmöglich ist. Der Entsorgungskomplex muß den Bau einer Deponie für die ober-und untertägige Deponierung von Abprodukten einschließen. Die Deponien sind Umweltschutzingenieuranlagen, die große Kapitalinvestitionen und Anweisung der ansehnlichen Grundstücke anfordern. Wie dafür die Nutzungserfahrung der Deponien von solchem Typ in anderen Gegenden/Gebieten spricht, daß sie sehr häufig unsicher und nicht von Dauer sind.

Das Problem der Deponierung der toxischen Abfälle kann mit mehreren Handlungsebenen gelöst werden. Das Erdinnere von Belarus, wie die Geologen meinen, läßt eine Frage über ihre Verwendung als natürlicher Barrriere für den Biosphärenschutz von der Beeinträchtigung der Schadstoffe erregen. Europa verfügt über ähnliche Erfahrungen, z.B.: Deutschland, Frankreich.

Es ist zu bemerken, daß die Nutzung der Kammerdepots (im Erdinneren) die Errichtung der Komplexe für die Abfallverarbeitung und-entgiftung nicht ausschließt. Noch mehr müssen sie einander ergänzen, weil in jedem Komplex das Vorhandensein einer Deponiestelle mit der technischen Sonderausstattung für die Ablagerung und Deponierung der Abfälle und Reststoffe vorgesehen ist. In der Regel sind alle Deponien auf 20 Jahren der Nutzungsdauer gerechnet und für ihren Bau werden mehrere Hektare Territorien angewiesen. Die Errichtung der untertägigen Depots (Deponien) in den Salzböden ermöglicht die Fläche der obertägigen Deponie des Gesamtkomplexes bedeutend zu reduzieren.

Es sei zum Abschluß unterstreichen: die Lösung der Umweltprobleme darf nicht verschoben werden. Bis heute gehörten sie nicht zu unseren Prioritäten, aber jetzt sollen sie endlich eine entsprechende Einschätzung bekommen, denn die Naturschutzprogramme bestimmen letzten Endes langfristige Perspektiven der Gesellschaftsentwicklung. Man muß sich auch darüber klarwerden, daß diese

Programme nur unter Bedingungen einer kräftigen realen Macht realisiert werden können. Nur sie ist fähig, den laufenden Interessen der Regionen/Territorien und politischer Parteien die Interessen einer normalen Zusammenwirkung der Natur und Gesellschaft gegenüberzustellen, die für eine lange Perspektive staatlicher und zwischenstaatlicher Beziehungen gedacht ist.

Einteilung der nichtverwertbaren Abfälle gemäß dem Grad ihrer Gefährlichkeit (Anteil in Vol. %)

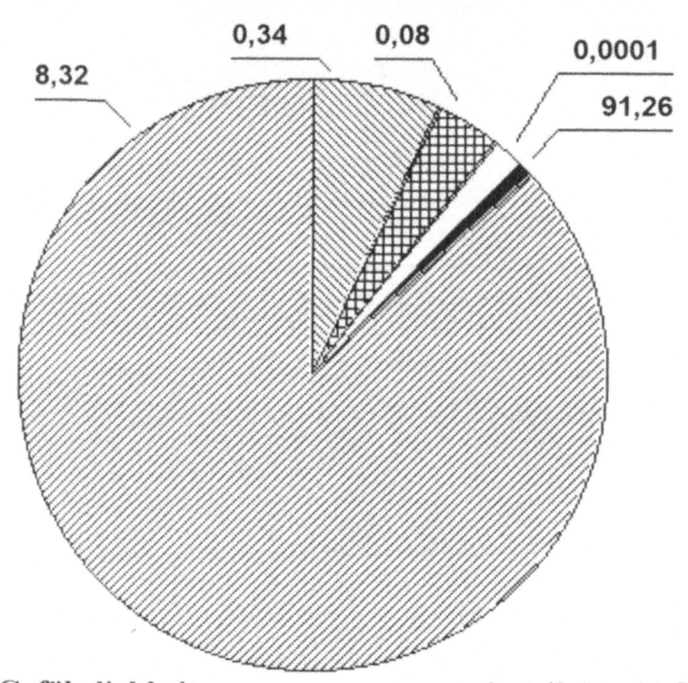

Grad der Gefährlichkeit	Anteil der Abfälle, Tausend T/Jahr
1	0,016
2	10,58
3	43,61
4	1081,29
inert	1081,17

Einteilung der nichtvertwerbaren Abfälle gemäß ihrer Gefährlichkeit ohne Berücksichtigung der Gallitabfälle (Anteil in Vol. %)

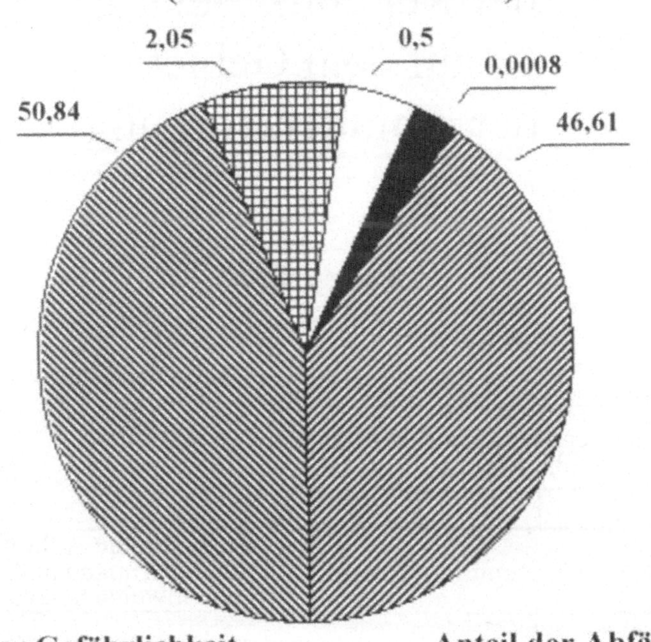

Grad der Gefährlichkeit	Anteil der Abfälle, Tausend T/Jahr
1	0,016
2	10,58
3	43,61
4	991,16
inert	1081,17

System der Gesetzgebung der Republik Belarus auf dem Gebiet der Abfallentsorgung

Gesetze

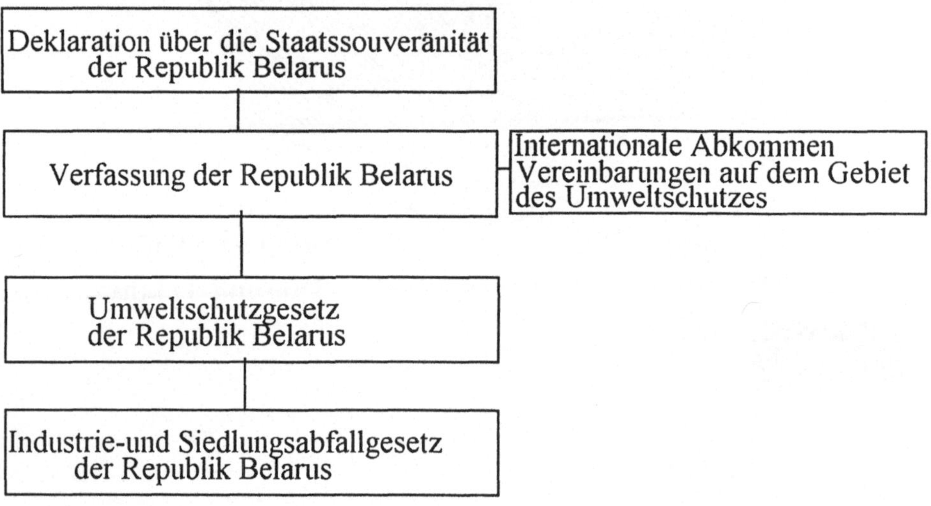

Fortsetzung der Tabelle auf der nächsten Seite

Fortsetzung der Tabelle

Umsetzung von Nachrüstprogrammen nach TA Siedlungsabfall in Sachsen

Dr. Hans-Friedrich Bamberg, Dresden

1. Stand der Technik

Grundsatz und Hauptanliegen des Standes der Technik bei Deponien ist eine umwelt- bzw. gemeinwohlverträgliche Abfallbeseitigung, so daß eine Beeinträchtigung insbesondere der Schutzgüter Mensch, Tier, Pflanze, Boden, Gewässer und Luft nicht erfolgt.

Die daraus resultierenden Forderungen, jede Freisetzung und Ausbreitung von Schadstoffen zu verhindern, sollen nach den Technischen Anleitungen für Sonder- und Siedlungsabfall [1], [2] durch ein Multibarrierenkonzept, d. h. mehrere weitgehend voneinander unabhängig wirksame Sperren, realisiert werden (Tabelle 1). Mit diesem Konzept geht man weit über den allgemeinen Ingenieur-Grundsatz "so sicher wie nötig" hinaus und orientiert zum Wohl der Allgemeinheit auf eine Langzeitlösung "so sicher wie nur irgend möglich".

Ein Deponiebau nach Stand der Technik ist nur für neu zu errichtende Anlagen umfassend möglich. Für die überwiegende Zahl der noch nutzbaren Altanlagen kann es nur um eine Erfüllung von Mindestanforderungen gehen, die auf eine Anpassung an den Stand der Technik orientieren. Eine Nachrüstung betriebener Deponien wird unter diesem Gesichtspunkt neben einer maximalen Nutzung vorhandenen Deponieraumes primär nur die bestmögliche Sicherung der genannten Schutzgüter vor Gefahren zum Ziel haben.

Voraussetzung für die Erstellung von Nachrüstprogrammen ist deshalb eine sorgfältige Gefährdungsabschätzung analog zur Altlastenerkundung (Bild 1) unter besonderer Berücksichtigung der Einflüsse von

- Deponiesickerwässern (Menge, Beschaffenheit)
- Deponiegasen (Menge, Beschaffenheit)
- Staub-, Geruchsemissionen
- Brandgefahren, Temperaturentwicklungen
- Verformungen, Setzungen von Deponiekörper und -auflager.

Je nach dem Ergebnis dieser historischen und technischen Erkundungsarbeiten leiten sich aus den Anforderungen an Altanlagen nach TA Siedlungsabfall vorrangig folgende Maßnahmen ab:

- Verbesserte Organisation des Deponiebetriebes
- Reduzierung des Schadstoffgehaltes im Abfall durch Vorbehandlung
- Verbesserung der Standsicherheit und Verdichtung; Optimierung der Einbauschichthöhe
- Verringerung der Sickerwassermenge durch Oberflächenabdichtungen; Endgestaltung des verfüllten Deponieteiles
- Verringerung der Grundwasser- und Bodengefährdung durch Einkapselung (z. B. Dichtungswände)
- Fassung, Ableitung und Aufbereitung von Fremd- und Sickerwasser sowie Deponiegas.

Bei der Auswahl der bestmöglichen Lösung ist zu klären, ob es sich um Gefahrenabwehr handelt, die in jedem Falle durchgeführt werden muß, oder ob eine reine Vorsorgemaßnahme geplant werden soll, bei deren Realisierung auch Gesichtspunkte des noch vorhandenen Deponievolumens und der Restlaufzeit eine wesentliche Rolle spielen.

2. Deponiesituation in Sachsen

Die Verdachtsfalldatei des sächsischen Altlastenkatasters [3] enthält mehr als 8 000 Altablagerungen (Bild 2). Es handelt sich dabei sowohl um verlassene und stillgelegte Ablagerungsplätze, Aufhaldungen und Verfüllungen mit kommunalen Industrieabfällen und gewerblichen Abfällen, als auch um noch betriebene Deponien. Schätzungsweise 10 bis 20 % dieser altlastenverdächtigen Flächen sind Deponien, die nach dem zuvor geltenden Recht der DDR (Landeskulturgesetz) im Ergebnis eines Genehmigungs- oder Zustimmungsverfahrens rechtmäßig waren. Durchschnittlich verfügte jede Stadt und jede Gemeinde über wenigstens einen eigenen Müllabladeplatz. Den größeren Teil der erfaßten Altablagerungen stellen illegale "wilde" Ablagerungen und Schutthalden dar.

Nach rigoroser Stillegung der meisten Ablagerungsplätze (Bild 3) verblieben nach 1991 nur noch rd. 100 Deponien für Siedlungsabfälle bei den entsorgungspflichtigen Körperschaften [4], [5] und eine analoge Zahl privat betriebener Anlagen für industrielle Abfälle, Erdaushub und Baurestmassen. Infolge geringen Restvolumens und fehlender Erweiterungsmöglichkeiten ist mit einem raschen Rückgang verfügbarer Deponiekapazitäten zu rechnen (Bild 4).

Für alle betriebenen sächsischen Deponien - derzeit sind es noch rund 60 - besteht "Bestandsschutz", d. h. es liegen Altgenehmigungen zuständiger Behörden vor, die seinerzeit fachlich von den bezirklichen Schadstoffkommissionen, bestehend u. a. aus Mitarbeitern von Wasserwirtschaft, Geologie und Hygieneinspektion, vorbereitet wurden. Allerdings orientierten die damaligen Begutachtungen weniger auf eine generelle Schadensverhütung, sondern eher auf eine Begrenzung von Gefährdungen für vorhandene Nutzer (z. B. Wasserwerke). Unter diesem Aspekt wurden schon gewisse Kontaminationen in Kauf genommen.
Beachtet man weiter, daß zum Zeitpunkt der Inbetriebnahme von Altanlagen der Stand von Wissenschaft und Technik bei weitem nicht dem heutigen entsprach, so ist es nicht verwunderlich, daß bei Neugründung des Freistaates Sachsen die Deponiesituation gekennzeichnet war durch

- fehlende Oberflächen- und Basisabdichtungssysteme
- ungenügende und stark veraltete Einbautechnologie und -technik
- unzureichende Erfassung/Messung von Stoffströmen und Schutzgutgefährdungen (Grundwasser)
- fehlende Sickerwasser- und Gasfassungen.

Trotzdem sind die vorliegenden groben Untersuchungsergebnisse (Bild 5) der formalen Erstbewertung von Altablagerungen/Deponien nach der sächsischen Altlastenmethodik hinsichtlich einer Schutzgutgefährdung überraschend [6]. Nur in rd. 0,3 % der betrachteten Fälle besteht akuter Handlungsbedarf zur Gefahrenabwehr. Für rd. 11 % sind demnächst weitere Untersuchungen vorzunehmen. Für rd. 71 % der Verdachtsfälle ergibt sich kein unmittelbarer und für rd. 17 % überhaupt kein Handlungsbedarf. Diese Tendenz, die auch durch vertiefende historische Erkundungen bestätigt wird, weist nicht zuletzt auf das zumeist geringere Schadstoffinventar und geringere Volumina ostdeutscher Ablagerungsplätze vor 1990 hin. Eine deutliche Verschärfung der Abfallsituation ist durch das neue Konsumverhalten der letzten Jahre in Sachsen zu verzeichnen.

3. Nachrüstung von Altdeponien in Sachsen

Die Grundsätze der Abfallwirtschaftspolitik im Freistaat Sachsen [7] orientieren, ebenso wie in allen anderen Bundesländern, auf die Priorität von Vermeidung und Verwertung (Kreislaufwirtschaft) vor der Beseitigung von Abfällen. Der Verzicht auf eine Deponierung bleibt jedoch undenkbar, auch wenn mit Vermeidung und Verwertung, in Verbindung mit der geforderten Vorbehandlung, der zu beseitigenden Abfälle eine drastische Minderung der abzulagernden Mengen verbunden sein wird. Die Gewährleistung der Entsorgungssicherheit in Sachsen erforderte, neben den mittel- und längerfristigen Maßnahmen des Deponieneubaus (Standortsuche und -sicherung), kurzfristige Aktivitäten zum umweltverträglichen

Weiterbetrieb nutzbarer Altanlagen, zur maximalen Ausnutzung der Restvolumina, zu Ausschöpfung von Erweiterungsmöglichkeiten an akzeptierten Standorten. Auf diesbezügliche Nachrüstmaßnahmen orientiert seit 1990 der Einsatz von Fördermitteln von Bund und Freistaat. Bis zum Erlaß der TA Siedlungsabfall im Mai 1993 bezogen sich diese Maßnahmen besonders auf eine Bestandsaufnahme mit Gefährdungsabschätzung (formale Erstbewertung) nach der sächsischen Altlastenmethodik sowie ggf. Sofortmaßnahmen zur Gefahrenabwehr. Die technische Anpassung bestand zunächst vornehmlich in einer Erneuerung des Geräteparks (Kompaktoren - Bild 6), der Straßen und Lagerplätze, in Einfriedungen und Papierzäunen sowie in der Vervollständigung von Eingangsbereichen und Kontrolleinrichtungen (Waagen, Analytik). Auf der Grundlage der Verwaltungsvorschrift und nach Konsolidierung der sächsischen Abfallverbände werden seitdem auf der Basis deren konkreter Abfallwirtschaftskonzepte und Prioritätenlisten Vermessungs- und Erkundungsarbeiten (Stabilität, Sickerwasser, Gas) realisiert und Nachrüstprogramme erarbeitet bzw. komplettiert (Bilder 7 und 8). Sicherungs- und Sanierungsarbeiten und erste Konzepte zu Deponieabschluß und Nachsorge werden geplant. Bedeutende Mittel werden auch für Grunderwerb zur Standorterweiterung ausgegeben. Eine Installation von Meß- und Überwachungseinrichtungen ist in Arbeit oder abgeschlossen.
Mit der zeitlich gestaffelten Übernahme aller Hausmülldeponien durch die Abfallverbände rücken verstärkt Wirtschaftlichkeitsuntersuchungen und Transportoptimierungen ins Blickfeld.

4. Zusammenfassung

Mehr als 90 % aller sächsischen Altdeponien sind ihrem Charakter nach Altlasten und bedürfen zum Schutz des Wohls der Allgemeinheit und zur Gewährleistung der Entsorgungssicherheit der Ertüchtigung, d. h. der Nachrüstung und Erweiterung. Die Restlaufzeit dieser Deponien ist im allgemeinen gering, und es bedarf auch schon jetzt der Maßnahmen von Nachsorge und Sanierung mit dem Ziel, geschlossene Deponien als Endlager von einem gewissen Zeitpunkt an ohne Bedenken für Schutzgüter weitestgehend sich selbst zu überlassen. Die nach der TA Siedlungsabfall für Altanlagen vorzusehenden zeitlich abgestuften Anforderungen an die Nachrüstung führen in Verbindung mit einer künftigen Vorbehandlungspflicht (z. B. Verbrennung) zu enormen Kostensteigerungen. Andererseits ist durch sinkende Müllmengen infolge Vermeidung/Verwertung/Behandlung eine relative Vergrößerung des Deponievolumens zu erwarten.
Nachdem im Zeitraum unmittelbar nach der Wiedervereinigung zunächst akuter Nachholebedarf hinsichtlich der Bestandsaufnahme, Gefahrenabwehr und technischen Grundausstattung auf sächsischen Deponien befriedigt wurde, ist man jetzt zu einer planmäßigen Erstellung und Umsetzung von Nachrüstprogrammen nach

TA Siedlungsabfall übergegangen. Eine Gefährdungsabschätzung nach der sächsischen Altlastenmethodik wird als Voraussetzung aller Maßnahmen angesehen.

5. Literatur

[1] Zweite allgemeine Verwaltungsvorschrift zum Abfallgesetz
(TA Abfall)
Technische Anleitung zur Lagerung, chemisch-physikalischer, biologischer Behandlung, Verbrennung und Ablagerung von besonders überwachungsbedürftigen Abfällen vom 12. März 1991

[2] Dritte allgemeine Verwaltungsvorschrift zum Abfallgesetz
(TA Siedlungsabfall)
Technische Anleitung zur Verwertung, Behandlung und sonstigen Entsorgung von Siedlungsabfällen vom 14. Mai 1993

[3] Freistaat Sachsen
Staatsministerium für Umwelt und Landesentwicklung
Altlasten
Rahmenkonzeption und Stand der Altlastenbehandlung
2. Auflage, September 1993

[4] Sächsisches Staatsministerium für Umwelt und Landesentwicklung
Jahresbericht der Abfallwirtschaft - Sachsen
Wasser & Boden 46 (1994) 6, S. 77-79

[5] Sächsisches Staatsministerium für Umwelt und Landesentwicklung
Umweltbericht 1994
Dresden, Januar 1994

[6] Müller, G.
Altlasten in den neuen Bundesländern
Vortrag
V. Sächsisches Altlastenkolloquium des BWK
Dresden, 1994

[7] Sächsisches Staatsministerium für Umwelt und Landesentwicklung
Materialien zur Abfallwirtschaft
Band 1
Grundsätze der Abfallwirtschaftspolitik im Freistaat Sachsen
3. Auflage, Dresden, 1993

Tabelle 1

Multibarrierenkonzept

Barriere	Charakteristik	Aufgabe
1) Geologische Barriere	Geologisch und hydrogeologisch geeigneter Standort · natürlich anstehender Untergrund · schwach durchlässige Locker-/Festgesteine ($k_f \leq 10^{-7}$ m/s) · hohes Adsorptions-/ Schadstoffrückhaltevermögen	Schadstoffe dürfen nicht beim Schutzgut (Grundwasser) ankommen
2) Technische Barriere	Deponieabdichtungssysteme nach TA oder gleichwertige Systeme	Schadstoffe dürfen nicht durchkommen
3) Technologische Barriere	Geeignete Einbautechnik für Abfälle unter Beachtung von Standfestigkeit und Verdichtung	Schadstoffe müssen überprüfbar und das Verhalten prognostizierbar sein
4) Rechtliche Barriere	Einhaltung der Zuordnungswerte	Schadstoffkonzentration wird begrenzt zur Verhinderung/Minimierung von · Deponiegas · Organischen Sickerwässern · Setzungen durch biol. Anbau
5) Monitoring-Barriere	Einrichtungen zur Überwachung · Grundwasserbeschaffenheit · Setzungen/Verformungen von Deponiekörper u. -abdichtungsystem · meteorolog. Daten · Wasserhaushalt · Sickerwasserqualität · Temperatur im Deponiekörper (·Deponiegas)	Schadstoffe werden bei unvorhergesehenem Durchbruch rechtzeitig erkannt: Einleiten von Maßnahmen zur Gefahrenabwehr

DEPONIE
Abfallentsorgungsanlage für zeitlich
unbegrenzte Ablagerung
NEUANLAGE
nach Stand der Technik
(TA Abfall, TA
Siedlungsabfall)
bestehende Anlage
noch in
Betrieb
ALT-
DEPONIE
bereits
stillgelegt
ALT-
ABLAGE-
RUNG
Gefährdungs-
abschätzung
Gefahr ?
nein
neu
Aussondern
des Altlasten-
verdachtfalles
ja
ja
ALTLAST
nein
ja
Stillegung ?
Ertüchtigung
Gefahrenabwehr
(Sanierung, Nachsorge)
Monitoring
(Beobachtung/
Dokumentation zum
Deponieverhalten)

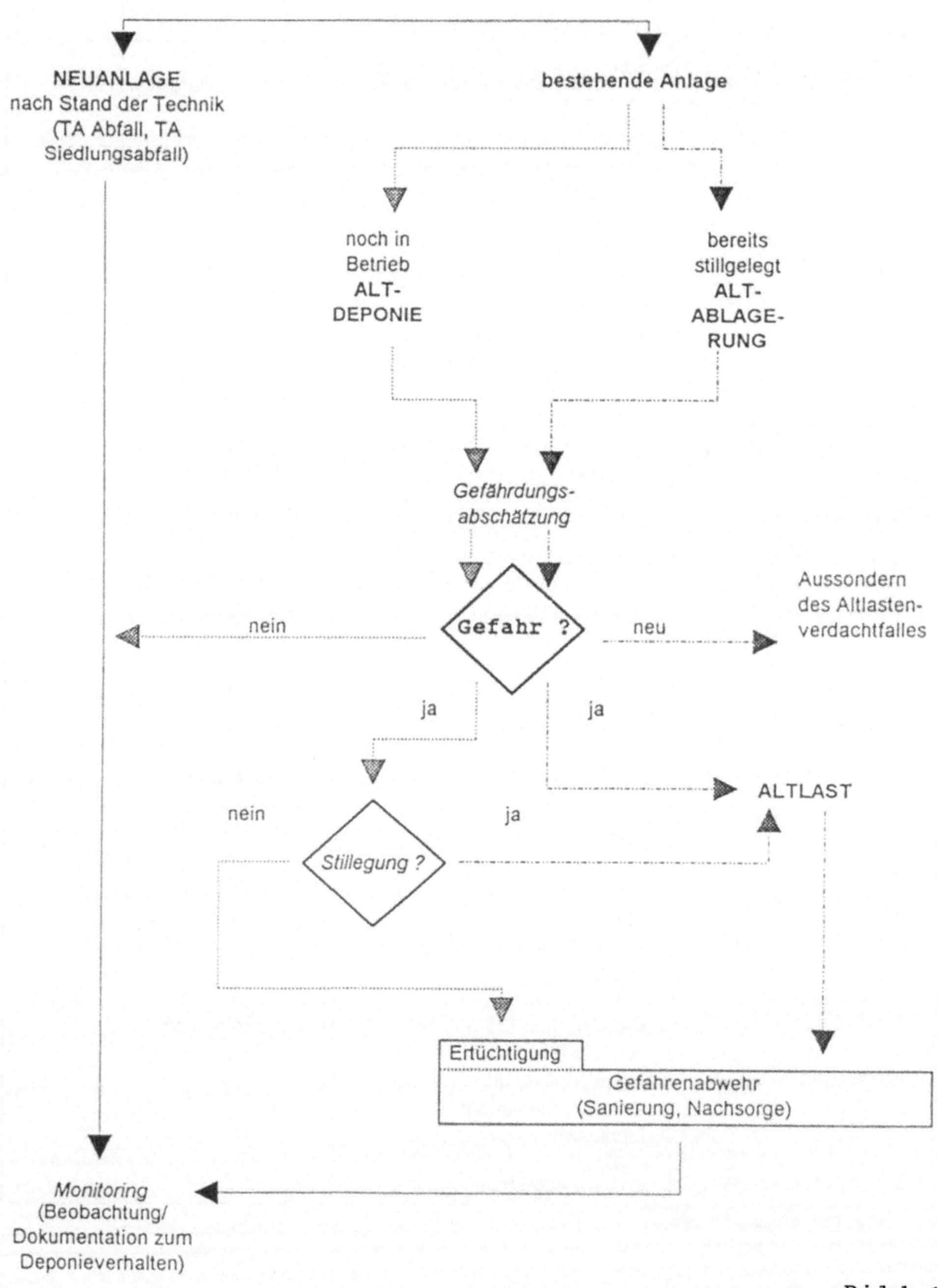

Bild 1

Altlastenverdachtsfälle im Freistaat Sachsen

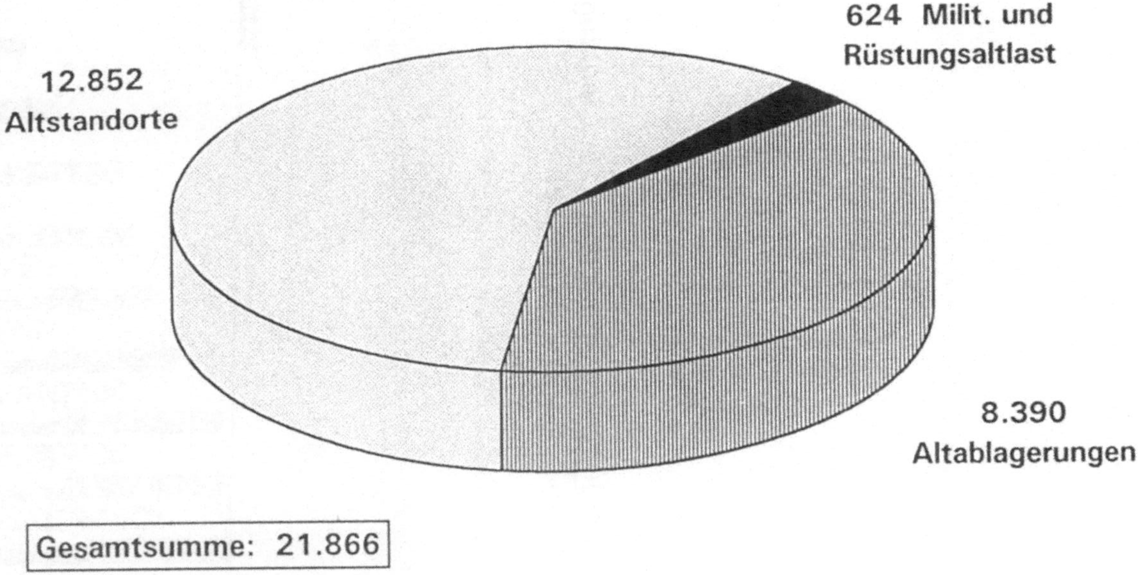

Landesamt für Umwelt und Geologie, Stand 9/94

Bild 2

Betriebene Altdeponien /-ablagerungen in Sachsen

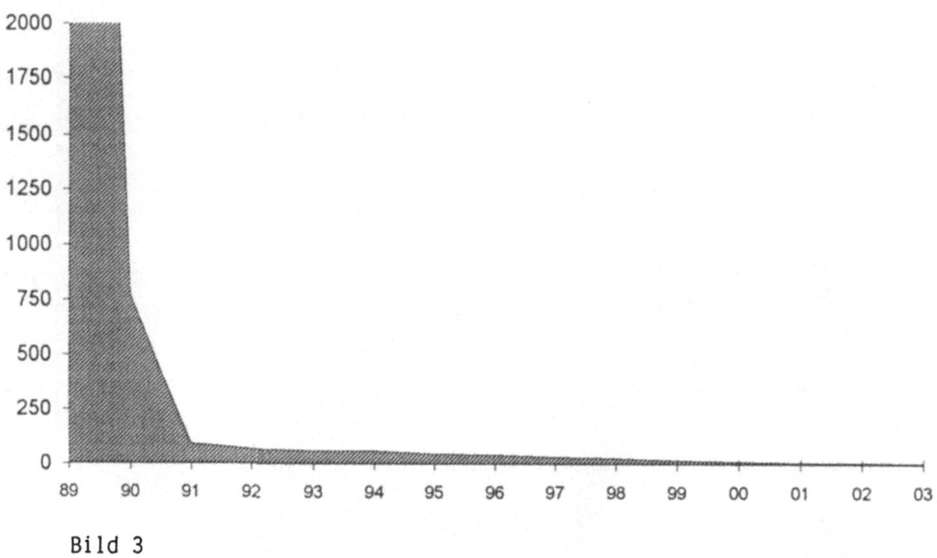

Bild 3

Entwicklung der Altdeponien für Siedlungsabfall in Sachsen

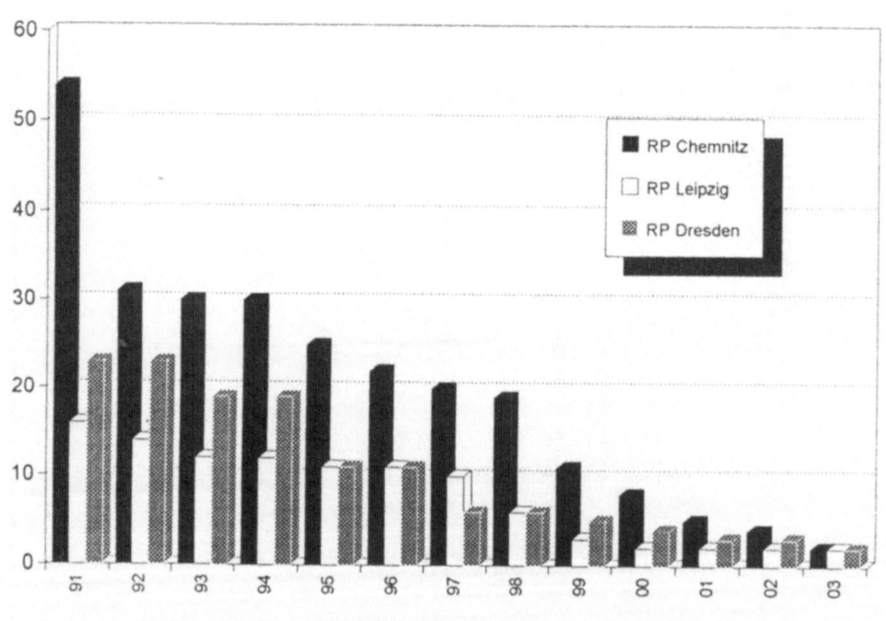

Bild 4

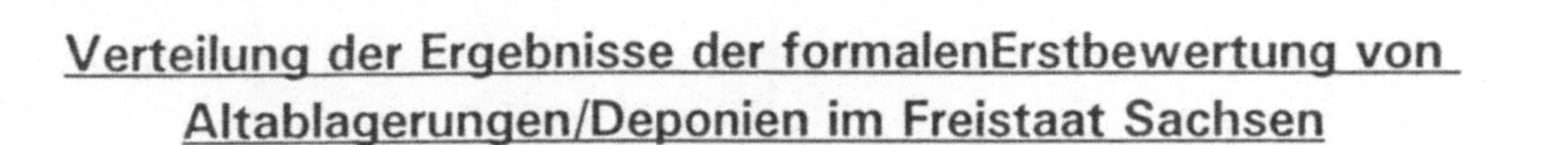

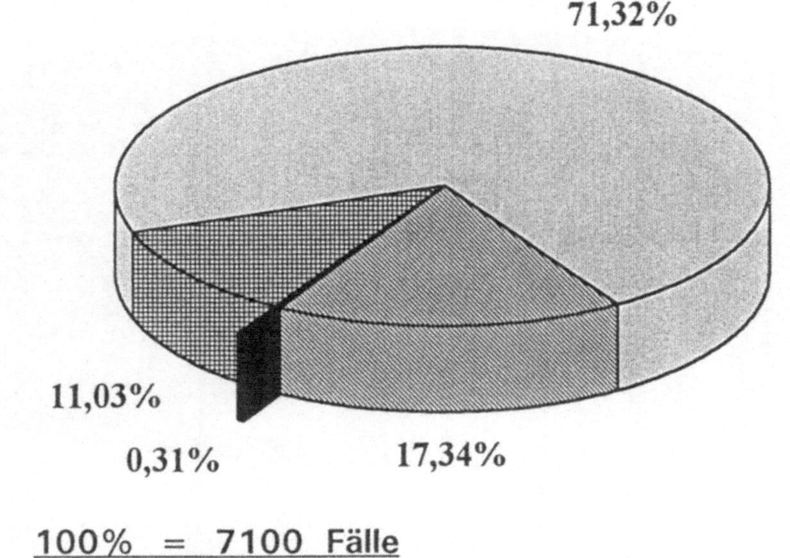

■ 90-100 Punkte: Handlungsbedarf 1. Dringlichkeitsstufe

▦ 89-70 Punkte: Handlungsbedarf 2. Dringlichkeitsstufe

□ 30-69 Punkte: spätere Bearbeitung möglich

▨ 0-29 Punkte: kein weiterer Handlungsbedarf

100% = 7100 Fälle

Landesamt für Umwelt und Geologie, Stand 1/94

Bild 5

Austattung der Siedlungsabfalldeponien mit Kompaktoren

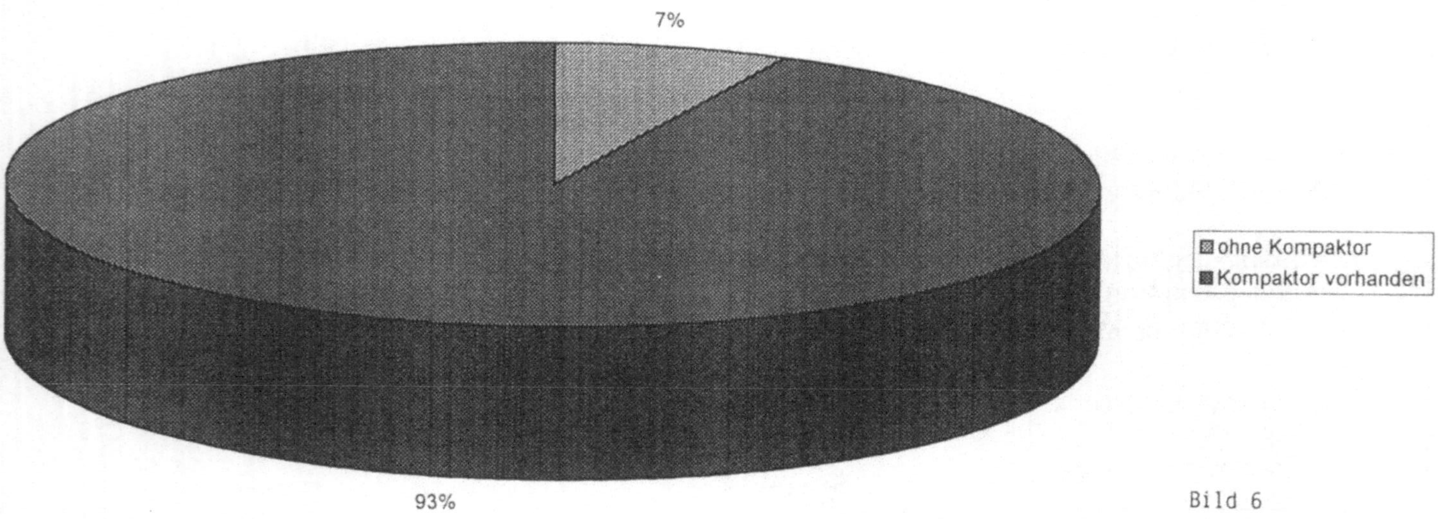

7%

93%

ohne Kompaktor
Kompaktor vorhanden

Bild 6

LfUG Radebeul, Ref. A2

29.12.1994

Sickerwasserfassung auf Siedlungsabfalldeponien

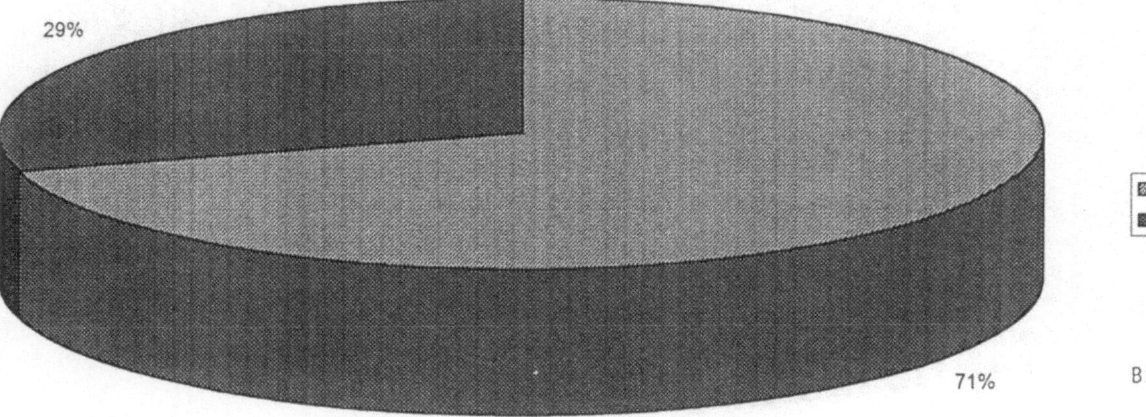

Bild 7

Gasfassung auf Siedlungsabfalldeponien

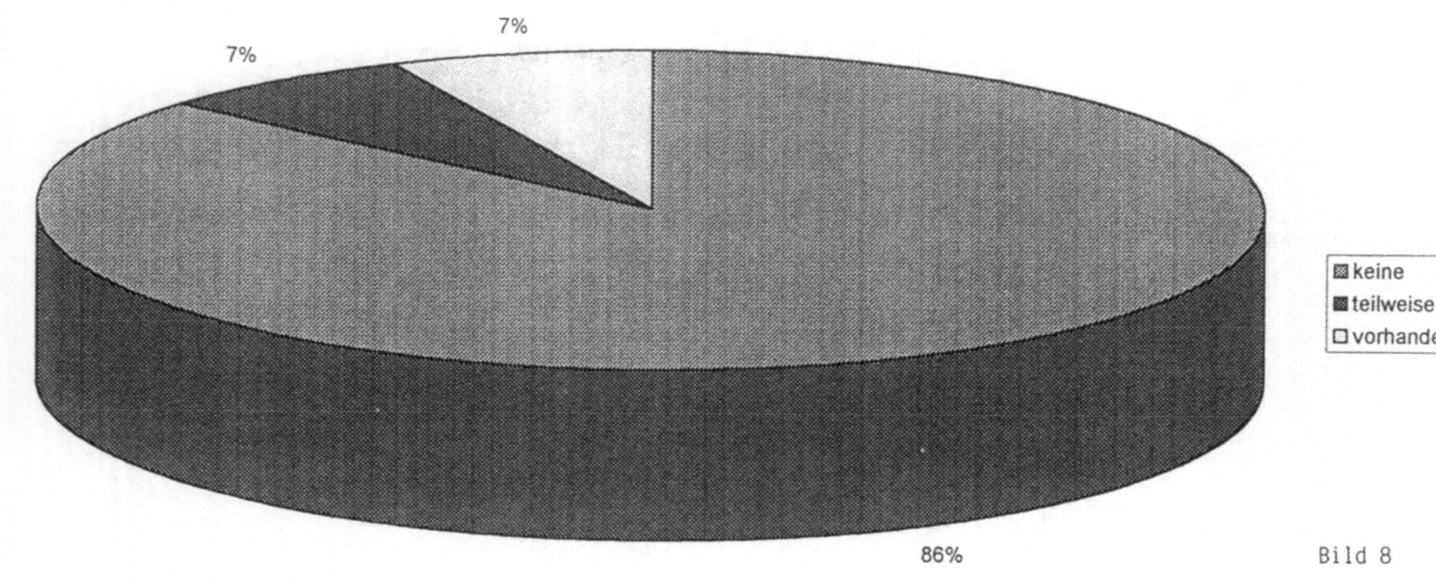

Bild 8

LfUG Radebeul, Ref. A2

29.12.1994

Chancen und Grenzen der Sanierung von Altablagerungen

Karl J. Thomé-Kozmiensky
Uwe Pahl

1. Einführung

Die Vielzahl der Altdeponien im Land Brandenburg erfordert in jedem Einzelfall Entscheidungen zu deren Sicherung oder Sanierung, bei denen der knappe Finanzhaushalt der Kommunen mit den ökologischen Erfordernissen in Einklang zu bringen ist. Während die Deponiesicherung die ökologischen Probleme nur zeitweise löst, scheint die Sanierung auf den ersten Blick schwer finanzierbar zu sein.

In den meisten Fällen wird eine Sicherung zum Schutz des Grundwassers geplant, wobei in Kauf genommen wird, daß diese Maßnahmen nur einen unvollständigen Schutz darstellen und auch nur auf Zeit wirksam sind. Sind diese Sicherungen nicht mehr wirksam - dies mag in zehn oder zwanzig Jahren sein - stellt sich wiederum die Frage der abermaligen Sicherung oder aber der Sanierung.

Bei der Alternative Deponierückbau erfolgt die Sanierung durch Ausgraben der Altlast in Kombination mit einer Sortieranlage und dem Recycling von Baustoffen und anderen verwertbaren Produkten sowie einer thermischen Behandlungsanlage, deren für die Restmüllentsorgung nicht benötigte Kapazität zur Entsorgung der aus der Deponie ausgegrabenen, dafür geeigneten Abfälle eingesetzt werden kann. Nimmt die in der thermischen Behandlungsanlage zu entsorgende Restmüllmenge durch Vermeidungs- und Verwertungserfolge ab, steht die Überhangkapazität für die Altlastensanierung zur Verfügung.

Die Anwendbarkeit der Sanierungsmethode kann gegenüber der Sicherungsvariante durch einen Verfahrensvergleich überprüft werden. Dazu müssen für diese beiden Varianten Modelle entwickelt und hinsichtlich Technik, Umweltauswirkungen und Wirtschaftlichkeit verglichen werden. Für den Vergleich erscheint die Nutzwertanalyse günstig.

2. Variantendarstellung

Voraussetzung für die umfassende Beurteilung der Altlast und die Erarbeitung eines tragfähigen Sanierungs- oder Sicherungskonzeptes sind die Erkundung der geologischen und hydrogeologischen Situation des Standorts sowie die Kenntnisse über die eingebauten Abfallbestandteile und deren Umweltgefährdung.

Prinzipiell bestehen zwei Alternativen zum Umgang mit Deponien, die Altlasten darstellen [9]:

- **Sicherung** der Altlast durch Abdichtung sowie Sickerwassererfassung und Aufbereitung,
- **Sanierung** durch Ausgrabung, Aufbereitung mit Sortierung in eine Baustoff-Fraktion, eine zu deponierende Feinfraktion und eine zu behandelnde Reststoff-Fraktion, Verwertung der Baustoff-Fraktion, thermische Behandlung der Restmüll-Fraktion und erneute Ablagerung der weitgehend inerten Reststoff-Fraktion auf eines dafür nach TA Siedlungsabfall angelegten neuen Deponieteils auf dem Gelände der Altlast.

Die Schritte, die bei der Darstellung der Varianten zu berücksichtigen sind, sind im Bild 1 dargestellt.

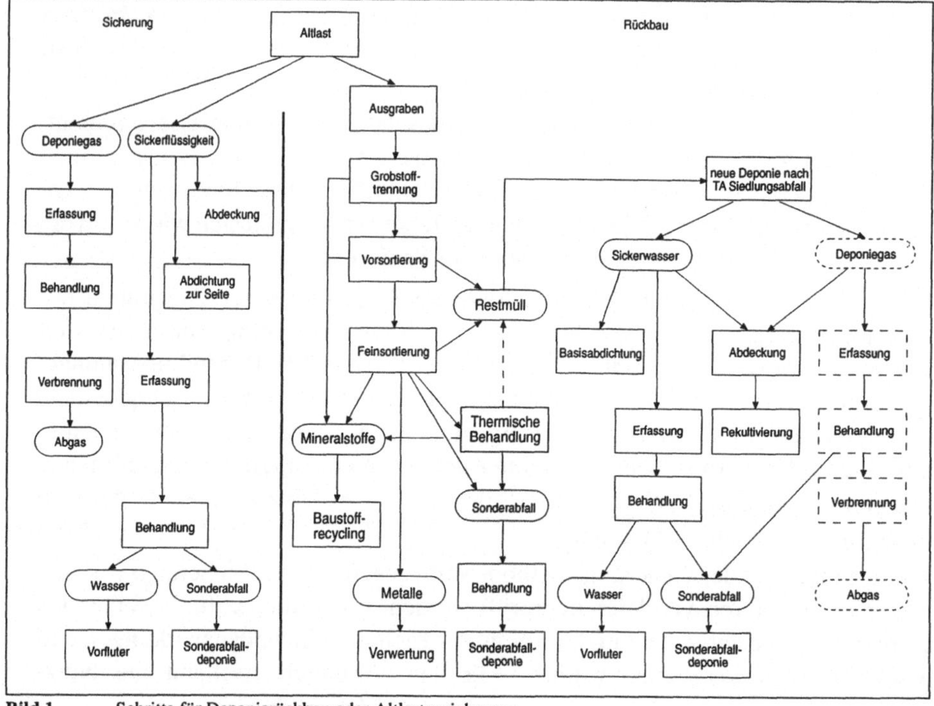

Bild 1 Schritte für Deponierückbau oder Altlastensicherung

2.1. Sicherung der Altlast

Für die vorgegebene Altlast werden beispielhaft die Maßnahmen zur Sicherung dargestellt und mit Kostenbeispielen belegt. Folgende Schritte werden dabei berücksichtigt (Bild 2):

- vertikale Abdichtung um die gesamte Deponiefläche,
- Oberflächenabdichtung und Rekultivierung über die gesamte Deponiefläche,
- nachträgliche Installation der Sickerwassererfassung und -behandlung,
- nachträgliche Installation der Deponiegaserfassung und -behandlung als Option.

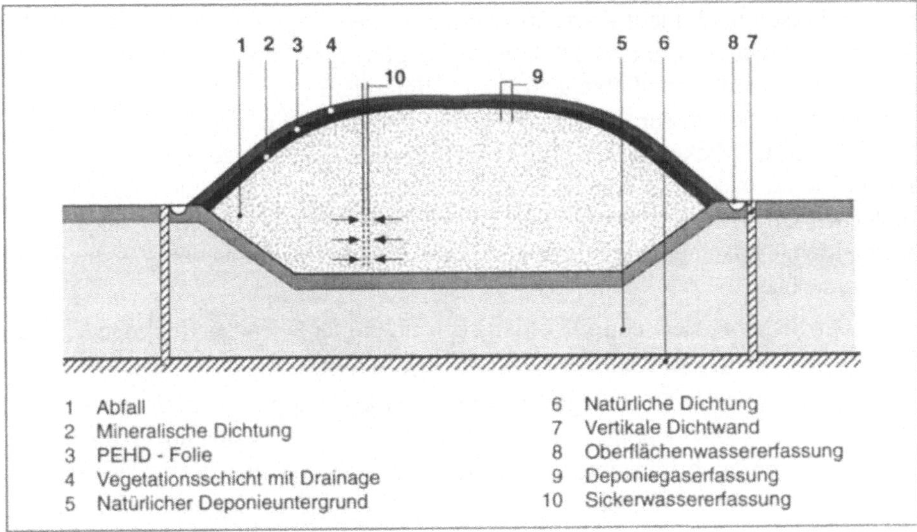

Bild 2 Aufbau einer gesicherten Altdeponie

Bei dieser Sicherung wird die Altlast mit dem Ziel abgedichtet, den Austritt des Deponiesickerwassers sowie den Zutritt von Niederschlags- und Grundwasser in die Altlast zu unterbinden.

Bei Deponien ist die wichtigste Voraussetzung zur Kontrolle des Sickerwassers eine Basisabdichtung. Bei Altlasten kann diese, sofern nicht die bislang unerprobte und aufwendige Technik der nachträglichen, untertägig eingebrachten Dichtung angewendet werden soll, nicht eingebracht werden. In der Regel wird daher zunächst die Altlast nach oben abgedichtet und rekultiviert. Soll der Grundwasserzutritt in die Deponie und in den ggf. kontaminierten wasserführenden Bereich unterhalb der Deponie sowie der Austritt von kontaminiertem Wasser aus diesem Bereich verhindert werden, muß eine vertikale Dichtwand um den Altlastenbereich so eingebracht werden, daß der Fuß der Dichtwand in die nächste dichte Bodenschicht eingebunden wird. Die Tiefe dieser Dichtwand richtet sich nach den geologischen und hydrogeologischen Verhältnissen. Die zeitliche Wirkung dieser Maßnahme kann wegen fehlender Erfahrung nur schwer abgeschätzt werden. Sie ist von verschiedenen Parametern wie chemische Zusammensetzung des kontaminierten Wassers, Qualität des Dichtwandmaterials und Vollständigkeit der Abdichtung abhängig. In jedem Fall bedarf es der dauernden Kontrolle der Wirksamkeit der Abdichtung, verbunden mit Reparaturmaßnahmen im Falle von Leckagen und ggf. der Erneuerung der gesamten Dichtungsmaßnahme.

Das Sickerwasser wird erfaßt, soweit dies möglich ist, und anschließend behandelt. Im Unterschied zu den nach den Regeln der Technik unter Beachtung der Erfordernisse der Sickerwassererfassung angelegten Deponien kann bei Altlasten das Sickerwasser durch nachträgliche Maßnahmen nur unvollständig erfaßt werden. Eine Sickerwassererfassung unterhalb des Deponiekörpers durch Drainagesysteme ist derzeit technisch noch nicht realisiert worden. In den Deponiekörper nachträglich eingebrachte Sickerwasserschächte können bei günstigen geologischen Bedingungen - Vorhandensein einer dichtenden Schicht unter dem Deponiekörper - einen Teil des Sickerwassers erfassen. Bei diesen geologischen Bedingungen kann es auch möglich sein, das Sickerwasser vom tiefsten Punkt des Altlastenbereiches abzupumpen. Die vertikale Abdichtung erlaubt, das Sickerwasser mit dem unter der Deponie befindlichen Grundwasser über Brunnen zu erfassen. In diesem Falle ist wegen der größeren Menge mit einer wesentlichen Erhöhung des Aufwandes in der Wasseraufbereitung zu rechnen.

Die aus der Sickerwasser- und Deponiegasbehandlung anfallenden Rückstände sind Sonderabfälle und müssen nach TA Abfall entsorgt werden.

Die Notwendigkeit der Deponiegaserfassung, -aufbereitung und -entsorgung muß geprüft werden. Ist die Deponie vollständig verfüllt, handelt es sich um eine Altlast, deren Nachsorge auch hinsichtlich des Deponiegases erst beendet ist, wenn der Reaktor Deponie seine Tätigkeit endgültig eingestellt hat. Dies mag nach Jahrzehnten oder mehr der Fall sein. Für die Vollständigkeit der Gaserfassung aus Altlasten gilt sinngemäß das gleiche wie für das Sickerwasser. Da aber Deponiegas nach oben steigt, kann es durch ein Erfassungssystem unterhalb der Oberflächenabdichtung gesammelt werden. Bei ungünstigen geologischen Bedingungen kann das Gas horizontal in die Umgebung migrieren und unkontrolliert emittieren.

Im Rahmen der Nachsorge einer gesicherten Altlast muß also die Abdichtung regelmäßig kontrolliert und ggf. repariert oder erneuert werden. Auch die Einrichtungen zur Erfassung und Entsorgung von Sickerwasser und Deponiegas müssen ständig gewartet und ggf. erneuert werden. Abzuschätzen ist daher die Dauer der Wirksamkeit der Sicherungsmaßnahme, also der Zeitpunkt, zu dem erneut über Sicherung oder Sanierung entschieden werden muß.

Bei dieser Variante wird unterstellt, daß die Deponie verfüllt ist und zusätzlich ein neuer Deponiestandort erschlossen werden muß. Es müssen also die Kosten für die Standortfindung einer neuen Deponie berücksichtigt werden.

2.2. Sanierung durch Rückbau der Deponie

Der Variante der Altlastensicherung wird das Sanierungskonzept gegenübergestellt, zu dem folgende Arbeitsschritte gehören (Bild 1):

- Umstellung der Altdeponie auf aerobe Verhältnisse durch Belüftung,
- Ausgrabung der Altlast,
- Aufbereitung des ausgegrabenen Materials mit Sortierung in die Fraktionen Feinmaterial, Bauschutt, thermisch zu behandelnde Fraktion und Sonderabfall,
- Einbau des Feinmaterials (mit der Vorrotte als Behandlungsoption),
- Verwertung des Bauschutts,
- thermische Behandlung des Restmülls,

- Rückstandsverwertung,
- Entsorgung des Sondermülls aus der Deponie und aus der thermischen Behandlungsanlage.

Auch hier müssen Sicherungsmaßnahmen - Abdichtung, Sickerwasser- und Gaserfassung - ergriffen werden. Allerdings müssen diese Maßnahmen nur bis zum Abschluß der Sanierungsarbeiten wirken. Zudem nimmt der Aufwand für die Kontrolle der Sicherungsmaßnahme im Verlauf der Sanierung mit deren Fortschritt ab. Die Altlast wird abgebaut, das abgebaute Material sortiert.

Vor Beginn der Rückbauarbeiten wird eine kleine Fläche, die im Verlauf der Rückbauarbeiten in Richtung der Altlast erweitert wird, als Untergrund für die neue Deponie angelegt. Zusätzlich werden Zwischenlagerungsplätze für die übrigen Fraktionen geschaffen. Rechtliche Voraussetzung dafür ist, daß diese Erweiterung sich planungsrechtlich und -technisch als „wesentliche Änderung“ einer Abfallentsorgungsanlage einordnen läßt, d.h. daß keine verdeckte Errichtung einer neuen Deponie vorgesehen wird. Daher muß konkret nachgewiesen werden, daß eine Sanierungsnotwendigkeit besteht, und daß der Deponierückbau dabei das optimale Verfahren ist, mit dem die Umweltverträglichkeit und die Sicherheit der Anlage erheblich verbessert wird [5].

Die Erweiterung muß in unmittelbarer Nachbarschaft zur Altlast angelegt werden, da der Transport des gesamten rückgebauten Abfalls nur über kurze Entfernungen vertretbar ist. Damit ist ein Standortsuchverfahren nicht notwendig. Die Eignung der benachbarten Flächen ist jedoch zu prüfen und mit dem Flächennutzungsplan der Kommune in Einklang zu bringen [5].

Zur Senkung der Geruchsemissionen, die durch anaerobe Prozesse im Deponiekörper bedingt sind und beim Abgraben freigesetzt werden können, muß der jeweilige Deponieabschnitt vorher belüftet und auf aerobe Verhältnisse umgestellt werden. Die Belüftung kann durch das Einbohren von Belüftungslanzen und entsprechenden Absauglanzen erfolgen und dauert bis zu 14 Tage für den jeweiligen belüfteten Deponieabschnitt. Durch die Belüftungslanzen wird organisch belastete warme und wasserdampfgesättigte Luft in den Deponieabschnitt gedrückt. Dadurch wird der Abbau zunächst beschleunigt, im weiteren Verlauf trocknet der Abschnitt aus. Die Entstehung von Kanalströmungen zwischen den Lanzen wird durch Umkehr der Strömungsrichtung verhindert [4].

Die Luftparameter zur Belüftung werden über eine Rottebox eingestellt. Mit dem Wechsel zur Absauglanze dient diese Rottebox dann als Kompostfilter, so daß Geruchsemissionen vermindert werden [4].

Der abgelagerte Restmüll wird nach der Belüftung mit einem Radlader oder Bagger abgegraben. Schon bei diesem Schritt können etwa 5 % grobe Bestandteile wie Betonteile, grober Straßenaufbruch oder Mauerwerksreste durch einen Greiferbagger aussortiert und getrennt der Baustoffaufbereitungsanlage zugeführt werden. Die Aufbereitungsanlage für die Vor- und Feinsortierung muß ebenso wie die Anlage zur Behandlung von Restmüll vor Beginn der Ausgrabungsarbeiten fertiggestellt

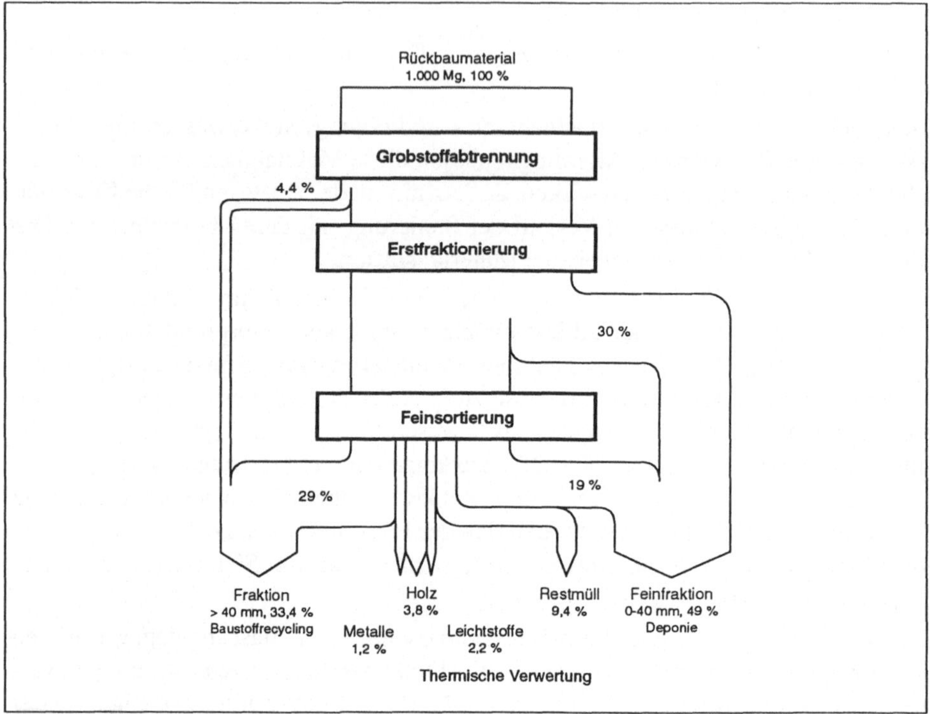

Bild 3 Massenströme nach der Aufbereitung

werden, um die Umweltbelastung durch die Lagerung der Fraktionen zu minimieren. Die Aufteilung der Massenströme sind im Bild 3 dargestellt und entsprechen einer im Regierungsbezirk Düsseldorf untersuchten Deponie [10].

Vom Radlader wird das Material einer Sortieranlage aufgegeben, in der die Fraktion < 40 mm abgetrennt wird. Diese Fraktion, die etwa 30 % des rückgebauten Materials enthält, wird im basisabgedichteten neuen Teil der Deponie abgelagert. Der Rest wird in der mehrstufigen stationären Anlage weiter zerkleinert und sortiert. Eine mögliche Anlagenkonfiguration zur Reststoffsortierung ist im Bild 4 dargestellt. Dabei ist bei der Auswahl und Dimensionierung der Sortier- und Siebmaschinen darauf zu achten, daß diese auch bei langfasrigen Materialien wie Nylonstrümpfen und Plastikfolien nicht verklemmen und verspannen [3].

Aus der Aufbereitung fallen nach der o.g. Untersuchung etwa 19 % Feinmaterial (< 40 mm) an, die mit der groben Fraktion in diesen Teil der Anlage verschleppt wurden. Somit werden etwa 50 % Gewicht des rückgebauten Materials - das sind etwa 40 % des Volumen der ursprünglichen Altlast - entweder direkt der neuen Deponie zugeführt oder einer biologischen Vorbehandlung in einer Rotteanlage unterzogen, wodurch der Glühverlust auf bis zu 10 Gew.-% reduziert werden kann. Die Grobfraktion (> 40 mm) besteht im wesentlichen aus Holz, Metallen, Leichtstoffen, Mineralstoffen und Restmüll. Der Restmüllanteil (9,4 %) wird der thermischen Be-

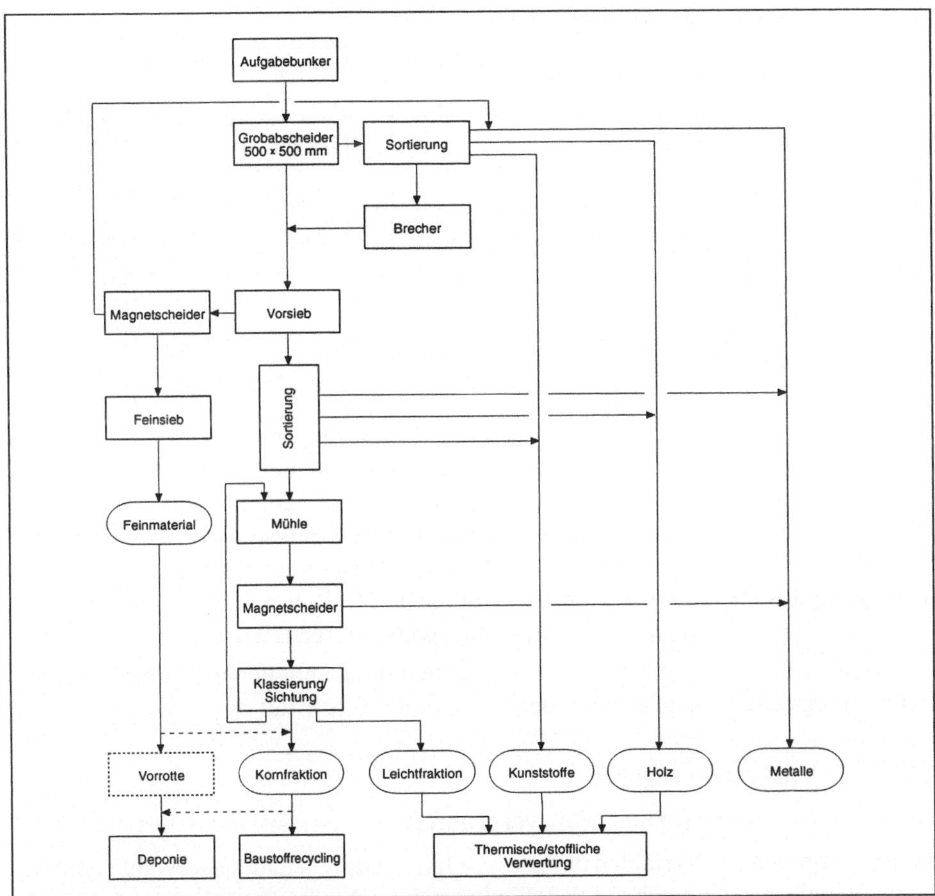

Bild 4 Beispiel für das Grundfließbild einer Aufbereitungsanlage

handlung zugeführt (ggf. + 3,8 % Holz + 2,2 % Leichtstoffe) [10].

Bevor die Feinfraktion auf der Deponie abgelagert wird, erhält diese die der TA Siedlungsabfall entsprechenden Einrichtungen, wie Basisabdichtung und Sickerwassererfassungs- und -aufbereitungsanlage. Über die Notwendigkeit der Gaserfassung wird nach Analyse der Feinfraktion entschieden. Der Abfall wird dann abschnittsweise bis zur Verfüllhöhe eingebaut, die Oberfläche abgedichtet und rekultiviert.

Der Rückbau der Deponie erfolgt entsprechend des Auslastungsgrades der thermischen Abfallbehandlungsanlage. Dieser Auslastungsgrad kann bei der Sanierung der zeitbestimmende Engpaß werden, wie folgendes Beispiel in der Tabelle 1 zeigt. Nach diesem Beispiel müssen pro Stunde 7,04 Mg Reststoffe aus dem Deponierückbau thermisch behandelt werden. Das entspricht dem Durchsatz einer Linie bei kleineren bis mittleren Rostfeuerungsanlagen oder 70% des Durchsatzes einer Linie einer Thermoselectanlage.

Tabelle 1 Beispiel für die notwendigen Kapazitäten im Deponierückbau

Durchsatz bei Rückbau und Aufbereitungsanlage	100 Mg/h	352.000 Mg/a (16 h/d, 220 d/a)
49 % zu deponierende Feinfraktion	49 Mg/h	172.480 Mg/a
15 % zur thermischen Behandlung	15 Mg/h	52.800 Mg/a
36 % zum Baustoffrecycling	36 Mg/h	126.720 Mg/a
Betriebszeit thermische Behandlungsanlage		7500 h/a
Durchsatz Rückbaumaterial		7,04 Mg/h
Rückbau in 20 Jahren		7.040.000 Mg

Der Bau einer separaten Verbrennungsanlage für den Deponierückbau, in der dann die gesamte organische Fraktion behandelt wird, ist aus technischer Sicht problematisch und aus ökologischer Sicht fragwürdig. So haben Versuche in den USA gezeigt, daß örtliche Überhitzungen, Unterkühlungen und Verglasungseffekte zu Schäden am Rost führen [1]. Aus ökologischer Sicht ist die Weiternutzung der Anlage nach Beendigung des Deponierückbaus offen. Bei den derzeitigen Akzeptanzproblemen ist außerdem mit einer langen Genehmigungsphase zu rechnen.

Inwieweit bei fehlender thermischer Behandlungsmöglichkeit eine mobile Verbrennungsanlage installiert werden kann, ist im Einzelfall zu prüfen

3. Variantenvergleich

3.1. Instrumentarium Nutzwertanalyse

Für den Vergleich der Varianten und die anschließende Verfahrensauswahl kann die Nutzwertanalyse angewandt werden. Sie hat sich als Methode zur Bewertung komplexer Projektalternativen auf der Grundlage eines mehrdimensionalen Zielsystems bewährt, weil

- das Zielsystem eine unbeschränkte Anzahl an Zielen enthalten kann, die qualitativ und quantitativ in unterschiedlichen Einheiten gemessen werden können;
- der Entscheidungsträger seine individuellen Zielpräferenzen einbringen kann;
- die Zielerfüllung also bei den einzelnen Zielen für ihn unterschiedliche Bedeutung in bezug auf die Gesamtzielerfüllung haben kann;
- das Ergebnis der Nutzwertanalyse eine Entscheidungsgrundlage und Entscheidungshilfe darstellt, die durch eine Reihe einzelner Entscheidungsschritte ermittelt werden;
- das Gesamtproblem in Teilprobleme (-ziele) unterteilt werden kann, wodurch die Transparenz erhöht und dem Entscheidungsträger bei der Bewertung der Teilaspekte mehr Objektivität ermöglicht wird.

Bei dieser Vorgehensweise kann durch die Untergliederung in Unterziele und anschließende Zusammenführung der Teilergebnisse zu einem Gesamtergebnis ein hoher Grad an Objektivität erwartet werden, obwohl bei den Einzelbewertungen auch subjektive Einschätzungen eingehen.

Das Zielsystem ist die geordnete Menge aller gewichteten Zielelemente, die bei der Entscheidung zu berücksichtigen sind. Es wird im Rahmen einer schrittweisen Analyse aufgestellt (Bild 5).

Zunächst wurde eine Zielanalyse bezüglich der für das Zielsystem relevant erscheinenden Parameter durchgeführt, wobei auf politische Aspekte bewußt verzichtet wurde, weil dies dem Entscheidungsträger vorbehalten bleibt. Der Zielfindungsprozeß wird in diesem Fall von Experten begleitet. Die Entscheidung unterliegt dann weiteren Einflüssen auf die Entscheidungsträger.

Das Ziel besteht aus hierarchisch geordneten, definierten Zielelementen. Auf der untersten Ebene der Hierarchie stehen Indikatoren, die das Zielsystem meßbar machen. Die Anforderungen an das Zielsystem sind: Vollständigkeit, Überschneidungsfreiheit, Interdependenzfreiheit und Widerspruchsfreiheit.

Diese Anforderungen können nicht vollständig erreicht werden. Der Überschneidungs- und Widerspruchsfreiheit kann durch Definition der einzelnen Ziele Rechnung getragen werden. Da die Interdependenzfreiheit nicht zu verwirklichen ist, kann eine Interdependenzanalyse, mit der die Abhängigkeit der Ziele quantitativ erfaßt wird, durchgeführt werden. Die Zielfindung ist ein iterativer Prozeß, der anhand unserer Erfahrungen und aufgrund neuer Informationen immer wieder überarbeitet werden muß.

Ein vorläufiger Zielkatalog wird im Bild 5 dargestellt.

3.2. Gegenüberstellung wirtschaftlicher Aspekte

Von besonderem Interesse für die Entscheidung zu einer der Varianten ist letztendlich die Gegenüberstellung der ökonomischen Aspekte. Die Auswahl der entsprechenden Investitionen muß sich besonders an den ökologischen Erfordernissen orientieren, die sich aus der Gefährdungsabschätzung der jeweiligen Altlast ergeben. Dabei ergibt sich eine Vielzahl an Einflußfaktoren, die die Investitions- und Betriebskosten beeinflussen und im Verfahrensvergleich berücksichtigt werden müssen.

Für die Kalkulation der Sicherungsvariante wird von der Notwendigkeit einer vollständigen vertikalen Umschließung der Deponie mit einer Einphasenschlitzwand und der nachträglichen Oberflächenabdichtung und Rekultivierung ausgegangen.

Weiterhin fallen die Kosten für die Sickerwasserbehandlungsanlage an. In der Literatur [2, 11] wird für das Sickerwasserbehandlungsverfahren der Umkehrosmose mit Konzentrateindampfung eine Investitionssumme von etwa 10 Mio DM angegeben. Kosten für die Installation der Sickerwassererfassungsanlage können nicht allgemein angegeben werden, weil diese insbesondere bei nachträglichem Einbau von den konkreten Deponiebedingungen abhängen, die dann zu unterschiedlichen Aufwendungen an Anlagentechnik, Bautechnik und Arbeitsschutz führen.

Die Kosten für die Gasbehandlungsanlage können ebenfalls nicht pauschal angege-

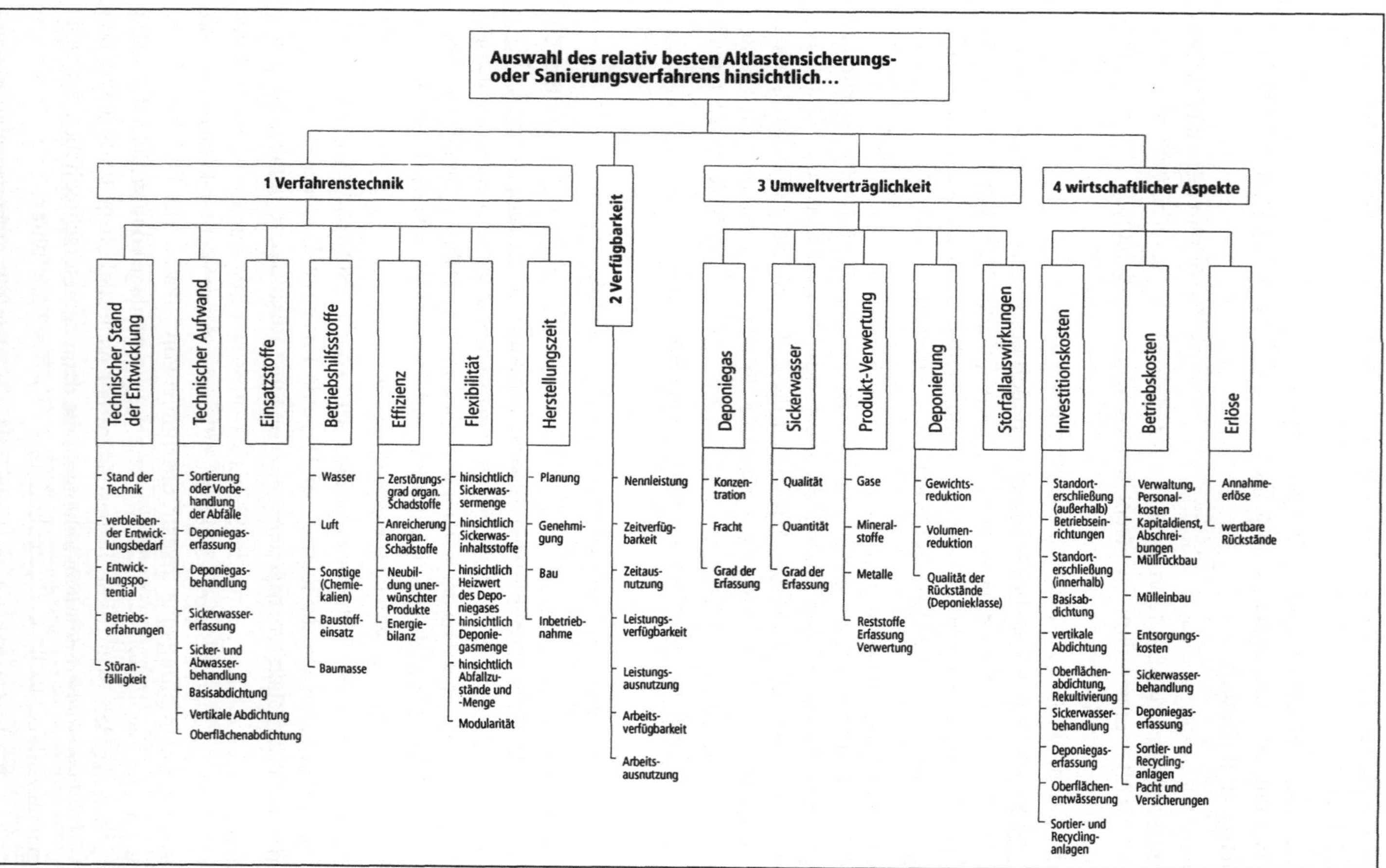

Bild 5 Zielkatalog zum Verfahrensvergleich

ben werden. Sie sind von der Menge und der Zusammensetzung der deponierten Abfälle, der Abdichtung, dem Alter der Ablagerung, dem Grad der Erfassung, den angewendeten Verfahren der Erfassung, Aufbereitung und Entsorgung oder Nutzung abhängig. Auch müssen die Schäden, die aus der unkontrollierten Emission der gasförmigen und flüssigen Stoffe resultieren, bewertet werden.

Die Kosten für die Variante Deponierückbau setzen sich aus folgenden Komponenten zusammen:

- Sicherung der Altlast durch Zwischenabdeckung und teilweiser vertikaler Abdichtung an Stellen, an denen das Eindringen von Grundwasser oder das Austreten von Sickerwasser in besonderem Maße zu erwarten ist,
- Vorbereiten der Altlast (Belüftung zur Verhinderung von Geruchsemissionen),
- Ausgraben der Altlast,
- Sortierung mobil und/oder stationär,
- Arbeitsschutz,
- Thermische Behandlung des Restmülls aus der Altlast,
- Sonderabfallentsorgung aus der Deponie und der thermischen Behandlungsanlage,
- Basisabdichtung der neuen Deponie,
- Sickerwassererfassungs- und -behandlungsanlage,
- Deponiegaserfassung und Behandlung als Option,
- Einbau der Feinfraktion (eventuell nach Vorrotte),
- Oberflächenabdichtung und Rekultivierung.

Die Investitionsmittel für Basis- und Oberflächenabdichtung fallen in dem Maße an, wie die Altlast zurückgebaut und die Deponie neu verfüllt wird.

Gutschriften ergeben sich aus:

- der Vermarktung der Baustoff-Fraktion,
- den Erlösen aus dem Verkauf von Energie aus der thermischen Behandlung,
- Schaffung von neuem Deponieraum (Ersparnis aus unterbliebener Suche nach einem neuen Deponiestandort, Kosten für die Schaffung einer Infrastruktur - Straße, Wasser, Energie -, Einrichtung einer neuen Deponie).

Investitionsmittel und Betriebskosten werden verglichen. Dabei wird eine konkrete Gebühren- und Erlössituation festgelegt.

Investitionsmittel

In jedem Fall sind Voruntersuchungen und die Erkundung des Altlastenstandortes wesentliche Voraussetzung für die Beurteilung der Notwendigkeit von Investitionen. Die Kosten für den Deponierückbau werden erheblich gesenkt, wenn der Altlastenstandort entsprechend der Rückbaurate für die Einlagerung der verbleibenden Feinfraktion und die Rückstände der thermischen Behandlung genutzt werden kann.

Tabelle 2 zeigt die Gegenüberstellung der Verfahrensschritte, die für die Beurteilung des Investitionsvolumens beider Varianten notwendig sind, sowie ihre Abhängigkeit von technischen und ökologischen Faktoren.

Betriebskosten

Voraussetzung für die Beurteilung der Betriebskosten ist die Höhe der Investitionen und damit ebenfalls die Untersuchung des Schadstoffpotentials des Altstandortes. Dazu müssen das Sickerwasser (sofern überhaupt erfaßbar) und Deponiegas analysiert werden. Danach sind die Sickerwasserbehandlungsanlagen zu entwerfen. In Abhängigkeit von der Konzentration der Schadstoffe werden die Aufbereitungsverfahren ausgewählt, die im Abschnitt Verfahrenstechnik untersucht werden müssen. Die Verfahren unterscheiden sich beträchtlich hinsichtlich ihrer spezifischen Kosten. So kostet die Aufbereitung

Tabelle 2 Gegenüberstellung der Faktoren, die die Investitionsmittel beeinflussen

	Altlastsicherung	Deponierückbau
Standorterschließung (außerhalb)	abgeschlossen	abgeschlossen,ggf. notwendig für zusätzliche technische Einrichtungen
Betriebseinrichtungen	Lagerung und Aufbereitung von Material für Modellierung, Abdichtung und Rekultivierung	Ausgrabung, Sortierung, Zwi schenlagerung, Einrichtung der Deponie nach TA Abfall
Standorterschließung) (innerhalb	abgeschlossen, Erweiterung bei nachträglicher Sicherung	abgeschlossen, Erweiterung für Sortierung (und thermische Behandlung)
Basisabdichtung	nicht bezahlbar	abhängig von der Deponieklasse
vertikale Abdichtung	von der Altlast abhängig	nicht notwendig
Oberflächenentwässerung	verfahrensabhängig	verfahrensabhängig
Gaserfassung	(notwendig) prüfen (ggf. vorhanden)	(nicht notwendig) prüfen, Belüftung
Gasbehandlung und Entsorgung	(verfahrensabhängig)	(verfahrensabhängig)
Sickerwassererfassung	aufwendig, Zeit nicht abschätzbar, Grundwassererfassung prüfen	im sanierten Bereich weniger aufwendig (prüfen), für die Altlast endlich
Sickerwasserbehandlung	(vorhanden) verfahrensabhängig	(vorhanden) verfahrensabhängig
Oberflächenabdichtung	nach TA Siedlungsabfall verfahrensabhängig	ggf. provisorisch verfahrensabhängig
Rekultivierung	notwendig	ggf. nicht notwendig o.weniger aufwendig
Sortier- und Recyclinganlagen	entfällt	verfahrensabhängig (Baustoffrecycling prüfen)
Erschließung einer neuen Deponie	notwendig	entfällt

von 1 m^3/h Sickerwasser bei einem CSB-Abbau von 400 g/m^3 mit dem Verfahren der Umkehrosmose mit Konzentrateindampfung etwa 110 DM/m^3 und mit dem Verfahren der Aktivkohleadsorption etwa 50 DM/m^3. Bei einem CSB-Abbau von 1.800 g/m^3 sinken die Kosten mit dem Verfahren der Umkehrosmose auf etwa 100 DM/m^3 und steigen bei der Aktivkohleadsorption auf etwa 90 DM/m^3. Diese Relationen verschieben sich bei Variation der Sickerwassermenge bleiben aber in ihrer Tendenz erhalten [2].

Die Gegenüberstellung der Parameter zu den Betriebskosten zeigt Tabelle 3.

Tabelle 3 Gegenüberstellung der Faktoren, die die Betriebskosten beeinflussen

	Altlastsicherung	Deponierückbau
Abschreibungen	entsprechend Investition	entsprechend Investition
Verzinsung	entsprechend Investition	entsprechend Investition
Verwaltung	Aufwand niedriger	Aufwand höher (prüfen)
Mülleinbau	begrenzt oder beendet	neu möglich
Rückbau	entfällt	verfahrensabhängig Menge/Zeit
Sortierung	entfällt	verfahrensabhängig Menge/Zeit
Baustoffrecycling	entfällt	(verfahrensabhängig Marktlage)
Verbrennungskosten	entfällt	verfahrensabhängig
Abdichtung	ganze Altlast für alle Zeit	provisorisch ggf. vollständig
Rekultivierung	verfahrensabhängig	entsprechend Rückbaufortschritt
Sickerwasserbehandlung	verfahrensabhängig höhere Schadstofffracht, Menge, Zeit	Menge; verfahrensabhängig; niedrigere Schadstofffracht über die Zeit
Gasbehandlung	(verfahrensbedingt)	(entfällt) prüfen
Pacht / Versicherungen	standortabhängig	standortabhängig

Literatur

(1) Diskussion: Experten-Meinung zum Deponierückbau, in: Entsorga-Magazin EntsorgungsWirtschaft 9/1994 S. 50-56

(2) Heinigin, P.: Investitions- und Betriebskosten von Deponien, in: Deponie - Ablagerung von Abfällen; Karl J. Thomé-Kozmiensky (Hrsg.); EF-Verlag für Energie- und Umwelttechnik, Berlin 1986, S. 761-770

(3) Kiefl, M.; Aufbereitung und Abfuhr der Altlast Donaupark, in:Waste Magazin 3/1991 S. 55-56

(4) Marbach, K.; Göschl, R.: Fehlende Kapazität versetzt Berge, Entsorga-Magazin EntsorgungsWirtschaft 11/93

(5) Prack, H.; Dieckhoff, G.: Sanierung durch Umlagerung, in: Müll und Abfall 6/94 S. 345-352

(6) Schatz, S.; Meisinger S.: Optimierung der Reinigung von Sickerwasser aus Reststoffdeponien am Standort einer Müllverbrennungsanlage, in: Deponie und Altlasten; Czurda, K.A. (Hrsg.); EF-Verlag für Energie- und Umwelttechnik, Berlin 1992, S. 305-317

(7) Schelling, O.: Umschließung von Deponien im Schlitzwandverfahren, in: Abdichtung und Ertüchtigung von Altablagerungen; Karl J. Thomé-Kozmiensky (Hrsg.); EF-Verlag für Energie- und Umwelttechnik, Berlin 1993, S. 333-340

(8) Schumacher, G.: Recyclingbaustoffe aus Deponie- und Abbruchmaterial, Aufbe-reitungstechnik 32 (1991), Nr.1

(9) Thomé-Kozmiensky, K.J.; Pahl, U.: Deponierückbau oder Altlastensicherung ?, in: AbfallwirtschaftsJournal 6(1994) Nr.3 S. 142-147

(10) Wiskemann, B.:„Deponierückbau schafft Deponieraum“ in: Entsorgungspraxis 5/93, S. 300 bis 303

(11) Wolf, K.-D.; Nonnenmacher, K.; Nagy E.; Behandlung von Sickerwasser aus Haus- und Sonderabfalldeponien - Vergleich von Techniken und deren Kosten -, in: Deponie und Altlasten; Czurda, K.A. (Hrsg.); EF-Verlag für Energie- und Umwelttechnik, Berlin 1992, S. 195-214

Der Gashaushalt der Deponie „Weißer Weg“ Chemnitz - Schlußfolgerungen zur Sanierung der Altablagerung

Dr. Frank Fischer, Stadt Chemnitz, Amt für Abfallwirtschaft
Prof. Gerhard Rettenberger und Dipl.-Ing. Stepanka Urban-Kiss, Ingenieurgruppe RUK, Stuttgart

1. Einleitung

Für die Deponie „Weißer Weg“ in Chemnitz wurde eine Gefährdungsabschätzung auf dem Beweisniveau 2 gemäß dem Altlastenprogramm des Landes Sachsen erarbeitet. In dieser Gefährdungsabschätzung ergab sich ein relevantes Risikopotential für den Bereich Deponiegas, aus dem ein Handlungsbedarf für den Gefährdungspfad Deponiegas-Umgebungsluft abgeleitet wurde.

Zur weiteren Konkretisierung des Handlungsbedarfs, zur Entscheidungsfindung bezüglich evtl. erforderlicher Sanierungsmaßnahmen sowie zur Gewinnung von Grunddaten für weitere Planungsarbeiten hinsichtlich des Gefährdungspfades Deponiegas-Umgebungsluft wurde eine Erkundung und Bewertung des Gashaushalts der Deponie durchgeführt. Die Erkundung basierte vorwiegend auf Vor-Ort-Untersuchungen.

2. Randbedingungen

Die Deponie befindet sich am nordöstlichen Rand des Stadtgebietes der Stadt Chemnitz. Die Deponie ist in drei Deponieabschnitte DA1, DA2, DA3 unterteilt (siehe Abbildung 1 und Tabelle 1).

Deponie-abschnitt	Bezeichnung	Art der Nutzung	Nutzungs-dauer	Grundfläche Deponie-körper	Volumen Deponie-körper
DA 1	Nauerdorfer Delle Schadstofflager II, III/IV	Mischdeponie	1974 - 1990	ca. 24,8 ha	ca. 5,53 Mio m^3
DA 2	Altkegel Schadstofflager I	Mischdeponie Schadstoffdeponie	bis 1970 1976-1985	ca. 8,68 ha	ca. 0,55 Mio m^3
DA 3	Deponieeinschnitt	Hausmülldeponie	ab Anfang 1991	ca. 5,58 ha	ca. 0,43 Mio m^3

Tab. 1: Deponieabschnitte der Deponie „Weißer Weg“/Chemnitz

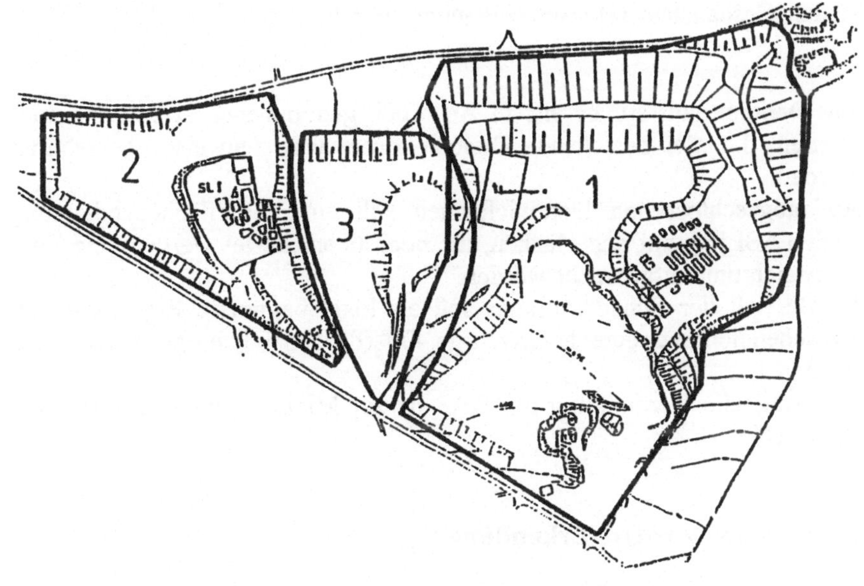

Abb. 1: Lageplan der Deponie „Weißer Weg"/Chemnitz

Der DA1 und der Altkegel des DA2 besteht aus DDR-typischem Haus- und Gewerbemüll, Aschen, Bauschutt und Bodenaushub. Darüberhinaus beinhaltet der DA1 die ehemaligen Schadstofflager II und III/IV, auf dem Altkegel des DA2 befindet sich das Schadstofflager I.

Der DA3 befindet sich im Einschnitt zwischen den Abschnitten DA1 und DA2. Er beinhaltet im wesentlichen Hausmüll, Sperrmüll und hausmüllähnlichen Gewerbemüll und wird derzeit noch verfüllt. Insbesondere in diesem Abschnitt sowie im DA1 traten in der Vergangenheit in den Böschungsbereichen verdeckte Brände auf.

Zu den für den Gashaushalt relevanten Planungsabsichten gehören folgende Maßnahmen:

- Die Deponie soll auf bereits in Anspruch genommener Fläche erweitert werden, d.h. der bestehende Deponiekörper wird teilweise überschüttet werden.
- Auf abgeschlossenen Deponieflächen soll eine Oberflächenabdichtung nach TASI [3], auf den Flächen, die noch überschüttet werden eine Zwischendichtung aufgebracht werden.
- Im Bereich der Schadstofflager soll als lokal begrenzte Ergänzung der Zwischendichtung eine hochwertige Oberflächenabdichtung aufgebracht werden.
- Nachträgliche Verdichtung des DA3 ist zur Minimierung von Setzungen vorgesehen.

3. Methodik der Vor-Ort-Erkundung

Basierend auf den in Vergangenheit bereits durchgeführten Gas-/Bodenluftmessungen sowie auf den relevanten Planungsabsichten wurde bezüglich der Vor-Ort-Untersuchungen folgendes Vorgehen festgelegt:

DA1 Absaugversuch zur Ermittlung der Gasergiebigkeit an drei Pegelgruppen: Testfeld A (GZB2, GB12, V4), Testfeld B (GB7, GB8) und Testfeld C (GB10, GZB3, GZB4), siehe Abbildung 2.

DA2 Erweiterte Probenahme an zwei Gasabsaugpegeln GZB1 und GB2, siehe Abbildung 2

DA3 keine Vor-Ort-Untersuchung, da sich durch die laufende Verfüllung und die geplante Nachverdichtung noch relevante Änderungen zu erwarten sind.

Der Absaugversuch im DA1 wurde auf drei Pegelgruppen verteilt, um die bei der Aktendurchsicht festgestellten Inhomogenitäten des Deponiekörpers besser erfassen zu können. In den DA1 und DA2 wurden darüberhinaus FID-Begehungen an der Deponieoberfläche durchgeführt. Beim Absaugversuch im DA1 wurde die Gasergiebigkeit (Hauptkomponenten, angelegter Druck, Volumenstrom), die Druckverteilung im Deponiekörper, die Temperaturentwicklung im Deponiekörper sowie die Spurenstoffkonzentrationen im Gas gemessen. Bei der erweiterten Probenahme im DA2 wurde die Konzentration der Hauptkomponenten und der Spurenstoffe bestimmt. Die Untersuchungen fanden im Sommer 1994 statt.

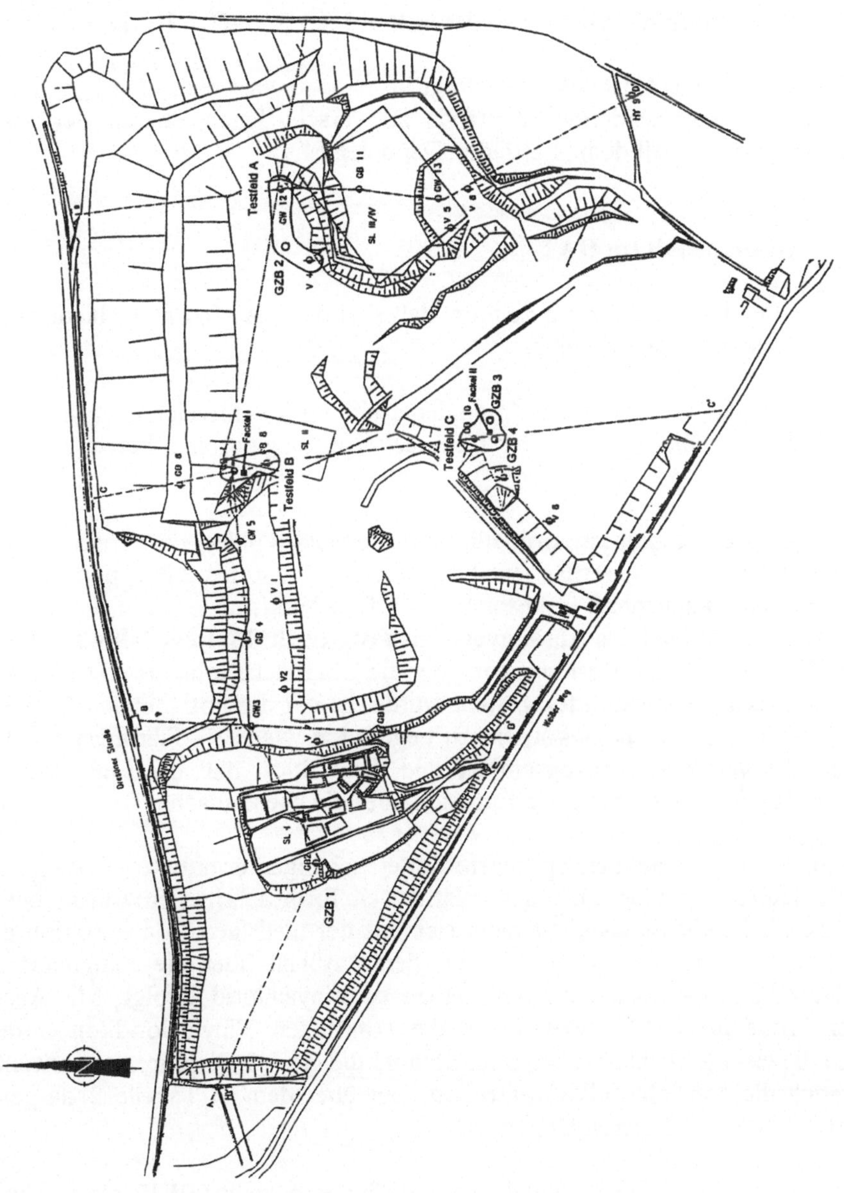

Abb. 2: Lage der Testfelder und der Gasabsaugpegel

4. Bewertung des Gashaushalts anhand der Vor-Ort-Untersuchungen

Die Bewertung des Gashaushalts erfolgt im wesentlichen durch die Zuordnung des festgestellten gastechnischen Zustands zu verschiedenen Phasen der Deponiegasproduktion gemäß dem „Leitfaden Deponiegas“ [2].

4.1 Gashaushalt im DA1

Die Vor-Ort-Untersuchungen zeigten, daß sich der DA1 in unterschiedlichen Phasen der Gasproduktion befindet.

Im **Testfeld A**, welches an der Deponieostseite im Randbereich liegt, ist die aktive Gasproduktion überwunden. Der Deponiekörper beginnt sich bereits mit Luft zu füllen.

Bei der FID-Begehung im nordöstlich des Testfeldes gelegenen Böschungsbereich wurden jedoch hohe Oberflächenemissionen von 1.000 bis 2.000 ppm CH_4 ermittelt. Sie traten flächenhaft insbesondere am Böschungsfuß auf und wurden sowohl vor als auch während des Absaugversuchs festgestellt. Im Regelfall werden ca. 100 ppm CH_4 als zulässige Restemission über die Oberfläche toleriert. Daß diese Emission im Böschungsbereich festgestellt wurde, ist mit der horizontalen Gaswegsamkeit innerhalb des Deponiekörpers zu begründen, welche erfahrungsgemäß höher ist als die vertikale Gaswegsamkeit und dazu führt, daß die Emission im Böschungsbereich höher ist als die Emission über die ebene Fläche.

Die im Testfeld A bei den Spurenstoffuntersuchungen ermittelten Konzentrationswerte deuten ebenfalls auf einen relativ weit fortgeschrittenen Abbau hin (siehe Tabelle 2). Dieser Sachverhalt leitet sich aus der niedrigen Konzentration der Parameter Tri- und Tetrachlorethen ab, deren Abbau über die Parameter cis-1,2 Dichlorethen bzw trans 1,2 Dichlorethen zu Vinylchlorid erfolgt. Mit Ausnahme einer Probe im GW12 übersteigen die ermittelten Vinylchloridkonzentrationen (VC) die cis-1,2 Dichlorethenwerte. Sowohl die cis-1,2 Dichlorethenkonzentration als auch die Vinylchloridkonzentration liegt über dem in Tabelle 2 dargestellten Wertebereich von anderen Deponien.

Von den drei betrachteten Pegeln des Testfeldes A zeigt GW12 immer die höchsten Spurenstoffkonzentrationen. Insbesondere sind hierbei die im August ermittelten Konzentrationswerte für VC von 45-50 mg/m³ kritisch zu würdigen. Eine interne Auswertung von 197 Vinylchloridbestimmungen an verschiedenen Deponien ergab einen Mittelwert von 10,5 mg/m³, wobei das 90% Quantil bei 21,6 mg/m³ liegt.

Die aus den **Testfeldern B und C** gewonnenen Daten ergeben Hinweise, daß sich dieser Bereich in einer Langzeitphase der Gasproduktion befindet. Die Langzeitphase ist dadurch charakterisiert, daß im Deponiekörper hohe Methanwerte und abnehmende Kohlendioxidwerte gemessen werden. Entgasungsmaßnahmen sind in dieser Phase in der Regel erforderlich.

Ein Einfluß der derzeitigen Betriebsfläche (DA3) auf die Gasabsaugpegel ist zu verzeichnen, was im wesentlichen aus den auch bei hoher Absaugleistung gleichbleibend hohen Methanwerten abgeleitet werden kann. Zwar befindet sich zwischen DA1 und DA3 ein Böschungseinschnitt, dieser reicht jedoch nicht bis zur Deponiesohle.

Im Böschungsbereich des **Testfeldes B** wurden bei den FID-Begehungen vor Beginn des Gasabsaugversuches ebenfalls großflächige Emissionswerte festgestellt, was auf eine hohe Gaswegsamkeit hindeutet. Durch die aktive Entgasung des GB7 konnten die oberflächigen Gasaustrittsstellen reduziert werden. Hinsichtlich der Spurenstoffkonzentrationen ist in GB8 auf eine erhöhte Vinylchloridkonzentration hinzuweisen. Im **Testfeld C** wurde gegenüber dem Testfeld B eine stärkere Gasproduktion ermittelt.

Die nachfolgende Tabelle zeigt eine Gegenüberstellung der im DA1 gemessenen Spurenstoffkonzentrationen zu Erfahrungswerten aus den Analysen von Gasen anderer Deponien. Die Tabelle zeigt, daß die gemessenen Werte im DA1 bis auf die Ausreißer im Testfeld A (s.o.) im Wertebereich der Erfahrungswerte liegt.

Wegen des in der Vergangenheit festgestellten Brandgeschehens an der Deponie wurden während des Absaugversuchs Temperaturmessungen an benachbarten Pegeln durchgeführt. Die Temperatur blieb weitgehend konstant und lag im Bereich von ca. 30 - 40 °C. Die Absaugung an den Absaugpegeln hat nicht zu einer Temperaturzunahme geführt. Eine Aktivierung ehemaliger Schwelbrandbereiche konnte daher nicht beobachtet werden. Dies ist plausibel, wenn berücksichtigt wird, daß bei der Deponieentgasung generell die Bestrebung besteht, solche Entgasungzustände einzurichten, bei denen kein kurzschlußartiger Lufteintritt in den Deponiekörper auftritt.

4.2 Gashaushalt im DA2

Im DA2 wurde bei der erweiterten Probenhame eine Methankonzentration bis zu 60% gemessen. Dies deutet auf das Vorhandensein von Deponiegas hin. Jedoch weist das Verhältnis der Hauptkomponenten zueinander bei beiden Absaugpegeln äußerst deponieuntypische Werte auf.

Parameter	Wertebereich Meßwerte Deponieabschnitt 1 Testfeld A		Testfeld B		Testfeld C		Wertebereich Erfahrungswerte	
	min	max	min	max	min	max	min	max
Benzol	< 0,5	2,8	< 0,5	< 0,5	< 0,5	1,0	0,4	22
Toluol	< 0,5	3,6	< 0,5	1,0	< 0,5	5,5	9	318
Ethylbenzol	1,1	13,7	< 0,5	6,4	1,4	12,4	4	43
p-, m-Xylol	0,7	9,9	< 0,5	4,9	0,9	13,6	4	78
o-Xylol	< 0,5	4,1	< 0,5	1,9	< 0,5	4,5	1	12
Dichlormethan	< 0,5	< 0,5	< 0,5	< 0,5	< 0,5	< 0,5	3	418
Trichlormethan	< 0,5	< 0,5	< 0,5	< 0,5	< 0,5	1,8	n.n.	13
Tetrachlormethan	< 0,5	< 0,5	< 0,5	< 0,5	< 0,5	< 0,5		
1,1-Dichlorethen	< 0,5	< 0,5	< 0,5	< 0,5	< 0,5	< 0,5	n.n.	21
cis-1,2-Dichlorethen	< 0,5	34,5	< 0,5	2,7	< 0,5	0,6	1	25
trans-1,2-Dichlorethen	< 0,5	< 0,5	< 0,5	< 0,5	< 0,5	< 0,5		
Trichlorethen	< 0,5	0,9	< 0,5	2	< 0,5	1,6	0,3	96
Tetrachlorethen	< 0,5	< 0,5	< 0,5	< 0,5	< 0,5	< 0,5	0,1	15
1,1,1-Trichlorethan	< 0,5	< 0,5	< 0,5	< 0,5	< 0,5	< 0,5	0,05	7
1,2,2-Trichlor-1,1,2-trifluorethan	< 0,5	< 0,5	< 0,5	< 0,5	< 0,5	< 0,5		
1,1-Dichlorethan	< 0,5	< 0,5	< 0,5	< 0,5	< 0,5	2,8		
1,2-Dichlorethan	< 0,5	< 0,5	< 0,5	< 0,5	< 0,5	< 0,5		
Methylchlorid	< 0,5	< 0,5	< 0,5	< 0,5	< 0,5	< 0,5		
Vinylchlorid	< 0,5	49,3	20,5	39,3	1,4	10,2		
Summe Chlor	11,5	63,2	11,7	34,9	13,9	30,6		
Summe Fluor	1,8	8,6	1,7	8,2	5,5	11,3		
Dichlordifluormethan	5,8	25,7	5,2	29,4	17,4	35,8	4	1533
Trichlorfluormethan	< 0,5	< 0,5	< 0,5	< 0,5	< 0,5	0,7	0,2	64
Schwefelwasserstoff	14,2	149,1	3,4	123,5	35,5	127,8	0	633
alle Werte in [mg/m³] n.n. = nicht nachgewiesen								

Tab. 2 Vergleich der Spurenstoffkonzentrationen im DA1 mit Erfahrungswerten [JANSON 1988, ergänzt]

Das Methan-Kohlendioxid-Verhältnis liegt in der Größenordnung von 10-30. Dieser Wert liegt deutlich über dem für die Langzeitphase charakteristischen Verhältnis, welches selten den Wert von 4 übersteigt. Eine besonders intensive Ausbildung der Langzeitphase wäre eine Erklärung für diesen Sachverhalt. Im Widerspruch hierzu steht jedoch die Tatsache, daß die Deponieluft einen gegenüber dem Stickstoffgehalt zu geringen Sauerstoffanteil aufweist, was wiederum auf einen erfolgten Sauerstoffverbrauch, wie er im wesentlichen durch die Methanoxidation verursacht werden kann, hinweist. Die Betrachtung des Stickstoff-Sauerstoff-Verhältnisses müßte daher zu einer Einordnung in die Methanoxidationsphase führen. Da die Methanoxidation jedoch zwangsläufig mit einer Aufkonzentrierung von Kohlendioxid und damit mit einer Abnahme des Methan-Kohlendioxid-Verhältnisses auf Werte von < 1 verbunden ist, dies hier aber nicht der Fall ist, ist auch die Einordnung in die Methanoxidationsphase nicht plausibel.

Ein für Deponien bzw. Altablagerungen typischer Gashaushalt wird in diesem Deponieabschnitt daher nicht angetroffen. Vielmehr weisen die Meßergebnisse auf einen Fremdeinfluß hin. Ein Einfluß durch Freisetzungs- bzw. Abbauvorgänge im angrenzenden Schadstofflager kann dabei nicht ausgeschlossen werden. Die Fragestellung, ob diese Reaktionen nur in Zusammenhang mit der Gasabsaugung, z.B. durch den zusätzlichen Eintrag von Sauerstoff in den Bereich des Schadstofflagers auftreten, konnten im Rahmen der vorgesehenen Vor-Ort-Untersuchung nicht untersucht werden. Eine Gasmigration aus dem DA3 kann ebenfalls nicht ausgeschlossen werden, aufgrund der räumlichen Entfernung zwischen DA3 und den Gasabsaugpegel GB2 und GZB1 erscheint sie jedoch nicht ursächlich.

Hinsichtlich der Spurenstoffe war bei steigender Absaugleistung ebenfalls ein Anstieg der Spurenstoffkonzentrationen, insbesondere bei den Parametern Trichlorethen und Vinylchlorid zu verzeichnen. Die nachfolgende Tabelle zeigt eine Gegenüberstellung der im DA2 gemessenen Spurenstoffkonzentrationen zu Erfahrungswerten aus den Analysen von Gasen anderer Deponien. Aus der Tabelle geht hervor, daß die Spurenstoffkonzentrationen im Gas des DA2 höher sind als die Werte aus dem DA1. Besonders fallen dabei die hohen Konzentrationen von Trichlorethen, Vinylchlorid und der Summe Chlor auf.

Bei den FID-Begehungen dieses Bereiches konnten lediglich in einem Bereich am Böschungsfuß vereinzelte Gasaustritte ermittelt werden. Dies weist ebenfalls auf eine Situation hin, in der keine typische Deponiegasproduktion mehr stattfindet.

5 Ermittlung des Handlungsbedarfs

Zur Einschätzung der Erforderlichkeit einer aktiven Deponieentgasung ist die Betrachtung des Gefährdungspotentials wesentlich. Die Deponie „Weißer Weg“ ist eine in Betrieb befindliche Deponie und stellt daher per Definition keine Altlast dar. Aufgrund der Vergleichbarkeit der Arbeits- und Bewertungsmethodik erfolgt die Bewertung des Gashaushaltes der Deponie "Weißer Weg" trotzdem nach dem "Leitfaden Deponiegas" [2]. Hierbei wird anhand der Auswertung der Aktenlage und mit den aus dem durchgeführten Untersuchungsprogramm gewonnenen Daten eine Zuordnung zu den langfristigen Phasen der Deponiegasbildung durchgeführt und daraus ein Gefährdungspotential bzw. ein Handlungsbedarf bestimmt.

Parameter	Wertebereich Meßwerte Deponieabschnitt 2		Wertebereich Erfahrungswerte	
	min	max	min	max
Benzol	< 0,5	4,1	0,4	22
Toluol	< 0,5	0,9	9	318
Ethylbenzol	< 0,5	< 0,5	4	43
p-, m-Xylol	< 0,5	< 0,5	4	78
o-Xylol	< 0,5	< 0,5	1	12
Dichlormethan	< 0,5	1,7	3	418
Trichlormethan	< 0,5	0,9	n.n.	13
Tetrachlormethan	< 0,5	< 0,5		
1,1-Dichlorethen	< 0,5	1,0	n.n.	21
cis-1,2-Dichlorethen	< 0,5	17,9	1	25
trans-1,2-Dichlorethen	< 0,5	< 0,5		
Trichlorethen	< 0,5	47,7	0,3	96
Tetrachlorethen	< 0,5	< 0,5	0,1	15
1,1,1-Trichlorethan	< 0,5	< 0,5	0,05	7
1,2,2-Trichlor-1,1,2-trifluorethan	< 0,5	< 0,5		
1,1-Dichlorethan	< 0,5	< 0,5		
1,2-Dichlorethan	< 0,5	< 0,5		
Methylchlorid	< 0,5	< 0,5		
Vinylchlorid	< 0,5	80,0		
Summe Chlor	3,6	111,8		
Summe Fluor	1,5	6,0		
Dichlordifluormethan	4,7	19,0	4	1533
Trichlorfluormethan	< 0,5	< 0,5	0,2	64
Schwefelwasserstoff	< 1,0	12,8	0	633
- alle Werte in [mg/m³] - n.n. = nicht nachgewiesen				

Tab. 3: Vergleich der Spurenstoffkonzentrationen im DA2 mit Erfahrungswerten [JANSON 1988, ergänzt]

Anhand der bisherigen Datenbasis kann für den DA1 eine Bewertung auf Beweisniveau 3/4 durchgeführt werden. Hinsichtlich des Schutzgutes Umgebungsluft läßt sich ein Bedarf zur Durchführung von Maßnahmen zur Reduzierung der Gefährdung ableiten. Dies kann, wie geplant, durch eine Abdichtung der Oberfläche erzielt werden. Dabei sind Vorkehrungen zur Ableitung des Deponiegases aus dem Deponiekörper zu treffen, da die Oberflächenabdichtung in der Regel zu einer Steigerung der Gasmigration führt, sofern die entsprechende Kontaktfläche zwischen Deponie und Untergrund sowie die entsprechende Gaswegsamkeit des Untergrundes gegeben ist. An der Deponie befindet sich die relevante Kontaktfläche am Südrand des DA1. Der Untergrund besteht im wesentlichen aus Porphyrtuffen. Der Porphyrtuff ist meist feinkörnig, weist jedoch eine ausgeprägte Klüftigkeit auf, so daß er nicht als gasundurchlässig angenommen werden kann.

Die Betrachtung des DA2 bezieht sich auf den Altkegel, der bis zum Jahr 1970 verfüllt wurde. Es kann abgeleitet werden, daß bei dem erreichten Beweisniveau 3 eine fachtechnische Kontrolle dieses Deponieabschnittes ausreichend ist. Aufgrund der besonderen Problematik der Methanbildung sowie der erhöhten Spurenstoffkonzetrationen sollte hier dennoch die Einrichtung von Gasbrunnen zur Ermöglichung einer Schutzentgasung vorgesehen werden.

Für DA1 und DA2 wurde zur Feststellung der zu erwartenden Gasmenge eine Gasprognose gerechnet, die mittels der beim Absaugversuch bzw. bei der erweiterten Probenahme gewonnenen Meßwerte geeicht werden konnte. Für das Jahr 1996 ergibt sich danach ein Gaspotential von ca. 1.650 m^3/h (DA1) und 80 m^3/h (DA2). Unter Berücksichtigung der vorgesehenen Oberflächenabdichtung ergibt sich die erfaßbare Gasmenge von ca. 1.070 m^3/h (DA1) und 50 m^3/h (DA2).

Der Handlungsbedarf des DA3 ergibt sich, da es sich um einen in Betrieb befindlichen Abschnitt handelt, aus den üblichen deponietechnischen Anforderungen (aktive Entgasung). Die Gasprognose wurde ohne Eichung der Parameter gerechnet. Das Gaspotential ergibt sich für das Jahr 1996 zu ca. 2.500 m^3/h, die erfaßbare Gasmenge beträgt etwa 1.670 m^3/h (mit Oberflächenabdichtung).

6. Schlußfolgerung zur Sanierung aus gastechnischer Sicht

Bei der Festlegung der erforderlichen Maßnahmen wird vorausgesetzt, daß die Oberflächen-/Zwischenabdichtung wie geplant realisiert wird.

Für den **DA1** wird eine aktive Entgasung empfohlen, wobei sich die Anforderungen an das Entgasungssystem für die Bereiche der einzelnen Testfelder unterscheiden (siehe Abbildung 3). Im Bereich des Testfeldes A ist die Errichtung von Gasbrunnen oberhalb der Böschung und auf der Berme vorzusehen. Ein Gasbrunnen wird für den Bereich des Testfeldes B vorgesehen. Im Bereich des Testfeldes C wird die Errichtung eines Gasbrunnennetzes in Form einer einer zweireihigen Brunnengalerie entlang des südlichen Deponierandes und einer einreihigen Brunnengalerie entlang des westlichen und östlichen Deponierandes mit einem Brunnenabstand von ca. 60 m empfohlen.

Für die aktive Entgasung sind Gasbrunnen gemäß den Vorgaben der TASI zu errichten. Auf die Verwendung der bestehenden Gasabsaugpegel bei der aktiven Entgasung sollte verzichtet werden, da die Gasabsaugpegel einen zu geringen Durchmesser aufweisen und damit den Entgasungsbetrieb wegen zu großen Kondensatanfalls beeinträchtigen. Neben dem Bau der Gasbrunnen wird für den DA1 der Bau von zwei Unterstationen als sinnvoll erachtet, an denen die Sammelleitungen mehrerer Gasbrunnen zusammengefaßt werden. Es wird ein zweischieniges Gaserfassungssystem (zwei Transportleitungen) empfohlen.

Abb. 3: Beispielhafte Anordnung der neu zu erstellenden Gasbrunnen in DA1

Für den **DA2** wird der Bau von Gasbrunnen empfohlen, obwohl die Gasbildung aus den eingelagerten organischen Hausmüllbestandteilen bereits weitgehend abgeklungen ist. Diese Gasbrunnen sollen eine Schutzentgasung ermöglichen, damit das im DA2 vorhandene Gas nicht über die Deponieböschungen bzw. in den Untergrund entweicht. Entsprechend der Zielsetzung erscheint hierbei die Einrichtung von ca. 4 Gasbrunnen zwischen dem Schadstofflager und den Böschungen ausreichend. Im Rahmen eines Überwachungsprogrammes, in das auch die Gasbrunnen GB2 und GZB1 eingebunden sind, soll durch Messungen der Hauptkomponenten und Spurenstoffkomponenten die Gasphase überwacht werden, im Bedarfsfall kann eine aktive Entgasung der relevanten Bereiche erfolgen. Der Anschluß der Gasbrunnen an eine separate Unterstation ist daher zweckmäßig.

Für den **DA3** ist gemäß Kapitel 5 eine aktive Entgasung vorzusehen.

Bezüglich der Gasbehandlung ist eine Gasfackel zur Entsorgung des anfallenden Deponiegases, auch im Falle einer Gasverwertung, vorzuhalten. Der Betrieb der Entgasungsanlage ist entsprechend zu überwachen und zu regeln. Bei der gemäß TASI vorgeschriebenen regelmäßigen Überwachung kann ein optimaler Betriebspunkt der Anlage eingestellt werden und die Einstellungen der einzelnen Gasbrunnen korrigiert werden, falls dies aus der Sicht einer wirksamen Entgasung des Deponiekörpers notwendig wird. Damit kann eine Übersaugung des Deponiekörpers vermieden und eine Störung der Gasproduktion verhindert werden.

7. Arbeitsunterlagen und Literatur

[1] Jessberger + Partner: Vorläufige Risikobewertung des Deponiekörpers der Kommunaldeponie „Weißer Weg" Chemnitz, August 1993.

[2] Landesanstalt für Umweltschutz Baden-Württemberg, Karlsruhe: Der Deponiegashaushalt in Altablagerungen -Leitfaden Deponiegas, Materialien zur Altlastenbearbeitung, Band 10, Oktober 1992

[3] TASI - TA Siedlungsabfall, Dritte Allgemeine Verwaltungsvorschrift zum Abfallgesetz, Juni 1993

Die geotechnische Sicherung der Deponie „Weißer Weg“ Chemnitz - Voraussetzung ihres Weiterbetriebes

Prof. Dr.-Ing.habil. Hasso Scheffler, Dipl.-Ing. Ulrich Klos, Jessberger + Partner, Beratende Ingenieure Geotechnik und Umwelttechnologie, Leipzig/Dortmund

Dipl.-Geol. Alban Meiser, Geo-Informetric GmbH, Büro Chemnitz

1. Historische Entwicklung der Deponie

1974 wurde durch den Rat der Stadt Karl-Marx-Stadt/Chemnitz der Bau der Kommunaldeponie "Weißer Weg" (DWW) beschlossen und die Deponierung von Hausmüll ohne jegliche technische Vorbereitung des Untergrundes aufgenommen. Ursprünglich vorgesehene Maßnahmen zur Gewährleistung eines dem Stand der Technik entsprechenden Betriebes (Basisabdichtung, Sickerwasserfassung, Gasfassung u.ä.) gelangten nicht zur Ausführung. Darüber hinaus wurde ab 1976 mit der Anlegung sogenannter Schadstofflager begonnen, deren Zahl bis zu ihrer Schließung im Jahre 1989 auf insgesamt 4 angewachsen war, Bild 1. Historie und Zustand der Deponie sind ferner durch das Fehlen einer zeitgemäßen Einbautechnologie sowie durch Schwel- und Oberflächenbrände in und auf der Deponie geprägt gewesen.

Die heute ca. 50 ha umfassende Deponie liegt in einem ehemaligen keilförmigen Taleinschnitt (Naundorfer Delle) am nordöstlichen Rand der Stadt Chemnitz im Zeisigwald. Sie ist in drei entstehungsgeschichtlich und damit auch räumlich getrennte Deponieabschnitte (DA) gegliedert, Bild 1.

Unter Bezug auf die in der DDR gültigen Abfallbegriffe /11/ veranschaulicht Bild 2 die vor allem im DA 1 verbrachten Abfallarten und ihre Anteile am Gesamtaufkommen. Insoweit es sich um kommunalen Müll handelt, schloß dieser u. a. definitionsgemäß auch Asche (Hausbrand), Fäkalien, Schlämme nichtindustrieller Kläranlagen und Rückstände aus Benzin- und Fettabscheidern von Einrichtungen im Siedlungsbereich ein. Zu den industriellen Abprodukten zählten u. a. auch Gießereischlacken und Industrieschlämme. Aus Vorstehendem folgt, daß die genannten Abfallarten auch einen beträchtlichen Flüssiganteil beinhaltet haben, der inzwischen zu wesentlichen Teilen verdunstet oder versickert ist.

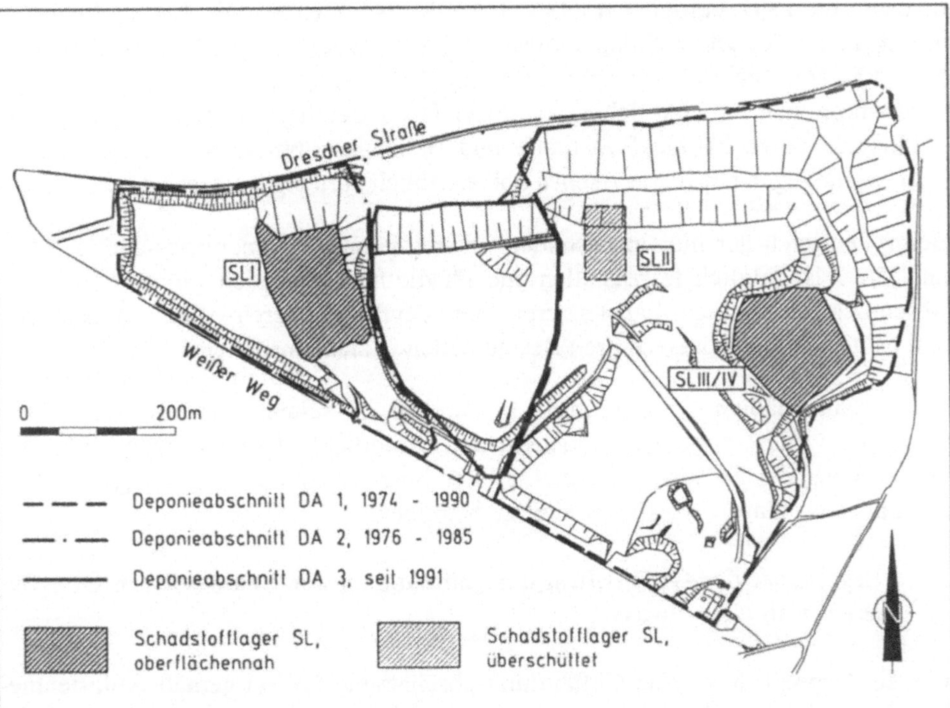

Bild 1 Räumlich-zeitliche Gliederung der Deponie einschließlich der Schadstofflager

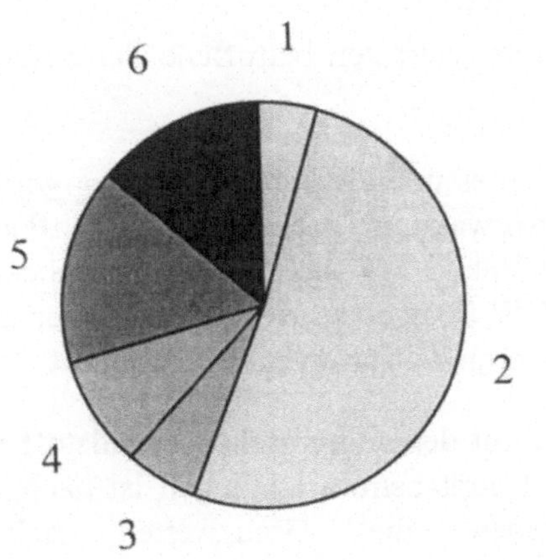

Bild 2 Im Deponieabschnitt DA 1 verbrachte Abfallarten

1 Flüssiganteil des kommunalen Mülls 5 %
2 Festanteil des kommunalen Mülls (ohne Asche) 54%
3 Flüssiganteil industrieller Abprodukte 6%
4 Festanteil industrieller Abprodukte (ohne Gießereischlacke) 9%
5 Ascheanteil des kommunalen Mülls, Heizkraftwerksasche, Gießereischlacke 16%
6 Abfälle der Bauindustrie 14%

In dem seit 1991 betriebenem DA 3 werden Abfallarten wie Hausmüll, hausmüllähnliche Gewerbeabfälle, Garten- und Parkabfälle, Straßenkehricht, Bauabfälle und Klärschlämme verbracht. Der Anteil der einzelnen Abfallarten am Gesamtaufkommen hat sich dabei gegenüber DA 1 deutlich verändert. Kommunalmüll, nicht recycelfähige Bauabfälle und Bodenaushubmassen haben zugenommen, wohingegen der inerte Ascheanteil erheblich zurückgegangen ist.

Beim Vergleich der hier insbesondere interessierenden Deponieabschnitte DA 1 und DA 3 ist folglich festzustellen und für die nachfolgenden Betrachtungen als wesentlich festzuhalten, daß letzterer einen deutlich höheren Anteil an chemisch und bakteriologisch umsetzbaren Bestandteilen in sich einschließt.

Eine flächenmäßige Erweiterung der Deponie ist seitens der Stadtverwaltung Chemnitz weder vorgesehen, noch in der Öffentlichkeit durchsetzbar. Zur Gewährleistung der Entsorgungssicherheit der Stadt Chemnitz ist die Deponie dennoch bis etwa zum Jahre 2002 weiter zu betreiben.

2. Ergebnisse der Gefährdungsabschätzung zu den Schutzgütern Oberflächen- und Grundwasser

Für die Deponie liegt eine Gefährdungsabschätzung (GFA) gemäß Altlastenmethodik Sachsen (Schutzgut Grundwasser) bzw. Altlastenmethodik Baden-Württemberg (Schutzgüter Oberflächenwasser, Boden, Luft) vor. Ihr liegt die Auswertung umfangreicher Abfall-, Gas-, Oberflächenwasser-, Sickerwasser- und Grundwasseranalysen aus Meßstellen (Bohrungen, Pegel) auf der Deponie selbst (24) und in ihrem Umfeld (11), an Meßpunkten wie Quellen, Quellschrote etc. sowie von Gasmessungen in nahegelegenen Wohnbebauungen zugrunde.

Zusammenfassend ergibt sich für das am stärksten betroffene Schutzgut Grundwasser (GW) folgender Sachverhalt:

Der Untergrund der Deponie und der ihres unmittelbaren Umfeldes wird von einem Kluftgrundwasserleiter, dem Zeisigwaldtuff, gebildet. Eine weitflächig verbreitete geologische Barriere, die hemmend auf den Eintrag von Sickerwasser wirken könnte, existiert nicht. Der GW-Spiegel liegt mehrere Meter unter der Aufstandsfläche der Deponie, dem früheren keilförmigen Taleinschnitt.

Die Kontamination des Grundwassers mit deponietypischen Schadstoffen unmittelbar unter der Deponie und in den Hauptabstromrichtungen ist nachgewiesen. Bei mehreren Parametern werden die Grenzwerte nach TVO (Trinkwasserverordnung) deutlich überschritten. So wurden z. B. die folgenden Werte der elektrischen Leitfähigkeit (Grenzwert nach TVO 2.000 µS/cm) ermittelt:

- unter der Deponie 1.600 - 13.000 µS/ cm
- im östlichen Abstrombereich 1.400 - 4.500 µS/ cm
- im nördlichen Abstrombereich 1.200 - 1.500 µS/ cm

Die Werte für von der Deponie nicht beeinflußtes GW im Anstrombereich liegen bei ca. 250 µS/cm, für das Sickerwasser wurden Werte zwischen 6.800 und 13.600 µS/cm gemessen.

Die Schadstoffverfrachtung erfolgt derzeit noch oberflächennah. Wasserproben aus dem tieferen Bereich des Grundwasserleiters, auch aus der stark beeinflußten östlichen Abstromrichtung, sind auffallend gering belastet. Altersbestimmungen des Grundwassers stützen diese Beobachtung und lassen eine Zonierung des Grundwasserleiters erkennen.

Aus den im Rahmen der GFA erhobenen Daten zur Erkundung und Überwachung der hydrogeologischen und hydrochemischen Verhältnisse ergeben sich folgende Schlußfolgerungen:
- Das GW ist nicht gegen Sickerwassereintrag aus der Deponie geschützt.
- Die Kontamination des GW ist die Folge eines ungehinderten Eintrags von Schadstoffen aus der Deponie.
- Ein wirksamer Schutz des Grundwassers kann nur durch Verhinderung des Schadstoffaustrages aus der Deponie erreicht werden.

Eine erfolgsversprechende Sanierungsmaßnahme muß demnach den Schadstoffpfad Deponie-Sickerwasser-Grundwasser unterbrechen. Das kann bei den vorliegenden Verhältnissen nur an der Schadstoffquelle selbst, der Deponie, realisiert werden, indem die weitere Durchsickerung des Altkörpers durch ein wirksames Dichtungssystem verhindert wird.

3. Sanierungskonzept

Unter Bezug auf die Ergebnisse der GFA ist der weiteren mehrjährigen Deponierung von Abfällen eine Sanierung des Altkörpers der DWW voranzustellen. Hauptelement des hierfür erarbeiteten und in /4/ erläuterten Sanierungskonzeptes ist ein die Deponieabschnitte DA 1 und DA 3 einschließlich der dort vorhandenen Schadstofflager SL II und SL III/IV sowie das SL I im DA 2 mit erfassendes, übergreifendes und qualifiziertes Dichtungssystem, Bild 3. Das nur als Einheit im erforderlichen Sinne wirksame System soll aus einer Zwischendichtung im Bereich der vorgesehenen Weiterbetriebsfläche und einer Oberflächendichtung außerhalb derselben bestehen. Es bewirkt vor allem in dieser und durch diese Einheit
- eine Minimierung des weiteren ungehinderten Eintrages von Oberflächenwässern (Versickerungsanteil der Niederschläge!) und

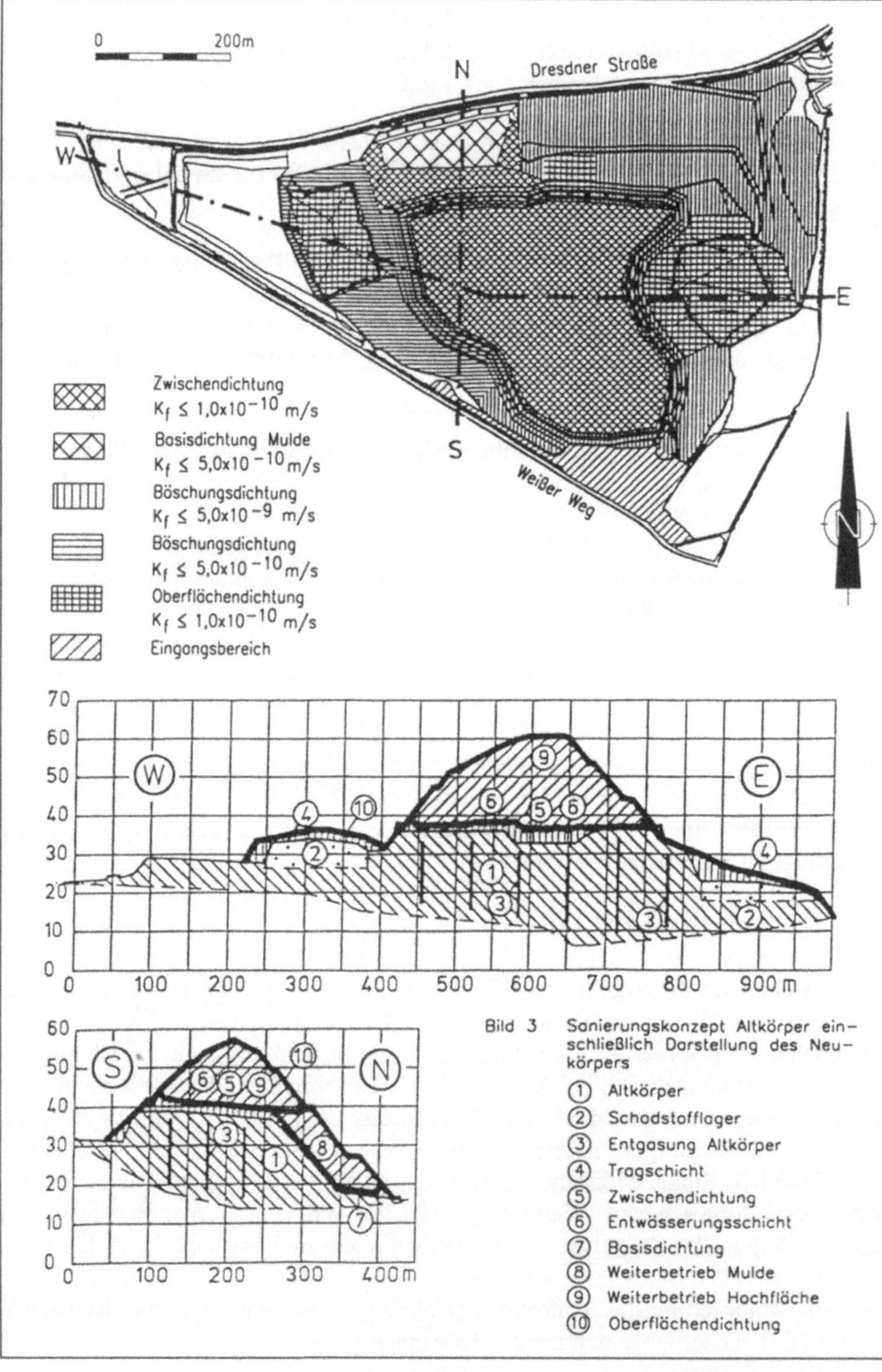

Bild 3 Sanierungskonzept Altkörper einschließlich Darstellung des Neukörpers

① Altkörper
② Schadstofflager
③ Entgasung Altkörper
④ Tragschicht
⑤ Zwischendichtung
⑥ Entwässerungsschicht
⑦ Basisdichtung
⑧ Weiterbetrieb Mulde
⑨ Weiterbetrieb Hochfläche
⑩ Oberflächendichtung

- des hierdurch verursachten Austrages von mobilen und eluierbaren Schadstoffen in den zuunterst liegenden Altkörper und nachfolgend vor allem in das Grundwasser.

Unter Berücksichtigung von
- ortsgebundenem Schadstoffpotential (Schadstofflager!),
- ortsgebundenem Versickerungsanteil der Niederschläge (Geländeneigung!),
- anzunehmenden Sickerwegen des in die Deponie eindringenden Niederschlagsanteils und
- erforderlicher Funktionsdauer der Zwischendichtung

wurden die Anforderungen an den Wasserdurchlässigkeitsbeiwert der mineralischen Dichtungsschichten differenziert mit $1 \cdot 10^{-10}$ m/s $\leq$ erf. $k_f \leq 5 \cdot 10^{-9}$ m/s festgelegt.

Mit dieser Sanierung durch ein übergreifendes Dichtungssystem wird die DWW, wie nach TA Siedlungsabfall /10/ Nummer 11.2.1 Buchstaben f) und g) für Altdeponien angestrebt, zugleich ertüchtigt, um
- das dort vorhandene und künftig weiter entstehende Deponiegas sowie aber vor allem auch
- das als Folge des befristeten Weiterbetriebes künftig anfallende Sickerwasser

zu fassen, zu kontrollieren und ggf. zu verwerten bzw. zu behandeln.

4. Zwischendichtung unterhalb der Weiterbetriebsfläche und damit verbundene geotechnische Probleme

In Auswertung der Ergebnisse der GFA folgt die Sinnfälligkeit einer Zwischendichtung ZD vor allem aus der Wasserhaushaltsbetrachtung der von der Dichtung eingenommenen Fläche. Unterhalb dieser beträgt der Sickerwasseranfall an der Deponiebasis bei weiter, wie bisher, ungehindertem Eintritt der Niederschläge zwischen 26.000 m³/a und 43.000 m³/a, zukünftig bei Erkalten des Deponiekörpers auf maximal 59.000 m³/a ansteigend. Bei voller Wirksamkeit der bis zum Ausklingen der Setzungen des Neukörpers interimsmäßig vorgesehenen Oberflächenabdeckung (0,5 bis 0,8 m bindiger Boden) nach Abschluß der Deponierung verbleibt eine Restversickerung zwischen 11.500 m³/a und 18.000 m³/a, maximal 32.000 m³/a. Die genannten Einträge stellen nachgewiesenermaßen eine erhebliche Grundwasserbeeinträchtigung dar. Aufgrund der Tatsache, daß die Deponie großflächig das Grundwassergenesegebiet der regionalen Grundwasservorkommen überspannt, das Grundwasser derzeit und zukünftig genutzt wird und auch auf einen vorsorgenden Schutz des tieferen Grundwasserkörpers abgezielt wird, sind Maßnahmen zur Unterbindung der Grundwasserbeeinträchtigung aus der Sicht der Stadt Chemnitz und der von ihr beauftragten Planer durchzuführen. Bei

Einsatz einer Zwischendichtung kann der Eintrag von Sickerwasser für den Zeitraum der Gasbildung gänzlich unterbunden werden, da der Feuchtigkeitsentzug im Neukörper durch die temperaturbedingte Dampfdiffusion höher ist als die Restdurchlässigkeit der Zwischendichtung. Danach, d. h. ca. 20 Jahre nach Abschluß der Deponie, wird das dann aufzubauende endgültige Oberflächendichtungssystem wirksam und die Zwischendichtung verliert damit ihre Funktion.

Aus Vorstehendem folgt, daß die Zwischendichtung ZD bis etwa zum Jahre 2022 ihren Zweck erfüllen, d. h. allen bis dahin auftretenden Beanspruchungen widerstehen muß. Die bedeutendsten dieser Beanspruchungen sind die sich einstellenden absoluten und relativen Setzungen als Folge des Weiterbetriebes (Auflast!) und der sich im Altkörper langfristig vollziehenden Umsetzung- und Abbauprozesse der organischen Bestandteile der deponierten Abfälle. Hiervon ausgehend ist im Rahmen der Planung und nachfolgenden Bauausführung dafür Sorge zu tragen, daß in Anlehnung an die TA Siedlungsabfall /10/ Nummer 10.4.1.3.2 Buchstabe a) nach Abklingen der Setzungen des Altkörpers die Oberfläche der Zwischendichtung noch immer ein Quergefälle von $\geq 3\%$ und ein Längsgefälle von $\geq 1\%$ aufweist.

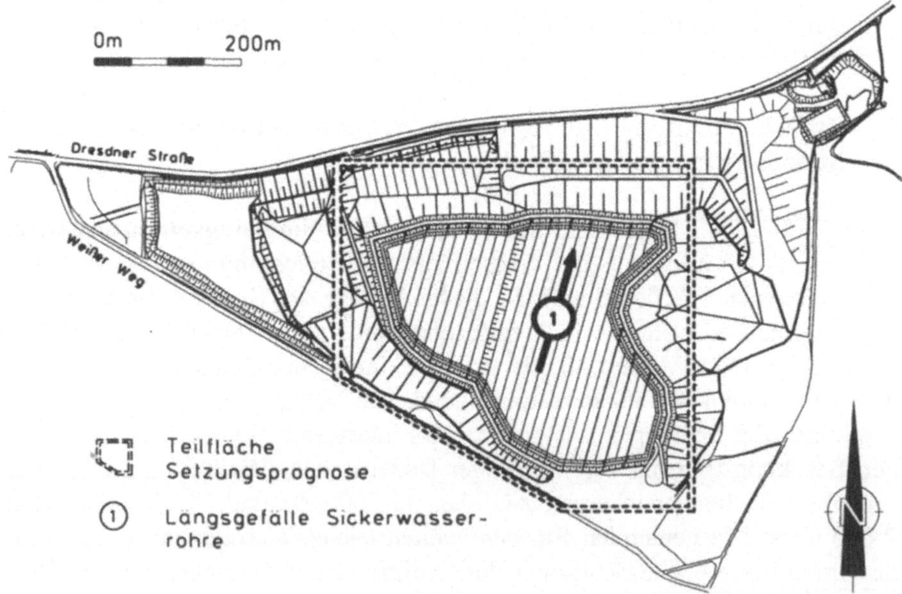

Bild 4 Anordnung der Sickerwasserrohre unter dem geplanten Neukörper der Deponie einschließlich der Abgrenzung der in den Bildern 6 bis 8 dargestellten Teilfläche der Setzungsprognose gemäß Abschnitt 5.

Zur Einhaltung dieser Forderungen ist es notwendig

- die vor allem durch die Morphologie des ehemaligen Taleinschnittes vorgegebenen natürlichen Verhältnisse mit der daraus folgenden veränderlichen Abfallmächtigkeit (siehe hierzu Bild 3) und den mit dieser korrespondierenden Setzungen durch eine zweckmäßige Anordnung der Sickerwasserrohre gemäß Bild 4 auszunutzen, wodurch deren Gefälle in der Grundtendenz mit der Zeit überwiegend zunimmt, zumindest vom Süden bis zum Taltiefsten der früheren Naundorfer Delle,
- durch eine flächenhafte Prognose die absolute Größe der sich einstellenden Setzungen unter besonderer Beachtung der Grenzbereiche zwischen den verschiedenen Deponieabschnitten festzustellen und davon ausgehend im Rahmen der Bauphase zu berücksichtigende Überhöhungen der Zwischendichtung begründet festzulegen,
- die sich großräumig einstellenden relativen Verformungen und die an diese gebundenen kleinsten Krümmungsradien der Zwischendichtung zu ermitteln und mit dem nach /7/ ohne besonderen Nachweis der Stabilität der mineralischen Dichtungsschicht zulässigen kleinsten Radius min R = 200 m zu vergleichen sowie
- durch geeignete technische Maßnahmen den durch die Inhomogenität des abgelagerten Abfalls bedingten und mittels der Setzungsprognose daher nicht vorhersagbaren, jedoch sicherlich auftretenden kleinräumigen Setzungsunterschieden entgegenzuwirken.

Diese zuletzt genannten technischen Maßnahmen sollten unter Bezug auf die Theorie der Spannungsausbreitung in Mehrschichtensystemen so beschaffen sein, daß die Steifezahl $E_s(\sigma_z)$ im Altkörper der Deponie in Richtung der überlagernden Zwischendichtung zunimmt, also die derzeitigen Verhältnisse im oberen Bereich des jetzigen Abfallkörpers umgekehrt werden. Hierdurch würde dann nicht nur den kleinräumigen Setzungsunterschieden entgegengewirkt, sondern auch den großräumigen absoluten und relativen Setzungen, insoweit diese ihre Ursache in der Auflast durch den Weiterbetrieb der Deponie haben.

5. Setzungsprognose

5.1. Aufgabenstellung

Die zu ermittelnden Gesamtsetzungen s des Altkörpers der Deponie sind das Ergebnis

- lastabhängiger Setzungen s_l dieses Körpers selbst und des Untergrundes der Deponie sowie

– der langfristigen, d. h. zeitabhängigen, chemisch und bakteriologisch bedingten Abbauprozesse der verrottbaren organischen Bestandteile der deponierten Abfälle und hieraus resultierender Setzungen s_{org}.

Daraus folgt

$$s = s_l + s_{org} \quad (1)$$

Hinsichtlich der Ermittlung der Setzungen s_l besteht das eigentliche Problem in der Bestimmung der hierfür erforderlichen, d. h. in die Setzungsberechnung eingehenden material-, teufe- und damit auch spannungsabhängigen Steifezahlen $E_s(\sigma_z)$.

Bei der Gründung von Bauwerken auf natürlichen (gewachsenen) Lockergesteinsschichten erfolgt deren Bestimmung mit Hilfe

a) bodenphysikalischer Laborversuche (Drucksetzungsversuche) an Bodenproben aus den in die Setzungsberechnung einzubeziehenden Schichten,

b) spezieller, im Rahmen der zu untersuchenden Problemstellung bewährter Feldversuche zur direkten Ermittlung (Seitendrucksonden) oder indirekten Ermittlung (Rammsondierungen, Drucksondierungen),

c) bezüglich Lastfläche und Lastgröße und damit auch Wirkungstiefe bestimmte Mindestanforderungen erfüllende Belastungsversuche (großmaßstäbliche Versuche in situ) mit Aufzeichnung und nachfolgender Auswertung der sich einstellenden Setzungen oder schließlich durch

d) Auswertung des Setzungsverhaltens in Lastfläche, Lastgröße, Eigensteifigkeit des Bauwerkes und vor allem auch der Eigenschaften seines Untergrundes (Schichtenfolge, Schichtmächtigkeiten, Zustand der Lockergesteine, Grundwasserstand etc.) vergleichbarer Problemstellungen.

Hinsichtlich der Anwendbarkeit dieser Möglichkeiten auf die hier zu untersuchende Aufgabe ist festzustellen:

a) Die Entnahme großkalibriger ungestörter Proben aus dem Altkörper der Deponie ist im Grunde nicht möglich. Untersuchungen zur Abfallmechanik erfolgten daher bisher nur an gestörten Proben und dies auch nur im Rahmen von Forschungsarbeiten. Sie erfordern den Einsatz spezieller Prüfeinrichtungen mit vergleichsweise großen Probenabmessungen. Für Routineuntersuchungen stehen diese Einrichtungen nicht zur Verfügung. Damit entfällt die Möglichkeit der direkten Bestimmung von Steifezahlen im Labor für den konkreten Fall. Es wird allerdings zu prüfen sein, inwieweit durchgeführte Untersuchungen in Form von Analogieschlüssen zumindest zur Abschätzung von Verformungsparametern herangezogen werden können.

b) Sondierungen kommen wegen der großen Inhomognität von Abfallkörpern bisher nur recht vereinzelt und dann mit wechselndem Erfolg (Sondierhindernisse!) zum Einsatz. Sie sind aufwendig und ihre Auswertung erfordert ein spezielles know how, was verständlicherweise weitgehend an die jeweiligen im Rahmen der mechanischen Abfalluntersuchung tätigen Verfahrensträger gebunden ist. Aussagekraft und -verläßlichkeit dieser Untersuchungen ist darüber hinaus aus unterschiedlichen Gründen noch recht umstritten.

c) Die Ausführung von Belastungsversuchen ist nur dann gerechtfertigt, wenn ihre Tiefenwirkung so groß ist, daß alle das Setzungsverhalten maßgeblich bestimmenden Baugrundschichten, hier also der Altkörper der Deponie selbst, von ihr erfaßt werden. Das würde im konkreten Fall die Herstellung einer recht großen Probebelastung/schüttung erfordern. Aus unterschiedlichen Gründen scheidet eine solche aber auf der DWW aus.

   Es sei jedoch schon hier darauf verwiesen, daß die Aufschüttung des Neukörpers der Deponie selbst zur Verifizierung der Setzungsprognose geeignet und heranzuziehen ist. Voraussetzung dafür ist die in der TA Siedlungsabfall /10/ unter Nummer 10.6.6.2 - Einrichtungen zur Überwachung - verlangte Installation geeigneter Meßeinrichtungen zur Überwachung der Setzungen und Verformungen des Deponiekörpers.

d) Setzungsmessungen an mit der Deponie „Weißer Weg“ Chemnitz vergleichbaren anderen Deponien sind nicht bekannt. Auch diese Möglichkeit des Analogieschlusses entfällt damit für die hier zu lösende Aufgabe.

Hinsichtlich der Möglichkeiten der Bestimmung der Lastsetzungen des Altkörpers der DWW ist folglich festzustellen, daß die Ermittlung der die Qualität der Setzungsberechnung bestimmenden Verformungsparameter nur näherungsweise gemäß a) (Analogieschluß!) und b) möglich ist. Das Ergebnis der Untersuchung kann folglich auch nicht mehr als eine erste Prognose des Lastsetzungsverhaltens sein, die im Zuge der Aufschüttung des Neukörpers der fortwährenden Verifizierung bedarf.

Auch die Setzungen s_{org} als Folge chemisch und bakteriologisch bedingter Abbauprozesse der verrottbaren organischen Bestandteile des Abfalls können gegenwärtig nur abgeschätzt werden. Eine genauere Ermittlung ist nicht möglich. Grundlage dieser Abschätzung ist eine diesbezügliche Auswertung von Beobachtungen an

Hausmülldeponien, wie dies in /2/ geschah (zitiert in /8/). Danach entspricht die Größe dieses Setzungsanteils

$$s_{org} = f \bullet h_D \quad [m] \tag{2}$$

mit

$f = 0{,}075 \ldots 0{,}225$

h_D - Schütthöhe der Deponie [m]

Die Größe des Faktors f wird durch den Anteil der verrottbaren Bestandteile des Abfalls bestimmt und nimmt mit diesem zu.

Insgesamt kommt es gemäß Gl. (1) zu einer Überlagerung der Setzungsanteile s_l und s_{org}, wobei sich aber nachfolgend in situ nur die Gesamtsetzung s durch geeignete Meßeinrichtungen verfolgen läßt. Die richtige Interpretation solcher Meßergebnisse ist folglich an die frühzeitige und umfassende Dokumentation aller die Setzungen s beeinflussenden Faktoren gebunden.

5.2. Deponieuntergrund und Deponieaufbau sowie künftige Belastung

Das Liegende der Deponie „Weißer Weg" ist bekannt. Ihr Aufbau kann durch umfangreiche Recherchen und Zeitzeugenbefragungen sowie die auf dem Deponiekörper niedergebrachten Großbohrungen technologisch nachvollzogen und die Art und Zusammensetzung des abgelagerten Deponiegutes in hinreichendem Maße beschrieben werden.

Der direkte Untergrund der Deponie und ihres Umfeldes wird von einem überwiegend sehr porösen und klüftigen Pyroklastit (Zeisigwald-Tuff) mit einer Mächtigkeit von mindestens 50 m gebildet. Im Vergleich zum Abfallkörper ist dieser als ein zwar porenreiches, aber dennoch wenig kompressibles Festgestein einzuordnen, auf dessen Berücksichtigung daher in der Setzungsprognose verzichtet wird.

Die eingangs erwähnten und durch die historische Entwicklung bedingten Deponieabschnitte DA1 bis DA3 unterscheiden sich nicht nur, wie im Abschnitt 1. beschrieben, in ihrer Zusammensetzung deutlich, sondern auch in ihrer Herstellungstechnologie.

DA 1 und DA 2 wurden entweder ungeordnet verkippt oder in Kippkantentechnologie hergestellt. Dabei wurden die angelieferten Abfälle mittels Raupen über die 10 bis 15 m hohen Böschungen geschoben. Es erfolgte keine Verdichtung des Deponiegutes. Der Deponieabschnitt DA 2 ist zwischen 5 und 15 m mächtig und läuft auf Grund der Morphologie des Deponieliegenden nach Westen hin aus, siehe Bilder 1 und 3. Durch dessen Verlauf bedingt, nimmt die Mächtigkeit des Deponiekörpers dagegen in Richtung des Tales bis auf 40 m zu. Letzterer besteht im Deponieabschnitt DA 1 selbst aus durchschnittlich 3 Kippscheiben.

Der zwischen DA 1 und DA 2 liegende Deponieabschnitt DA 3 wurde bis Anfang 1992 ebenfalls mit o. g. Kippkantentechnologie betrieben. Seit 1992 erfolgt der Einbau der Abfälle mit Kompaktoren im Dünnschichtverfahren. Der Deponiekörper ist zwischen 15 und 25 m mächtig.

Der Weiterbetrieb der Deponie wird durch die Überschüttung von Teilflächen der Deponieabschnitte DA 1 und DA 3 sowie der bisher ungenutzten Einbuchtung an der Dresdner Straße ermöglicht, Bild 3. Die Überschüttung des Deponiealtkörpers beträgt maximal 35 m. Diese größte Überschüttungshöhe und damit Auflast liegt etwa im Zentrum der in die weitere Deponierung einzubeziehenden Fläche.

Die sich noch an der Oberfläche der Deponie befindenden Schadstofflager SL I und SL III/IV werden nicht in diese Überschüttung einbezogen.

5.3. Berechnungsmodell

5.3.1. Lastabhängige Setzungen s_l

Die Größe und der örtliche Verlauf der Lastsetzungen des Altkörpers der Deponie als Folge ihrer Weiterführung hängen zunächst von den gleichen Einflußfaktoren ab, wie sie für ein schlaffes Fundament bekannt sind. Im Gegensatz zu letzterem müssen uns jedoch die Ausmaße der Lastfläche und die Lastgröße einer Großdeponie im Endzustand dazu veranlassen, als die bei der Setzungsberechnung zu berücksichtigende Grenztiefe die Deponiemächtigkeit selbst zu betrachten.

Das Vorgehen bei der eigentlichen Setzungsberechnung besteht dann darin, die Lastsetzungsanteile ds für einen Tiefenbereich dz durch eine lineare Verknüpfung mit den setzungserzeugenden Vertikalspannungen $\sigma_{z,p}$ und der spannungsabhängigen Steifezahl $E_s(\sigma_z)$ zu bestimmen:

$$ds = [\sigma_{z,p} / E_s(\sigma_z)] \bullet dz \qquad [m] \qquad (3)$$

Setzungserzeugende Spannung $\sigma_{z,p}$

Unter Berücksichtigung der im Abschnitt 5.1. erläuterten Grenzen einer zuverlässigen Ermittlung der für eine Setzungsberechnung maßgebenden Steifezahl $E_s(\sigma_z)$ ist es im Rahmen einer ersten Setzungsprognose zunächst hinreichend, die Spannungen $\sigma_{z,p}$ im Altkörper als Folge einer Trapezlast (Neukörper) zu ermitteln (Spannungsausbreitung im elastisch-isotropen Halbraum).

Maßgebende mittlere Steifezahl E_s (σ_z) im Bereich des Deponieabschnittes DA 1

Da unter Hinweis auf die Ausführungen im Abschnitt 5.1. eine direkte Bestimmung von teufen- und spannungsabhängigen Verformungsmoduln im vorliegenden Falle nicht möglich ist, werden diese indirekt und in erster Näherung unter Verwendung der im Rahmen der geotechnischen Erkundung der Deponie „Weißer Weg" niedergebrachten Sondierungen, hier primär der Drucksondierungen, ermittelt. Ihre Interpretation erfolgt unter Hinzuziehung vorliegender Kenntnisse zur Auswertung von Drucksondierungen als Grundlage der Setzungsprognose für Deponien auf Kippenflächen des Braunkohlenbergbaus /6/. Eine solche Vorgehensweise ist begründet

- durch den hohen Inertstoffanteil (Aushub- und Abbruchmassen, Aschen und Schlacken) im Deponieabschnitt DA 1,
- durch die dort eingesetzte Einbautechnologie der Abfälle (Versturz über die Böschungsschulter) ohne gezielte Verdichtung und
- durch die vorliegenden Versturztiefen von im Mittel 12 m je Kippscheibe.

Die genannten Einflußgrößen sind damit durchaus vergleichbar mit solchen beim Versturz von Abraum in den Absetzerkippen des Braunkohlenbergbaus. Hieraus wird die Zulässigkeit der qualitativen Übertragung dort gewonnener Erkenntnisse auf Deponien in der Zusammensetzung des Abschnittes DA 1 abgeleitet, zumindest für eine erste Setzungsprognose.

Die Steifezahl $E_s(\sigma_z)$ leitet sich aus dem mittleren Verlauf der Spitzendruckwerte q_s einer angemessenen Anzahl von Drucksondierungen ab, näheres dazu siehe /1/. Im vorliegenden Falle gilt in erster Näherung die Beziehung

$$E_s(\sigma_z) = 21 \bullet \sigma_z + 2{,}2 \quad [\mathrm{MN/m^2}] \tag{4}$$

wobei σ_z die in der jeweiligen Tiefe wirksame vertikale Normalspannung ist.

Maßgebende mittlere Steifezahl E_s (σ_z) im Bereich des Deponieabschnittes DA 3

Zusammensetzung und in jüngerer Zeit auch Einbautechnologie des Abfalls entsprechen im Deponieabschnitt DA 3 den Verhältnissen, wie sie für die alten Bundesländer charakteristisch und auch Gegenstand eines laufenden Forschungsprojektes zum mechanischen Verhalten von Siedlungsabfall sind /5/. Für die Ermittlung der teufe- und damit lastabhängigen Steifezahl wird daher die im Bild 5 wiedergegebene Bandbreite der lastabhängigen Steifezahl von Siedlungsabfällen herangezogen. Danach kann deren Verlauf im praktisch interessierenden Spannungsbereich näherungsweise durch eine Exponentialfunktion beschrieben werden. Auf der Grundlage des in /5/ angegebenen Zeit-Setzungsverlaufes eines zerkleinerten Siedlungsabfalls wurde der zugehörige exponentielle Verlauf des Steifemoduls ermittelt und im weiteren für die Berechnung der lastabhängigen Setzungen im Deponieabschnitt DA 3 verwendet. Er folgt der Beziehung

$$E_s(\sigma_z) = 0{,}75 \bullet \exp\,(0{,}004 \bullet \sigma_z) \qquad [MN/m^2] \qquad (5)$$

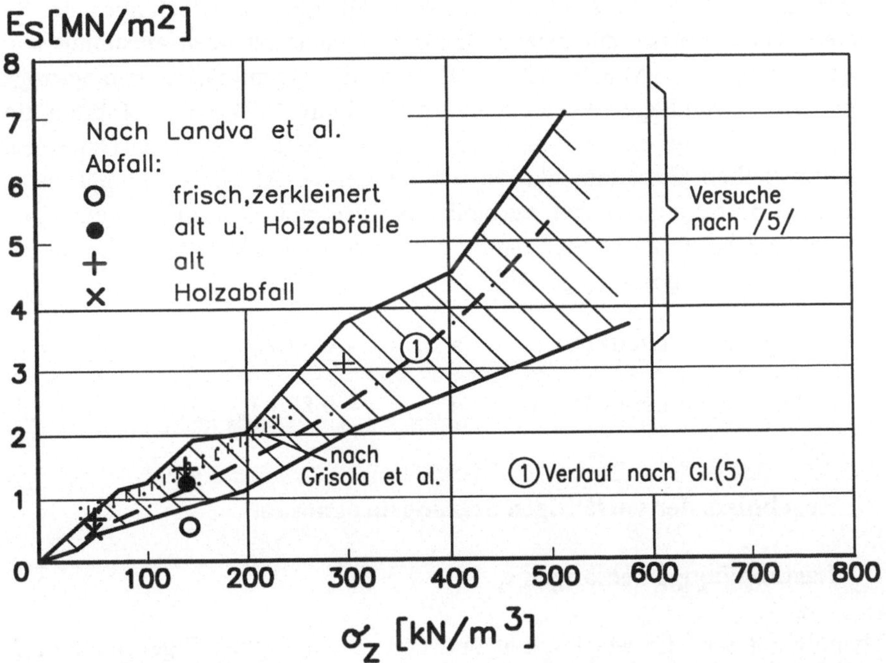

Bild 5 Bandbreite der spannungsabhängigen Steifezahl von Siedlungsabfällen nach /5/

5.3.2. Setzung s_{org} infolge chemisch und bakteriologisch bedingter Abbauprozesse

Die Setzungen s_{org} werden gemäß der im Abschnitt 5.1. angegebenen einfachen Gl. (2) abgeschätzt. Hierbei erfolgt eine weiter vorn stofflich (Abfallzusammensetzung!) begründete Differenzierung zwischen den Deponieabschnitten DA 1 und DA 3:

Deponieabschnitt DA 1 $\quad s_{org,\,DA1} = 0{,}10 \bullet h_D$ (2a)

Deponieabschnitt DA 3 $\quad s_{org,\,DA3} = 0{,}15 \bullet h_D$ (2b)

Bei der Abschätzung der Setzungen s_{org} darf nicht übersehen werden, daß sich diese, wie im übrigen auch die lastabhängigen Setzungen s_l, in der Folge eines (langdauernden) zeitabhängigen Prozesses einstellen, der hier aber unabhängig von der künftigen Belastung bereits begonnen hat. D. h. aber auch, daß ein Teil der nach Gl. (2) bestimmbaren Setzungen schon eingetreten ist. Für die Beurteilung der Beanspruchung der künftigen Zwischendichtung ist jedoch nur jener Setzungsanteil von Interesse, der sich nach ihrer Herstellung noch einstellen wird. Zur Bestimmung diese Maßes wird hilfsweise die Gasprognose herangezogen (siehe auch /9/). Grundlage derselben sind die im Jahre 1994 durchgeführten, umfangreichen Gasabsaugversuche. Aus der davon ausgehend für jeden Deponieabschnitt aufgestellten Gassummenkurve wird derjenige Anteil im Verhältnis zur Gesamtmenge bestimmt, der dem verbleibenden Beurteilungszeitraum entspricht. Für die Deponieabschnitte werden darauf basierend folgende Ansätze für die verbleibenden Restsetzungen $s_{r,org}$ gewählt:

Deponieabschnitt DA 1 $$s_{r,org,\,DA1} = 0{,}34 \cdot s_{org,\,DA1} \quad (2c)$$

Deponieabschnitt DA 3 $$s_{r,org,\,DA3} = 0{,}87 \cdot s_{org,\,DA3} \quad (2d)$$

6. Ergebnisse der vorläufigen Setzungsprognose s_l

6.1. Lastabhängige Setzungen s_l

In Abhängigkeit von der Mächtigkeit und den mechanischen Eigenschaften des Deponiealtkörpers sowie der Größe der Auflast durch den notwendigen Weiterbetrieb der Deponie wurden großflächig Setzungsbeträge von 0,5 bis 3,0 m, maximal 3,08 m ermittelt. Zu den Rändern der Weiterbetriebsfläche nehmen die Setzungsordinaten ab und laufen außerhalb der belasteten Fläche auf Null aus. Im Bild 6 sind die Ergebnisse als Isolinien der lastabhängigen Setzungen dargestellt.[1] Deutlich erkennbar ist das unterschiedliche Verformungsverhalten der Deponieabschnitte DA 1 und DA 3. Im Osten des Deponieabschnittes DA 3 liegen aufgrund der veränderten Abfallzusammensetzung, der großen Mächtigkeit der Altablagerung in diesem Bereich sowie der künftigen Auflast die Maximalbeträge der lastabhängigen Verformungen.

---

[1] Die Darstellung beschränkt sich hier auf den z. Z. existierenden Teil der Deponie! Selbstverständlich erfassen die Setzungen auch den Abfallkörer, der, gemäß Bild 3, Schnitt S-N, Element ⑧, durch die geplante Einbeziehung der Mulde an der Dresdner Straße in den Weiterbetrieb der Deponie entsteht. Die Isolinien setzen sich folglich nach Herstellung dieses Teilkörpers in nördlicher Richtung fort.

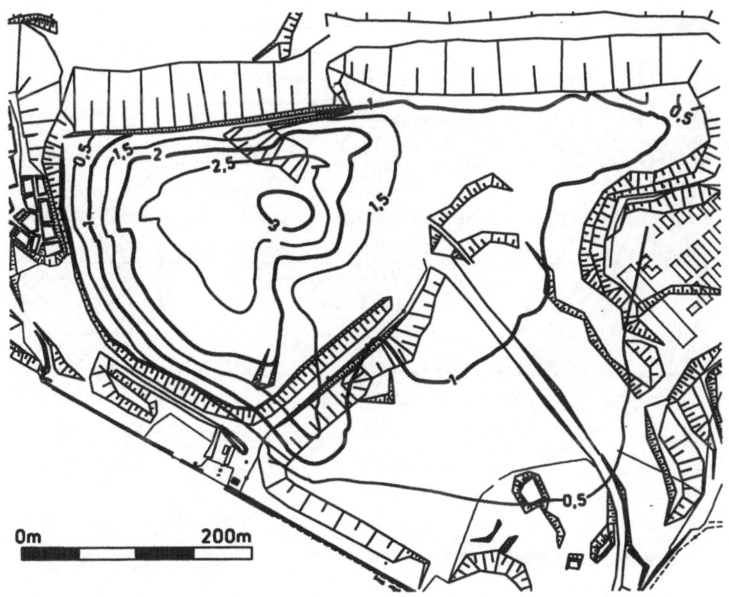

Bild 6 Verlauf der lastabhängigen Setzungen s_l [m] unterhalb der vorgesehenen Zwischendichtung

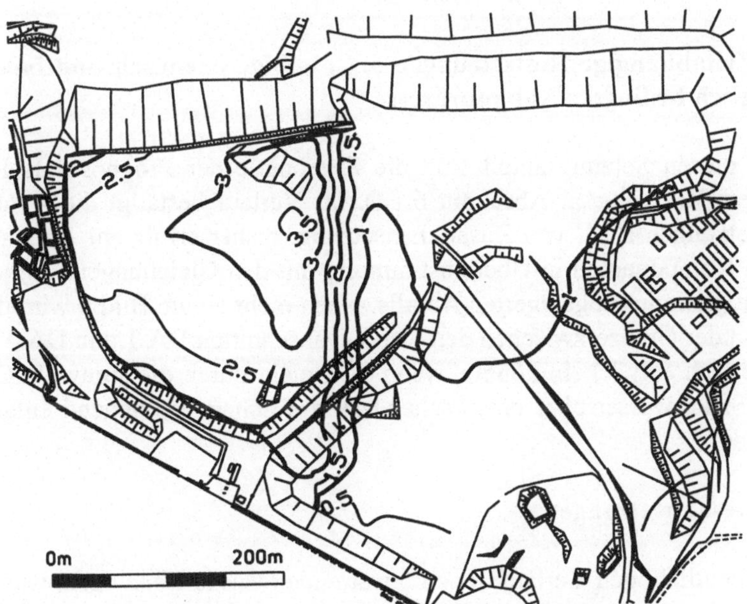

Bild 7 Verlauf der Restsetzungen $s_{r,org}$ [m] unterhalb der vorgesehenen Zwischendichtung

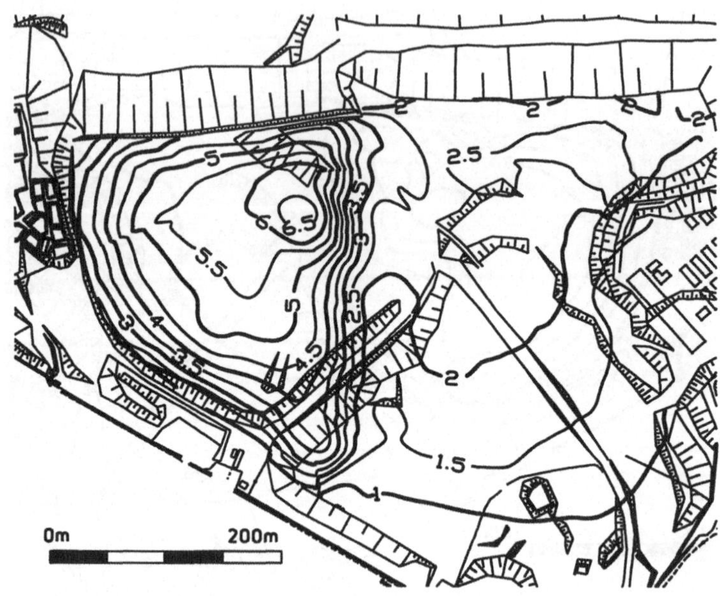

Bild 8 Verlauf der Gesamtsetzungen s [m] unterhalb der vorgesehenen Zwischendichtung

6.2. Zeitabhängige Restsetzungen $s_{r,org}$ infolge chemisch und bakteriologisch bedingter Abbauprozesse

Auch für diesen Setzungsanteil sind die Ergebnisse der Prognose als Isolinien aufgetragen, Bild 7 (s. a. Abschnitt 6.1.!). Ihr Verlauf bestätigt die Abhänigkeit der Restsetzungen $s_{r,org}$ von Zusammensetzung, bisher erfolgtem Abbau der organischen Komponenten in Übereinstimmung mit den Gleichungen (2c) und (2d) und Mächtigkeit des abgelagerten Abfalls. Noch mehr als im Bild 6 wird deutlich, daß sich an der Grenze zwischen den Deponieabschnitten DA 1 und DA 3 ein kritischer Bereich entwickeln könnte, wenn dem nicht durch die sinnvolle Orientierung der Sickerwasserrohre entsprechend Bild 4 schon weitgehend entgegengewirkt würde.

6.3. Gesamtsetzungen s

Bild 8 verdeutlicht den Verlauf der zu erwartenden Gesamtsetzungen, wie sie sich gemäß Gl. (1) und damit aus der Überlagerung der Bilder 6 und 7 ergeben (s. a. Abschnitt 6.1.!). Davon ausgehend wird an der Grenze der Deponieabschnitte DA 1 und DA 3 deutlich, daß sich die sonst großflächig und gleichmäßig entwikkelnden Setzungsbeträge hier über eine kurze Distanz stark verändern. Über eine Entfernung von ca. 50 m treten Setzungsdifferenzen bis zu 4 m auf.

Diese intensiven Verformungen stellen Zonen mit besonderer Beanspruchung der Zwischendichtung dar und es war daher ergänzend zu prüfen, ob der in /7/ mit min R = 200 m angegebene kleinstzulässige Krümmungsradius unterschritten würde. Die Untersuchung ergab, daß dies großräumig an keiner Stelle zu erwarten ist, die Verformungen folglich schadlos ertragen werden. Im Rahmen der vertiefenden Planungsarbeiten wird jedoch Empfehlung E 2-13 - Verformungsnachweis für mineralische Abdichtungsschichten - in /3/ zu beachten sein (Stand der Technik!).

7. Zusammenfassung und Schlußfolgerungen

Die unter Bezug auf die Gefährdungsabschätzung der Deponie „Weißer Weg" Chemnitz notwendige Sanierung der Altablagerung ist eine der wesentlichen Voraussetzungen ihres befristet erforderlichen Weiterbetriebes bis etwa zum Jahre 2002. Im Vordergrund steht hierbei die Unterbrechung des Schadstoffpfades Deponie - Sickerwasser - Grundwasser an der Schadstoffquelle selbst, also oberhalb des Altkörpers der Deponie. Hierfür wird ein übergreifendes, qualifiziertes Dichtungssystem vorgesehen.

Im Bereich der benötigten Weiterbetriebsfläche, also unterhalb der noch zu deponierenden Abfälle, besteht dieses aus einer hochwertigen Zwischendichtung. Deren Funktionstüchtigkeit ist bis etwa zum Jahre 2022, d.h. bis zur vollen Wirksamkeit des dann die Deponie gemäß TA Siedlungsabfall /10/ Nummer 10.4.1.4 abschließenden Oberflächendichtungssystems zu garantieren. Letzteres kann aber bekanntlich erst nach dem Abklingen der Setzungen des noch aufzuschüttenden Neukörpers aufgebaut werden.

Dies beachtend wird die mechanische Beanspruchung der Zwischendichtung als Folge der sich langfristig einstellenden Setzungen, Setzungsunterschiede und hieraus resultierender Verformungen zum geotechnischen Hauptproblem. Die Ergebnisse (Grenzwerte!) der zu dessen Lösung erarbeiteten ersten Setzungsprognose sind in der nachfolgenden Tabelle zusammengefaßt. Die darin ausgewiesenen Setzungsbeträge sind maßgeblich von der Zusammensetzung und der schon verflossenen Liegezeit der in den Deponieabschnitten DA 1 und DA 3 deponierten Abfälle des Altkörpers, von dessen Mächtigkeit und der zukünftigen Abfallablagerung (Auflast!) abhängig.

DA	Mächtigkeit		s_l	$s_{r,org}$	s
	Altkörper	Neukörper			
	[m]	[m]	[m]	[m]	[m]
1	8 - 40	0 - 35	0,19 - 2,02	0,27 - 1,36	0,37 - 3,18
3	12 - 29	0 - 37	0,05 - 3,08	0,99 - 3,52	1,57 - 6,47

s_l - Lastsetzungen s - Gesamtsetzungen
$s_{r,org}$ - Restsetzungen infolge chemisch und bakteriologisch bedingter Abbauprozesse

Die Setzungsprognose läßt folgenden Schlußfolgerungen zu:

- Durch die großräumig nachgewiesenen Setzungen und Verformungen wird weder die Stabilität der mineralischen Zwischendichtung noch die der darauf liegenden, durch ihre Anordnung jedoch weniger beanspruchten Sickerrohre gefährdet. Eine erste Untersuchung der als Folge der Verformungen sich einstellenden Krümmungsradien belegt, daß erstere bei qualitätsgerechter Herstellung der mineralischen Dichtungsschicht gemäß Empfehlung E 5-2 in /3/ schadlos aufnehmbar sind.
- Die durch den Weiterbetrieb der Deponie künftig anfallenden Sickerwässer fließen durch die zweckmäßige Anordnung der Sickerrohre in Verbindung mit einer teilweisen Überhöhung der Basis der Zwischendichtung trotz der auftretenden Setzungen und Verformungen im freien Gefälle der Sickerwassersammelleitung vor dem Randdamm der Weiterbetriebsfläche zu.

Die Setzungsprognose gibt keine Auskunft über die als Folge der Inhomogenität der abgelagerten Abfälle möglichen kleinräumigen Setzungsunterschiede und Verformungen. Um diese mit Sicherheit in ihrer Größe auf das ohne Nachweis der Stabilität der mineralischen Dichtungsschicht notwendige Maß (Krümmungsradius min R $\geq$ 200 m) einzuschränken, ist vor der Ausführung der Zwischendichtung mittels geeigneter technischer Verfahren eine Nachverdichtung des abgelagerten Abfalls erforderlich. Diese dient zugleich auch folgenden Zwecken:

- Aufbau eines bodenmechanisch begründeten Mehrschichtensystems mit zunehmender Steifigkeit des abgelagerten Abfalls in Richtung der Zwischendichtung, also Umkehr des gegenwärtigen Verlaufs der Steifezahl $E_s(\sigma_z)$ über einen noch ortsbezogen festzulegenden Tiefenbereich des Altkörpers und damit

- Vergleichmäßigung und Reduzierung der lastabhängigen Setzungen s_l und der davon wesentlich bestimmten Gesamtsetzungen s. Die Vergleichmäßigung des Setzungsanteils s_l führt zugleich auch zur Reduzierung der Verformungen. Die sich einstellenden Krümmungsradien nehmen zu und damit die mechanische Beanspruchung des Dichtungssystems ab.

Als Nebeneffekt ergibt sich aus der erforderlichen Nachverdichtung zugleich ein Gewinn an Deponieraum, der hier zwar nicht im Vordergrund der Überlegungen steht, wohl aber willkommen zur Finanzierung der Zwischendichtung beiträgt.

Die durchgeführte Setzungsprognose (Isolinienverläufe!) liefert schließlich wertvolle Hinweise für eine zweckdienliche Installation von Einrichtungen zur Überwachung der Setzungen und Verformungen des Altkörpers der Deponie gemäß TA Siedlungsabfall und damit zur späteren fortlaufenden Verifizierung der vorliegenden Aussagen.

Literaturverzeichnis

/1/ Brunner, A., H. Hubàcek, J. Mosler: Analogieverhalten von Drucksetzungs- und Drucksondierungs-Kennlinien. Wissenschaftl. Zschr. d. Hochschule f. Verkehrsw. „Friedrich List“ Dresden, 1985, H. 31, S. 933 - 949

/2/ Collins, H.-J., H.-G. Ramke: Einfluß der Entwässerung (Setzung) auf die Nutzungsdauer von Deponien gemischter Abfälle. Forschungsbericht Niedersächsischer Minister für Wissenschaft und Kunst, Aktenzeichen 2091 - BV 4e 26/81, 1986

/3/ Empfehlungen des Arbeitskreises „Geotechnik der Deponien und Altlasten“ - GDA. Hrsg. v. d. Dt. Ges. für Erd- und Grundbau e. V., 2. Auflage. Berlin: Ernst & Sohn, 1993

/4/ Fischer, F., H. Scheffler, V. Warrelmann: Sanierung und Weiterbetrieb einer Deponie als planerische Einheit am Beispiel der Deponie „Weißer Weg“ Chemnitz. Jahrbuch 1994/1995. VDI - Koordinierungsstelle Umwelttechnik. VDI - Verlag GmbH, Düsseldorf 1994, S. 180 - 188

/5/ Jessberger, H. L., R. Kockel: Mechanische Eigenschaften von Siedlungsabfall - Labor- und Modellversuche. In: Geotechnische Probleme beim Bau von Abfalldeponien. 9. Nürnberger Deponieseminar, Eigenverlag LGA 1993, S. 97 - 120

/6/ Jolas, P., H. Pfeiffer, H. Scheffler: Lastsetzungen von Haldendeponien auf verdichteten Kippenflächen. In: Geotechnische Probleme beim Bau von Abfalldeponien. 7. Nürnberger Deponieseminar. Eigenverlag LGA 1991, S. 69 - 92

/7/ Landesamt für Wasser und Abfall Nordrhein-Westfalen: Mineralische Deponieabdichtungen - Entwurf einer Richtlinie - Abfallwirtschaft NRW Nr. 15. Düsseldorf, Januar 1991

/8/ Ramke, H.-G.: Druck-Setzungsverhalten biologisch vorbehandelten Hausmülls. Standsicherheit im Deponiebau, Fachseminar 30./31. März 1992. Mitt. Inst. für Grundbau u. Bodenmech., TU Braunschweig, Heft Nr. 37, S. 81 - 118

/9/ Rettenberger, G.: Setzungsberechnungen für Hausmülldeponien im Zusammenhang mit der Planung von Deponieoberflächenabdichtungssystemen und Entgasungsanlagen. In: Fehlau/Stief (Hrsg.): Fortschritte der Deponietechnik 1989. Abfallwirtschaft in Forschung und Praxis, Band 30, Erich Schmidt Verlag 1989, S. 143 - 151

/10/ TA Siedlungsabfall. Dritte Allgemeine Verwaltungsvorschrift zum Abfallgesetz vom 14. Mai 1993

/11/ Wolter, G. u. a.: Begriffsbestimmungen Nomenklatur für Siedlungsabfälle. Institut für Kommunalwirtschaft, Dresden, Dezember 1979

Sanierungsszenarien für eine Altablagerung auf der Grundlage einer Intensiverkundung des Deponiekörpers

Udo Schmidt
Friedrich Tönjes
Henning Hoins

Verzeichnis der Abbildungen

Abb. 1: Lage der Altablagerung
Abb. 2: Schematisches Profil
Abb. 3: Erbohrte Materialien aus der Altablagerung
Abb. 4: Hydraulische Situation
Abb. 5: Blei-Verteilung im Tiefenbereich 2-3 m u. GOK
Abb. 6: EOX-Verteilung im Tiefenbereich 5-6 m u. GOK
Abb. 7: Entnahmepunkte der mit PCB kontaminierten Proben

Verwendete Abkürzungen

AOX	Adsorbierbare organisch gebundene Halogene
AM	Arithmetischer Mittelwert
BSB	Biologischer Sauerstoffbedarf
CSB	Chemischer Sauerstoffbedarf
DOC	Gelöster organischer Kohlenstoff (dissolved organic carbon)
EOX	Extrahierbare organisch gebundene Halogene
GC	Gaschromatograph
GOK	Geländeoberkante
HCB	Hexachlorbenzol
Max	Maximalwert
Md	Medianwert
Min	Kleinster Wert
MKW	Mineralöl-Kohlenwasserstoffe
MS	Massenspektrometer
KW	Kohlenwasserstoffe
PAK	Polyzyklische aromatische Kohlenwasserstoffe
PCB	Polychlorierte Biphenyle
S	Standardabweichung
TS	Trockensubstanz

0. Vorbemerkungen

Nachfolgend werden die Ergebnisse der Intensiverkundung einer Altablagerung zur Aufstellung des Sanierungskonzeptes im Überblick vorgestellt. Grundlage dieser Arbeit sind die Ergebnisse der Phase 1 des FuE-Vorhabens "Modellhafte Sanierung der Altablagerung Stade-Riensförde". Einzelheiten, insbesondere zur Methodik der Untersuchungen, zur geologisch-hydrogeologischen Standortsituation, zur statistischen Auswertung und räumlichen Verteilung der Schadstoffe in der Altlast, sind IHP (1993) zu entnehmen.

Das dieser Arbeit zugrundeliegende Vorhaben wird mit Mitteln des Bundesministers für Forschung und Technologie (Förderungskennzeichen 14400647I) und des Niedersächsischen Umweltministeriums gefördert.

1. Einführung

1.1 Entstehung, Lage und Aufbau der Altablagerung

Die ehemalige Hausmülldeponie in Riensförde, am Südrand der Stadt Stade in der Niederung der Heidbeck gelegen (Abb. 1), wurde von 1963 bis 1978 - zunächst von der Stadt Stade, ab 1975 vom Landkreis Stade - betrieben. Auf einer Fläche von ca. 6,5 ha sind ca. 350.000 m^3 Müll abgelagert worden.

Eine Kontrolle der angelieferten Müllarten und -mengen fand in den ersten Betriebsjahren nicht statt. Erst parallel mit der Einzäunung der Deponie im Jahre 1965 wurden die Abladevorgänge beaufsichtigt. Neben Hausmüll und hausmüllähnlichen Gewerbeabfällen sind auch Klärschlämme, Bauschutt, Erdaushub, Autowracks sowie verschiedene Industrie- und Sonderabfälle, darunter Öl- und vermutlich auch Galvanikschlämme, in Riensförde entsorgt worden. Die Schlämme wurden - den Recherchen zur Nutzungsgeschichte zufolge - zumindest zum Teil im zentralen und südöstlichen Deponiebereich abgelagert. Die Ablagerungen erfolgten z.T. illegal.

Die Altablagerung Stade-Riensförde besitzt keine primäre oder sekundäre Basisabdichtung. Nach Schließung der Deponie im Jahre 1978 wurde eine geringmächtige Abdeckung aus minderwertigem Boden (Mutterboden, Bauschutt) aufgebracht.

1.2 Umweltgefahren durch die Altablagerung

In den Jahren 1988 und 1989 wurde im Auftrag des Landkreises Stade eine Abschätzung des Gefährdungspotentials der Altablagerung Riensförde durchgeführt (IFAH, 1989; IHP, 1989). Die wesentlichen Ergebnisse lassen sich wie folgt zusammenfassen:

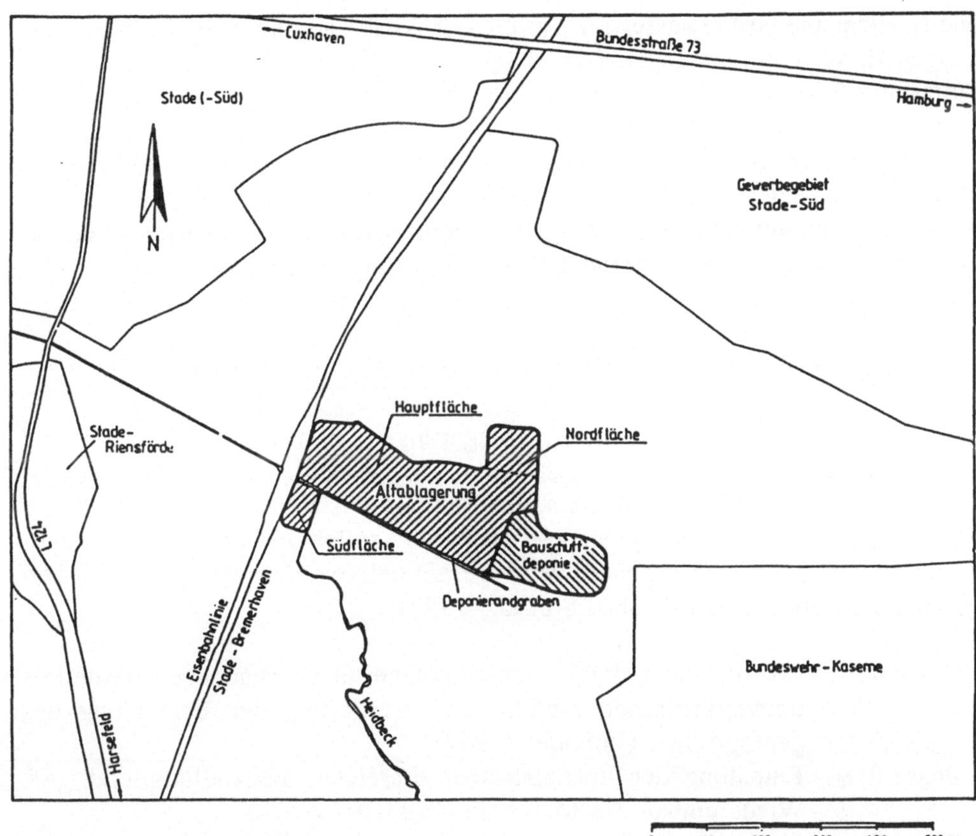

Abb. 1: Lage der Altablagerung

Die Altablagerung Riensförde stellt eine Emissionsquelle für zahlreiche anorganische und organische Schadstoffe dar. Viele der abgelagerten Stoffe werden allmählich freigesetzt. Niederschlagswasser dringt in den Deponiekörper ein und bewirkt dort eine Mobilisierung von Schadstoffen (Verdrängung, Lösung, Auswaschung). Schadstoffhaltiges Sickerwasser tritt nach Phasen starker Niederschlagsereignisse an der südlichen Böschung der Altablagerung aus, gelangt in den Deponierandgraben und von dort in die Heidbeck (vgl. Abb. 1). Das Wasser des Deponierandgrabens weist insbesondere Belastungen durch Organohalogenverbindungen und andere schwer abbaubare organische Substanzen auf.

Deponiebürtige Schadstoffe gelangen über das Sickerwasser auch in das Grundwasser und werden in Fließrichtung des Grundwassers weitertransportiert. Das oberflächennahe Grundwasser im Umfeld der Altablagerung weist Beeinträchtigungen durch Organohalogenverbindungen sowie in einigen Bereichen durch Sulfat und Bor auf.

Der biochemische Abbau von Teilen der in der ehemaligen Hausmülldeponie abgelagerten Materialien hat zur Bildung von Deponiegas geführt. Hierdurch wird die Vegetation auf der Altablagerung in ihrer Entwicklung gestört. Vegetationsschäden wurden am Ostrand der Altablagerung beobachtet.

1.3 Grundzüge des FuE-Vorhabens

Zur Sanierung problematischer Altablagerungen sind bislang überwiegend Einkapselungs- oder Umlagerungsstragien, im wesentlichen also Sicherungsansätze, technisch realisiert worden. Im Rahmen des Vorhabens "Modellhafte Sanierung der Altablagerung Stade-Riensförde" sollen Erfahrungen mit einer sanierungsorientierten Vorgehensweise gesammelt werden. Folgende Einzelschritte sind vorgesehen (TÖNJES et al., 1992):

- Phase 1: Lokalisierung der in der Altablagerung vorhandenen besonders umweltkritischen Abfälle und Vertiefung der Erkundung des geologischen Umfeldes (1992),
- Phase 2: Entnahme der hochbelasteten Bereiche, Behandlung und ggf. Wiedereinbau des Materials (1993-1995),
- Phase 3: Sicherung der in der Altablagerung verbleibenden Abfälle durch Einkapselung (ab 1996).

Zur Klärung der Fragestellungen der ersten Projektphase wurde im Zeitraum April - Dezember 1992 ein umfangreiches Untersuchungsprogramm durchgeführt. Die wesentlichen Elemente dieses Programms sind (IHP, 1991):

- Geophysikalische Vorerkundung der Altlast durch geoelektrische Messungen,

- Erkundung der geologischen, hydrogeologischen und geotechnischen Standortbedingungen durch Bohrungen im Deponieumfeld und bodenmechanische Untersuchungen,

- Erkundung der abgelagerten Materialien durch Bohrungen im Deponiekörper und chemisch-analytische Untersuchungen.

Des weiteren wurden durch die TU Hamburg-Harburg Untersuchungen zur Beschreibung des Gashaushalts durchgeführt (TUHH, 1993).

2. Methodik

2.1 Geophysikalische Erkundung

Durch die geophysikalische Vorerkundung sollten auffällige Bereiche im Deponiekörper lokalisiert sowie weitere Erkenntnisse zur Frage der Verbreitung des Geschiebelehms zwischen den beiden Grundwasserleitern gewonnen werden. Zur Klärung dieser Fragestellungen wurden in zwei Meßperioden im April 1992 geoelektrische Messungen durch das Büro für Geophysik, Berlin/Cuxhaven, durchgeführt. Die Messungen dienten der Bestimmung der Verteilung des spezifischen Widerstandes und der Aufladefähigkeit im Untergrund. Als auffällig im Hinblick auf Kontaminationen werden erniedrigte spezifische Widerstände und erhöhte Aufladefähigkeiten angesehen.

2.2 Bohrungen im Deponieumfeld und bodenmechanische Laboruntersuchungen

Zur Vertiefung der Kenntnisse über die geologischen und hydrogeologischen Standortbedingungen wurden im Zeitraum August -September 1992 zehn Bohrungen im Deponieumfeld durch die Firma Celler Brunnenbau GmbH abgeteuft. Zwei Bohrungen wurden zu Grundwassermeßstellen ausgebaut. Aus dem Bohrgut wurden 105 gestörte und 11 ungestörte Bodenproben für bodenmechanische Untersuchungen an ausgewählten Proben (Korngrößenverteilung, Wassergehalt, Dichte, Porenanteil, Zustandsgrenzen, Druck-Setzungsversuche, Scherversuche, Durchlässigkeitsversuche) im Leichtweiß-Institut für Wasserbau, TU Braunschweig, entnommen. Einzelheiten der Arbeits- und Emssionsschutzmaßnahmen sind in IHP (1991) dargestellt.

2.3 Bohrungen im Deponiekörper

Zur Erkundung der abgelagerten Materialien wurden im Zeitraum Oktober - Dezember 1992 95 Bohrungen im Deponiekörper durch die Firmen Celler Brunnenbau GmbH, Celle, und Ivers Brunnenbau GmbH, Osterrönfeld, abgeteuft (684 Bohrmeter). In 15 Bohrlöcher wurden Gaspegel für die nachfolgenden Gasuntersuchungen (vgl. Kap. 2.5) eingebaut. Um eine Gefährdung des Baustellenpersonals sowie eine Verschleppung von Schadstoffen zu verhindern, wurden umfangreiche Vorkehrungen des Arbeits- und Emissionsschutzes getroffen; Einzellheiten sind in IHP (1991) dargestellt.

2.4 Analytik und Datenverwaltung/-auswertung

Die aus dem Bohrgut entnommenen Abfallproben wurden im Labor (Fa. Dr. Kaiser & Dr. Woldmann oHG, Hamburg) auf die Parameter Trockensubstanz, Glühverlust Kohlenwasserstoffe, Extrahierbare organisch gebundene Halogene (EOX), Arsen, Blei, Cadmium, Chrom, Kupfer, Nickel, Quecksilber, Zink und Cyanide untersucht. Insgesamt wurden 554 Proben analysiert. An 31 ausgewählten Abfallproben erfolgten zusätzlich Untersuchungen im Eluat (jeweils 38 Parameter). Darüber hinaus wurden acht Sickerwasserproben aus der Altablagerung analysiert (jeweils 46 Parameter).

Parallel zur der Analyse im Labor wurden die Abfallproben durch ein mobiles GC/MS-System vor Ort auf die Gehalte an organischen Verbindungen analysiert (Fa. Mobilab GmbH, Hamburg). Schwerflüchtige Verbindungen wurden an 1064 Proben, leichtflüchtige Verbindungen an 669 Proben bestimmt.

Für die Altlast Riensförde wurde in Anlehnung an den Vorschlag von ZARTH (1990) ein Datenbanksystem bestehend aus sieben untereinander verknüpfbaren Einzeldatenbanken (Analysedaten, Baugrunddaten, Vermessungsdaten) mit Hilfe des Software-Paketes dBase IV® aufgebaut. Es standen mehr als als 20.000 Analysedaten zur Verfügung. Mit Ausnahme einiger chlororganischer Verbindungen, für die nicht durchgehend eine Quantifizierung durch GC/MS erfolgt ist, wurden für alle Parameter grundlegende statistische Kennwerte (arithmetisches Mittel, Standardabweichung, Variationskoeffizient, Median, Minimal- und Maximalwert) ermittelt. Zur Darstellung und Analyse der räumlichen Verteilung der einzelnen Schadstoffe in der Altablagerung wurden nahezu 200 tiefenbezogene Verteilungskarten erstellt (vgl. Abb. 5 und 6).

2.5 Deponiegasuntersuchungen

Zur Ermittlung der Gaszusammensetzung wurden die vorhandenen 15 Gaspegel dreimal auf die Hauptkomponenten (H_2, O_2, N_2, CO_2, CH_4) beprobt. Gasspurenstoffe (leichtflüchtige Halogenkohlenwasserstoffe, leichtflüchtige Kohlenwasserstoffe, BTX-Aromaten) wurden zweimal pro Gaspegel bestimmt.

Um die vertikalen Gasaustauschprozesse zwischen dem Ablagerungskörper und der Atmosphäse zu ermitteln, wurden mit einem Flammen-Ionisations-Detektor Messungen an der Oberflächenabdeckung der Altablagerung vorgenommen.

Mit Hilfe einer mobilen Anlage wurden Gasabsaugversuche zur Charakterisierung des Gashaushaltes der Altablagerung durchgeführt.

3. Ergebnisse und Diskussion

3.1 Geophysikalische Erkundung

Der im Untergrund der Altablagerung vermutete Geschiebelehm ist in den geoelektrischen Sondierungen nicht eindeutig zu erkennen. Die Meßergebnisse deuten jedoch auf das Durchhalten eines geringdurchlässigen Horizontes im Untergrund hin.

Geophysikalisch auffällige Bereiche, die sich durch niedrige spezifische Widerstände und erhöhte Aufladefähigkeiten auszeichnen, liegen vor allem im Südosten sowie am Südrand der Hauptfläche vor. Kleinere auffällige Bereiche befinden sich auf der Nord- und Südfläche (zur Abgrenzung der Teilflächen siehe Abb. 1).

3.2 Bohrungen im Deponieumfeld und bodenmechanische Laboruntersuchungen

Ein oberer Geschiebelehm wurde in allen fünf Bohrungen am Nordrand der Altablagerung erbohrt.

Ein unterer Geschiebelehm wurde in sechs der zehn im Umfeld der Altablagerung abgeteuften Bohrungen angetroffen. Die Mächtigkeit dieser Schicht liegt allerdings z.T. unter 3 m; in einer Bohrung wurde der untere Geschiebelehm in einer Mächtigkeit von lediglich 0,50 m erbohrt. In zwei Bohrungen wurde der untere Geschiebelehm deutlich außerhalb des erwarteten Teufenbereiches festgestellt. In zwei weiteren Bohrungen konnte der untere Geschiebelehm nicht nachgewiesen werden. Die Annahme eines im Untergrund der Altlast in einem einheitlichen Tiefenniveau durchgehenden Geschiebelehmhorizontes kann somit nicht bestätigt werden. Die Bohrdaten sprechen vielmehr dafür, daß lokal Fenster im unteren Geschiebelehm vorhanden sind; möglicherweise liegen auch mehrere ausgedehnte Geschiebelehmlinsen in den Schmelzwassersanden vor. Ein geologisches Modell des Untergrundaufbaues ist Abb. 2 zu entnehmen.

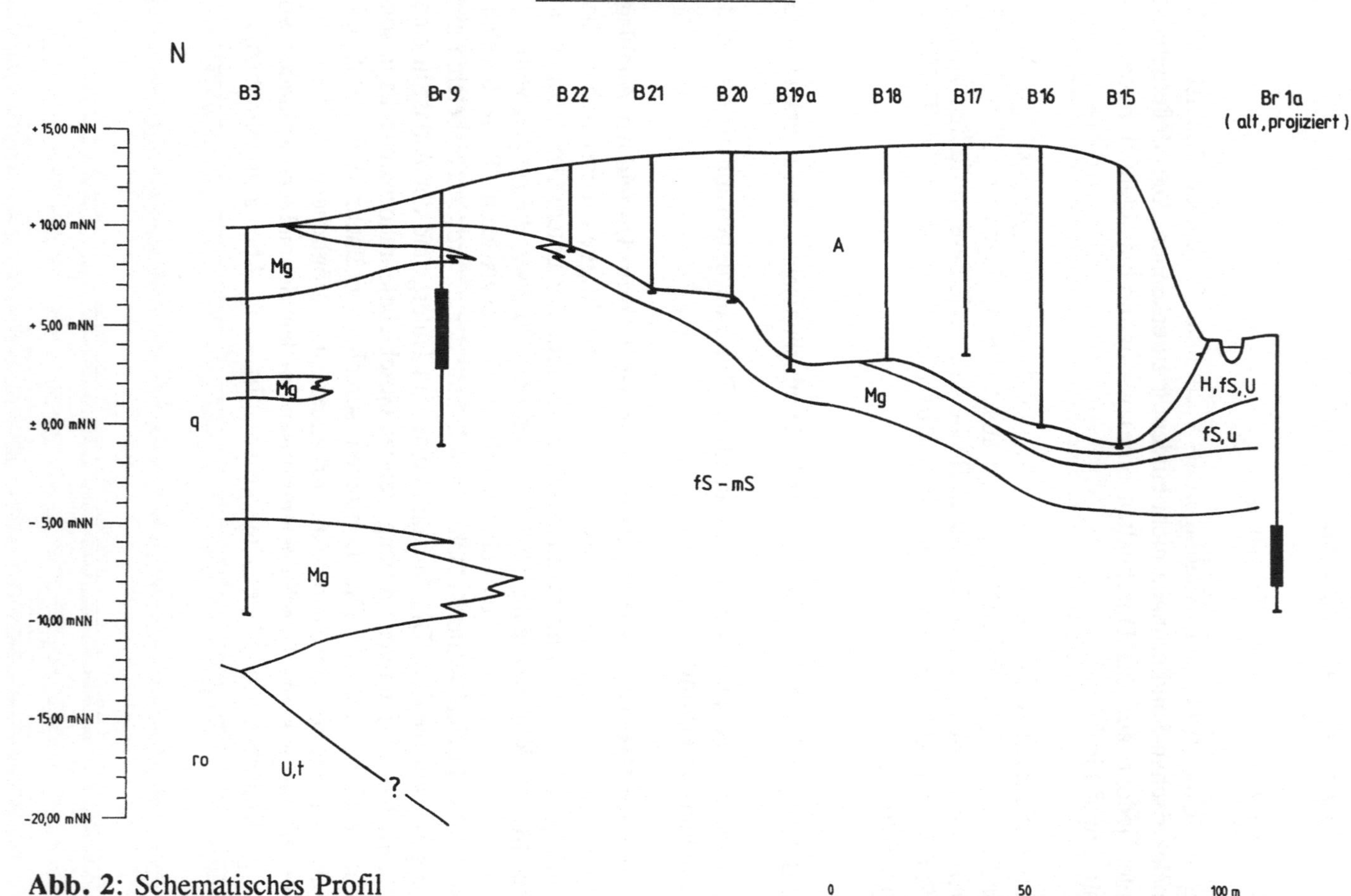

Abb. 2: Schematisches Profil

In einer Bohrung am nordöstlichen Rand der Altablagerung wurde ein ziegelroter, toniger Schluff angetroffen. Es handelt sich hierbei um das Residualgestein des Rotliegend-Haselgebirges. Das Rotliegend-Haselgebirge - ein Salz-Ton-Mischgestein - baut i.w. gemeinsam mit Steinsalzen des Zechsteins den Salzstock von Stade auf (HAACK, 1936). Die Altablagerung Riensförde befindet sich am Südrand des Diapirs (GRUBE, 1957) am Rande einer Subrosionssenke, die sich vermutlich über Rotliegend-Haselgebirge entwickelt hat (HOFRICHTER, 1967).

Die Durchlässigkeitsversuche ergaben, daß das Residualgestein des Rotliegend-Haselgebirges als sehr schwach durchlässig, der untere Geschiebelehm als schwach bis sehr schwach durchlässig und die in einer Bohrung angetroffenen schluffigen Sande als schwach durchlässig zu klassifizieren sind.

3.3 Bohrungen im Deponiekörper

3.3.1 Mächtigkeit der Altablagerung

Unter der Mächtigkeit der Altablagerung wird die erbohrte Höhe der abgelagerten Abfälle einschließlich der Abdeckungsschicht verstanden.

Die Bohrungen im Deponiekörper zeigen, daß im Südosten der Hauptfläche die größten Mächtigkeiten auftreten; hier wurden bis zu 14 m Ablagerungen erbohrt. Nach Nordwesten hin nimmt die Mächtigkeit der Altablagerung auf der Hauptfläche kontinuierlich auf etwa 2 m ab. Süd- und Nordfläche zeigen eine wesentlich geringere maximale Mächtigkeit (5,0 m bzw. 5,5 m).

Aus einem Vergleich der Geländedaten folgt, daß im Südosten der Hauptfläche Setzungen im unterlagernden Torf in der Größenordnung von 3 - 4 m eingetreten sind.

3.3.2 Materialien

Eine zuverlässige visuelle Differenzierung der abgelagerten Abfälle während der Kernaufnahme war nicht zuletzt wegen der Heterogenität der erbohrten Materialien nur sehr bedingt möglich. Daher konnte nur qualitativ die Art der erbohrten Materialien, nicht aber der jeweilige Mengenanteil, erfaßt werden.

Die in Abb. 3 gezeigte Zusammenstellung der erbohrten Materialien stellt die Summe der Nennungen einer Material-Kategorie in allen Bohrkernen dar und ist somit als semiquantitativ zu klassifizieren. Die theoretisch maximal mögliche Anzahl der Nennungen einer Kategorie - entsprechend der Summe der abgeteuften Bohrmeter (gleich Bohrkerne) - beträgt 684. Zur Beschreibung der erbohr-

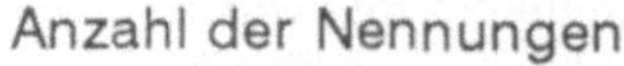

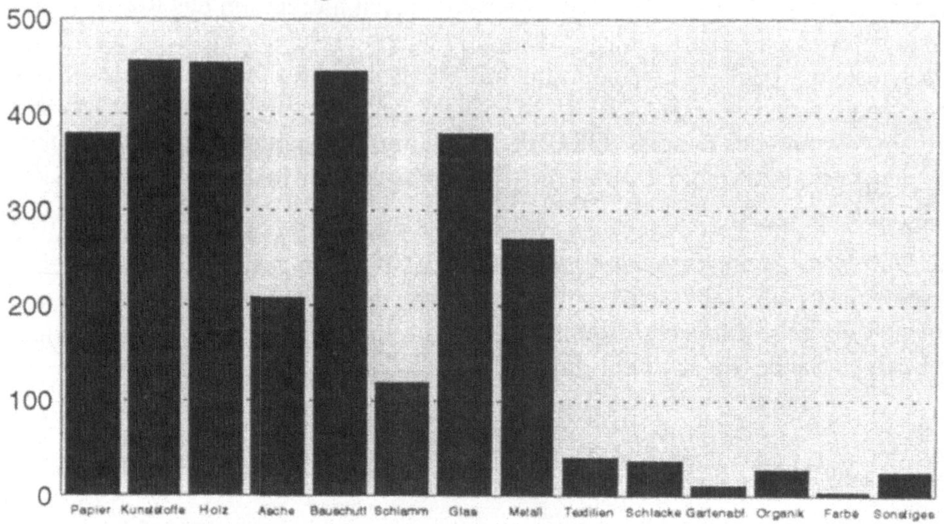

Abb. 3: Erbohrte Materialien aus der Altablagerung

ten Materialien können pro Bohrkern mehrere Kategorien Verwendung finden. Die Heterogenität der abgelagerten Abfälle wird u.a. durch die Tatsache deutlich, daß pro Bohrkern durchschnittlich 4,2 Kategorien zur Charakterisierung des erbohrten Materials herangezogen worden sind.

Die Kategorie "Schlamm" ist für die angestrebte Lokalisierung besonders umweltkritischer Abfälle von besonderer Bedeutung, da für diesen Abfalltyp aufgrund der Erkenntnisse zur Nutzungsgeschichte erheblicher Kontaminationsverdacht besteht bzw. nachgewiesen wurde (vgl. Kap. 1). Die Kategorie "Schlamm" weist insgesamt 121 Nennungen auf. Ablagerungen der Kategorie "Schlamm" sind in 35 Bohrungen angetroffen worden. Der flächen- und mächtigkeitsbezogene Schwerpunkt der Schlammablagerungen ist im Südosten der Hauptfläche zu lokalisieren. Die Schlammablagerungen befinden sich i.w. an der Basis der Altablagerung.

Da die Kategorie "Schlamm" bei der Kernaufnahme der entsprechenden Bohrungen ausschließlich in Verbindung mit anderen Kategorien genannt worden ist, erfolgte für die Abschätzung der betroffenen Massen lediglich eine Unterscheidung von schlammfreien und schlammhaltigen Ablagerungen. Das Volumen der im Südosten der Hauptfläche befindlichen schlammhaltigen Ablagerungen kann überschlägig auf 35.000 m³ bestimmt werden (worst-case-Abschätzung). Die genannten 35.000 m³ dürften ca. 75 % aller in der Altablagerung befindlichen schlammhaltigen Ablagerungen umfassen.

3.3.3 Hydraulische Situation

Im SE der Hauptpfläche hat sich ein größerer zusammenhängender Sickerwasserkörper gebildet (Abb. 4). Dieser Wasserkörper liegt unterhalb der Grundwasserdruckfläche; das Grundwasser ist gespannt. Es ist zu vermuten, daß dieser Bereich von dem in Richtung Süden in die Heidbeckniederung fließenden Grundwasser - insbesondere bedingt durch lokal auftretende Fehlstellen im unterlagernden Geschiebemergel - durchströmt wird, jedenfalls dort, wo die Beschaffenheit der abgelagerten Materialien überhaupt eine Durchströmung erlaubt. Streng genommen dürfte es sich daher hier um ein Mischwasser aus deponiebürtigem Sickerwasser und zuströmendem Grundwasser handeln.

3.4 Analysenergebnisse Originalsubstanz

3.4.1 Laboranalytik

Die Ergebnisse der statistischen Auswertung der Meßdaten (Schadstoffe) zeigt die nachfolgende Tabelle (Angaben in mg/kg TS; Abkürzungen siehe Seite II):

	AM	S	V	Md	Min	Max
Arsen	5,99	5,44	0,91	4,2	0,16	50
Blei	273,25	888,86	3,25	99	0,28	11.000
Cadmium	3,25	15,92	4,90	0,67	0,03	230
Chrom,ges.	60,57	177,91	2,94	35	1	3.900
Kupfer	180,22	802,67	4,45	56	1	15.000
Nickel	128,23	1.330,56	10,38	31	0,16	31.000
Quecksilber	0,50	1,75	3,50	0,21	0,02	23
Zink	917,60	2.145,95	2,34	395	3,6	29.000
Cyanid,ges.	6,50	27,30	4,2	0,89	0,05	404
KW	1.580,09	3.670,80	2,32	770	20	58.000
EOX	15,65	40,44	2,58	3,55	2	450

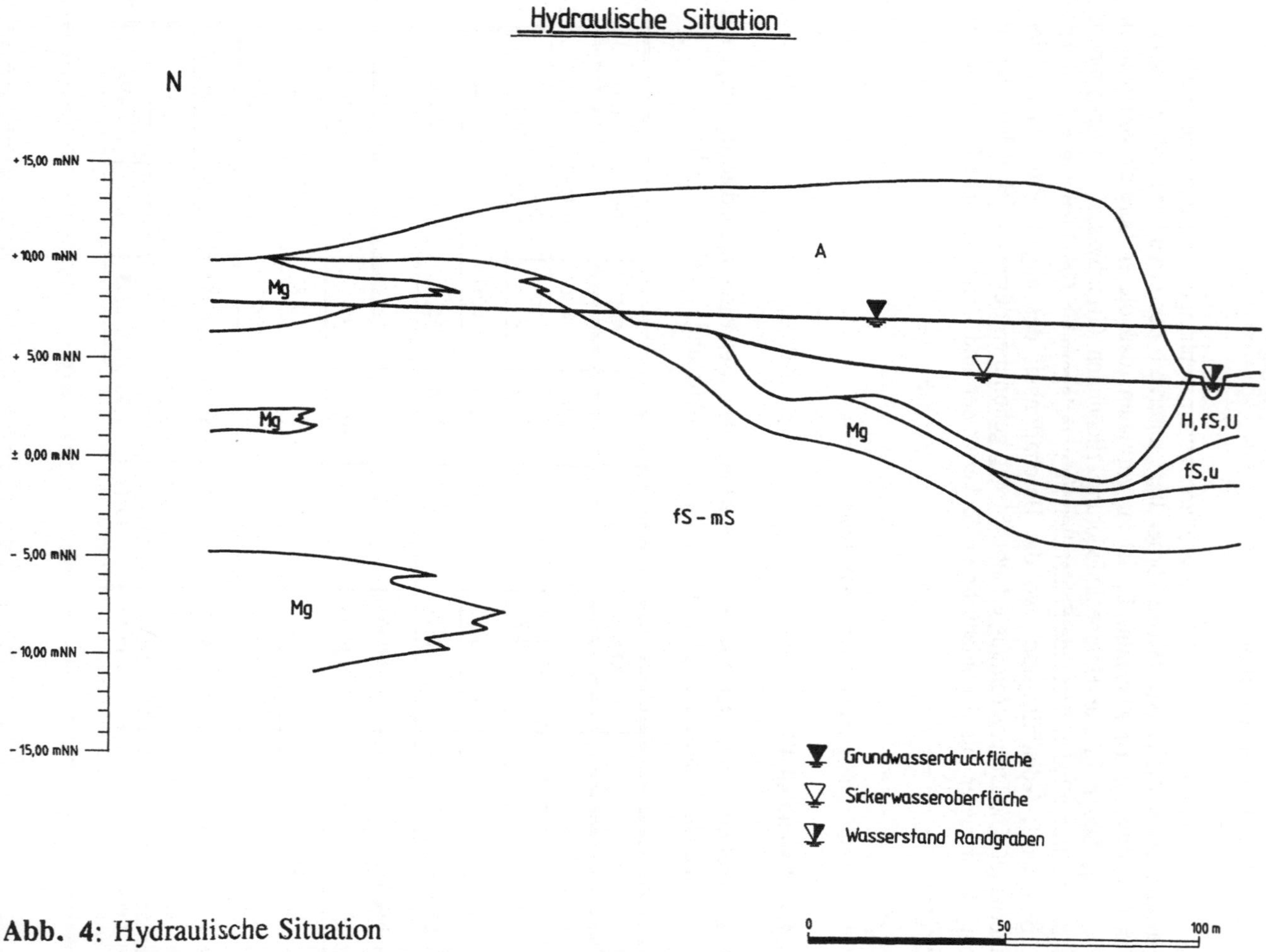

Abb. 4: Hydraulische Situation

Für die räumliche Verteilung der einzelnen Schadstoffe in der Altablagerung ergibt sich zusammengefaßt folgendes Bild:

Bei den Schwermetallen und Cyaniden liegen die größten Gehalte in den allermeisten Fällen als isolierte Belastungsspitzen vor. Zusammenhängende, ausgedehnte Schwerpunktbelastungen sind nicht erkennbar. Ein typisches Verteilungsmuster ist in Abb. 3 dargestellt. In einigen Fällen sind bestenfalls kleinräumige Belastungsschwerpunkte in einzelnen Tiefenbereichen (Blei, Chrom, Zink) oder einzelnen Bohrungen (Kupfer, Cyanid) festzustellen. Bei einigen Schwermetallen - ausgeprägt bei Blei, Cadmium und Quecksilber - ist eine leichte Tendenz dahingehend zu erkennen, daß die größten Gehalte - wenngleich isoliert - im Südosten der Hauptfläche auftreten.

Zu einem anderen Ergebnis führt die Analyse der räumlichen Verteilung der EOX-Werte. Im Südosten der Hauptfläche ist im Teufenbereich zwischen 4 m und 12 m u. GOK ein Belastungsschwerpunkt mit chlororganischen Verbindungen zu lokalisieren. Ein charakteristisches Verteilungsmuster ist in Abb. 4 dargestellt.

Aufgrund des Teufenbereiches dieser EOX-Schwerpunktbelastung ist ein ursächlicher Zusammenhang mit den hier ebenfalls angetroffenen schlammhaltigen Ablagerungen zu vermuten. Das arithmetische Mittel der EOX-Gehalte in den schlammhaltigen Ablagerungen im Südosten der Hauptfläche liegt bei 35,88 mg/kg TS. Demgegenüber beträgt das arithmetische Mittel der EOX-Werte in allen anderen untersuchten Proben lediglich 12,08 mg/kg TS. Somit wird deutlich, daß die EOX-Schwerpunktbelastung im Südosten der Hauptfläche auf die dort befindlichen schlammhaltigen Ablagerungen zurückgeführt werden kann.

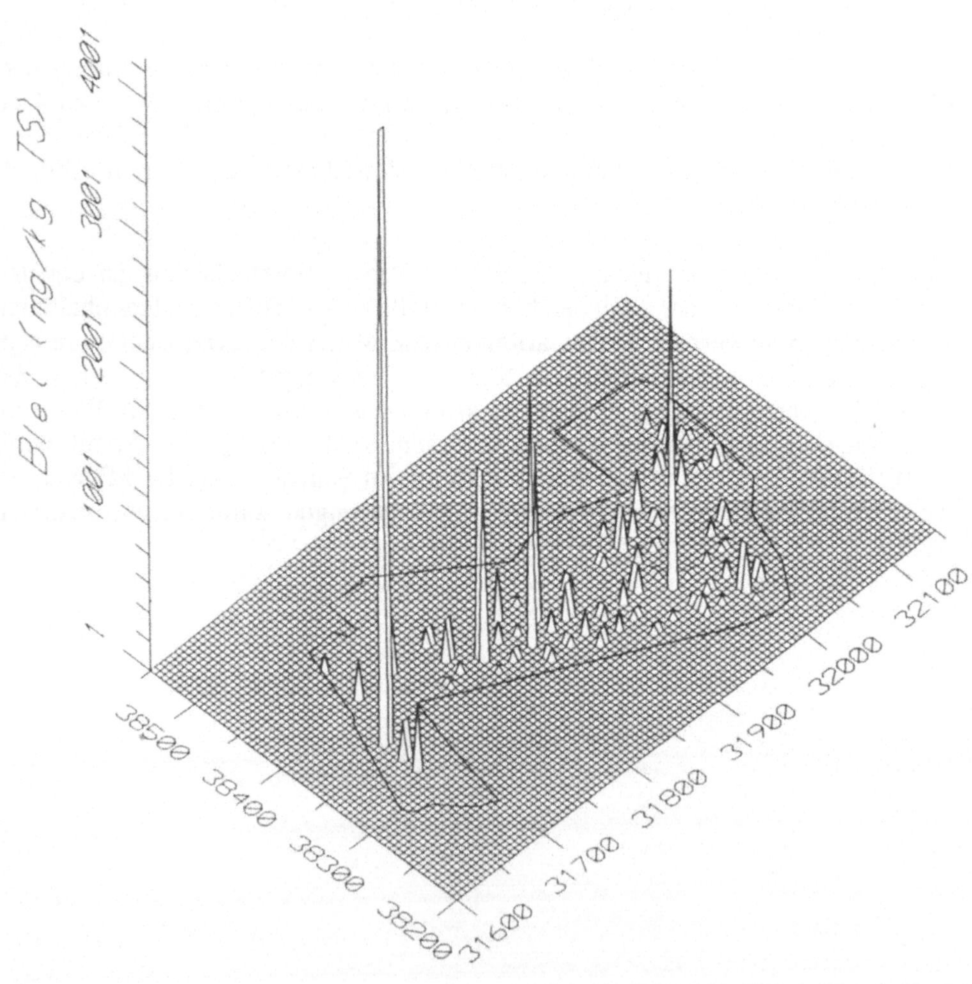

Abb. 5: Blei-Verteilung im Tiefenbereich 2-3 m u. GOK

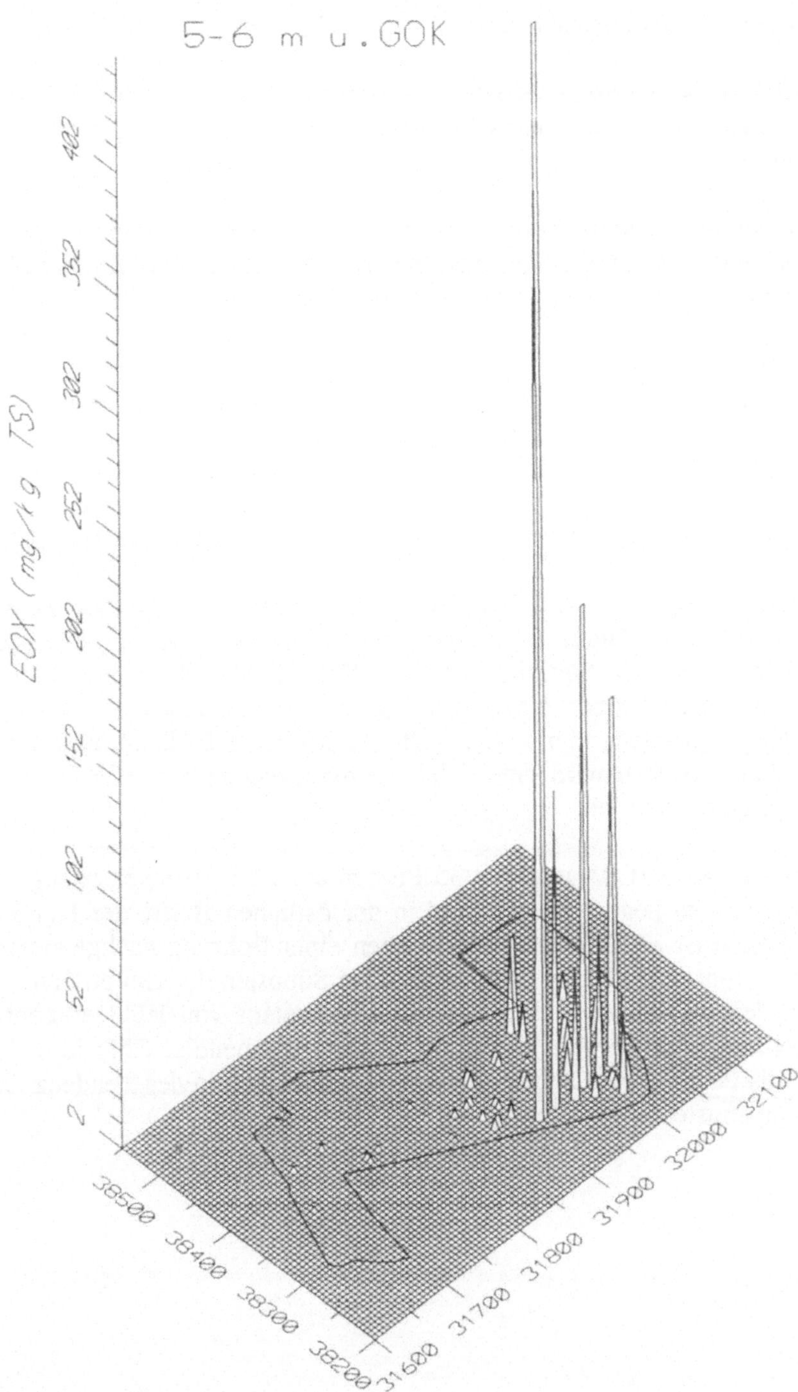

Abb. 6: EOX-Verteilung im Tiefenbereich 5-6 m u. GOK

3.4.2 Mobile GC/MS-Analytik

Polyzyklische aromatische Kohlenwasserstoffe (arithmetisches Mittel 31,42 mg/kg) sowie Phenol (arithmetisches Mittel 1,69 mg/kg) und Kresol (arithmetisches Mittel 3,77 mg/kg) wurden mehrfach nachgewiesen.

Leichtflüchtige chlorierte Kohlenwasserstoffe sowie Benzol und Toluol wurden nur vereinzelt festgestellt. Von quantitativer Bedeutung sind Xylol (arithmetisches Mittel 3,372 mg/kg) und Alkylbenzole (arithmetisches Mittel 2,924 mg/kg).

Zur räumlichen Verteilung der durch die mobile GC/MS nachgewiesenen organischen Verbindungen mit quantitativer Bedeutung zeigen PAK, Kresol, Xylol und Alkylbenzole keine eindeutigen größeren Belastungsschwerpunkte. Für Phenol sowie für schwerflüchtige chloroganische Verbindungen ist allerdings eine Schwerpunktbelastung im Südosten der Hauptfläche erkennbar.

Polychlorierte Biphenyle (PCB) wurden in insgesamt 18 Proben aus 11 Bohrungen nachgewiesen. Diese Bohrungen liegen überwiegend im Südosten der Hauptfläche sowie am Südrand der Nordfläche (Abb. 5). In vier Fällen sind PCB in mehreren Proben einer Bohrung aus dem Südosten der Hauptfläche nachgewiesen worden; hier treten auch die höchsten PCB-Gehalte auf (max. 232 mg/kg). Insofern wird eine Schwerpunktbelastung mit PCB im Südosten der Hauptfläche deutlich.

Hexachlorbenzol (HCB) wurde in 35 Proben aus 21 Bohrungen nachgewiesen. Diese Bohrungen liegen überwiegend in der östlichen Hälfte der Hauptfläche. In acht Fällen ist HCB in mehreren Proben einer Bohrung nachgewiesen worden; diese Bohrungen liegen überwiegend im Südosten der Hauptfläche, so daß hier eine leichte Schwerpunktbildung des Auftretens von HCB erkennbar ist. Der Maximalgehalt beträgt 11 mg/kg. Chlorierte Phenole, Chlorierte Benzole (Mono- bis Penta-) und Chlorierte Naphthaline zeigen in der Tendenz ähnliche Verteilungsmuster wie HCB.

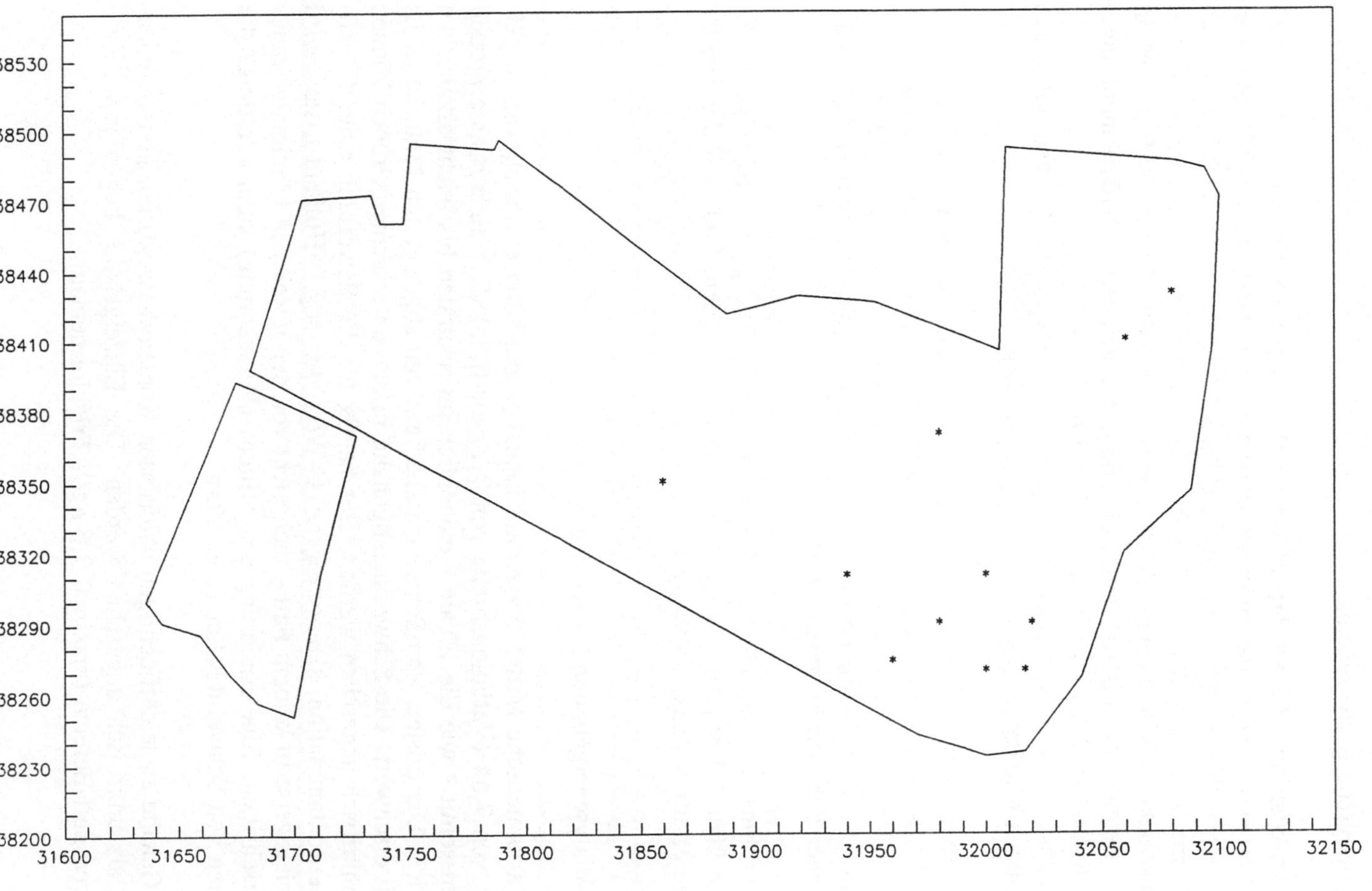

Abb. 7: Entnahmepunkte der mit PCB kontaminierten Proben

3.5 Analysenergebnisse Eluat

Das arithmetische Mittel der Wasserstoffionenkonzentration entspricht einem pH-Wert von 7,70 (Variationsbreite zwischen 6,97 und 9,91). Die Eluate liegen damit einheitlich im neutralen bis leicht alkalischen Bereich. Die Lösung von Schwermetallen aus den abgelagerten Materialien ist somit erschwert. Die Schwermetallgehalte liegen mit dem jeweiligen arithmetischen Mittelwert in einem Bereich, der für auf Hausmülldeponien abgelagerten Abfälle nicht ungewöhnlich ist (z.B. Blei 33,81 µg/l, Nickel 62,71 µg/l).
Aromatische und Polyzyklische aromatische Kohlenwasserstoffe sind nur in den jeweiligen Maximalwerten als auffällig anzusehen.

Der arithmetische Mittelwert der CSB/BSB_5-Verhältnisse beträgt 15,7. Der sehr hohe CSB-Anteil deutet auf ein überwiegendes Auftreten schwer abbaubarer organischer Verbindungen hin. Es kann allerdings nicht ausgeschlossen werden, daß in einigen Proben der biologische Abbau durch die Anwesenheit bakterientoxischer Substanzen gehemmt ist.

Das arithmetische Mittel der AOX-Werte beträgt 590 µg/l. Auffällige AOX-Werte über 1.500 µg/l wurden in vier Proben aus dem Südosten der Hauptfläche ermittelt (max. 5.400 µg/l).

3.6 Analysenergebnisse Sickerwasser

Das arithmetische Mittel Wasserstoffionenkonzentration entspricht einem pH-Wert von 7,54 (Variationsbreite von 7,17 bis 8,35). Die Sickerwasserproben liegen somit - wie die Eluate - einheitlich im neutralen bis leicht alkalischen Bereich. Die Lösung von Schwermetallen aus den abgelagerten Materialien ist somit erschwert. Die Schwermetallgehalte in den untersuchten Proben können als unkritisch angesehen werden. Der häufig für die Bewertung einer Grundwasserkontamination herangezogene C-Wert der sog. "Holland-Liste" wird beispielsweise in keinem Fall - auch nicht von den jeweiligen Maximalwerten - überschritten. Eine Änderung des Milieus (Versauerung) kann allerdings die Lösung von Schwermetallen erleichtern.

Die Gehalte an leichtflüchtigen chlorierten Kohlenwasserstoffen können ebenfalls als unkritisch angesehen werden. Die Einzelgehalte liegen jeweils im unteren µg/l-Bereich (maximal 9,6 µg/l: Trichlormethan).

Von den aromatischen Kohlenwasserstoffen müssen die Parameter Benzol (arithmetisches Mittel 11,50 μg/l) und Xylol (arithmetisches Mittel m-, p-Xylol: 73,86 μg/l, arithmetisches Mittel o-Xylol: 11,81 μg/l) als auffällig klassifiziert werden. Da Benzol in der Originalsubstanz und im Eluat von weitgehend untergeordneter Bedeutung ist, kann vermutet werden, daß die nahezu ausschließlich im Südosten der Hauptfläche gewonnenen Sickerwasserproben eine lokale Benzolbelastung reflektieren, die in den stichprobenartig gewonnenen Abfallproben nicht erfaßt worden ist.

Das CSB/BSB$_5$-Verhältnis liegt im arithmetischen Mittel bei 4,9. Der hohe CSB-Anteil deutet auf das Vorliegen schwer abbaubarer organischer Verbindungen hin. Es ist allerdings einschränkend zu berücksichtigen, daß in einzelnen Proben der biologische Abbau durch das Auftreten bakterientoxischer Substanzen gehemmt sein kann.

Das arithmetische Mittel der AOX-Werte beträgt 330 μg/l, die Spitzenbelastung liegt bei 1.400 μg/l. Im Grundwasserabstrom von Altablagerungen bestimmte AOX-Werte über 300 μg/l sind i.a. als starke Kontamination zu bewerten und können im Einzelfall als Indikator für eine Sonderabfallkomponente innerhalb der Altablagerung dienen (KERNDORFF et al., 1985).

3.7 Deponiegasuntersuchungen

Die Bestimmungen der Hauptkomponenten Methan und Kohlendioxid zeigen, daß selbst 15 Jahre nach Ablagerungsende intensive biologische Abbauprozesse im Ablagerungskörper stattfinden, allerdings mit deutlichen lokalen Variationen: so sind im südöstlichen Ablagerungsbereich die höchsten Deponiegaskonzentrationen meßbar, während auf der Südfläche kein Deponiegas mehr nachweisbar ist. Die Stickstoff- und Sauerstoffkonzentrationen belegen, daß Austauschvorgänge zwischen Deponiegas und Atmosphärenluft stattfinden.

Die Messung der Deponiegasspurenstoffe - aromatische Kohlenwasserstoffe und halogenierte Kohlenwasserstoffe - ergab durchschnittliche bzw. geringe Konzentrationen. Dieser Befund erklärt sich dadurch, daß ein Großteil der o.g. Verbindungen leichtflüchtig ist und daher bereits in den ersten Jahren nach der Ablagerung freigesetzt wurde.

Die Ergebnisse der Deponiegasmessungen lassen darauf schließen, daß eine längerfristige, nur langsam abnehmende Gasproduktion stattfindet.

Im Mittelpunkt der Untersuchungen standen die an drei Gasbrunnen durchgeführten Gasabsaugversuche. Ziel der Versuche war die Bestimmung der Größen Gasproduktion und Gaskapazität der Altablagerung sowie die Ermittlung der Gasemissionen in die Atmosphäre und den angrenzenden Untergrund. Den Versuchen wurde eine theoretische Abschätzung der Gasproduktion vorangestellt, nach der sich eine derzeitige Gasproduktion von 50 - 100 m^3/h ergibt. Hiervon lassen sich zwischen 5 und 20 m^3/h an den Gasbrunnen fassen.

Die Absaugversuche an Gasbrunnen 28 im Südosten der Hauptfläche zeigen, daß das Deponiegas infolge geringer horizontaler Gaswegigkeit in diesem Bereich nur in beschränktem Maße zum Gasbrunnen strömte. Der Hauptgrund dürfte der hohe Verdichtungsrad infolge der Auflast sein, daneben beeinflußt die Art der hier abgelagerten schlammhaltigen Abfälle das Gasmigrationsverhalten.

Die Absaugversuche an Gasbrunnen 85 im Bereich der Nordfläche lassen auf deutlich höhere Gaswegigkeiten im Untergrund schließen. Die Beprobung der umliegenden Gaspegel zeigte eine ausgeprägte Beeinflussung des Untergrundes bis zu ca. 50 - 70 m Entfernung vom Gasbrunnen 85.

Bei den Absaugversuchen an Gasbrunnen 56 im zentralen Bereich der Hauptfläche wurden Verhältnisse wie auf der Nordfläche angetroffen. Die gute Gaswegigkeit läßt darauf schließen, daß im ungestörten Zustand der Altablagerung die Hauptmigrationsrichtung Norden ist.

Um die Ausbreitungspfade des Deponiegases in die Atmosphäre und den angrenzenden Untergrund zu ermitteln, wurden Messungen mit einem Flammenionisations-Detektor (FID) auf der Altablagerungsoberfläche und ergänzende Untergrunduntersuchungen im Randbereich durchgeführt. Die Messungen zeigen, daß im westlichen Teil der Altablagerung das Abdeckmaterial relativ gas- und wasserundurchlässig ist, so daß dort nur geringe Gasaustauschprozesse stattfinden. Im östlichen Ablagerungsbereich sind die Gasemissionen über die Oberfläche hingegen weitaus größer.

Das Untersuchungsprogramm zeigt den inhomogenen Aufbau des Ablagerungskörpers auf. Die stark schwankende Ablagerungsmächtigkeit und Abfallzusammensetzung führt zu unterschiedlichen Verdichtungsgraden und Gasdurchlässigkeiten im Untergrund. Ebenso unterschiedlich ist die Beschaffenheit der Oberflächenabdeckung, so daß Gasemissionen nicht nur über die Oberfläche, sondern auch im benachbarten nördlichen Umfeld der Altablagerung stattfinden.

4 Sanierungskonzept

4.1 Grundlagen

Die Annahme eines im Untergrund der Altlast in einem einheitlichen Tiefenniveau durchgehenden Geschiebelehmhorizontes kann aufgrund der Ergebnisse der Bohrungen im Deponieumfeld nicht bestätigt werden. Die Bohrdaten sprechen vielmehr dafür, daß lokal Fenster im unteren Geschiebelehm vorhanden sind; möglicherweise liegen auch mehrere ausgedehnte Geschiebelehmlinsen in den Schmelzwassersanden vor.

Schlammablagerungen, für die aufgrund der Erkenntnisse zur Nutzungsgeschichte erheblicher Kontaminationsverdacht besteht bzw. nachgewiesen worden ist, wurden überwiegend im Südosten und Südrand der Hauptfläche angetroffen (vgl. Kap. 3.3.2). Bezüglich der angetroffenen und ursprünglich vermuteten Lage der Ablagerungsräume ergibt sich somit eine recht gute Übereinstimmung. Interessant sind auch die Parallelen zu den als geophysikalisch auffällig ausgewiesenen Bereichen auf der Hauptfläche (vgl. Kap. 3.1).

Im Ablagerungsschwerpunkt im Südosten der Hauptfläche beträgt das Volumen der schlammhaltigen Ablagerungen etwa 35.000 m^3. Dieser Wert dürfte einen Anteil von ca. 75 % am Gesamtvolumen schlamhaltiger Ablagerungen in der Altlast repräsentieren.

Die Untersuchungen zur räumlichen Verteilung der Schwermetalle und Cyanide in der Altablagerung zeigen, daß die größten Gehalte in den allermeisten Fällen als isolierte Belastungsspitzen vorliegen. Zusammenhängende, ausgedehnte Schwerpunktbelastungen sind nicht erkennbar. In einigen Fällen sind bestenfalls kleinräumige Belastungsschwerpunkte in einzelnen Tiefenbereichen (Blei, Chrom, Zink) oder einzelnen Bohrungen (Kupfer, Cyanid) festzustellen. Bei einigen Schwermetallen - ausgeprägt bei Blei, Cadmium und Quecksilber - ist eine leichte Tendenz dahingehend zu erkennen, daß die größten Gehalte - wenngleich isoliert - im Südosten der Hauptfläche auftreten.

Schwermetalle liegen in insgesamt erheblichen Mengen in der Altablagerung vor. Die Ergebnisse der Untersuchungen im Eluat und insbesondere die Ergebnisse der Sickerwasseranalysen lassen jedoch darauf schließen, daß die Verfügbarkeit der Schwermetalle - bedingt durch das neutrale bis schwach alkalische Milieu - eingeschränkt ist. Für das Emissionspotential der Altlast Riensförde sind Schwermetalle somit - zumindest derzeit - von nicht primärer Bedeutung.

Aus der räumlichen Zuordnung der gemessenen EOX-Werte ergibt sich, daß im Südosten der Hauptfläche eindeutig eine größere, zusammenhängende Schwerpunktbelastung mit Organohalogenverbindungen besteht. Diese Schwerpunktbelastung ist ursächlich auf die dort befindlichen schlammhaltigen Ablagerungen zurückzuführen.

Leichtflüchtige chlorierte Kohlenwasserstoffe sowie Benzol und Toluol wurden nur vereinzelt festgestellt. Von den nachgewiesenen organischen Verbindungen mit quantitativer Bedeutung zeigen PAK, Kresol, Xylol und Alkylbenzole keine eindeutigen größeren Belastungsschwerpunkte. Die nachgewiesenen schwerflüchtigen chlororganischen Verbindungen (PCB, Chlorbenzole, Chlorphenole, Chlorierte Naphthaline) sowie Phenol konzentrieren sich hingegen eindeutig auf den Südosten der Hauptfläche. Das sich aus der Zuordnung der EOX-Werte ergebende Modell einer im Südosten der Hauptfläche befindlichen Schwerpunktbelastung mit Organohalogenverbindungen wird somit untermauert und in Richtung auf schwerflüchtige chlororganische Verbindungen konkretisiert.

Das Belastungsbild im Bereich der Nord- und Südfläche unterscheidet sich nicht grundsätzlich von dem der Hauptfläche in ihrem westlichen und nordöstlichen Teil. Bei der Planung der Sanierungsmaßnahmen ist die seitens des Landkreises Stade vorgesehene Wiedernutzung dieser Fläche (Kompostierung von Grünabfällen) zu berücksichtigen.

Die derzeitige Gasproduktion der Altablagerung ist bei 50 - 100 m^3/h zu veranschlagen. Die Deponiegasmessungen lassen darauf schließen, daß eine längerfristige, nur langsam abnehmende Gasproduktion stattfindet.

4.2 Entwicklung von Sanierungsszenarien

Die Auswertung der Erkundungsergebnisse der Projektphase 1 hat zu einem vertieften Verständnis der Art, Beschaffenheit und Menge der in Riensförde abgelagerten Materialien geführt sowie die Kenntnisse über das Schadstoffinventar und die Ausbreitungspfade verbessert.

Die Erkundungsergebnisse zeigen u. a. einen überraschend hohen Industriemüllanteil in der Altablagerung auf. Darüber hinaus sind die geohydraulischen Randbedingungen, welche die Schadstoffausbreitung entscheidend steuern, komplexer, als aufgrund der Vorinformationen aus der Gefährdungsabschätzung angenommen werden konnte. Es hat sich aufgrund der neuen Informationslage als zweckmäßig erwiesen, der eigentlichen Entwurfsplanung von Sanierungsmaßnahmen eine Konzeptstudie vorzuschalten, in der auf der Grundlage der Erkenntnisse über das Gefährdungspotential und der festgelegten Sanierungsziele alle zunächst prinzipiell möglich erscheinenden Sanierungsalternativen ("Sanierungszenarien") bis zu einem angemessenen Grad vorgeplant werden, um dann die günstigste Maßnahme oder Maßnahmenkombination - das Sanierungskonzept - anzuwählen.

Aus den Projektergebnissen wurden folgende neuen Sanierungsvarianten abgeleitet:

Sanierungsvarianten	Sanierungskomponenten
Sanierungsvariante 1	- Oberflächenabdichtung der ges. Altablagerung - Vertikale Abdichtung der ges. Altablagerung, Einbindung in den Geschiebelehm - Entgasung - Option: Flüssigkeitsentnahme, -behandlung
Sanierungsvariante 2	- Oberflächenabdichtung der ges. Altablagerung - Vertikale Abdichtung der ges. Altablagerung, Einbindung in das Rotliegend-Residualgestein - Entgasung - Option: Flüssigkeitsentnahme, -behandlung
Sanierungsvariante 3	- Oberflächenabdichtung der ges. Altablagerung - Vertikale Abdichtung der Schwerpunktbelastung, Einbindung in den Geschiebelehm - Option: Flüssigkeitsentnahme, -behandlung
Sanierungsvariante 4	- Oberflächenabdichtung der ges. Altlast - Vertikale Abddichtung der Schwerpunktbelastung, Einbindung in das Rotliegend-Residualgestein - Entgasung - Option: Flüssigkeitsentnahme, -behandlung
Sanierungsvariante 5	- Oberflächenabdichtung der ges. Altablagerung - Entgasung - Flüssigkeitsentnahme, -behandlung
Sanierungsvariante 6	- Umlagerung des gesamten Altablagerungsvolumens auf eine Deponie nach dem Stand der Technik
Sanierungsvariante 7	- Zwischenabdichtung (Teilfläche der Altablagerung) - Teilumlagerung auf eine Deponie nach dem Stand der Technik (Zwischenabdichtung) - Sickerwasserfassung - Entgasung - Oberflächenabdichtung - Option: Behandlung der schlammhaltigen Abfälle
Sanierungsvariante 8	- nachträgliche Basisabdichtung - (optional in Verbindung mit vertikalen Abdichtungen) - Oberflächenabdichtung - Entgasung - Flüssigkeitsentnahme, -behandlung
Sanierungsvariante 9	- Verfestigung des Abfalls im Grundwasserbereich (unterhalb Vorfluterniveau) - Entgasung - Oberflächenabdichtung

Die Sanierungsvarianten wurden hinsichtlich der Kriterien

- Kosten
- Zeitbedarf
- Wirksamkeit
- Belastungen für Mensch und Umwelt
- Risiken, offene Fragen

diskutiert und bewertet.

Die Sanierungsvarianten 2, 4 und 9 wurden nicht eingehend diskutiert, da eine Realisierung aus geologischen bzw. technischen Gründen nicht machbar ist. Im Hinblick auf unverhältnismäßig hohe Investitionskosten mußten die Alternativen 6 und 8 ausgeschlossen werden. Aufgrund der zu erwartenden hohen Betriebskosten wurde die Variante 5 verworfen. Hohe Investitionskosten bei allerdings großer Leistungsfähigkleit weist auch die Variante 7 auf.

Als grundsätzliches Sanierungskonzept wird in der zusammenfassenden Bewertung die Sanierungsvariante 1 in Form eines Stufenausbaues empfohlen. Der Vorteil eines Stufenausbaues liegt in dem Umstand begründet, daß möglicherweise Investitionskosten für nicht erforderlich werdende Bauteile eingespart werden können; hierfür werden allerdings weitergehende Untersuchungen - insbesondere die Erstellung einer Wasserbilanz für das Untersuchungsgebiet - zwischen den Projektphasen erforderlich.

Es wird weiter empfohlen, während der Planung und Genehmigung der Oberflächenabdichtung die in Variante 7 beschriebene Behandlung der schlammhaltigen Abfälle versuchsmäßig durchzuführen, um - bei positivem Versuchsablauf und in Verbindung mit innovativen Entnahmetechnologien - eine Alternative zum Dichtwandbau mit einer kostenintensiven Sickerwasserbehandlung zu entwickeln.

In Abstimmung mit dem Projektbegleitenden Arbeitskreis zur modellhaften Sanierung der Altablagerung Stade-Riensförde wurde die Erarbeitung von Konzepten zur Erstellung einer Wasserbilanz und zur Durchführung von Behandlungsversuchen vorgezogen. Beide Studien werden zum Jahresende 1994 vorliegen. Auf der Grundlage der dan verfeinerten Erkenntnisse kann eine Entscheidung über die umzusetzende Sanierungsvariante getroffen werden.

5. Literaturverzeichnis

GRUBE, F., 1957: Das Oberflächenbild der Salzstöcke Elmshorn, Lägerdorf (Holstein) und Stade (Niedersachsen).- Mittl. geol. Staatsinst. Hamburg, 26, 5-22.

HAACK, W., 1936: Das Salzgebirge von Stade in Nordhannover, ein Rotlie gend-Zechstein-Salzstock.- Jb. Preuß. geol. Landesanst., 56 (9135), 672-711.

HOFRICHTER, E., 1967: Subrosion und Bodensenken am Salzstock von Stade.- Geol. Jb., 84, 327-340.

HOINS, H., F. TÖNJES & U. SCHMIDT, 1992: Geoelektrische Untersuchungen auf der Altablagerung Stade-Riensförde im Rahmen eines F+E-Programms zur Lokalisierung von Kontaminationsschwerpunkten.- Korrespondenz Abwasser, 10, 1522-1526.

IFAH (INSTITUT FÜR ANGEWANDTE HYDROGEOLGIE), 1989: Gefähr dungs-abschätzung Deponie Riensförde - Teil: Geologie/Hydrogeologie.- Gutachten (unveröffentl.), Garbsen.

IHP (INGENIEURBÜRO PROF. DR.-ING. HOINS + PARTNER), 1989: Gefahren-abschätzung für die Altdeponie Riensförde - Teil 2: Abschlußbericht.- Gutachten (unveröffentl.), Stade.

IHP (INGENIEURBÜRO PROF. DR.-ING. HOINS + PARTNER), 1991: Sanierung der Altdeponie Stade-Riensförde - Planung des Erkundungsprogramms.- Bericht (unveröffentl.), Stade.

IHP (INGENIEURBÜRO PROF. DR.-INH. HOINS + PARTNER), 1993: Modellhafte Sanierung der Altablagerung Stade-Riensförde (Phase 1) - Ergebnisbericht.- Gutachten (unveröffentl.), Stade

KERNDORFF, H., V. BRILL, R. SCHLEYER, P. FRIESEL & G. MILDE, 1985:Erfassung grundwassergefährdender Altablagerungen - Ergebnisse hydrogeochemischer Untersuchungen.- WaBoLu-Hefte 5/1985, Institut für Wasser-, Boden- und Lufthygiene des Bundesgesundheitsamtes, Berlin, pp. 175.

TÖNJES, F. & H. HOINS, 1991: Sanierungskonzeption für die Deponie Riensförde.- Altlastentage Hannover, 1991, Tagungsband.

TÖNJES, F., H. HOINS & U. SCHMIDT, 1992: Modellhafte Sanierung der Altablagerung Stade-Riensförde - Sanierungskonzeption.- In "Sanierung kontaminierter Standorte 1992" (Hrsg. V. FRANZIUS), Erich Schmidt Verlag Berlin, 329-345.

TUHH (TECHNISCHE UNIVERSITÄT HAMBURG-HARBURG), 1993: Deponiegasuntersuchungen auf der Altablagerung Stade-Riensförde. - Gutachten (unveröffentl.), Hamburg, 124 pp.

ZARTH, M., 1990: Konzept für die EDV-gestützte Auswertung der Untersuchungsdaten von Altlasten.- In "Handbuch Altlastensanierung" (Hrsg. V. FRANZIUS, R. STEGMANN & K. WOLF), R. v. Deckers Verlag, G. Schenk, Heidelberg, 5. Auslieferung.

Biologische Behandlung von Altabfallfraktionen im Rahmen eines Deponierückbaus

Gregor Heckenkamp
Thomas Saure

1 Einleitung

Fehlendes oder knappes Deponievolumen wird für Deponiebetreiber zunehmend zum Dreh- und Angelpunkt ihrer zukünftigen abfallwirtschaftlichen Planungen.

Der bis in die achtziger Jahre praktizierte unverdichtete Einbau von vermischten Abfällen führte zu einer Verschwendung des immer teurer werden Ablagerungsvolumens. Bei einem Mülleinbau mit zeitgemäßen Methoden (Dünnschicht) ist hingegen ein Mehrfaches an Einbaumenge zu erzielen.

Seit neuestem wird in verschiedenen Varianten über die Möglichkeiten diskutiert, vorhandenen Deponieraum wieder nutzbar zu machen, um die knappen Entsorgungskapazitäten zu strecken.

Unter der Projektleitung der ITU GmbH lief in den vergangenen Jahren in Zusammenarbeit mit der Züblin AG, Stuttgart und der UVR, Freiberg im Land Brandenburg ein durch das BMFT gefördertes Forschungsvorhaben, das im Pilotmaßstab die Rahmenbedingungen für Deponierrückbau- und Altmüllbehandlungsmaßnahmen untersuchen soll.

Die Ziele von Rückbau- und Altmüllbehandlungsmaßnahmen sind:

- Erhalt von wertvollem Deponieraum und somit Schonung natürlicher Ressourcen
- Verminderung des Schadstoffinventars der Deponie und Verringerung der abzulagernden Menge
- Sanierung des Deponieuntergrundes
- Errichtung einer Basisabdichtung nach dem Stand der Technik

Im Vorfeld der modellhaften Behandlung von Altabfällen wurden umfangreiche vergleichende Untersuchungen an mehr als 10 Jahre alten Siedlungsabfällen aus dem West- und der Ostteil der Stadt vorgenommen. Hierbei wurden neben den Materialeigenschaften (Stoff- und Kornklassenanalyse; physikalische, chemische und biologische Feststoffanalysen) vor allem die arbeitsschutzrelevanten Parameter (Deponiegasanalysen) untersucht.

Der Großversuch sollte zeigen in wieweit Altabfälle sich für eine mechanisch-biologischen sowie thermischen Behandlung eignen. Die ITU-GmbH hat in ihrer Aufgabenstellung hierzu Rotteversuche durchgeführt.

2 Grundlagen und Ziele der biologische Behandlung von Altabfällen

Im Bereich der Biomüllkompostierung und der sog. "Kalten Vorbehandlung" von Restmüll haben sich die biologischen Methoden der Abfallbehandlung bewährt.

Das Prinzip des biologischen Abbaus besteht in der Oxidation von organischen Verbindungen zu Kohlendioxid und Wasser. Dieses Prinzip entspricht dem der thermischen Oxidation organischer Stoffe. Die bei dem biologischen Vorgang freiwerdende Energie wird zum geringeren Teil für das Wachstum der Mikroorganismenpopulation genutzt. Der größere Teil wird jedoch als Abwärme frei.

Weitgehend unbekannt sind die vielfältigen Abbau- und Umbaumechanismen und das Zusammenwirken unzähliger Bakterien- und Pilzarten.

Die Ziele einer biologischen Behandlung von Altabfallfraktionen sind nachfolgend beschrieben:

- Der Abbau leicht verfügbarer organischer Anteile zur Verminderung des Deponiegasbildungs- und Schadstoffpotentials im Sickerwasser. In diesem Zusammenhang steht auch die Verringerung des Wasserhaltevermögens der Feststoffe. Durch den Feststoff- und Wasserverlust vermindert sich die abzulagernde Gesamtmasse. Zudem verringert sich mit einer solchen Behandlung das Einbauvolumen der Abfälle.
- Der teilweise oder vollständige Abbau organischer Schadstoffe, beispielsweise chlorierter Verbindungen (AOX).
- Der Aufbau von Huminstoffen im Verlauf einer Nachrotte. Huminstoffe sind in der Lage metallische Kationen fest zu binden, so daß ein Austrag durch Sickerwasser langfristig nicht zu besorgen ist. Die Bildung von Huminstoffen erfolgt erst bei Temperaturen unterhalb 40°C. Nach längeren aeroben Be-

handlungszeiträumen (12 bis 18 Monaten bei Restabfällen) sind die Huminstoffe der Altabfälle mit denen eines Bodens vergleichbar /Filip, 1993/.

- Die Erzeugung eines Produktes mit erdähnlichen Eigenschaften und Rottegrad V, zum Einsatz als Abdeckmaterial im Deponiebau.

Mit der biologischen Behandlung von Altabfall wurde im Forschungsvorhaben Neuland betreten. Aufgrund der anaeroben Abbauprozesse im Deponiekörper ist der Gehalt an Nährstoffen im Deponiekörper in Abhängigkeit seines Alters mehr oder weniger stark zurückgegangen.

Zur Abschätzung des biologisch umsetzbaren Potentials in Altabfällen wurden diese entsprechend untersucht. Neben den klassischen Parametern der TA-Siedlungsabfall, Glühverlust und TOC (Gesamtkohlenstoffgehalt), wurde das Substrat auch hinsichtlich der Atmungsaktivität analysiert. Der Temperaturverlauf während der Rotte wurde beobachtet und ausgewertet. Am Ende der Behandlung fanden umfangreiche Materialuntersuchungen hinsichtlich der Erfüllung von Kompostgütekriterien statt. Ziel dabei war es, den Schadstoffgehalt zu beziffern und Einsatzmöglichkeiten für diese Altabfallfraktion aufzuzuzeigen.

3 Vergleich dreier Rottesysteme

3.1 Inputmaterial

Auf der Grundlage einer umfangreichen Datenbasis aus den Voruntersuchungen /2. Zwischenbericht, 1994/ wurde eine modellhafte biologische Behandlung der Altabfälle der Deponie Schöneicher Plan für nicht sinnvoll befunden. Eine mechanische Aufbereitung dieser Abfälle wurde lediglich als Vorbehandlung für die thermischen Versuche durchgeführt.

Aerob behandelt wurden deshalb nur 10-15 Jahre alte Abfälle der Fraktionen < 40 mm und < 60 mm von der Deponie Schöneiche. Sie stellen 40 bzw. 50 % der Deponiegesamtmasse.

In einem der Versuche wurden *unklassierte* Gesamtabfälle der Deponie Schöneiche einer Containerrotte unterzogen. Aufgrund der geringen Abbaurate kann eine Behandlung von mechanisch unaufbereiteten Abfällen nicht empfohlen werden.

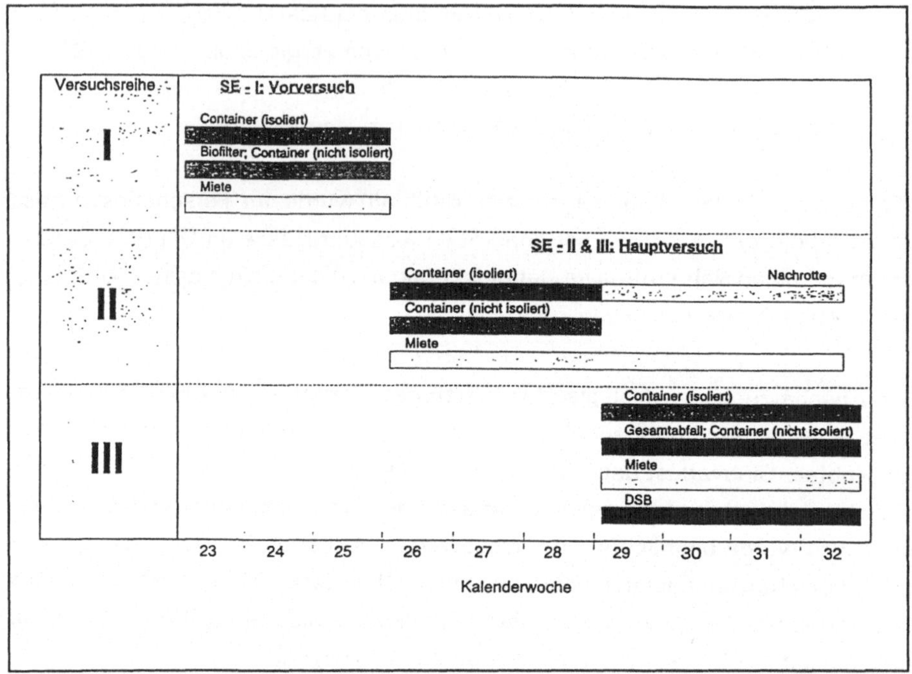

Abb. 1: Versuchsablauf der modellhaften biologischen Altabfallbehandlung

Die zur Verfügung stehenden Systeme zur biologischen Behandlung waren kontinuierlich belüftete Container, Trapezmieten und ein druckstoßbelüfteter Container. Es wurden drei Versuchsreihen mit einer Rottedauer von jeweils 3-4 Wochen durchgeführt (vgl. Abb. 1).

Der Ausgangswassergehalt in allen Versuchsreihen lag jeweils um 40 %. Sickerwasser fiel bei keinem der genannten Systeme an. Zurückzuführen ist dies u.a. auf eine geringe biogene Wasserproduktion.

3.2 Containerrotte

Die Containerrotte stellte sich im Vergleich zu den vorhandenen Alternativen als das effektivste System dar. Das Rottegut im isolierten Container zeigte höhere Temperaturentwicklungen als das im nicht isolierten Container. Die Isolierung ist gerade bei niedrigen Außentemperaturen als vorteilhaft anzusehen.

Eine Frage, die beantwortet werden konnte, war die nach der notwendigen Belüftungsrate bei Altabfällen. Da keine Erfahrungen vorlagen, wurde die optimale Luftmenge empirisch bestimmt.

Die besten Abbauergebnisse wurden mit einer Belüftungsrate von 3-5 m^3/h*Mg während der sechstägigen bakteriellen Wachstumsphase und mit 5-8 m^3/h*Mg im Verlauf der dreiwöchigen Heißrottephase erzielt. Damit liegt die erforderliche Luftzuführung im Altabfall mit einem Faktor 0,3-0,5 unter derjenigen der Restmüllkompostierung.

Die Rottedauer sollte nicht weniger als vier Wochen betragen. Bei einer mehrmonatigen Rotte ist von einer weiteren Verbesserung der Ablagerungseigenschaften auszugehen.

3.3 Rotte auf einer Dreiecksmiete

Die Versuchsmieten mit einer Größe zwischen 15 und 26 m^3 zeigten die besten Temperaturverteilungen bei einer Mietenhöhe um 1,4 m. Zur besseren Durchlüftung standen die Mieten auf einem Schotterbett, in dem in der Mitte ein Drainagerohr verlegt war.

Obwohl die Temperaturentwicklung niedriger ausfiel als bei der Containerrotte, wurden über die Rottedauer dennoch Durchschnittstemperaturen um 47 °C und Spitzentemperaturen von 55 °C erreicht. Die Spitzentemperaturen lagen damit im optimalen Bereich für die thermophilen Mikroorganismen.

Bemerkenswert bei der Abfallbehandlung auf Mieten ist, daß das Umsetzen der Miete im Gegensatz zur Frischabfallbehandlung wenig sinnvoll ist. Nach dem Umsetzen der Miete nach zwei Wochen wurde eine rapide Temperaturabnahme beobachtet. Bis zum Ende des Versuches (nach 4 Wochen) blieben die Temperaturen auf einem niedrigen Niveau.

Eine ähnlich starke Temperaturabnahme wurde nach der Entleerung der Rottecontainer und dem Aufschütten des Outputmaterials zu Nachrottemieten festgestellt.

3.4 Druckstoßbelüftung

In Ergänzung zu den Container- und Mietenversuchen mit kontinuierlichem Lufteintrag wurde das Rottegut druckstoßbelüftet (DSB). Zur besseren Massebilanzierung wurde dieser Versuch in einem Container durchgeführt.

Die Luftmenge, die in den Rottekörper eingetragen wurde, lag bei weniger als 50 % der den kontinuierlich belüfteten Containern zugeführten Luftmenge. Dennoch wurden auch hier vorrangig Temperaturen im thermophilen Bereich (50-60°C) erzielt und damit ein rascher biologischer Abbau ermöglicht.

Eine Einsatzmöglichkeit der Druckstoßbelüftung neben der Belüftung hoher Rottemieten ist die Sicherung der Schurfstellen vor dem Abtrag. Durch den Lufteintrag und der gleichzeitig erfolgenden Gasabsaugung läßt sich das unkontrollierte Austreten von Deponiegasen weitgehend unterbinden. Die Abgrabung kann dann unter weit geringeren Gefährdungen erfolgen als im ungesicherten Zustand der Deponie.

4 Rottefähigkeit, Glühverlust und Abbauleistung

4.1 Selbsterhitzung und Rottefähigkeit

Das Temperaturniveau in den belüfteten Abfallschüttungen ist nur wenig geringer als das von Frischabfällen. Die Wärmeenergie setzt sich dabei zusammen aus einem Anteil aus der mikrobiologischen Oxidation und einem Anteil aus einer chemischen Oxidation. Die hohen Rottetemperaturen spiegeln demnach nicht nur die biologischen Abbauvorgänge wieder. Aus folgenden Gründen kann der Beitrag der chemischen Oxidation zur Selbsterhitzung jedoch als gering gelten:

- Der Temperaturanstieg über mehrere Tage im Verlauf der zwangsbelüfteten Rotte deutet auf eine sich verhältnismäßig langsam aufbauende Mikroorganismenpopulation hin, die mit zunehmender Biomasse immer größere Energiemengen abgibt.
- Der starke Aktinomycetenbewuchs des Rottematerials weist auf eine hohe Bakteriendichte hin.
- Die Abgabe von Energie aus einer chemischen Oxidation vollzieht sich sofort bei dem Kontakt von molekularem Luftsauerstoff und reduzierten anorganischen Verbindungen und damit - relativ zu einer sich aufbauenden Mikroorganismenpopulation - sehr schnell. Ein Temperaturpeak am ersten Tag der Containerrotte wurde jedoch nicht festgestellt.

Die Temperaturentwicklung war somit hauptsächlich Resultat biochemischer Vorgänge.

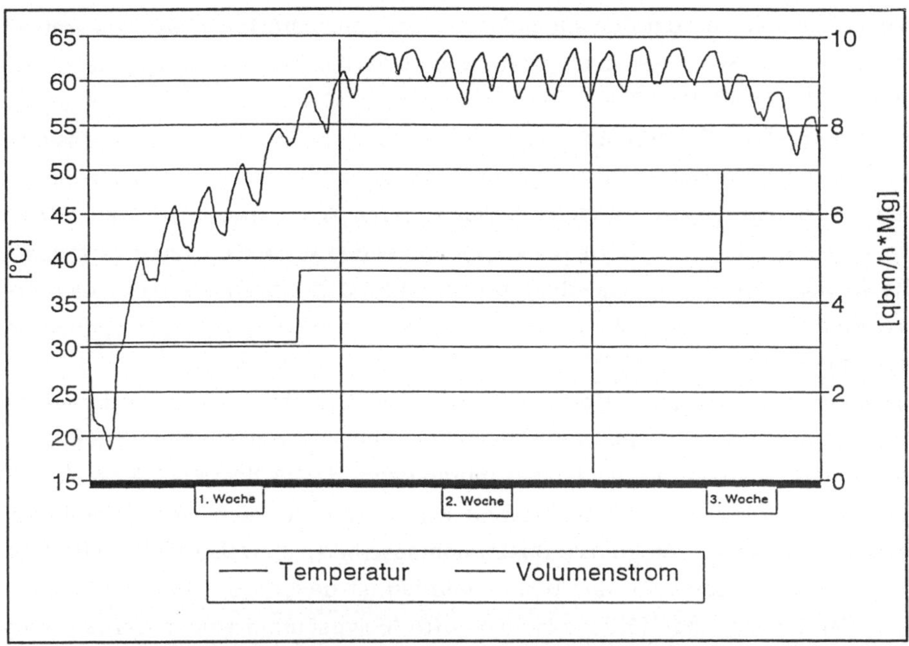

Abb. 2: Temperaturentwicklung von Altabfällen (< 60 mm) in einem isolierten Container mit gebläseunterstützter Belüftung

4.2 Abbauleistung

Die Ermittlung der Abbauleistung stützte sich in dieser Studie auf mehrere Parameter:

- Kohlenstoffabbau
- Respirationsrate
- Stoffgruppenspezifischer Aufschluß.

Im Mittel wurden etwa 20 % (Maximum 41 %) des organischen Kohlenstoffs (TOC) abgebaut. Da dieser im Altabfall < 60 mm jedoch nur einen Anteil von 10-15 % an der Trockensubstanz besitzt, ist der Masseverlust der Gesamtmasse mit etwa 3-4 % eher gering.

Die Aktivität der Mikroorganismen im Rottegut wird relativ genau mit der Respirtionsrate ermittelt. Dabei wird die basale (ohne Zugabe von aktivitätssteigernden Nährstoffen) Atmungsaktivität in Form von verbrauchtem Sauerstoff oder produziertem Kohlendioxid bestimmt. Die Abnahme der Respirationsrate während der Rotte war signifikant. Sie betrug im Durchschnitt 25 %.

Weniger deutlich als der Rückgang des Gesamtkohlenstoffs und der Respirationsrate sind die Aussagen zum stoffgruppenspezifischen Aufschluß nach VAN SOEST. Die ermittelten Daten zeigen relativ starke Schwankungen. Die biologisch leicht verfügbare Stoffgruppe (als Summe aus leicht und mittelschwer löslichen Substanzen) verringerte sich zwar in drei von fünf Fällen um 14-18 % bezogen auf den Inputgehalt, das sind jedoch lediglich 0,8-1,2 % der Trockensubstanz (TS). In einem Fall wurde weder bei den leicht noch bei den biologisch kaum verfügbaren Stoffen eine Abnahme festgestellt, obwohl die TOC-Konzentrationen dies hätten erwarten lassen. In Abbildung 3 sind die genannten Wertebereiche in der Übersicht dargestellt.

Die Auswertungen der stoffgruppenspezischen Aufschlüsse weisen darauf hin, daß eine technische biologische Behandlung nicht zur vollständigen Eliminierung der leicht verfügbaren Verbindungen führen kann, da aus dem Pool der biologisch schwer verfügbaren Stoffe fortlaufend Substanzen zu leicht verfügbaren Substanzen umgesetzt werden. Die Bakterienmasse beispielsweise zählt im Rottegut zur leicht verfügbaren Stoffgruppe. Weiterhin ist davon auszugehen, daß unter neutralen Bedingungen lösliche Huminstoffe (Fulvosäuren) eluiert werden. Diese gelten einem Abbau gegenüber jedoch als weitgehend bioresistent.

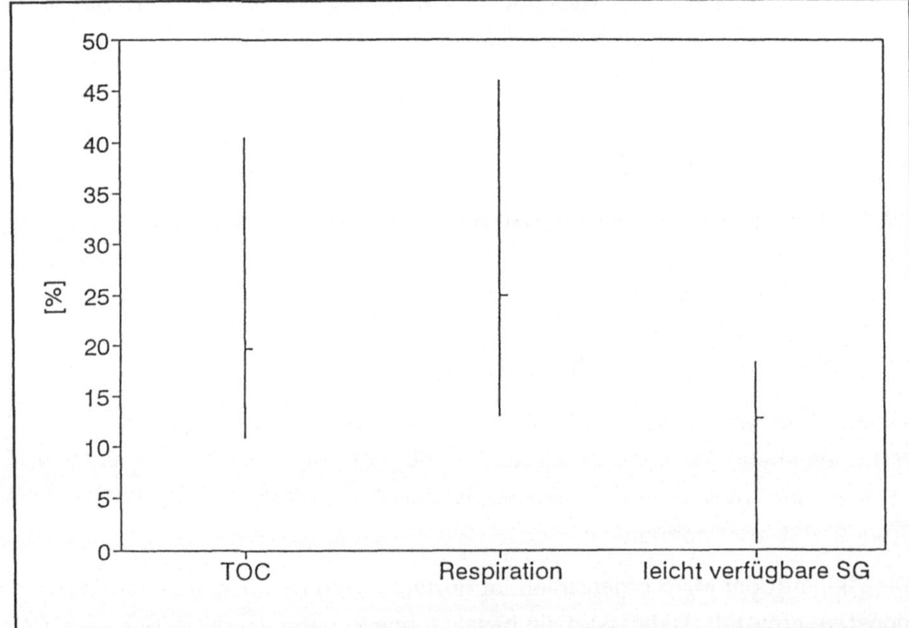

Abb. 3: Übersicht Abbaudynamik (Minimum-Maximum-Mittelwert); relative Abnahme des Gesamtkohlenstoffs (TOC), der Respirationsrate und der biologisch leicht verfügbaren Stoffgruppe (SG)

Fazit
Bei den Versuchsreihen SE-I bis SE-III wurden stets die Randbedingungen der modellhaften biologischen Behandlung von Altabfällen optimiert. Gleichzeitig hat dies zu einer Verbesserung des Abbauverhaltens geführt. Die in der Abb. 3 angegebenen Mittelwerte (Versuchsreihen SE-II und SE-III) liegen daher unterhalb der Möglichkeiten für eine Behandlung der Abfälle im technischen Maßstab.

4.3 Der Glühverlust als Rotteparameter

Der Glühverlust beinhaltet alle, durch hohe Temperaturen auf das Probematerial einwirkende Reaktionen, die Oxidation organischen Kohlenstoffs ist nur eine davon. Weiterhin setzt sich auch der organische Kohlenstoff aus biologisch nicht bzw. kaum verfügbaren Anteilen zusammen (Kunststoff-Polymere, Lignin u.a.). Bei der Rotte eines hochgradig heterogenen Gemiches wie es im Fall des Abfall-Unterkorns vorliegt, ist der Anteil sickerwasser- und deponiegasrelevanter Organik weitaus geringer als es der Glühverlustwert glauben machen könnte.

Der Glühverlust nimmt während einer vierwöchigen Rottephase durchschnittlich um 2,6 % (von 28,3 % auf 25,7 %) ab. Die Abnahme beim TOC hingegen beträgt 3,1 % (15,2 % auf 12,1 %). Die TOC-Reduktionen sind durchgehend höher als die der Glühverlustbestimmungen. Da aber die absolute Kohlenstoffabnahme im Substrat nie größer sein kann als die des Glühverlustes, ist davon auszugehen, daß bei den hohen Temperaturen durch die Zwangsbelüftung während der Intensivrotte anorganische Stoffe aufoxidiert wurden und so den Glühverlust verringerten.

Bei der Bewertung von biologischen Abbauvorgängen mit Hilfe des Glühverlustes sind verschiedene Fehlerquellen zu berücksichtigen, die vor allem bei niedrigen Glühverlusten zu bedenken sind.

Beim Glühen von getrockneten Abfällen treten primär organische Verbindungen in Form von Kohlendioxid und Wasser in die Gasphase über und werden bei der anschließenden Auswaage als Glühverlust ermittelt.

Der Glühverlust wird jedoch auch von der Zusammensetzung der anorganischen Substanz beeinflußt. Dies führt zu einer Über- oder Unterbewertung des organischen Anteils. Derartige Einflüsse wurden von Völker /1991/ beschrieben:

- Stoffe (Metalle), die schwerflüchtige Oxide bilden und nicht in die Gasphase übertreten, führen durch die Einbindung von Sauerstoff zu einem relativ geringeren Glühverlust, und der organische Anteil an der Abfallmenge wird unterbewertet.

  => Im Deponiekörper liegen die Metalle in elementarer oder reduzierter Form vor. Im Rotteinputmaterial ist der Oxydierungsaufwand größer als bei biochemisch teiloxidierten Stoffen des Rotteoutputs. Dies spielt jedoch keine Rolle bei der Berechnung des Glühverlustrückganges infolge der aeroben Behandlung.

- Durch die Freisetzung von Kondensations- und Kristallwasser kommt es zur Überbewertung des Glühverlustes und damit der organischen Substanz. Gips beispielsweise besitzt einen rechnerischen Glühverlust von 21 % durch die Freisetzung von Kristallwasser.

  => Infolge der Ablagerungsbedingungen wurden Sulfate teilweise zu Schwefelwasserstoffen veratmet bzw. der Schwefel als Metallsulfid fixiert.

- Durch Sublimation und Zersetzung von anorganischen Stoffen kommt es zur Überbewertung des GV. Carbonate, insbesondere Calcium-Carbonat, wird bei höheren Temperaturen zersetzt.

  => Bei niedrigen Redoxpotentialen, wie sie in einem Deponiekörper auftreten können, kommt es zur Cabonatatmung, wobei vor allem Hydrogencarbonat zu Methan reduziert wird. Im frischen Rotteinput aus der Deponie ist damit der Carbonatgehalt verhältnismäßig gering. Die Kohlendioxidproduktion im Verlauf der Rotte führt zur Fixierung von CO_2 in Form des Hydrogencarbonat in der wässrigen Phase. Durch seine Zersetzung bei höheren Temperaturen ist jedoch nicht von einer nennenswerten Beeinflussung des Glühverlustrückganges auszugehen.

- Eine weitere Überbewertung des Glühverlustes findet aufgrund von Oxidationsvorgängen statt: Das Glühen von Pyrit (FeS_2) führt durch Bildung von Eisenoxid (Fe_2O_3) rechnerisch zu einem Glühverlust von 33 %.

  => Die Oxidation des Pyrits im Glühofen läuft sowohl vor als auch nach der Rotte gleichermaßen ab und hat auf das Ausmaß des Glühverlustrückganges keinerlei Auswirkungen. Andererseits wird Pyrit unter anaeroben Bedingungen im Deponiekörper gebildet und trägt damit zur Überbewertung des Glühverlustes prinzipiell bei.

Fazit
Das grundsätzliche Problem des Glühverlustes, nämlich als Parameter für den Gehalt eines Stoffgemisches an organischer Substanz eingesetzt zu werden, bleibt auch bei den über lange Zeiträume hinweg einwirkenden anaeroben Prozessen im Deponiekörper erhalten. Es kommt allerdings zu einer hier nur qualitativ dargestellten Verschiebung der einflußnehmenden Faktoren.

4.4 Zusammenfassende Bewertung der Temperaturentwicklung und des Abbauverhaltens von Altabfällen

Die Energiefreisetzung während der Containerrotte aufgrund der mikrobiellen Aktivität ergibt sich rein rechnerisch aus der Kohlenstoffoxidation unter Berücksichtigung des Aufbaus von Bakterienmasse und beträgt 250 Wh/h*Mg FS (Feuchtsubstanz) oder 900 kJ/h*Mg FS.

Soll z.B. die Feinfraktion < 20 mm einer höherwertigen Verwendung zugeführt und als Abdeckmaterial zur Rekultivierung von Deponieflächen eingesetzt werden, so ist ein Rottegrad V (ohne Selbsterhitzungsfähigkeit) grundlegende Voraussetzung für einen solchen Einsatzzweck. Das Selbsterhitzungspotential ist dann durch eine biologische Altabfallbehandlung abzubauen.

Der Glühverlust wie auch der Gesamtkohlenstoffgehalt der Abfälle können nicht die von der TA-Siedlungsabfall vorgeschriebenen Werte einhalten. Weiterer Forschungsbedarf besteht bezüglich der Frage ob nach einer entsprechenden **biologischen Nachbehandlung** im Sinne einer **"Abhitzungsphase"** von einem inerten Material gesprochen werden darf. Der Glühverlust und der TOC eignen sich offensichtlich nicht, Leitparameter für biologisch verfügbare organische Substanz zu sein. Bidlingmaier /1993/ gibt in diesem Zusammenhang für ein deponiefähiges Material, in dem ein vollständiger Abbau der nativ organischen Substanz stattgefunden hat, einen Glühverlust von noch 16 % bis 32 % an.

5 Kompostgütekriterien, Stickstoffgehalt und Huminstoffe

Um eine Einschätzung des behandelten Altabfalls als mögliches Kompostmaterial im weitesten Sinne vornehmen zu können, wurde die Fraktion < 60 mm auf die Parameter hin untersucht, die von der Richtlinie der Bundesgütegemeinschaft Kompost /1991/ und von der Richtlinie der Länderarbeitsgemeinschaft Abfall M 10 vorgegeben werden. Die von der untersuchten Fraktion < 60 mm nicht eingehaltenen *Gütekriterien* sind in der folgenden Tabelle 1 noch einmal zusammengefaßt und mit Gegenmaßnahmen (Maßnahmen, die zur Einhaltung der Grenzwerte beitragen können) dargestellt.

Gütekriterien	Faktor der Überschreitung (M 10)	Gegenmaßnahme
Fremdstoffanteil	um 10	ergänzende Aufbereitungstechniken (z.B. Sichter)
Kupfer	bis 6	Vermischung
Zink, Cadmium, Blei	bis 3	Vermischung
Salzgehalt	bis 1,3	Vermischung
Pflanzenverträglichkeit	-	gleicher Ertrag bei ca. 50 % Zumischung von unbelastetem Boden

Tab. 1: Nicht eingehaltene Kompost-Gütekriterien der behandelten Abfälle mit dem Faktor der Richtwertüberschreitung und Gegenmaßnahmen

Bis auf den Fremdstoffanteil, der mit einem höheren mechanischen Aufbereitungsaufwand auf das erforderliche Maß reduziert werden könnte, sind alle anderen oben aufgeführten Kriterien nur durch eine Vermischung mit unbelastetem Boden auf die vorgegebenen Werte zu bringen.

Aufgrund der hohen Schwermetallgehalte und des Salzgehaltes des "Altabfallkompostes" kommt dessen unversiegelte Anwendung daher nur dort in Frage, wo eine Sickerwasserfassung und -behandlung vorhanden ist.

Die Nährstoffbedingungen sind als gut zu bezeichnen. Das *C/N-Verhältnis* beträgt vor der Behandlung 26 und danach 20. Dies sind Werte, wie sie für eine Kompostierung von Bioabfällen typisch sind.

Eine zu erwartende Zunahme an Huminstoffen während der biologischen Behandlung in der Nachrotte wurde nicht beobachtet.

Es ist davon auszugehen, daß die im Versuchsmaßstab angesetzte Nachrottezeit für den Aufbau huminer Strukturen nicht ausreichend bemessen war.

6 Eluatanalysen (TASi)

Die Eluatanalysen wurden durchgeführt in Anlehnung an den in der TASi (Anhang B) aufgeführten Zuordnungskriterien. Die wichtigste Aussage diesbezüglich ist, daß das Material < 60 mm alle Eluatwerte der TASi (Klasse II) einhält. Diese Ergebnisse beziehen sich sowohl auf den Rotteinput als auch auf das behandelte Material. Während einerseits bei den Schwermetallkonzentrationen eine Unterschreitung zu erwarten war, so ist andererseits der Kohlenstoffgehalt im Eluat (TOC_{Eluat}) der Altabfälle so niedrig, wie es die TASi mit einer Favorisierung der thermischen Behandlung fordert. Die Parameter, die die Werte der Zuordnungskriterien für die Deponieklasse I nach der biologischen Behandlung nicht einhalten sind tabellarisch zusammengefaßt.

Parameter	Konzentration [mg/l]	Deponie Klasse II [mg/l]	Deponie Klasse I [mg/l]
TOC	27,5 (Mittel)	100	20
Fluorid	8,8*	25	5
Ammonium	5,4*	200	4

Tab. 2: Parameter, deren (*)Maximalkonzentrationen die Zuordnungskriterien der Deponie-Klasse I nach der biologischen Behandlung nicht eingehalten haben

Für den TOC ist der Mittelwert aufgeführt. Für Fluorid und Ammonium wurden nur jeweils in einem Fall die Konzentrationen überschritten. Die Eluatkriterien der Deponieklasse I werden bis auf den gelösten Kohlenstoff demnach grundsätzlich eingehalten.

In der Tab. 3 ist das Abbauverhalten von zerkleinertem Restmüll (aus ländlichem Einzugsgebiet und verhältnismäßig geringem Glühverlust) gegenüber dem von Altabfall dargestellt. Auffällig ist, daß bei den Altabfällen der TOC im Eluat nur im gleichen Maße gesunken ist, wie der TOC im Feststoff (um 20 %). Im Vergleich hierzu ist bei den Frischabfällen, aufgrund des großen Anteils leicht verfügbarer, also auch leicht löslicher Stoffe, die Abnahme des Kohlenstoffs im Eluat bedeutend stärker als im Feststoff.

Parameter	Einheit	*Frischabfall* Intensivrotte		Nachrotte	*Altabfall (10-15 Jahre)* *Intensivrotte*		Kl I	Kl II
		Input	Output	Output	Input	Output		
Glühverlust	% TS	28	18	15	28,3	25,5	3	5
TOC_{fest}	% TS	25	14	8	15,2	11,8	1	3
TOC_{Eluat}	mg/l	**2.000**	**450**	**100**	**34,4**	**27,5**	**20**	**100**
Abbaugrad	%		55			15,1		

Tab. 3: Abbauverhalten von Frisch- und Altabfall im Vergleich/ ITU, 1994/ Analysedaten im Vergleich mit den TASi-Zuordnungskriterien (Anhang B)

Aus den sehr geringen TOC-Konzentrationen im Eluat läßt sich keine unmittelbare Notwendigkeit zur biologischen Behandlung der Altabfallfraktionen ableiten. Dem stehen die Beobachtungen einer heftigen Wärmeentwicklung gegenüber.

Bei der Ergebnisdarstellung der stoffgruppenspezifischen Aufschlüsse wurde die Vermutung ausgesprochen, daß bei nur geringen Mengen an biologisch leicht verfügbaren Substanzen (wie beim Altabfall offensichtlich gegeben) schwerer abbaubare Substanz mikrobiell aufgeschlossen und nachgeliefert wird. Dadurch wird auch bei einer Rotte über längere Zeiträume eine deutliche Unterschreitung der TOC-Eluatparameter kaum erreicht werden.

Fazit

Der Parameter TOC_{Eluat} ist nur bedingt dazu geeignet, das biologisch abbaubare Potential im Altabfall ausreichend zu beschreiben. Er erfaßt lediglich in einer Momentaufnahme den Anteil der unter neutralen Bedingungen leicht löslichen Stoffe, nicht aber den abbaubaren Anteil an ebenfalls kurz- und mittelfristig umsetzbaren und abbaubaren organischen Substanzen. Zur Beschreibung von zu erwartenden Sickerwasserbelastungen scheint dieser Parameter (u.a.) geeignet, nicht jedoch für die Bioaktivität und die Deponiegasprognose.

7 Notwendigkeit einer biologischen Behandlung von Altabfällen

Folgende Gründe sprechen für die biologische Behandlung von Altabfällen:

1. Verminderung des Deponiegasbildungspotentials
2. teilweiser Abbau von organischen Schadstoffen und Festlegung von Schwermetallen und weiteren Schadstoffen an Tonmineralien und Humusstoffen
3. Volumen- und Massenreduktion

Die Auswirkungen der Rotte auf die Massen- und Volumenbilanz sind relativ gering (vor allem im Vergleich zu Frischabfällen). Die Quantifizierung des Abbaus und die Immobilisierung von Schadstoffen durch den Rotteprozeß sind durch die bei der Abfallanalytik typischen Schwierigkeit der repräsentativen Probenahme außerordentlich erschwert. Sie läßt sich vor allem durch zahlreiche in der Literatur beschriebene Laboruntersuchungen belegen und ist durch die, in diesem Forschungsvorhaben durchgeführten Bestimmungen nur in der Tendenz nachzuweisen.

Die Verminderung des Deponiegasbildungspotentials ist im folgenden näher zu beleuchten. In der nachstehenden Graphik ist die jährliche spezifische Gasmenge pro m^3 Deponievolumen nach unterschiedlichen Berechnungsansätzen für Berliner Siedlungsabfalldeponien angegeben.

Die folgenden Überlegungen beziehen sich beispielhaft auf die seit 15 Jahren deponierten Abfälle. Skizzenhaft soll der Rückgang der Deponiegasbildungsrate infolge einer biologischen Behandlung von Altabfällen aufgezeigt werden.

Der Abbildung entsprechend ist die spezifische Gasmenge bei diesen Abfällen erst um etwa 50 % gegenüber den Maximalwerten (8 m^3/m^3 Deponievolumen) gesunken. Dieser Wert läßt einen Handlungsbedarf für eine aerobe Nachbehandlung unmittelbar erkennen.

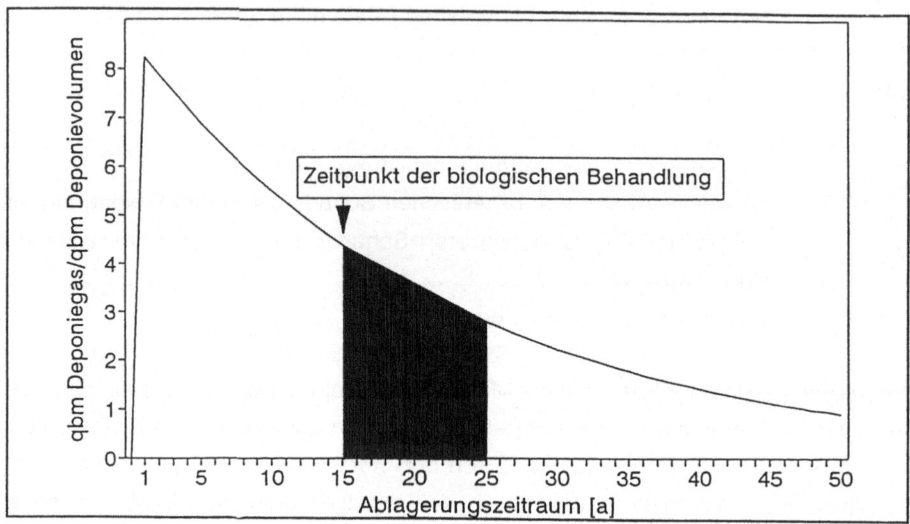

Abb. 4: Jährliche spezifische Gasmenge pro m^3 Deponievolumen für Siedlungsabfalldeponien und durch die modellhafte Behandlung von Altabfällen im günstigen Fall zu erreichende Reduzierung der Deponiegasemissionen (schwarz markierte Fläche)

Eine Fragestellung im Forschungsvorhaben lautete, ob durch die Behandlung des Deponieinventars ein Substrat mit deutlich verbesserten Ablagerungseigenschaften zu erzeugen sei. Durch die Behandlung von Frischabfällen auf Rottedeponien wurde eine Abnahme des Deponiegaspotentials um 80-90 % vorhergesagt /Rat der Sachverständigen für Umweltfragen, 1989/. Für die biologische Behandlung in Intensiv- und Nachrotte kann von einer Reduktion um 95 % ausgegangen werden. Für die Altabfallbehandlung liegen keinerlei Erfahrungen hierfür vor, jedoch kann bei entsprechend langen Rottezeiträumen von einem ähnlich hohen Rückgang beim Deponiegasbildungspotential ausgegangen werden.

Diese Annahme soll überprüft werden.

Die in einem Kubikmeter Deponiegas (Schöneiche) enthaltene Kohlenstoffmenge beträgt umgerechnet 650 g. Nach 15 Jahren Deponierungszeitraum werden bei einer spezifischen Gasmenge von 4,3 m^3/m^3 Deponievolumen und Jahr 2,8 kg Kohlenstoff freigesetzt.

Durch eine mehrwöchige Rotte wurden im Versuchsaufbau umgekehrt 35 g C/kg TS (entsprechend dem mittleren TOC-Verlust) zu Kohlendioxid veratmet. Umgerechnet entspricht dies einer Menge von 10 kg Kohlenstoff pro Kubikmeter Deponievolumen unter Zugrundelegung der üblichen Annahmen für den biologisch behandelten Masseanteil (50 %) Einbaudichte, Wassergehalt etc..

Da im Zeitverlauf ein degressives Emissionsverhalten bei Deponiegas beobachtet werden kann, bedeutet dies im konkreten Fall einen Sprung im Emissionsverhalten um rund 4-5 Jahre und einer Reduktion von 4,3 auf dann noch 3,5 m^3 Deponiegas/m^3 Deponievolumen und Jahr.

Im günstigsten Fall, bei einer Freisetzung von 60 g C/kg TS (SE-III, Containerrotte) entsprechend 18 kg Kohlenstoff/m^3 Deponievolumen (= 28 m^3 Deponiegas/m^3 Deponievolumen), bedeutet dies bereits einen Sprung auf der Zeitachse der Deponiegasentwicklung von annähernd 10 Jahren und einem dann erreichten Gasbildungspotential von 2,8 m^3/m^3 Deponievolumen und Jahr.

Bezogen auf den Zeitpunkt der Auskofferung der Abfälle beträgt der Rückgang der Deponiegasemissionen 20 % bzw. 35 % in Abhängigkeit vom zugrundegelegten Kohlenstoffabbau.

8 Klassierung, Sortierung und Heizwert

Anders als bei den Voruntersuchungen /2. Zwischenbericht, 1994/ beträgt der Anteil der Korngröße > 60 mm nur etwa 50 Masse-% der Gesamtabfälle. Dabei ist die Menge des fehlausgetragenen Unterkorns jedoch relativ hoch, so daß von einem tatsächlichen Anteil der für die Biologie vorgesehenen Fraktion (< 60 mm) von ca. 60 % ausgegangen werden kann.

Bemerkenswert hoch ist der Anteil der Korngröße < 3 mm. Er macht 50 % der biologisch zu behandelden Fraktion aus.

Die Fremd- und Störstoffe sind relativ homogen über die Kornklassen 8-60 mm verteilt. Ihr Anteil beträgt 28 % der Trockensubstanz (< 60 mm).

Aus den Daten der neueren Klassieranalysen ergibt sich ein heizwertreicher Stoffgruppenanteil von 35 % bezogen auf den Gesamtabfall.

Der Heizwert (Hu) des Unterkorns (< 60 mm) liegt mit durchschnittlich 5.500

kJ/kg TS bzw. 3.300 kJ/kg FM im Bereich des gerade noch für eine selbstgängige Verbrennung notwendigen Wertes. Der Heizwert des Siebüberlaufs (> 60 mm) ist aufgrund der hohen Papier-, Holz- und Kunststoffanteile wesentlich höher. Der Heizwert von 11.000 kJ/kg FM bzw. 14.000 kJ/kg TS kann durch die Separierung der heizwertreichen Stoffe auf bis zu 17.000 kJ/kg FM bzw. 21.000 kJ/kg TS steigen.

9 Verdichtung

Bei einem Wassergehalt von 32 % ist eine maximale Einbaudichte der Trockensubstanz von 1,05 Mg/m^3 erzielbar (Proctorversuch für < 60 mm). Unter hohem Verdichtungsaufwand konnte entsprechendes Material bis zu einer Trockendichte von 1,15 Mg/m^3 (1,64 Mg/m^3 bei 30 % WG) eingebaut werden.

Zum Vergleich: die aktuelle Lagerungsdichte der Abfälle im Deponiekörper Schöneiche beträgt etwa 0,9 Mg/m^3 FM bzw. rund 0,6 Mg/m^3 TS.

Der durch einen Rückbau ermöglichte Volumengewinn ist abhängig von verschiedenen Behandlungsmaßnahmen der Altabfälle. Den größten Einfluß auf die Volumenreduzierung haben bei der Umlagerung jedoch die Methoden des Verdichtungseinbaus selbst.

10 Zusammenfassung

Rottesysteme für die Altabfallbehandlung

Während der "Modellhaften Behandlung von Altabfällen" sind drei Rottesysteme zur Anwendung gekommen:

- zwangsbelüftete Container, üblicherweise genutzt für Intensivrotteverfahren
- Mietenkompostierung, unbelüftet; Einsatz im Bereich der Haupt- und Nachrotte
- Druckstoßbelüftung: neueres Verfahren, das variabel eingesetzt werden kann, jedoch besondere Stärken in der Haupt- und Nachrotte zeigt.
  Präferiert wird hier der Einsatz auf Mieten, und nicht, wie im Versuchsaufbau durchgeführt, im Container.

System	Container	Miete	DSB
			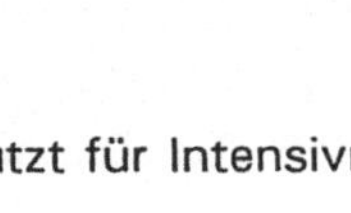
Rottezeit (im Versuch)	4 Wochen	7 Wochen	4 Wochen
Aufwand (Investition)	hoch	niedrig	mittel
Abbaugrad [% TS]	15	10	11
Flächenbedarf	mittel	hoch	niedrig
Optimierungsmöglichkeiten für den Anwendungsfall	Luftvolumenstrom	- Belüftung (aktiv/passiv) - Mietenhöhe und Profilierung	- Parameter für die Druckstoßintensität - Mietenhöhe

Tab. 4: Untersuchte Rottesysteme im Vergleich

Die Tabelle 4 zeigt die wesentlichen Unterschiede der Rottesysteme sowie Optimierungsmöglichkeiten für die großtechnische Anwendung.

Untersuchungsergebnisse

Der **Abbaugrad** beträgt 10-15 % der organischen Trockensubstanz (bezogen auf den GV). Das sind 3-4 % der Trockensubstanz. Die TOC-Abnahme liegt ebenfalls bei 3-4 % TS. Die entsprechenden Zuordnungskriterien der TASi werden damit nicht eingehalten.

Die **extrahierbaren lipophilen Stoffe** überschreiten die Zuordnungskriterien (Klasse II) um das Zweifache.

Die im **Eluat** nach der DIN 38414-S4 zu bestimmenden Parameter erfüllen mit Ausnahme weniger Einzelwerte die Zuordnungskriterien der Deponieklasse I der TASi. Der TOC_{Eluat} überschreitet den Wert der Deponieklasse I (20 mg/l) mit im Mittel 26,6 mg/l. Der Grenzwert für die Deponieklasse II (100 mg/l) wird aber problemlos eingehalten.

Im sauren Eluat (pH 4-5) werden die **Schwermetalle** in 10-100fach höheren Mengen eluiert als im Eluat nach der DIN 38414-S4. Zink, Blei, Cadmium und Nickel überschreiten dabei die Grenzwerte der Deponieklasse I. In der Versuchsreihe SE-II wurden auch die Eluat-Grenzwerte der Deponieklasse II nicht eingehalten.

Der **Schwermetallgehalt** im Altabfall (Feststoff < 60 mm) liegt durchschnittlich bei 2,5-3 kg/m^3, wobei Zink und Kupfer bei weitem den größten Anteil stellen.

Vom Rotteoutput wurden **Kompostanalysen** durchgeführt. Aus drei Gründen kann bei diesem Material nicht von "Kompost" gesprochen werden:

1. Ein hoher Störstoffanteil, der jedoch durch Siebung wesentlich zu reduzieren ist.
2. Die Konzentrationen an Kupfer und Zink überschreiten in allen Proben die Gütekriterien der Gütegemeinschaft Kompost. Zink und Kupfer sind relativ gleichmäßig über das Kornspektrum verteilt.
3. Die Pflanzenverträglichkeit ist erst bei einer Zumischung von etwa 50 % Neutralboden zum Altabfall gegeben. Unter diesen Bedingungen wäre auch der Salzgehalt der Altabfälle akzeptabel.

Das bodenähnliche Substrat (störstoffbefreiter Altabfall < 20 mm) wäre lediglich einsetzbar im Einzugsbereich einer Sickerwasserfassung und -reinigung. Als weitestgehende **Anwendungsmöglichkeit** stände die als Rekultivierungsschicht auf Deponien zur Diskussion. In Form einer Zwischenabdeckung ist der Altabfall nicht nur geeignet, sondern auch lukrativ.

Angedacht werden sollte auch der **schichtweise Einbau** von Verbrennungsschlakken und gerottetem Altabfall. Der in den bodenähnlichen Abfällen enthaltene Huminstoffanteil wirkt als Adsorptionsmittel für die aus den Schlackehorizonten herausgewaschenen Schwermetalle.

Der **Heizwert** (Hu) der Altabfälle ist abhängig von der betrachteten Kornklasse. Während die Fein- und Mittelkornanteile kaum zur Aufrechterhaltung einer selbstgängigen Verbrennung in der Lage wären (3.300 kJ/kg FS), kann der Heizwert der Grobfraktion (> 60 mm) mit 11.000 kJ/kg FS und davon der der Leichtstoffe mit 17.000 kJ/kg FS angegeben werden.

Für die **thermische Behandlung** eignen sich folgende Anlagen:

- herkömmliche Rostfeuerung: Zumischung der heizwertreichen Fraktion bis zum oberen Auslegungsheizwert der Anlage,
- Behandlung auf der Grundlage der Pyrolyse-Verbrennungs- oder Pyrolyse-Vergasungs-Kombination,
- Mitverwertung als Energieträger in Industrieöfen, beispielsweise Zementwerken. Voraussetzung ist hierbei jedoch die weitere Aufbereitung wie Pelletierung oder Brikettierung der heizwertreichen Fraktion.

Der **Massenanteil** der heizwertreichen Fraktion beträgt bei den untersuchten Ablagerungen der Deponie Schöneiche 20-35 %. Der Anteil der heizwertreichen Leichtfraktion (Folien, Papier) beläuft sich auf 10-15 %.

Die gerotteten Altabfälle sind gut **verdichtbar**. Der Einsatz von Kompaktoren ist nicht mehr erforderlich. Einfache Glattwalzenverdichtung führt vermutlich zu besseren Einbauergebnissen. Verschiedene Proctorversuche führten zu maximalen Dichten zwischen 1,05-1,18 Mg (TS)/m^3. Im Feldversuch wurde eine Einbaudichte von 1,15 Mg (TS)/m^3 bei 30 % WG erzielt. Dies entspricht einem Wert von 97,5% der maximalen Proctordichte.

Literatur

Bidlingmaier, 1993 — Bidlingmaier, W
Begleitung des Rotteversuches Restmüll Ludwigsburg; unveröffentlichter Schlußbericht; Institut für Siedlungswasserbau, Wassergüte- und Abfallwirtschaft der Universität Stuttgart, Abteilung Siedlungsabfall, Stuttgart, 1993

Cernay, 1994 — Dr. Thomas Cernay,
Müllforum Freiburg, Mineralisierung und Humifizierung zur dauerhaften Einbindung abfallbürtiger Schadstoffe; Müllforum Freiburg, Tagungsband zum Fachseminar Deponietechnik V am 22.10.1994

Filip, 1993 — Filip, Z.; Mikrobiologische, biochemische und stoffliche Beurteilung des Stabilisierungsprozesses in einer Hausmülldeponie. In: Wiemer, K, Kern, M. (Hrsg.): Biologische Abfallbehandlung. Veröffentlichung des FG Abfallwirtschaft und Recycling in der Uni. Kassel.

ITU, 1994 — Informationen zum Modellversuch zur kalten Vorbehandlung von Restmüll im Land Brandenburg, 1994

ITU, Zwischenberichte — unveröffentlichte Zwischenberichte zum Forschungsvorhaben "Abfallwirtschaftliche Rekonstruktion von Altdeponien" (Teile des Abschlußberichtes)

ITU, 1994 (b) — Heckenkamp, Saure
"Abfallwirtschaftliche Rekonstruktion von Altdeponien"
Veröffentlichung in Müll und Abfall 3/1994

Jäger, Jager, 1984 — Jäger, B.; Jager, J.,
Sicherung der Nutzung abgeschlossener Deponien
BMFT -Forschungsbericht T 84-237, Berlin, Nov. 1984

Rat der Sachverständigen für Umweltfragen, 1989
Rat der Sachverständigen für Umweltfragen, in:
Altlasten; Biologische Verfahren, Sondergutachten 12/89

Völker, 1991 — Völker, M; Ist der Glühverlust ein sinnvoller Parameter für die Beurteilung von Industrieabfällen?
Müll und Abfall, 12, S. 825-827, 1991

Adressenverzeichnis der Referenten

Marcel Bagawejew
Produktionsvereinigung für Bau und Instandsetzung der Kommunalwirtschaft und Begrünung der Verwaltung der Stadt Kasan
Ul. Lenina 7
420111 Stadt Kasan, Republik Tatarstan

Dr. rer. nat. Hans-Friedrich Bamberg
Sächsisches Staatsministerium für Umwelt und Landesentwicklung
Ostra-Allee 23
01067 Dresden

Heinz-Jürgen Berwein
Siemens AG
Bereich Energieerzeugung
Freyeslebenstr. 1
91058 Erlangen

Alexandru Braha/Iona Braha
Datenauswertungsbüro für Ecology-Engineering
Prof. Dr.-Ing. Alexandru Braha & Partner
Konrad-Adenauer-Str. 66
30853 Langenhagen

Dr.-Ing. Norbert Brink
Thyssen-Still-Otto Anlagentechnik GmbH
Christstr. 9
44789 Bochum

Burkhard Bussmann
Thyssen-Still-Otto Anlagentechnik GmbH
Christstr. 9
44789 Bochum

Dr. Martin Denecke
Dr.-Ing. Steffen Ingenieurgesellschaft m.b.H.
Im Teelbruch 128
45219 Essen

Dr. Jürgen Dube
Zweckverband Abfallwirtschaft Sachsen-Anhalt-Süd
Osterfelder Straße
06721 Unterkaka

Dr. Bernd Genenger
TÜV Rheinland Sicherheit und Umweltschutz GmbH
Zentral-Abteilung Abfall, Boden, Wasser
Am Grauen Stein
51105 Köln

Dr. Alfons Grooterhorst
Dr.-Ing. Steffen Ingenieurgesellschaft m.b.H.
Im Teelbruch 128
45219 Essen

Ghiocel Groza
Institut für Bauwesen
Institutol de Constructii Bokuresti
Boulevard Lacul Tei 124
Bukarest, Rumänien

Dipl.-Ing. Gregor Heckenkamp
ITU - Ingenieurgemeinschaft Technischer
Umweltschutz GmbH
Ansbacher Str. 5
10787 Berlin

Ulrich Heine
RAVON Regionaler Abfallverband
Oberlausitz-Niederschlesien
Paul-Mühsam-Straße
02827 Görlitz

Hans-Friedrich Hinrichs
Kommunale Technologie-Beratung GmbH
Havensteinstr. 50
46045 Oberhausen

Prof. Dr.-Ing. Henning Hoins
Ingenieurbüro Prof. Dr.-Ing. Hoins & Partner
Gesellschaft für Wasserwirtschaft und Umwelttechnik mbH
Harburger Str. 25
21680 Stade

Dipl.-Ing. Ulrich Klos
Prof. Dr.-Ing. Jessberger + Partner GmbH
Hauert 8
44227 Dortmund

Dipl.-Ing. Uwe Pahl
Beratende Partner Neuruppin
Erich-Dieckhoff-Str. 50
16816 Neuruppin

Prof. Dipl.-Ing. Gerhard Rettenberger
Ingenieurgruppe RUK
Hoffeldstr. 15
70597 Stuttgart

Dipl.-Ing. Thomas Saure
ITU - Ingenieurgemeinschaft Technischer
Umweltschutz GmbH
Ansbacher Str. 5
10787 Berlin

Prof. Dr.-Ing. habil. Hasso Scheffler
Prof. Dr.-Ing. Jessberger + Partner GmbH
Bornaische Str. 210
04251 Leipzig

Dipl.-Geol. Udo Schmidt
Ingenieurbüro Prof. Dr.-Ing. Hoins & Partner
Gesellschaft für Wasserwirtschaft und Umwelttechnik mbH
Harburger Str. 25
21680 Stade

Dr. Günter Schock
TÜV Rheinland Sicherheit und Umweltschutz GmbH
Zentral-Abteilung Abfall, Boden, Wasser
Am Grauen Stein
51105 Köln

Dr. Werner Schumacher
L. & C. Steinmüller GmbH
Fabrikstr. 1
51643 Gummersbach

Prof. Dr. rer. nat. habil Rudi Stahlberg
THERMOSELECT S.r.l.
Località Piano Grande
Via dell'industria
I-28040 Fondotoce/Verbania (NO)

Prof. Dr.-Ing. Heinz Steffen
Dr.-Ing. Steffen Ingenieurgesellschaft m.b.H.
Im Teelbruch 128
45219 Essen

Dipl.-Ing. Peter Strodt
Thyssen-Still-Otto Anlagentechnik GmbH
Christstr. 9
44789 Bochum

Dipl.-Wirtsch.-Ing. Bernd Stroh
Mannesmann Anlagenbau
Niederlassung Düsseldorf
Postfach 300 741
40407 Düsseldorf

Prof. Dr.-Ing. Karl J. Thomé-Kozmiensky
Beratende Partner Neuruppin
Erich-Dieckhoff-Str. 50
16816 Neuruppin

Dipl.-Ing. Friedrich Tönjes
Landkreis Stade
Umweltamt
Am Sande 2
21682 Stade

Dipl.-Ing. Stepanka Urban-Kiss
Ingenieurgruppe RUK
Hoffeldstr. 15
70597 Stuttgart

Victor R. Waaks
Belarussian Research Centre "Ecology"
31-A, Horuzhaya Str.
220002 Minsk
Republic of Belarus

Dr. Roland Watzke
Triton Umweltschutz GmbH
Thalheimer Str. 89
06766 Wolfen